Die materiellen Grundlagen der deutschen Geschichte

Hans R. Kricheldorf

Die materiellen Grundlagen der deutschen Geschichte

Hans R. Kricheldorf
Technical and Makromolekular Chemistry
University of Hamburg
Hamburg, Deutschland

ISBN 978-3-662-72455-2   ISBN 978-3-662-72456-9 (eBook)
https://doi.org/10.1007/978-3-662-72456-9

Die Deutsche Nationalbibliothek verzeichnet diese Publikation in der Deutschen Nationalbibliografie; detaillierte bibliografische Daten sind im Internet über https://portal.dnb.de abrufbar.

Planung/Lektorat: Sinem Toksabay
Springer ist ein Imprint der eingetragenen Gesellschaft Springer-Verlag GmbH, DE und ist ein Teil von Springer Nature.
Die Anschrift der Gesellschaft ist: Heidelberger Platz 3, 14197 Berlin, Germany

Wenn Sie dieses Produkt entsorgen, geben Sie das Papier bitte zum Recycling.

Für Marianne Nawe

Einleitung

Geschichte, wie sie an der Schule gelehrt und in unzähligen Büchern präsentiert ist, wird oft als Konsequenz willensstarker, machthungriger Persönlichkeiten dargestellt, wofür Themistokles, Caesar, Friedrich der Große, Napoleon und Bismarck als typische Beispiele gelten können. Auch eine größere Anzahl von Menschen, wie sie in Dynastien, Bevölkerungsschichten, religiös oder ethnisch definierten Bevölkerungsgruppen sowie in Nationalstaaten vorliegen, wurden und werden oft als treibende Kräfte der Geschichte vorgestellt. Einzelne Richtungswechsel oder Umbrüche in der Geschichte werden ferner gerne mit dem Auftauchen neuer Ideen interpretiert. Alle diese Perspektiven haben gemeinsam, dass sie den Menschen als Herren der Geschichte sehen und damit dem Bild vom Menschen als Krone der Schöpfung schmeicheln. Die geografischen und materiellen Voraussetzungen, welche Grundlage und Rahmen für die handelnden Personen und die Entstehung neuer Ideen liefern, werden bestenfalls am Rande erwähnt.

An den geografischen Gegebenheiten, in die einzelne Personen oder ganze Völker hineingeboren werden, ließ und lässt sich selten etwas Nennenswertes ändern. Die materiellen Ressourcen wurden jedoch in den letzten zehntausend Jahren durch chemische Reaktionen veränderbar. Solange die Kernphysiker noch nicht aktiv waren, die erst ab 1945 mit der Schaffung der Atombombe in die Menschheitsgeschichte eingegriffen haben, basierten alle stofflichen Veränderungen, welche die Menschheit über Tausende von Jahren hinweg praktiziert hat, auf chemischen Reaktionen. Das Brennen von Tongefäßen, die Gewinnung von Metallen aus ihren Erzen, die Herstellung von Sprengstoffen und die Produktion von Kunstdünger sollen hier als Beispiele genügen.

Eine kurze Illustration der Tatsache, dass Besitz oder Nichtbesitz einer einzigen Substanz wenn nicht die Geschichte, so doch deren zeitlichen Ablauf beeinflussen kann, soll die folgende Geschichte illustrieren. Hitler plante, seine Vision vom „Volk ohne Raum" möglichst rasch in die Tat umzusetzen. Bei der Eingliederung Österreichs in das Deutsche Reich (ab dem 12. März 1938) waren noch keine militärischen Interventionen Englands, Frankreichs oder Russlands zu befürchten. Jedoch war bei einem Einmarsch in die Tschechei zur Annektion des Sudetenlandes eine Kriegserklärung der westlichen Nachbarn nicht mehr auszuschließen. Hitler musste daher zuvor über eine voll funktionsfähige Kriegsmaschinerie verfügen können. Nun benötigte die Luftwaffe für ihre hoch gezüchteten Flugzeugmotoren ein Superbenzin, das nur durch Zusatz von Bleitetraethyl zum normalen Flugbenzin ermöglicht werden konnte. Die Vorräte waren gering, und eine eigene Produktion war vor Ende 1939 nicht möglich. Man hatte zwar schon 1935 die Wichtigkeit dieser Substanz für die Luftwaffe erkannt, aber der Aufbau einer eigenen Produktion erforderte Zeit und die Mithilfe einer amerikanischen Firma.

In den dreißiger Jahren gab es weltweit nur eine Firma, die Erfahrung mit der technischen Produktion von Bleitetraethyl hatte, nämlich die „Ethyl Gasoline Corporation", eine gemeinsame Tochterfirma von General Motors und Rockefellers Standard Oil Company. Aufgrund der intensiven und freundschaftlichen Zusammenarbeit mit der Standard Oil Co. gelang es der I. G. Farben AG (s. Kap. 11), mit der Ethyl Gasoline Corp. den Bau einer Bleitetraethylfabrik in Deutschland zu vereinbaren. Da diese Fabrik 1938 noch nicht einsatzbereit war, sollten 500 t der Bleiverbindung von der Ethyl Gasoline Corp. gekauft werden. Ein offizieller Einkauf vonseiten eines deutschen Ministeriums hatte jedoch den Verdacht auf bevorstehende Kriegshandlungen geweckt. So wurde die I. G. Farben AG vorgeschickt, um über die Lieferung des Bleitetraethyls zu verhandeln. Unter Vorspiegelung falscher Tatsachen und im Rahmen eines umfangreicheren Chemikaliengeschäftes gelang der Ankauf der von der Luftwaffe benötigten Mindestmenge von 500 t.

Wenige Tage vor dem in München vereinbarten Treffen mit Mussolini und den Außenministern von England und Frankreich erfuhr Hitler, dass das Bleitetraethyl auf deutschem Boden war. Von diesem Moment an beschloss Hitler, die Verhandlungen in München (29./30. Sept. 1938) aus einer Position der Stärke heraus zu führen und auf Akzeptanz eines Einmarsches in das Sudetenland zu dringen. Ferner glaubte er, nun stark genug zu sein, nach der Besetzung des Sudetenlandes auch den Einmarsch in die Tschechei riskieren zu können. Da die Besetzung der Tschechei ohne nennenswerte Verluste und ohne Kriegserklärung der Westmächte ablief, beabsichtigte Hitler die Eroberung Polens schon im Frühsommer 1939 in Angriff zu nehmen. Es war jedoch klar, dass ein Angriff auf Polen auch Krieg mit England und Frankreich bedeuten würde. Für einen so umfangreichen Krieg reichte jedoch das eingekaufte Bleitetraethyl bei Weitem nicht, und die deutsche Produktion konnte frühestens im Herbst anlaufen. Hitler verschob daher seine Aggressionspläne auf Ende August und nach Bekanntwerden des englisch-polnischen Beistandspaktes auf Anfang September. Dies war der späteste Zeitpunkt für eine militärische Entscheidung vor Wintereinbruch und der früheste Zeitpunkt, an dem die Luftwaffe auch für einem längeren Krieg durchgehend mit Bleitetraethyl versorgt werden konnte.

Die im Haupttext des Buches vorgestellten Zusammenhänge beinhalten Beispiele dafür, dass neue Erfindungen und Technologien nicht nur zeitliche Abläufe, sondern auch die Richtung der deutschen Geschichte beeinflusst haben. Der Schwerpunkt liegt auf der Zeit nach 1850, denn in diesem Zeitraum entwickelte sich eine wissenschaftlich hoch kompetente, wirtschaftlich hoch effiziente und auch politisch einflussreiche chemische Industrie. Die Faktenlage zeigt, dass in keinem anderen Land der Erde waffentechnische oder chemische Erfindungen und die Entstehung einer chemischen Industrie so sehr in den Lauf der Geschichte eingegriffen haben wie im Falle Deutschlands.

Um Missverständnisse zu vermeiden, soll noch angemerkt werden, dass alle in diesem Buch berichteten Fakten schon zuvor publiziert wurden. Der Autor hat keine neuen Quellen erschlossen, sondern sich bemüht, Zusammenhänge zwischen existierenden oder fehlenden Ressourcen einerseits und dem Lauf der deutschen Geschichte andererseits für den Zeitraum der letzten 5000 Jahre aufzuzeigen.

Interessenkonflikt

Der/die Autor*in hat keine für den Inhalt dieses Manuskripts relevanten Interessenkonflikte.

Inhaltsverzeichnis

1

Bernstein, Bronze und die erste Globalisierung Europas

Inhaltsverzeichnis

Bernstein und die Entstehung des Fernhandels

Wenn man unter Globalisierung den Austausch von Ideen und Materialien über große Distanzen versteht, dann war die in Europa etwa ab 4000 v. Chr. beginnende Kupfer- und (später) Bronzezeit (s. Abb. 1.1) wohl derjenige Zeitraum, dem man eine Globalisierung Europas einschließlich des Mittelmeerraumes zubilligen muss. Ab dem Ende der Jungsteinzeit (Neolithikum) begann sich in Europa allmählich ein Fernhandel auszubilden, der teilweise durch Schifffahrt auf Flüssen und Meeren, teilweise auf dem Landweg zustande kam. Eine wesentliche Voraussetzung für die Entwicklung eines Fernhandels ist das Vorhandensein von Materialien, die nur an wenigen Stellen gefunden werden, die aber aufgrund ihrer Attraktivität einen Transport zu entfernten Absatzmärkten lohnend erscheinen lassen. Mit Beginn der Kupfer- und Bronzezeit waren es vor allem zwei Gruppen von Materialien, welche diese Kriterien erfüllten, nämlich einerseits der Bernstein, ein organisches Harz, sowie andererseits die Metalle Gold, Kupfer und Zinn. Während Bernstein als unverändertes Naturprodukt weiter transportiert und gehandelt wurde, waren

H. R. Kricheldorf, *Die materiellen Grundlagen der deutschen Geschichte*,
https://doi.org/10.1007/978-3-662-72456-9_1

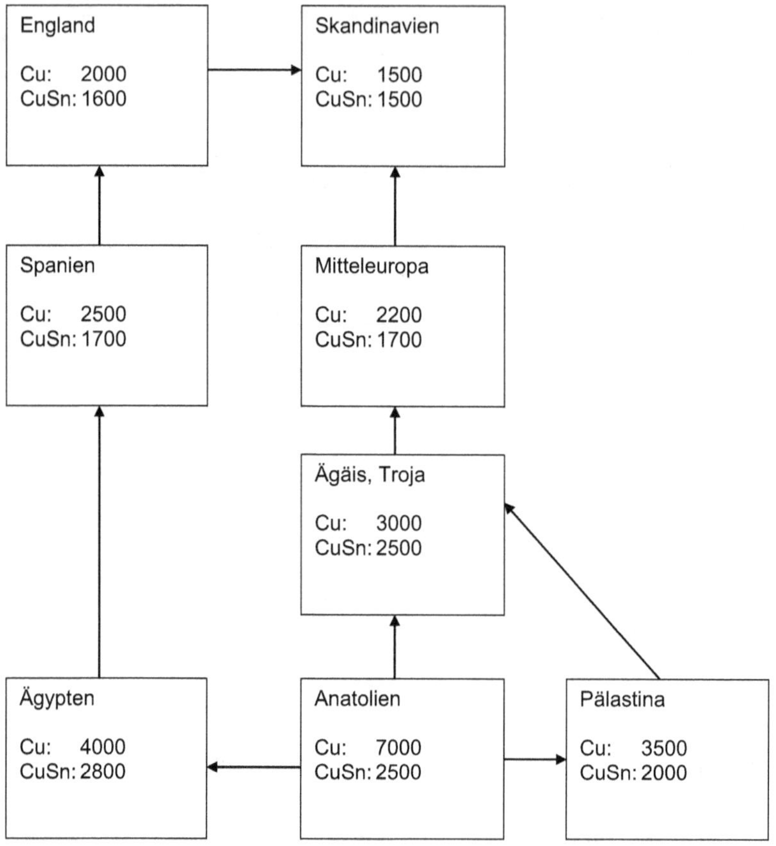

Abb. 1.1 Ausbreitung der Kupfer- und Bronzezeit (Stand 1970)

Kupfer und Zinn Produkte der ersten chemischen Hochtechnologie der Menschheit, worauf in den folgenden Unterkapiteln näher eingegangen wird. Mit dem Aufblühen des römischen Reiches und des damit verbundenen Bevölkerungswachstum trugen auch andere Produkte wie Seide, Weihrauch, Gewürze und Kochsalz einen steigenden Anteil zum Fernhandel bei. Die Bedeutung dieser Produkte für die Geschichte Deutschlands und Europas wird in den folgenden zwei Kapiteln ausführlicher dargestellt.

Zur Herkunft des Bernsteins gibt es eine wissenschaftliche Erklärung und zwei Mythologien. Bernstein war schon bei den alten Griechen vielseitig im Gebrauch und wurde von mehreren Schriftstellern erwähnt. Der Dramatiker Euripides (480–407 v. Chr.) schildert in seinem Werk „Hyppolyt", dass Phaeton, der Sohn des Sonnengottes Helios mit dem vierspännigen Sonnenwagen tödlich verunglückte. Daraufhin wurde er von seinen Schwestern, den Heliaden, beweint, deren Tränen zu Bernstein geronnen und fortan den Namen

„Tränen der Heliaden" trug. Bernstein war den Griechen aber nicht nur durch sein Aussehen aufgefallen, sondern auch durch die hohe elektrostatische Aufladung, die sich vor allem beim Reiben auf Tierfellen einstellt. Da Bernstein bei den Griechen Elektron hieß, wurde dieses Wort von den Naturwissenschaftlern des 18. und 19. Jahrhunderts als Bezeichnung für die kleinste negative Elementarladung übernommen.

Bei den frühen römischen Naturwissenschaftlern und Schriftstellern gab es andererseits die Vermutung, dass es sich bei Bernstein um den geronnenen Urin des männlichen Luchses handelt. Da dessen lateinischer Name Lynx lautete, wurde Bernstein Lyncurium, „Luchsstein", genannt. Allerdings kamen auch die Römer in späterer Zeit schon zu der Einsicht, dass es sich bei Bernstein um ein Harz pflanzlicher Herkunft handeln müsse. So berichtete Tacitus (55–116 n. Chr.) in seinem Werk „Germania", dass Bernstein mitunter Einschlüsse von Insekten enthalte, die auf dem Boden kriechen oder fliegen können. Die Römer nannten Bernstein daraufhin „succin" nach dem lateinischen Wort „succus" für Saft (daher der Begriff Succinate für die Salze der Bernsteinsäure).

In der Völkerwanderung gingen die Kenntnisse über die Herkunft des Bernsteins wieder verloren, und im westlichen und nördlichen Europa entstand während des Mittelalters eine neue Ursprungssage. Bernstein wurde als Produkt des Pottwals angesehen, weil man Amber, eine Ausscheidung des Pottwals, ebenfalls an Meeresstränden gefunden hatte. Aus diesem Missverständnis ergab sich eine neue Namensgebung, sodass Bernstein im Englischen „amber", im Französischen „ambre-jaune" und im Spanischen „ambar" genannt wurde. Das deutsche Wort Bernstein ist eine „Verballhornung" der Bezeichnung Brennstein, mit der eine charakteristische und auffallende Eigenschaft dieses Materials benannt wurde: Bernstein, der in der Bronzezeit und in der frühen Antike als Stein betrachtet wurde, war der einzige Stein, der brennbar war.

Aus wissenschaftlicher Sicht handelt es sich bei Bernstein um Harz, das von bestimmten Nadelbäumen abgesondert wird, deren Rinde verletzt wurde, um die Verletzung zu schließen. Die Nadelbäume, von denen der Bernstein abgesondert wurde, standen in Wäldern, die im Quartär und am Ende des Tertiärs in Polen und in Weißrussland beheimatet waren. Durch das Umfallen und Verwesen der Bäume gelangte der Bernstein auf den Boden und wurde durch Überschwemmungen, durch Bäche und Flüsse abtransportiert. Da Bernstein spezifisch leichter ist als anorganisches Gestein, wurde er relativ rasch bis zum flachen Ufer der Ostsee transportiert und dort abgelagert.

Bernstein ist ein festes, aber nicht hartes, durchscheinendes oder gar durchsichtiges Material mit gelblicher bis brauner Farbtönung. Je nach der Baumart, von der er stammt, und je nach seiner Vorgeschichte variiert die chemische Zusammensetzung. Die Bernsteinsäure ($HO_2C\text{-}CH_2CH_2CO_2H$) ist stets zu etwa 7–8 % enthalten, teilweise als freie Säure, teilweise mit Alkoholgruppen verbunden (verestert); jedoch ist die Bernsteinsäure für die gesamte Zusammensetzung und die Eigenschaften von geringer Bedeutung. Die Hauptmasse des Harzes besteht aus sogenannten Terpenoiden, von denen der Anteil der größere Moleküle für die Zähigkeit und Klebrigkeit verantwortlich sind, während die kleinen Moleküle für Duft und Brennbarkeit sorgen. Die Lagerung über Millionen Jahre führte zu erheblichen Veränderungen der chemischen Struktur und Eigenschaften. Die flüchtigen Terpene verdampften, und vor allem von Sonnenlicht katalysierte Polymerisationsprozesse erzeugten großen Moleküle, die für die spätere Festigkeit und weitgehende Unlöslichkeit des Bernsteins verantwortlich waren.

Die Transparenz und der Glanz, der beim Polieren entsteht, bewirkten, dass Bernstein im Germanischen auch mit den Worten „glaes", „gles" oder latinisiert (Tacitus) „glaessum" bezeichnet wurde, dem Urwort für Glas. Diese Eigenschaften zusammen mit Farbe und Einschlüssen waren die natürlichen Voraussetzungen für die breite Verwendung als Schmuck bis zum heutigen Tage. Allerdings spricht vieles dafür, dass Bernstein vor allem in der Bronzezeit, aber auch in der Antike, als Amulett getragen wurde, das Krankheiten und böse Geister vertreiben sollte. Ferner wurde Bernstein zum Teil in pulverisierter Form oder auch in Form von Extrakten als Heilmittel gegen die unterschiedlichsten Krankheiten verwendet. Ein weiterer Grund für seine hohe Wertschätzung resultierte daraus, dass beim Erhitzen, Ansengen oder Verbrennen ein würziger Duft entsteht, wie ihn ähnlich auch Weihrauch und Heilkräuter entwickeln. Diesem Duft wurden daher desinfizierende und heilende Wirkungen zugeschrieben.

Die einzigen ergiebigen Fundstellen Europas waren die Küsten Litauens, Preußens und Polens. Noch heute ist die Küste bei Kaliningrad (ehemals Königsberg) die ergiebigste Fundstelle der Welt, wo etwa 800 t Rohbernstein pro Jahr industriell „abgebaut" werden. Da Bernstein, wie zuvor beschrieben, viele verschiedene Anwendungen fand, war Bernstein bestens dafür geeignet, einen Fernhandel zu stimulieren. Schon in der Bronzezeit bildeten sich drei Hauptrouten heraus, auf denen Bernstein nach Südosten, Süden und Südwesten transportiert wurde. Die relativ dicht bevölkerten Küstenregionen rund um das Mittelmeer von Südspanien über Südfrankreich, Italien und Griechenland bis Palästina, Syrien und Ägypten waren die Hauptabnehmer. Die östlichste der sogenannten Bernsteinstraßen führte über Weichsel und Donau oder Dnjestr und Wolga an das Schwarze Meer, z. B. an die Hafenstadt Olbia. Eine mittlere Route führte durch Deutschland an die obere Donau, über Isar oder Inn zum Brennerpass und schließlich nach Oberitalien, wo der Po als Transportweg in West-Ostrichtung diente. Die Bedeutung des Brennerpasses für den Bernsteinhandel und die Bedeutung des Bernsteinhandels für die Alpenpässe zeigt sich daran, dass dieser Pass seinen Namen von Brennstein, der ursprünglichen Bezeichnung für Bernstein, herleitet. Allerdings wurde Bernstein schon zur Bronzezeit auch über andere Alpenpässe transportiert, insbesondere über den Julier. Am Fuße dieses Passes wurde in den letzten Jahrzehnten ein befestigtes bronzezeitliches Handelszentrum ausgegraben, dem der Name Svignon gegeben wurde. Es fanden sich zahlreiche Bernsteinobjekte, vor allem Halsketten mit großen Scheiben und Perlen. Das vielleicht bedeutendste Handelszentrum für Bernstein auf der mittleren Route nördlich der Alpen war die befestigte bronzezeitliche Siedlung Bernstorf in Bayern, deren Erforschung erst in den Jahren nach der Jahrtausendwende intensiviert wurde. Südlich der Alpen wurde der Bernstein von Städten der Adriaküste per Schiff ins östliche Mittelmeer weitergegeben. Dort war schon zur Bronzezeit Mykene in der nordöstlichen Peloponnes der bedeutendste Umschlagplatz. In den Königsgräbern, in denen die berühmten Goldmasken gefunden wurden, lagen auch zahlreiche Bernsteinobjekte, darunter die typischen Halsketten mit großen Perlen und Scheiben.

Die westliche Strecke verlief durch Norddeutschland an den Niederrhein, von dort rheinaufwärts bis zur Höhe von Basel, mit einer Querverbindung zur Donau durch das Neckartal. Aus dem Raum Basel ging der Transport dann durch die burgundische Pforte ins Rhonetal und rhoneabwärts zur Mittelmeerküste. Dann wurde ein kleiner Teil des Bernsteins zu den Mittelmeerhäfen Spaniens verschifft, während der größte Teil meist über Genua nach Rom gelangte. Rom entwickelte sich in der Antike zum Handelszentrum für Bernstein. Es wurde in der Frühzeit auch von den Phöniziern beliefert, die auch im ganzen übrigen Mittelmeer mit Bernstein handelten. Von Rom aus ging der Bernstein in andere Städte Mittel- und Süditaliens. Der Bernsteinhandel begann allerdings schon am Ende der Jungsteinzeit, wie Gräberfunde beweisen, und steigerte sich über die ganze Bronzezeit hinweg bis in die Zeit der klassischen Antike. Bernstein wurde für die Bronzezeit und Antike nicht nur in Gräbern Europas gefunden, sondern auch als Grabbeigabe ägyptischer Pharaonen und weniger bedeutender Mumien. Daher gehörten Bernsteinobjekte auch zu den Grabbeigaben Tutench-Amuns. Allerdings gelangte nur relativ wenig Bernstein bis nach Ägypten, sodass sich dieses Material dort einer besonders hohen Wertschätzung erfreute. Ferner wurde Bernstein in verschiedenen Schichten der sogenannten Troja-Ausgrabungen am Hügel Hisarlik in Kleinasien gefunden.

In den letzten Jahrhunderten ging der Glaube an heilende und übernatürliche Kräfte des Bernsteins verloren, während die Wertschätzung als Schmuck jedoch erhalten blieb. Zu einem besonderen Monument und Mythos entwickelte sich das Bernsteinzimmer, eine Zimmereinrichtung, bei der Wände, Möbel und Bilderrahmen mit Bernstein verschiedener Farbschattierungen verkleidet waren. Der brandenburgische Kurfürst Friedrich III. (ab 1701 König Friedrich I. von Preußen) hatte dieses Kunstwerk bei Danziger Bernsteinkünstlern für sein Schloss in Berlin in Auftrag gegeben, wo es von 1707 bis 1712 installiert wurde. Von Zeitgenossen wurde das Bernsteinzimmer gerne als achtes Weltwunder tituliert. Der „Soldatenkönig" Friedrich Wilhelm I. überließ es dem Zaren Peter dem Großen im Tausch gegen Soldaten, der es in St. Petersburg modifizieren und ergänzen ließ. Im Jahre 1942 wurde es von deutschen Truppen demontiert und nach Königsberg gebracht. Nach Kriegsende blieb das Bernsteinzimmer unauffindbar und zahlreiche Spekulationen über sein Schicksal wurden in die Welt gesetzt. Eine Nachschöpfung des Bernsteinzimmers wurde ab 1976 im Katharinenpalast von St. Petersburg in Angriff genommen und 2003 vollendet (u. a. mittels einer Spende der Ruhrgas A.G).

Kupfer und Bronze, Eigenschaften und Verwendung

Es ist eine seit Langem bekannte Tatsache, hinsichtlich der Gliederung der vorgeschichtlichen Zeit, dass das Neolithikum in Europa um 4000–2000 v. Chr. allmählich in die Kupferzeit überging (s. Abb. 1.1). Warum war gerade Kupfer das erste Material, das die Zivilisation der Europäer und Asiaten auf eine neue Stufe hob? Die Beantwortung dieser Frage beinhaltet verschiedene Aspekte hinsichtlich der Eigenschaften und natürlichen Vorkommen des Kupfers. Wie aus den in Tab. 1 zusammengestellten Eigenschaften ersichtlich ist, schmilzt Kupfer noch unter 1100 °C. Diese Temperatur war in Stein oder Tonöfen, deren Feuer mit Blasebälgen intensiviert wurde, leicht zu erreichen. Dagegen war es einige Jahrtausende lang nicht möglich, Eisen zu schmelzen. Aluminium kann durch einen Hochofenprozess nicht gewonnen werden, und die übrigen, damals zugänglichen Metalle (Blei, Zink, Zinn) sind, ganz abgesehen von der Seltenheit, zu weich, um für die Herstellung von Geräten und Waffen nutzbar zu sein. Durch die Entwicklung verschiedener Gusstechniken wurde es möglich, aus Kupfer Objekte in vielgestaltiger Form zu gießen. Dazu gehörten Schmuckperlen, Armreifen, Spangen, figürliche Objekte, Keile, Dolchklingen, Schwerter, Äxte sowie Pfeil- und Lanzenspitzen. Allerdings ist reines Kupfer kein sehr hartes, aber ein zähes (der Metallurge sagt „duktiles") Metall, das sich nicht dazu eignet, Waffen mit scharfen Schneiden oder harten Spitzen herzustellen. Erst der Zusatz anderer Elemente wie Arsen oder Zinn brachte in dieser Hinsicht einen Fortschritt (s. u.). Für die Herstellung von Messern und Waffen musste Kupfer daher lange Zeit mit aus scharfkantigen harten Steinen gefertigten Klingen oder Pfeilspitzen konkurrieren. Dies war einer der Gründe, warum der Übergang von Steinzeit zu Kupferzeit nur sehr langsam erfolgte.

Die Duktilität des Kupfers war andererseits ein großer Vorteil gegenüber Objekten, die aus Stein oder gebranntem Ton hergestellt wurden. Gleichgültig ob Schmuck, Kultobjekt oder Geschirr – Gegenstände aus Kupfer waren nicht zerbrechlich. Ferner ließ sich Kupfer leicht schmieden, nicht nur wie Eisen bei hohen Temperaturen, sondern schon bei Temperaturen unter 100 °C (sogenannte Treibarbeit). Daher konnten zahlreiche Gebrauchsgegenstände, wie Schalen, Schüsseln oder Becher, und Musikinstrumente, wie etwa Hörner, oder Schmuckobjekte, wie Armreifen oder Amulette, aus Kupferblech geformt werden.

Die Verwendung von Kupfer für Essgeschirr und Behältnisse zur Aufbewahrung von Lebensmitteln hatte zudem den Vorzug, dass das Metall, oder präziser seine Kationen Cu^{1+} und Cu^{2+}, für die meisten Mikroorganismen giftig sind. Die Gefahr, dass sich infektiöse Keime in Lebensmitteln oder Speiseresten anreicherten, war daher wesentlich geringer als bei Geschirr aus Ton oder Holz.

Ein weiterer Grund, warum die Menschen des Neolithikums am ehesten die Chance hatten, mit Kupfer Bekanntschaft zu machen als mit Eisen oder Zinn, war die Art der Kupfervorkommen. Kupfer ist eines der wenigen Metalle, das gediegen, d. h. in elementarer Form als Metall, in der Natur vorkommt. Diese Vorkommen an gediegenem Kupfer waren in Europa und Kleinasien zwar gering, aber sie ermöglichten zunächst einmal, die Eigenschaften von Kupfer kennenzulernen, ohne dass eine aufwendige Technologie zu seiner Gewinnung aus Erzen gefunden werden musste. Gediegenes Kupfer kam in enger Nachbarschaft von Obsidianlagerstätten vor, und Obsidian war im Neolithikum ein gesuchtes Material, da es Steinklingen und Schaber mit scharfen Kanten lieferte. Kupfer ist daher wohl zufällig bei der Suche nach Obsidian gefunden worden.

In dem Maße, wie die Menschen mit der beginnenden Kupferzeit lernten, aus Kupfererzen unterschiedlichster Art das Kupfermetall herzustellen, lernten sie auch, einige andere Metalle aus ihren Erzen freizusetzen, nämlich Blei und Zinn. Da sich beide Metalle mit Kupfer mischen (legieren) lassen, ergab

Tab. 1.1 Eigenschaften von Kupfer im Vergleich zu einigen anderen gebräuchlichen Metallen

Metall	Chemisches Symbol	Ordnungsnummer[x]	Schmelzpunkt	Dichte (g/cm^3)	Elektrische Leitfähigkeit (%)
Kupfer	Cu	29	1083	8,9	96
Silber	Ag	47	961	10,5	100
Gold	Au	79	1063	19,3	73
Aluminium	Al	13	660	2,7	62
Blei	Pb	82	327	11,3	?
Eisen	Fe	26	1536	7,9	17
Zink	Zn	30	420	7,1	31
Zinn	Sn	50	232	7,3	–

[x]Entspricht auch der Zahl der Protonen im Atomkern und Zahl der Elektronen

sich nun die Möglichkeit, durch systematisches Legieren in unterschiedlichen Mischungsverhältnissen die Eigenschaften des Kupfers gezielt zu modifizieren. Zunächst hatten die Steinzeitmenschen lernen müssen, dass die Eigenschaften des Rohkupfers, insbesondere die Härte, je nach Herkunft des Erzes etwas variierten. Maßgeblich waren dafür vor allem der Gehalt an Arsen und/oder Antimon, zwei Elemente, die in geringerer Menge oftmals in Kupfererzen vorhanden waren (s. u.). Arsen und Antimon ließen sich aber mit den Kenntnissen der Kupferzeit nicht rein herstellen, sodass eine kontrollierte Metallurgie nicht möglich war. Diese Option ergab sich erst mit der Verfügbarkeit von Blei und Zinn.

Blei wurde etwa ab 3500 v. Chr. in Kleinasien bekannt. Bleibarren aus der Zeit von 1000 v. Chr. mit denen Handel getrieben wurde, fanden sich bei Ausgrabungen in Kisb (Irak), Anau I (Turkmenistan) und Troja I (Kleinasien, Dardanellen). Ein Zusatz von wenigen Prozenten des niedrig schmelzenden Bleis (s. Tab. 1.1) zum Kupfer erniedrigte die Schmelztemperatur und verminderte die Zähigkeit der Schmelze. Das Gießen in kleine und enge Formen wurde dadurch verbessert, was insbesondere der Produktion von Schmuck zugute kam. Da Blei die Härte von Kupfer ebenfalls verminderte, war es für die Herstellung von Waffen als Zusatz ungeeignet. An dieser Stelle kam das Zinn ins Spiel.

Obwohl Zinn ein weiches, zähes Metall ist, das, wie aus Tab. 1.1 ersichtlich, noch niedriger schmilzt, kann eine Beimischung von Zinn zum Kupfer eine Legierung liefern, deren Härte diejenige des Kupfers merklich übertrifft. Legierungen aus Kupfer und Zinn werden im Deutschen mit dem Überbegriff Bronze bezeichnet, unabhängig von der Frage, auf welchen Anteil sich der Gehalt an Zinn beläuft. Zwar werden von manchen Autoren Blei-Kupfer-Legierungen als Bleibronze und Aluminium-Kupfer-Legierungen als Aluminiumbronze bezeichnet, doch sind diese irreführenden Begriffe nicht Allgemeingut und eine Zink-Kupfer-Legierung heißt auch nicht Zinkbronze, sondern Messing. Das deutsche Wort Bronze (englisch „bronze", französisch „bronze") leitet sich vom italienischen „bronzo" her. Dieser Begriff basiert auf dem lateinischen „aes brundisium", dem Metall (oder Erz) der Hafenstadt Brindisi. Diese Stadt hatte sich in der Antike zu einem Produktions- und Handelszentrum für Bronze entwickelt. Hier kreuzten sich Handelsrouten für Kupfer, Zinn und Bronze aus dem östlichen Mittelmeerraum, aus Nordafrika, aus Spanien und aus Ländern nördlich der Alpen.

Das Zinn, noch mehr als das Kupfer, lieferte dabei einen wichtigen Impuls für den Fernhandel. Während nach Beginn der Kupferzeit zahlreiche Kupferlagerstätten in Kleinasien und Europa entdeckt wurden (s. u.), waren nur wenige ergiebige Zinnlagerstätten bekannt, die weit auseinander lagen. Dazu gehörten Zinnbergwerke entlang der Seidenstraße in Asien, Zinnlager im Taurusgebirge (heutige Türkei) sowie einige wenig ergiebige Zinnlagerstätten im böhmischen Erzgebirge bei Graupen (Krupko). Für den Zinnbedarf der Bronzezeit und der Antike besonders wichtig waren die ergiebigen Zinnbergwerke in Cornwall sowie zahlreiche kleinere Zinnbergwerke im Nordwesten Spaniens. Auch Gold, Edelsteine, Weihrauch und Gewürze haben zum Fernhandel beigetragen (vor allem in der Antike und im Mittelalter, s. Kap. 3), waren in der Bronzezeit jedoch von geringerer Bedeutung. Der frühe Fernhandel konzentrierte sich vor allem auf die drei Materialien Bernstein, Zinn (einschließlich Bronze) und Kochsalz (s. Kap. 2). Eine eindrucksvolle Illustration der Handelsbeziehungen zur Bronzezeit lieferte die etwa 3600 Jahre alte Himmelsscheibe, die etwa um das Jahr 2000 bei Nebra in Thüringen gefunden wurde. Mittels der Analyse von Spurenmetallen und Isotopen konnte nachgewiesen werden, dass das Kupfer aus der Region Mitterberg bei Bischofshofen in Österreich stammt, das Zinn aus Cornwall und ein Teil des Goldes aus dem nördlichen Rumänien.

Mit der Erfindung der Bronze entwickelte die Menschheit erstmals eine gezielte Herstellung von Legierungen mit dem Ziel, die Eigenschaften des Metalls zu optimieren. Zusammen mit der Gewinnung von Kupfer, Zinn und Blei aus deren Erzen hat damit erstmals eine chemische Hochtechnologie einen Zivilisationssprung der Menschheit ausgelöst. Wie in Abb. 1.1 ersichtlich breiteten sich Kupfer- und Bronzezeit[1] von Anatolien ausgehend schritt-

---

[1] Der Begriff Bronzezeit wurde von dem dänischen Archäologen Christian Jürgensen Thomsen (1788–1865) um 1836 geprägt, als er die Frühgeschichte der Menschheit nach den bevorzugt verwendeten Materialien in Steinzeit, Bronzezeit und Eisenzeit gliederte.

weise nach allen Seiten aus und erreichten etwa um 1500 v. Chr. Skandinavien. Anfänglich variierte die Zusammensetzung der Bronze erheblich, da nicht überall und zu jeder Zeit genügend Zinn zur Verfügung stand. Schließlich wurden bevorzugt Legierungen mit etwa 10 % Zinn hergestellt, weil bei dieser Zusammensetzung ein Maximum an Härte und mechanischer Festigkeit auftritt. Sobald genügend Zinn vorhanden war, wurden fast alle Stein- und Kupfergeräte sowie Waffen durch Bronzegeräte ersetzt.

Der Übergang in die Eisenzeit verlief jedoch fließender. Eisen war für die Herstellung von Angriffswaffen und Panzerung das überlegene Material, für viele andere Anwendungen blieb jedoch Bronze vorteilhafter. Dafür waren vor allem zwei Gründe maßgeblich. Erstens ist Kupfer im Unterschied zu Eisen ein Edelmetall, und Bronze ist wesentlich weniger korrosionsanfällig als Eisen (die heutigen Edelstahle gab es damals noch nicht). Zweitens ließ sich Bronze leicht gießen. Bronze wurde daher durch alle Jahrhunderte zur Anfertigung von Kunstgegenständen aller Art verwendet, zur Herstellung von Musikinstrumenten sowie für Haushaltsgeräte. Türgriffe für Kirchen, Paläste und Villen sowie Beschläge von Möbeln wurden zwei Jahrtausende lang aus Bronze hergestellt. Das Gießen von Glocken und Kanonen führte ab dem Mittelalter zu einem neuerlichen Höhepunkt des Bronzebedarfs. Der dritte Boom kam für Kupfer mit der technischen Verfügbarkeit von Elektrizität. Wie aus Tab. 1.1 ersichtlich verfügt Kupfer neben Silber über die höchste elektrische Leitfähigkeit aller Metalle, Kupfer ist daher auch für unserer heutige Zivilisation ein Basismaterial ähnlich wie zur Kupfer- und Bronzezeit.

Erze und Erzlagerstätten der Bronzezeit und Antike

Der Begriff Erz ist in der Umgangssprache nicht klar definiert, und deshalb soll hier eine kurze Erklärung folgen. Metalle kommen, wie schon erwähnt, nur in seltenen Fällen gediegen, d. h. als annähernd reines Element, in der Natur vor. Weit über 99 % aller Metallvorkommen bestehen aus chemischen Verbindungen der Metalle mit anderen Atomen, und zwar vorzugsweise mit Sauerstoff oder Schwefel. Eine reine Metallverbindung (die meist auch als Metallsalz definiert werden kann, s. Kap. 2) nennt man Mineral. Erze bestehen normalerweise aus einer Kombination verschiedener Mineralien, wobei eines der Mineralien mehr oder minder stark dominiert. Im folgenden Text sollen verschiedene Kupfer- und Zinnmineralien sowie deren während der Bronzezeit und Antike abgebauten Lagerstätten vorgestellt werden.

Hinsichtlich der Lagerstätten und der darin enthaltenen Mineralien ist es sinnvoll, eine Unterteilung in primäre und sekundäre Lagerstätten zu treffen. Primäre Lagerstätten ergaben sich beim Abkühlen der Magma und blieben von weiteren chemischen Veränderungen verschont. Die sekundären Lagerstätten entstanden aus den primären durch chemische Veränderungen, und zwar insbesondere durch Einwirkung von Sauerstoff und Wasser, manchmal unter Beteiligung von Kohlendioxid (CO_2) oder Schwefeldioxid (SO_2). Kupfer bildet schwerlösliche auch thermisch stabile Sulfide, sodass Kupfer in primären Lagerstätten typischerweise als Sulfid vorkommt. Da auch Eisen, Blei, Zinn, Arsen, Antimon und Silber stabile Sulfide bilden, befinden sich Kupfersulfide stets in der Gesellschaft dieser Metalle. Die häufigsten Kupfermineralien in primären Lagerstätten sind der Kupferkies, $CuFeS_2$ und der Buntkupferkies Cu_5FeS_4 (auch Variationen wie Cu_3FeS_3 und Cu_9FeS_3 sind möglich). Dazu kommen die sogenannten Fahlerze, die Kupfer zusammen mit Arsen, Antimon und Schwefel enthalten. Diese Kupfersulfide werden begleitet von Bleiglanz (PbS), Zinkblende (ZnS), Pyrit (Markasit) (FeS_2) oder Magnetkies (FeS).

Wenn Sauerstoff und Wasser auf eine primäre Lagerstätte einwirken, dann werden zuerst die reaktionsfähigeren Eisensulfide oxidiert und die schwereren Kupfersulfide, die dabei entstehen, setzen sich in der unteren Hälfte der Lagerstätte ab. Es sind dies der Kupferglanz (CuS_2) und der Kupferindig (CuS). Die weitergehende Oxidation liefert dann sauerstoffhaltige Mineralien, die in einheitlicher Ausformung als Halbedelsteine Beachtung fanden und finden. Es sind dies der grüne Malachit ($Cu(OH)_2CO$), der blaugrüne Türkis ($CuAl(OH)_6(PO_4)_4 + 4H_2O$) und der blaue Azurit ($Cu_3(OH)_2(CO_3)_2$). Da Reaktionen von Kupfersalzen mit Sauerstoff und Wasser immer zu grünen oder bläulichen Farben Anlass geben, war es für die Menschen der Kupfer- und Bronzezeit relativ leicht, Oberflächen nahe Sekundärlagerstätten an der Verfärbung des Bodens zu erkennen.

Die am frühesten genutzten Kupferlagerstätten befinden sich nach heutigem Wissen in Anatolien, wo in Schlacken aus geschmolzenen Kupfererzen Kupferperlen gefunden wurden, deren Fundschichten in die Zeit um 7000 v. Chr. datiert werden konnten. Frühe neolithische Kupferbergwerke sind außerdem von Timna auf der Halbinsel Sinai (bei Eilat) bekannt. Hier reichten die ältesten Abbauaktivitäten in die Zeit um 4000 v. Chr. zurück. Ebenfalls am Rande Europas liegend, nämlich am Südende des Ural, wurden in neuester Zeit zahlreiche prähistorisch abgebaute Sekundärlagerstätten von Kupfererzen entdeckt. Die bislang bekannteste Siedlung dieser Gegend ist die sogenannte Spiralstadt Arkaim, doch sind zahlreiche Siedlungshügel noch nicht untersucht worden.

Ein ergiebiges und prähistorisch genutztes Gebiet mit Lagerstätten verschiedener Metalle sind die an das Schwarze Meer grenzenden südlichen Abhänge des Kaukasus. Diese von den Griechen Kolchis genannte Landschaft war in der Antike vor allem für ihren Reichtum an Gold bekannt. Davon kündet die sogenannte Argonautensage, die nach dem „Expeditionsschiff" Argo und seiner Mannschaft benannt ist. Laut dieser in der Bronzezeit angesiedelten Sage sollten der Königssohn Jason und seine Freunde das „Goldene Vlies" aus Kolchis nach Griechenland bringen. Hinter dem Begriff „Goldenes Vlies" versteckt sich höchstwahrscheinlich eine damals (und später) gebräuchliche Methode der Goldgewinnung. Ein Schaf- oder Widderfell wurde in einen Goldsand führenden Bach oder Strom gelegt oder goldhaltiger Sand auf ein Fell aufgetragen und im fließenden Wasser abgewaschen. Das spezifisch schwere Gold blieb dabei im Fell hängen, während der leichtere Sand weggewaschen wurde.

Der wohl bedeutendste Kupferlieferant für das östliche Europa und das östliche Mittelmeer war in der Bronzezeit und in der Antike die Insel Zypern, die über mehrere Bergwerke verfügte. Die Römer nannten Kupfererze und Rohkupfer zunächst „aes cyprium", später vereinfacht „cuprum", und von diesem Namen stammt das chemische Symbol Cu (s. Tab. 1.1). Auch die anderen chemischen Symbole der hier diskutierten Metalle stammen von ihren lateinischen Namen: für Zinn Sn von „stannum", für Eisen Fe von „ferrum", für Blei Pb von „plumbum", für Silber Ag von „argentum" und für Gold Au von „aurum". Kupferlagerstätten gab es auch auf Kreta, doch waren diese von geringer Bedeutung.

Kenntnisse über Lagerstätten und die Kupfergewinnung gelangten im Neolithikum auf zwei Wegen nach Süd- und Mitteleuropa: einerseits über Rumänien und die Slowakei, andererseits über die Balkanländer. Die Erzlagerstätten im böhmischen und sächsischen Erzgebirge sowie die Erz führenden Berghänge in den östlichen Alpen wurden als erste in diese Entwicklung involviert. Dabei erbrachte die Forschung der letzten dreißig Jahre neue Erkenntnisse, die eine Korrektur des Ausbreitungsschemas von Abb. 1.1 erfordern. Dieses Schema repräsentiert den Kenntnisstand von 1970 und unterschätzt offensichtlich in manchen Regionen Europas den Beginn der Kupferzeit. So müssen die Anfänge der Kupfergewinnung in kleinen Mengen in den ältesten „Bergwerken" des Balkans (Maidanpek in Serbien, Aibuna und Budna Glawa in Bulgarien sowie in Albanien) auf etwa 4000 v. Chr. vorverlegt werden. Auch in der Slowakei scheint die Ausbeutung von Kupferlagerstätten schon um diese Zeit begonnen zu haben.

Überraschenderweise wurden auch kupferhaltige Schlacken aus der Zeit von 4000 v. Chr. in jüngster Zeit im Inntal gefunden, nämlich in Mariahilfsbergl nahe Brixlegg. Allerdings gibt es noch keine Beweise dafür, dass um diese Zeit auch wirklich schon eine nutzbare Produktion von Kupfer stattgefunden hat. Die Funde von Buchberg im Inntal, die eine lückenlose Entwicklung der Metallurgie dokumentieren, zeigen einen späteren Beginn der Kupferproduktion an. In diesem Zusammenhang sind auch Kupfer und Bronzeobjekte von Interesse, die am Ufer des Bodensees gefunden wurden. Für die ältesten Fundstücke konnte in der chemischen Zusammensetzung gezeigt werden, dass das Kupfer aus Serbien oder der Slowakei importiert wurde. Das heißt, in der ersten Phase der Kupferzeit gab es noch einen Fernhandel, aus dem südöstlichen Ausland, da die Kenntnis zur Nutzung der näher gelegenen Lagerstätten in den Ostalpen noch nicht ausreichte. Erst mit Beginn der Bronzezeit waren die „Bergleute" und „Metallurgen" in den Ostalpen und im Erzgebirge in der Lage, Süddeutschland hinreichend mit Kupfer zu versorgen. Darüber hinaus gab es jedoch den Fernhandel nach West- und Norddeutschland, wo in prähistorischer zeit keine Kupferlagerstätten erschlossen waren. Zwar gab es später einen Kupferbergbau im Mansfelder- und Südharz-Gebiet sowie im Sauerland und im Saargebiet, jedoch lassen sich die ältesten Schlacken aus Düna (Südharz) nur bis ins 2./3. Jahrhundert n. Chr. datieren.

Norddeutschland wurde vielleicht auch per Schiff aus Kupferminen in England versorgt. Es gab zumindest zwei große, prähistorisch genutzte Kupferminen in Wales, nämlich bei Anglesey sowie die „Great Orme Mines" etwa 100 km nördlich von Liverpool. Der letztgenannte Platz beansprucht, die größte für Touristen zugängliche, prähistorische Kupfermine der Welt zu sein. Von diesen Minen aus wurde wiederum ganz Großbritannien mit Kupfer versorgt. Kupferbergbau gab es auch in Südfrankreich, z. B. bei Cabrieres. Ferner gab es prähistorische Kupferminen in Portugal. Die weitaus ergiebigsten Lagerstätten Südwesteuropas befanden sich jedoch in der Nordwestecke Spaniens, im Süden bei Salamanca und Zamora beginnend bis hinauf nach La Coruňa. In diesem Areal gab es zahlreiche „Bergwerke" und in prähistorischer Zeit sowie in der Antike wurden hier neben Kupfer vor allem Zinn, Silber, Blei und Zink gewonnen. Von diesen Bergwerken des Nordwestens aus wurde ganz Spanien mit Kupfer versorgt und über die Hafenstädte der Mittelmeerküste wurden auch Anrainerstaaten des westlichen Mittelmeeres bedient. Insgesamt kann man nun sagen, dass nutzbare Kupferlagerstätten zur prähistorischen Zeit deutlich häufiger anzutreffen waren als Zinnminen, aber bn einzelnen Ländern wie in Deutschland musste Kupfer doch über Hunderte von Kilometern transportiert werden, um alle Verbraucher zu erreichen.

Im Falle von Zinn war das Zinnoxid (SnO_2), Kassiterit genannt, das weit überwiegend abgebaute Mineral. Da Zinndioxid farblos ist, waren Zinnerz-

Lagerstätten in prähistorischer Zeit schwieriger zu entdecken als Kupferlagerstätten. Wie schon erwähnt, liegen die wenigen Zinnminen Europas weit entfernt voneinander, und zu Beginn der Bronzezeit war nicht jede Region Europas hinreichend mit Zinn versorgt. Die für etwa drei Jahrtausende ergiebigsten Lagerstätten West- und Mitteleuropas lagen in Cornwall, und das hatte die Konsequenz, dass schon in der Bronzezeit Schiffe aus dem Mittelmeer an Englands Küste auftauchten und den Namen „Zinninseln" in die Welt trugen. Das Eisen verdrängte zwar die Bronze für die Herstellung von Waffen und harten Werkzeugen, aber bei Römern und Kelten bestand ein hoher Bedarf an Bronze für die Herstellung der billigsten Münzen sowie für die Herstellung von Statuen und Kunstgegenständen aller Art.

Als nach 1400 n. Chr. mehr und mehr Zinn liefernde Bergwerke in den Ostalpen und im Erzgebirge erschlossen wurden stand so viel Zinn zur Verfügung, dass nicht nur Tausende von Glocken und Kanonenrohre aus Bronze gegossen werden konnten, sondern dass nun auch Zinn allein für Kunsthandwerk sowie für die Herstellung von Geschirr und Küchengeräten verwendet werden konnte. Dazu kam die Verwendung für Orgelpfeifen. Ferner wurde das Verzinnen von Eisenblech erfunden, um Eisen gegen Rost zu schützen. Diese Anwendung, heutzutage Weißblech genannt und für Konservendosen im Einsatz, hat sich bis ins 21. Jahrhundert erhalten. Dennoch hat Zinn nach dem Ersten Weltkrieg drastisch an Bedeutung verloren, während Kupfer nach wie vor ein materielles Standbein unserer Zivilisation geblieben ist.

Literatur

Gisela Graichen, Alexander Hese „Die Bernsteinstraße:Verborgene Handelswege zwischen Ostsee und Nil", Rowohlt, Reinbeck, 2011
Bennjamin Serbe, Bernstein in der Bronzezeit, Sidestone Press, Leiden, 2015
Chronologische Entwicklung der Bernsteinstraßen.
Karl Prior „Eigenschaften des Kupfers" in „Kupfer" Norddeutsche Affinerie (Aurubis AG) 1966, Kapitel 1
Alfred Schroeder „Vorkommen des Kupfers in der Natur" in „Kupfer", Norddeutsche Affinerie (Aurubis AG) 1966, Kapitel 2
E. Kraume „Lagerstätten der Kupfererze" in „Kupfer", Norddeutsche Affinerie (Aurubis AG) 1966, Kapitel 3
R. E. Tylcote „Überblick über die Geschichte der Kupfergewinnung" in „Kupfer", Norddeutsche Affinerie (Aurubis AG) 1966, Kapitel 4
E. Preuschen „Über die frühe Kupfergewinnung in den österreichischen Alpen" in „Kupfer", Norddeutsche Affinerie (Aurubis AG) 1966, Kapitel 5

R. Pittoni „Zur kulturhistorischen Bedeutung der urzeitlichen Kupfergewinnung" in „Kupfer", Norddeutsche Affinerie (Aurubis AG) 1966, Kapitel 6

Ch. Bartoli „Das Erzbergwerk am Rammelsberg", Preussag AG, Goslar 1988

G. Weisgerber, E. Pernicka „Oremining in prehistoric Europe: A short overview" in „Prehistoric Gold in Europe" /G. Morteani and J. P. Northover, eds.), Kluver Academic Publishers, Amsterdam, 1995, pp 159–182

B. Höppner, M. Bartelheim, M. Huismans, R. Kraus, K.-P. Martinek E. Pernicka, R. Schwab, "Prehistoric Copper Production in the Inn Valley (Austria), and the Earliest Copper in Central Europe",Archaeometry 47 (2), 2005, 293–315

Der Ochsenweg in Schleswig Holstein, https://www.bueroording.de/projectsite/ochsenweg/weg.html

Das Erzgebirge, https://geodienst.de/erzgebirge.htm

Wiehrauch: https://de.wikipedia.org/wiki/Weihrauch

Zinn: https://de.wikipedia.org/wiki/Zinn

Bronze, https://de.wikipedia.org/wiki/Bronze

Römischer Kupferbergbau in Deutschland, https://server02.is.uni-sb.de/huette/de/merkw/emilianus.php

2

Kochsalz und Städtegründungen

Inhaltsverzeichnis

Was ist Kochsalz und wozu ist es nützlich?

Kochsalz war über Jahrtausende eine äußert wertvolle und vielgehandelte „Chemikalie", die, wie unten ausführlich dargelegt, zum Erblühen oder zur Gründung zahlreicher Städte im deutschen Sprachraum beigetragen hat. Kochsalz trug daher zu Recht Jahrhunderte lang den Beinamen „Weißes Gold". Unter dem Begriff Salz versteht der Chemiker alle chemischen Verbindungen, die auf einer regelmäßigen räumlichen Anordnung (Kristallgitter) von positiv und negativ geladenen Atomen (Kationen bzw. Anionen) bestehen. Das vorliegende Kapitel behandelt nun ein spezielles Salz, das im Alltag als Kochsalz und in der Chemie als Natriumchlorid bezeichnet wird. Der chemische Name drückt aus, dass Kochsalz aus positiv geladenen Atomen (Kationen) des Elementes Natrium und aus negativ geladenen Atomen (Anionen) des Elementes Chlor besteht. Dementsprechend kann man Kochsalz durch Reaktion von Natrium, einem weichen Metall, mit Chlorgas herstellen (eine heftige Reaktion mit Flammenbildung), aber diese Synthese wie auch andere

Herstellungsverfahren sind für eine industrielle Produktion zu teuer, und daher wird und wurde Kochsalz immer aus natürlichen Vorkommen gewonnen.

Die Wertschätzung, die Kochsalz im Lauf der Jahrtausende erfahren hat, basiert auf drei Gründen. Erstens ist Kochsalz ein lebenswichtiger Bestandteil des menschlichen Stoffwechsels. Eine ausführliche Besprechung aller biochemischen und medizinischen Aspekte soll hier vermieden werden, aber drei Zusammenhänge sollten zur Sprache kommen.

Ein ausreichend hoher Salzgehalt fördert die Leistungsfähigkeit des ganzen Organismus und insbesondere auch die des Herzmuskels. Eine Verminderung dieser Leistungsfähigkeit nimmt jeder wahr, der z. B. durch eine mehrtägige Durchfallerkrankung einen deutlichen Verlust an Kochsalz und anderen Salzen (sogenannten Elektrolyten) erfährt. Ferner ist ein gewisses Maß an Natrium- und Kalium-Ionen für die Weiterleitung von Nervenimpulsen verantwortlich. Ohne Kochsalz bekäme das Gehirn keine Schmerzen gemeldet, könnte aber auch keine Befehle an die Muskulatur erteilen. Die Chloridionen des Kochsalz sind außerdem erforderlich für die Produktion von Salzsäure im Magen, und diese Salzsäure wird in Kombination mit Enzymen wie Pepsin zur Verdauung von Eiweiß (Protein) benötigt.

Die Wertschätzung von Kochsalz beruht ferner auf der Geschmacksverbesserung, die es vielen Speisen zukommen lässt. Diesen Effekt kann man natürlich so deuten, dass die Natur allen Nahrungskomponenten, die für unsere Gesundheit und Wohlbefinden von Bedeutung sind, einen „guten Geschmack" mitgegeben hat, damit sie auch gerne gegessen werden. Allerdings steigert ein Überschuss an Kochsalz nicht die Gesundheit, sondern belastet die Nieren, die diesen Überschuss wieder beseitigen müssen. Der Körper eines Erwachsenen enthält je nach Gewicht 150 bis 300 g Kochsalz, wovon 40–50 g im Blut zirkulieren (9 g/L). Der normale Verlust durch Schwitzen und Verdauung liegt bei 3 bis 6 g pro Tag, die aus der Nahrung nachgeliefert werden müssen.

Heutiges Speisesalz kann reines Natriumchlorid sein, mehrheitlich enthält es jedoch Zusätze mit ganz unterschiedlicher Funktion. So können zur Verbesserung der Rieselfähigkeit Calciumcarbonat (Kalk), Magnesiumcarbonat, Aluminiumoxid oder Silikate zugesetzt sein. Geringe Mengen an Jod(-Ionen) dienen der Vorsorge gegen Kropfbildung, und Fluorid-Ionen können enthalten sein, um Zähne gegen Kariesbefall zu schützen. Für Pökelfleisch sind geringe Zusätze (0,4 bis 0,5 %) an Natriumnitrit üblich, um die Haltbarkeit des Fleisches und seine rötliche Farbe zu verbessern. Nicht wenige Deutsche scheinen zu glauben, dass ungereinigtes Ursalz, wie z. B. Himalaya-Salz, besonders gesund ist, etwa durch den Gehalt an Spurenelementen. Dieser Gehalt ist jedoch so gering, dass er gegenüber der übrigen Nahrungsaufnahme keine Rolle spielt. Auch im ungereinigten Meersalz sind keine gesundheitsfördernden Bestandteile enthalten, die wir nicht auch mit der übrigen Nahrung zu uns nehmen. Hier dominiert oft Wunschdenken und Wunderglaube über wissenschaftliche Analysen.

Ein erheblicher Bedarf an Kochsalz ergab sich vor der Erfindung von Kühlschränken und Tiefkühltruhen, durch Haltbarmachung von Fisch und Fleisch mittels Einlegen in konzentrierte Salzlösungen. Der Erfolg dieses „Pökelns" beruht darauf, dass Schimmelpilze und Bakterien in konzentrierter Kochsalzlösung nicht überleben können. Die Verfügbarkeit von gepökeltem Fisch war eine wesentliche Voraussetzung für die Ausweitung und Intensivierung von Schifffahrt und Seehandel ab dem frühen Mittelalter. Die Entstehung und Ausbreitung der Hanse-Organisation im Ostsee und Nordseeraum gehört in diesen Zusammenhang. Dementsprechend war die Belieferung der Hafenstädte mit Salz aus dem Landesinneren eine wichtige Triebfeder für den Ausbau der Salzgewinnung und für die Intensivierung des Salzhandels. Aber auch im Landesinnern, besonders im katholischen Süddeutschland, wurden während der Fastenzeit große Mengen an gesalzenem Fisch benötigt, der im Gegensatz zu Fleisch auch während der Fastenzeit verzehrt werden durfte. So gab es also hinreichend Gründe für die Jahrtausende lange hohe Wertschätzung des Kochsalzes. Nach 1830 kam es in Deutschland, aber auch in anderen Ländern Europas, zu einem drastischen Verfall des Salzpreises, der schließlich dazu führte, dass rohes Salz im 20. Jahrhundert sogar zum Streuen auf vereisten Straßen verwendet wurde. Die Gründe für diesen Preissturz sind mannigfach. So kam es 1834 zum deutschen Zollverein, welcher die Reduzierung oder Beseitigung von Zöllen zwischen den deutschen Königreichen und (Duodez-)Fürstentümern bewirkte. Es folgte 1866 die Eingliederung vieler Salinen in den norddeutschen Bund mit der Beseitigung der örtlichen Salzmonopole. Nach der Reichsgründung fielen dann alle Binnenzölle im Deutschland weg. Der nach 1836 einsetzende Ausbau eines deutschen Eisenbahnnetzes verbilligte den Transport des Salzes erheblich. Die Erfindung des Dampfschiffes führte zu einem ständigen Anwachsen der Handelsflotten, sodass auch der Import von billigem Meersalz ständig zunahm. Mit der Ausbreitung der Elektrizität und der Erfindung des Kühlschrankes sowie mit Erfindung und Produktion spezieller Konservierungsmittel wurde der Bedarf an Salz für das Haltbarmachen von Speisen drastisch reduziert. So wurde das „Weiße Gold" trotz eines steigenden Bedarfs der chemischen Industrie letztlich zu einer der billigsten „Chemikalien".

Zum Abschluss dieses Abschnittes soll auf Ursprung und Bedeutung der Worte Salz und Hal(l) kurz eingegangen werden. Betrachtet man die nichtslawischen Sprachen der europäischen Nachbarländer, so findet man das Wort „hals" im Altgriechischen, „sal" im Lateinischen, „sal" im Spanischen, „sel" im Französischen, „salt" im Englischen und auch „salt" im Schwedischen. Da Spanisch und Französisch fast gänzlich und Englisch teilweise vom Lateinischen abstammen, ist die Ähnlichkeit der Worte nicht verwunderlich. Die Ähnlichkeit zwischen Deutsch, Latein, Schwedisch und Altgriechisch lässt jedoch den Schluss zu, dass es eine gemeinsame indogermanische Sprachwurzel gibt. Für die Silbe Hal(l) wird im älteren Schrifttum ohne Beweisführung kolportiert, dass es sich um das keltische Wort für Kochsalz handele. Die Silbe Hal(l) findet sich jedoch fast nur in Ortsnamen des deutschen Sprachraumes (s. u.) und es besteht im neueren Schrifttum Übereinstimmung, dass damit eine Saline bezeichnet wird. Stellt sich noch die Frage der keltischen Herkunft.

Gegen eine solche Zuordnung sprechen mehrere Argumente. Bei Reichenhall (und Hallein) taucht der Name erst im 12. bzw. 13. Jahrhundert auf, nach einer über tausendjährigen lateinischen Namensgebung (salina, ad salinas). Bei Bad Harzburg wurde 1596 eine neue Salzquelle entdeckt und Juliushall genannt, obwohl es keinen Bezug zu einer keltischen Siedlung oder keltischen Ortsnamen gibt. Analog wurde eine bei Grone (Göttingen) 1850 erstmals angebohrte Solequelle ohne jeden keltischen Bezug Louisenhall getauft. In weiten keltischen Siedlungsgebieten wie dem Südwesten und Westen Frankreichs oder Großbritanniens gibt es keine „Hal(l)namen" für Salinen. Die Ähnlichkeit der Silbe Hal(l) mit dem altgriechischen „hals" legt nahe, dass Salz und Hal denselben indogermanischen Ursprung haben.

Die Gewinnung von Kochsalz

Die Verfahren zur technischen Gewinnung von Salz lassen sich in drei Gruppen (Kategorien) unterteilen. Da wäre erstens das Meerwasser zu nennen, das die weltweit größte Reserve an Kochsalz darstellt. Zweitens sind Salinen zu erwähnen, d. h. Orte im Landesinneren, an denen Salzlösungen (Sole) im Boden unterirdisch fließen oder als Solequellen aus dem Boden austreten. Drittens, und am wenigsten häufig in Mitteleuropa zu finden, sind Lagerstätten zu nennen, in denen festes, kristallines Kochsalz im Boden bzw. im Felsen vorliegt. Das Gewinnen von Kochsalz aus wässrigen Lösungen, gleichgültig, ob es sich um Meerwasser oder Sole handelt, erfolgt stets so, dass das Wasser durch Erhitzen verdunstet wird, bis das Salz auskristallisiert. Länder in warmen Klimazonen mit hoher Sonneneinstrahlung können, flache Strandpartien vorausgesetzt, das Kochsalz durch Verdunsten von Meerwasser besonders billig produzieren. Dennoch hat Meersalz über drei Jahrtausende hinweg keinen nennenswerten Beitrag zur Versorgung des deutschen Sprachraumes geleistet. Der Import von Meersalz begann erst im Zusammenhang mit dem allgemeinen Wirtschaftsaufschwung nach den napoleonischen Kriegen allmählich zuzunehmen. Dahingegen waren die Salzgärten von Ibiza seit der Antike der wichtigste Salzlieferant für die Länder Süd- und Westeuropas.

Meersalz besitzt einen Gesamtgehalt an Salzen von etwa 3,5 Gewichtsprozent. Etwa zwei Drittel dieses Salzgehaltes sind Kochsalz. Daneben sind vor allem die positiven Ionen der Elemente Magnesium und Calcium vorhanden. Diese Metall-Ionen sind zwar gesund und werden in der menschlichen Nahrung benötigt, sie haben jedoch neben einer Veränderung des Salzgeschmackes den Nachteil, dass ihre Anwesenheit das Kochsalz hygroskopisch macht. Das bedeutet, dass das mit Magnesium und Calcium verunreinigte Kochsalz aus der Luft Wasser anzieht und dann zum „Klumpen" neigt, was auf reines Natriumchlorid nicht zutrifft. Ferner enthält Meerwasser neben den erwünschten (elektrisch negativen) Chlorid-Ionen auch geringe Mengen an Sulfat-Ionen (Anionen der Schwefelsäure), die zusammen mit den Magnesium- und Calcium-Ionen dem Meerwasser seinen charakteristischen bitteren Geschmack verleihen. Zur Gewinnung von Speisesalz aus Meerwasser genügt es daher nicht, das Wasser vollständig abzudampfen, sondern die unerwünschten Begleitsalze müssen auch entfernt werden. Zu diesem Zweck wird das Eindampfen gestoppt, wenn der größte Teil des Kochsalzes auskristallisiert ist, und dieses wird von der restlichen Lösung getrennt. Die besser löslichen Magnesium- und Calciumsalze werden auf diese Weise weitgehend weggewaschen. Eine weitere Reinigung des Kochsalzes kann dann auf analoge Weise durchgeführt werden. Das rohe Kochsalz wird nochmals gelöst und diese Lösung wieder weitgehend eingedampft. Das dabei auskristallisierte reinere Kochsalz wird danach wieder von der verunreinigten Restlösung abgetrennt. Diese Reinigungsmethode nennt der Chemiker „Umkristallisieren" oder Reinigung durch fraktionierte Kristallisation.

Die Gewinnung von Kochsalz aus Sole, d. h. aus Salzlösungen, die aus dem Erdboden austreten oder bei Bergbauvorkommen unter Tage angetroffen werden, erfolgte ähnlich wie im Falle des Meerwassers. Das Wasser wurde abgedampft, wofür sogenannte Sudpfannen verwendet wurden. Diese mussten mit Holz oder anderen Brennstoffen geheizt werden, was den Gewinnungsprozess erheblich verteuerte. Dazu kam, dass die Sudpfannen selbst keine billigen Gebrauchsgegenstände waren, weil die heißen Salzlösungen chemisch sehr aggressiv sind. Sowohl Eisen als auch Keramikmaterialien waren für einen Dauergebrauch nicht widerstandsfähig genug. Sudpfannen bestanden daher häufig aus Blei, was wiederum zwei andere Nachteile mit sich brachte. Blei ist ein Metall mit einem relativ niedrigen Schmelzpunkt (327 °C), sodass bei Überhitzung ein Teil der Pfanne wegschmolz oder Löcher bekam. Die Sudpfannen hatten je nach Material und Saline Größen zwischen 1,0 × 1,0 m und 2,5 × 2,5 m mit einer Randhöhe um 20 cm. Meist wurde eine Kombination von zwei Pfannen eingesetzt, wobei die erste Pfanne bei starkem Feuer eine rasche Konzentration der Sole bewirkte, während die zweite Pfanne bei schwachem Feuer das langsame Auskristallisieren des Salzes bewirkte. Der Sudmeister hatte daher darauf zu achten, dass die Lehrlinge und Gesellen seiner Arbeitsgruppe den Beheizungsvorgang sachgerecht durchführten. In Fundorten mit relativ hohem Salzaufkommen wie in Halle oder Lüneburg wurde die Salzgewinnung in Sudhäusern durchgeführt, und die mit der Durchführung befassten Pfänner waren wie eine Zunft organisiert. Wenn sie auf eigene Rechnung arbeiten konnten, wurden sie meist wohlhabend und gehörten dem Patriziat einer Stadt an.

Seit dem Ende des 16. Jahrhunderts wurde die Salzgewinnung aus Sole wesentlich effizienter gestaltet, indem die meisten Salinen dazu übergingen, sogenannte Gradierwerke zu errichten und in Betrieb zu nehmen. Die Aufgabe eines Gradierwerkes bestand darin, eine Salzlösung niedriger Konzentration auf einen höheren Konzentrationsgrad zu bringen. In Abhängigkeit von Temperatur und Zusammensetzung des Salzes lag die Obergrenze der Konzentration bei etwa 25 %, da bei höherer Konzentration das spontane Auskristallisieren des Salzes einsetzte. Das Einbringen einer höher konzentrierten Sole in die Sudpfannen verringerte nicht nur die Siededauer, sie reduzierte, was wichtiger war, den Verbrauch an Brennmaterial. Als Bauwerk betrachtet, waren Gradierwerke lange schmale und hohe Holzgerüste, die mit einem Dach bedeckt waren, damit die Sole nicht durch Regen verdünnt wurde. Typischerweise waren Gradierwerke 100 bis 300 m lang, 15 bis 17 m breit und 16 bis 20 m hoch. Die Sole wurde in eine Leitung auf höchstmöglichem Niveau gepumpt und rieselte von dort über zahlreiche Reisigbündel nach unten, wo sie wieder eingesammelt wurde. Aufgrund der großen Oberfläche während des Herabrieseln verdunstete ein Teil des Wassers. Da aus einer Salzlösung Wasser aber langsamer verdunstet als reines Wasser, waren meist drei oder mehr Durchgänge notwendig, um die gewünschte Konzentration zu erreichen. Die chemische Aggressivität der Salzlösungen brachte es mit sich, dass nur wenige Reisigsorten für den Dauerbetrieb infrage kamen. Schlehdorn, auch Schwarzdorn genannt, wurde für die Ausstattung der Gradierwerke bevorzugt verwendet. In Bad Sooden-Allendorf oder in Bad Salzuflen wurde der Aufbau eines neuen Gradierwerks nach alten Plänen als Touristenattraktion in Szene gesetzt. In einigen anderen Salinen sind noch alte Gradierwerke erhalten und zu besichtigen.

Salzvorkommen, bei denen das Kochsalz in kristalliner fester Form im Boden vorlag, sind und waren im deutschen Sprachraum selten. Die wirtschaftlich und historisch bedeutsamen Salzlagerstätten, aus denen Steinsalz gefördert wurde, befanden sich im Salzkammergut und im Salzlandkreis südlich von Magdeburg. Das Kochsalz wurde hier bergmännisch abgebaut, d. h. mit Hammer und Pickel aus dem Felsen gebrochen. Sofern dieses Salz gereinigt wurde, erfolgte die Reinigung, wie zuvor beschrieben, durch Auflösen und Umkristallisieren.

Wo wurde Salz gefördert?

An dieser Stelle sollen die neun wichtigsten Orte, an denen im deutschen Sprachraum Salz gefördert wurde, vorgestellt werden. Dabei soll ein kurzer Blick auf Geschichte und Umfang der Salzförderung geworfen werden, sofern die Quellenlage dies zulässt. Die meisten kleineren Salinen sind in Tab. 2.1 zusammengefasst. Die Aufzählung der Salinen ist geografisch ausgerichtet und beginnt im Süden, wo Jahrhunderte lang die ergiebigsten Salinen existierten (und noch existieren). Die Aufzählung schreitet dann im Uhrzeigersinn über West- und Norddeutschland nach Ostdeutschland weiter.

Hallstadt

Hallstadt und seine Umgebung gehören zum UNESCO Weltkulturerbe und sind, zumindest für geschichtlich interessierte Reisende, eine europäische Touristenattraktion ersten Ranges. Dafür gibt es drei Gründe, die allerdings einen inneren Zusammenhang besitzen. Da ist erstens ein Gräberfeld, in dem etwa 4000 keltische Einwohner dieses Gebietes begraben wurden. Da ist zweitens das älteste Salzbergwerk Europas, und drittens ist da der „Mann im Salz".

Das Gräberfeld, an einem Steilhang oberhalb des heutigen Ortes angelegt, beinhaltet die Gebeine von keltischen Ureinwohnern aus der Zeit 850–400 v. Chr. In diesen Gräbern fanden sich zahlreiche, hinsichtlich Vielgestaltigkeit und künstlerischem Niveau überaus beeindruckende Grabbeigaben. Obwohl kein Fürstengrab herausragt. Diese seit 1845 nach und nach ausgegrabenen Funde erlaubten eine annähernd vollständige Charakterisierung des kulturellen und zivilisatorischen Niveaus der keltischen Bevölkerung der frühen Eisenzeit. Aus diesem Sachverhalt ergab sich die Bezeichnung „Hallstattkultur" als feststehender Begriff für diese keltische Kultur der Jahre 850/800

Tab. 2.1 Ortschaften mit Salzgewinnung von Süden über Westen nach Norden und Osten aufgelistet

Ortschaften (Lage)	Salzförderung seit	Kommentar
Bad Dürrheim (Baden)	Salzgew. ca. ab 1823	Ab 1883 Badebetrieb, Saline nach 1975 stillgelegt
Bad Rappenau (Baden)	Salzgew. ca. ab 1622	Ab 1835 auch Badebetrieb, Saline wohl nach 11872 aufgegeben
Ad Orb (Hessen)	Salzgew. schon durch die Kelten	Ab 1835 auch Badebetrieb, Salzgew. bis ins 21. Jahrhundert für Touristen
Bad Soden (Hessen)	Erste urkdl. Erwähnung 1191	Ab 1701 Badbetrieb
Bad Sooden-Allendorf	Ab 716 urkdl. erwähnt	Ab 1881 Badbetrieb, Salzgew. ab 1906 aufgegeben
Bad Salzhausen (Hessen)	Erste urkdl. Erwähnung 1187	Nach 1835 Badebetrieb und Saline später stillgelegt
Bad Vilbel (Hessen)	Bad und Thermen schon zur Römerzeit	Keine Inform. über Salzgew.
Bad Nauheim (Hessen)	Salzgew. schon durch die Kelten	Ab 1835 Ausbau des Badewesens und Niedergang der Saline; Salzmuseum
Bad Salzschlirf (Hessen)	Erste urkdl. Erwähnung 812	Saline 1798 stillgelegt. Ab 1838 Aufstieg zum Heilbad
Bad Sassendorf (Nordrhein-W.)	Erste urkdl. Erwähn. im 11. Jahrhundert.	Saline 1934 stillgelegt
Bad Westernkotten (Nordrhein-W.)	Ertse urkdl. Erwänung 1077	Aufbau des Badewesens und Stilllegung der Saline erst nach 1945
Salzkotten (Nordrhein-W.)	Salzgew. schon im Mittelalter	Saline nach 1918 stillgelegt
Bad Salzuflen (Nordrhein-W.)	Salzgew. ab dem 11. Jahrhundert	Saline vor 1900 stillgelegt. Dann Aufstieg zum bedeutendsten Heilbad von N.-W
Bad Oeynhausen (Nordrhein-W.)	Salzgew. ab 1745	Thermalquellen ab 1845 und Aufstieg zum Kurbad

Ortschaften (Lage)	Salzförderung seit	Kommentar
Bad Munter (Nordrhein-W.)	Erste urkdl. Erwähnung 1933	Saline im 19. Jahrhundert stillgelegt
Saline Luisenhall (bei Göttingen)	Salzgew. ab 1850	Saline 1994 stillgelegt
Bad Suderode (Niedersachsen)	Salzgew. schon im Mittelalter	Saline im 19. Jahrh. aufgegeben, aber im 20. Jahrhundert zum einzigen „Calcium-Sole-Heilbad" aufgestiegen.
Bad Salzdetfurth (bei Hildesheim)	Erste urkdl. Erwähnung 1194	Saline 1922 geschlossen. Badewesen und „Sole-Salz-Kali-Museum"
Bad Harzburg (Niedersachsen)	Salzgew. seit 1596	Ab 1831 Badebetrieb. Saline 1851 stillgelegt
Bad Rothenfelde (bei Osnabrück)	???	Aufstieg zum Badeort nach 1945
Bad Sülze (Meck-Vorpomm.)	Erste urkdl. Erwähnung 1229	Ab 1824 Solebad. Saline 1907 stillgelegt
Bernburg (Sachsen-Anh.)	Erste urkdl. Erwähnung 961	Salzabbau bergmännisch (keine Sole). Ab 1893 größte Sodafabrik. Ab 1964 auch Kalisalz-Bergbau. Noch 2013 in Betrieb
Bad Salzungen (bei Eisenach)	Salzgew. im Mittelalter Pfänner 1321 urkdl. erwähnt	Ab 1821 Badebetrieb. Saline in der Zeit 1850–1860 stillgelegt
Bad Sulza (Thüringen)	Salzgew. für das 11. Jahrhundert erwähnt	Nach 1830 Badebetrieb; Saline zwischen 1850 und 1860 stillgelegt
Bad Frankenhausen (Thüringen)	Salzgew. 998 erwähnt	Salzgew. nach 1818 aufgegeben

bis 450/400 v. Chr. In Wikipedia findet sich unter dem Stichwort „Salzkammergut" die falsche Aussage: „Eine ganze Epoche ist nach dem Salzbergbau in Hallstadt am Hallstädter See benannt: die keltische Hallstattzeit (1250 bis 750 v. Chr.). Die folgende Periode bis etwa zum Jahre 0 wird La-Téne-Zeit (Kultur) genannt nach einem bedeutenden Fundort keltischer Relikte am Neuenburger See in der Schweiz.

Nach der letzten Eisenzeit, ab 10.000 v. Chr., begannen die Menschen in Mitteleuropa sesshaft zu werden und auch die Talsohlen des Salzkammergutes zu besiedeln. An einigen der im Salzkammergut (und benachbarten Teilen) gelegenen zahlreichen Seen kam es später zu Pfahlbausiedlungen. Eine erste mittels Keramik charakterisierte Zivilisation ist die nach 4000 v. Chr. nachweisbare „Mondseekultur". Die Salzgewinnung fand im Salzkammergut wie auch an anderen Fundorten Europas durch die Nutzung von Salzquellen statt. Das Gebiet um Hallstadt hatte nun den besonderen Vorzug, dass Salz an verschiedenen Stellen in fester Form nahe an der Erdoberfläche gefunden wurde und somit bergmännisch abgebaut werden konnte. In Hallstadt wurde ein Pickel aus Hirschgeweih gefunden, der mittels Radiocarbon-Test auf ca. 7000 v. Chr. datiert werden konnte. Damit avancierte Hallstatt zum Ort mit dem ältesten Salzbergbau in Europa und vielleicht in der ganzen Welt. Als die Jungsteinzeit von der Kupfer- und Bronzezeit abgelöst wurde, kamen Bronzewerkzeug im Bergbau zum Einsatz (nach 1500 v. Chr.) und nach 800 v. Chr. folgten allmählich Gerätschaften aus Eisen.

Der prähistorische Salzbergbau in Hallstadt kann in drei räumlich und zeitlich getrennte Bereiche gegliedert werden. In der sogenannten Nordgruppe des Bergwerkbereiches wurde um 1400 bis 800 v. Chr. gegraben, in der Ostgruppe um 800 bis 400 v. Chr. und in der Westgruppe am Ende der La-Téne-Zeit, d. h. nach 200 v. Chr. Um 400 v. Chr. zerstörte ein gewaltiger Erdrutsch den größten Teil der Stollen und Gänge sowie benachbarte Siedlungen. Nach diesem Ereignis erholte sich die Salzgewinnung nur langsam und kam erst wieder unter römischer Herrschaft nach Christi Geburt zu einem neuen Höhepunkt. Die Völkerwanderungszeit brachte wohl einen neuerlichen, drastischen Rückgang des Salzbergbaus, und zudem fehlen hier wie anderswo schriftliche Aufzeichnungen aus dieser Zeit. Im Anschluss an die „Landnahme" durch bayerische Völkerstämme kam die Salzgewinnung um die Jahrtausendwende wieder zu neuer Blüte. In diese Zeit fällt auch der Bau eines großen, zentralen Sudhauses, wie es für jede Saline typisch war. Dass auch in Hallstatt ein Sudhaus benötigt wurde, hatte drei Gründe. Erstens konnte damit die aus Salzquellen stammende natürliche Sole aufgearbeitet werden. Zweitens konnte das bergmännisch gewonnene Salz durch Auflösen, Filtrieren und Eindampfen der künstlichen Sole gereinigt werden.

Drittens konnten Salzreste im Berg mit Wasser herausgelöst und auch diese künstliche Sole verarbeitet werden.

In Hallstadt wie auch bei zahlreichen anderen Salinen und Salzhandelsplätzen kam es zu „Salzkriegen", die oft zwischen Erzbischöfen und Landesherren oder Städten ausgetragen wurden. Im Falle Hallstadt fand der größte Salzkrieg um 1300 zwischen dem Erzbischof von Salzburg und dem bayerischen Landesherrn Albrecht I. statt. Dessen Witwe Elisabeth behielt die Oberhand und ordnete die gesamte Salzgewinnung neu. Ab 1311 war die gesamte Salzproduktion des Hallstädter Gebietes in staatlicher Hand und blieb es bis zum Ende im Jahre 1998. Im Lauf des 15. Jahrhunderts fassten die Habsburger im Salzkammergut Fuß und setzten den Salzkrieg gegen das Fürstenbistum Salzburg fort. Dabei verdrängten sie nach und nach die Händler des Erzbischofs aus den traditionellen Absatzgebieten. Ein herausragendes Ereignis dieser Zeit ist die Reformation und deren Folgen. Die Bevölkerung des Salzkammergutes und der Gebiete um Salzburg, einschließlich der Bergleute, wurden evangelisch. Im Gefolge der Gegenreformation begann der Erzbischof von Salzburg mehr und mehr der Bevölkerung einen Übertritt zum katholischen Glauben aufzuzwingen. Diese Entwicklung führte zu Protesten und zur Auswanderung vieler Protestanten und damit auch vieler Bergleute. Bevorzugtes Auswanderungsziel vieler protestantischer Salzburger war damals Preußen, das drei Jahrhunderte lang den Ruf eines religiös liberalen Einwanderungslandes genoss. Ein Toleranzedikt des Kaisers Josef II. im Jahre 1781 beendete dann diesen Teil des Religions- und Salzkrieges.

Abschließend sei noch der Begriff „Mann im Salz" erklärt. Im 18. Jahrhundert wurde bei Bergbauarbeiten die durch Salz konservierte Leiche eines keltischen Bergarbeiters entdeckt. Dieser Fund machte natürlich Schlagzeilen und trägt noch heute zur Attraktion des riesigen, „Salzwelten" genannten Museumsareals bei Hallstadt bei.

Hallein

Hallein ist die zweitgrößte Stadt des Bundeslandes Salzburg im heutigen Österreich und liegt ca. 15 km südlich der Landeshauptstadt. Ähnlich wie im Umkreis von Hallstadt erstreckte sich die salzführende Erdschicht am Dürrnberg bei Hallein bis fast zur Erdoberfläche. Außerdem existierten in diesem Gebiet mehrere salzhaltige Quellen. Durch Funde ist belegt, dass schon die Menschen der Jungsteinzeit ab 2500 v. Chr. die Sole dieser Quellen zur Salzgewinnung nutzten. Etwa ab 600 v. Chr. begannen die Kelten mit dem bergmännischen Abbau von Steinsalz. Analog zur Situation in Hallstadt ermöglichten die stattlichen Gewinne aus dem Salzhandel die Existenz einer relativ zahlreichen wohlhabenden keltischen Bevölkerung. Um 15 v. Chr. gelangte das keltische Königreich Noricum unter die Herrschaft der Römer, die nun die Salzgewinnung in Eigenregie übernahmen. Bedingt durch die Völkerwanderung stammen konkrete Informationen über die Salzerzeugung im Bereich Halleins erst wieder aus dem Mittelalter. So wurde um 1198 eine Salzpfanne im „muelpuch", einem Dorf im Bereich der ehemaligen keltischen Talsiedlung, urkundlich erwähnt. Im 13. Jahrhundert wurde zuerst der Name Saline gebräuchlich und schließlich der Name Hallein, auf Deutsch „kleine Saline".

Es waren die Salzburger Erzbischöfe, welche Salzerzeugung und Salzhandel im Mittelalter zur Blüte brachten und jahrhundertelang beherrschten. Sie betrieben eine rigorose Geschäftspolitik, welche auch kriegerische Auseinandersetzungen nicht scheute, und nahmen dem zunächst potenteren Salzproduzenten Reichenhall große Teile der Absatzgebiete weg. Damit avancierte Hallein im späten Mittelalter zur wirtschaftlich bedeutendsten Saline des Ostalpenraumes. Jahrhundertelang erzielte das Fürstenbistum Salzburg den größten Teil seiner Einkünfte aus dem Salzhandel. Die Blüte der Residenzstadt und die Entstehung ihrer sehenswerten Bausubstanz haben hier ihren Ursprung. Der ab dem 15. Jahrhundert einsetzende Krieg mit den Habsburgern und die Ausweisung der Protestanten, aufgrund dessen 780 Bergleute mit ihren Familien um 1730 Hallein verließen, schmälerten die Einkünfte und wirtschaftliche Macht der Erzbischöfe erheblich. Die Säkularisierung unter Napoleon und die Eingliederung der Ländereien in das Habsburgerreich nach dem Wiener Kongress besiegelten endgültig den Abstieg der bischöflichen „Salzkönige". Die zentrale Verwaltung der Habsburger Salinen ermöglichte in der Zeit 1854 bis 1862 Ausbau und Modernisierung des Salinenbetriebes auf der Perner-Insel. Hundert Jahre später folgte eine weitere technische Aufrüstung durch eine moderne Thermokompressionsanlage, doch wurde im Jahre 1984 die gesamte Salzproduktion eingestellt. Mittlerweile hatte sich Hallein zu einem vielseitigen Industriestandort gewandelt.

Bad Reichenhall

Bad Reichenhall ist das Verwaltungszentrum des Landkreises Berchtesgaden im äußersten Südosten Bayerns. Dieses Gebiet war schon zur Zeit der Glockenbecherkultur (2600 bis 2300 v. Chr.) dünn besiedelt. Zahlreiche Gräberfunde auf dem Gebiet Reichenhalls gibt es jedoch erst aus der Urnenfelderzeit (1600 bis 750 v. Chr.) und Funde seiner keltischen Siedlung im

Ortsteil Karlstein stammen aus der La-Téne-Zeit (450 bis 15 v. Chr.). Ob die Kelten die Solequellen des Berchtesgadener Landes zur Salzgewinnung nutzten, ist nicht eindeutig belegt, aber sehr wahrscheinlich. Gesichert sind dagegen die Aktivierung der Salzerzeugung durch die Römer nach Befriedung der neu geschaffenen Provinz Noricum. Für die römische Kaiserzeit existieren Funde einer gehobenen „Villenkultur" in Marzoll und im Ortsteil Karlstein. Diese Siedlung wurde „ad salinas" genannt. Die Römer fassten die Solequellen neu ein und optimierten das Salzsieden in tönernen Öfen. Sie machten damit Reichenhall zur bedeutendsten Saline des gesamten Alpenraumes.

Nach dem Untergang des Römischen Reiches wurde das Berchtesgadener Land von Bajuwaren besiedelt, was sich in Gräberfunden aus der Zeit 400 bis 700 n. Chr. widerspiegelt. Aus dieser Zeit gibt es allerdings keine Informationen über die Nutzung der Salzquellen. Der zweite Wiederaufstieg der Saline Reichenhall begann im frühen Mittelalter und erreichte ihren Höhepunkt vor 1400, worauf im nächsten Unterkapitel noch näher eingegangen wird. Es wurde eine Hallgrafschaft etabliert, die den gesamten Salzgewinnungs- und Salzhandelsprozess überwachte und förderte. In dieser Zeit wurde Reichenhall wieder die bedeutendste Saline Süddeutschlands (und Westösterreichs), wodurch auch der Name zustande kam. Der Name Reichenhall signalisierte die Dominanz über den damals noch kleineren Konkurrenten Hallein. Diese Situation änderte sich dramatisch aufgrund von „Salzkriegen" mit der Nachbargemeinde Berchtesgaden, die zum Herrschaftsbereich des Fürstenbistums Salzburg gehörte. Im Jahre 1196 schickte der Salzburger Erzbischof Truppen, die Reichenhall dem Erdboden gleich machten. Damit begann der vierhundert Jahre dauernde Aufstieg Halleins zur führenden Saline.

Ende des 15. Jahrhunderts gelangten alle Salinen Berchtesgadens (mit Ausnahme des Klosters Zeno) in die Hand der Wittelsbacher. Es erfolgte ein stetiger Ausbau und der dritte Wiederaufstieg der Saline Reichenhall, der sich erst im 20. Jahrhundert abschwächte. Ein im 14. Jahrhundert auftretendes Dauerproblem der dortigen Salzquellen war der Einbruch von Süßwasser. Unter den Wittelsbachern wurden ein neues Stollensystem und ein Schacht gebaut, um Salz- und Süßwasser zu trennen. Ein „Paternoster-Schöpfwerk" förderte dann ab 1440 die unverdünnte Sole aus dem tief gelegten Hauptschacht. Im der Zeit 1617 bis 1619 erfolgte der damals ungewöhnliche Bau einer 31 km langen hölzernen Soleleitung nach Traunstein. Dort wurde eine Saline eingerichtet, die der Saline in Reichenhall Arbeit abnahm, aber einen kostengünstigeren Abtransport des Salzes auf der Traun ermöglichte. Von 1800 bis 1810 wurde zudem eine Soleleitung nach Rosenheim gebaut. Andererseits erhielt Reichenhall ab 1817 einen enormen Zufluss an Sole durch eine hölzerne, 29 km lange Rohrleitung aus dem Bergwerk in Berchtesgaden. Diese Entwicklung hatte auch eine architektonische Blüte zur Folge, die dann teilweise einem Bombenangriff am 25. April 1945 zum Opfer fiel. Nichtsdestotrotz hat Bad Reichenhall noch einige Sehenswürdigkeiten zu bieten, die an die große Zeit der Salzgewinnung erinnern. Dazu gehören ein Salzmuseum, die nach 1834 erbaute „Alte Saline" sowie das Gradierwerk (1911 erbaut) und das Kurhaus. Im Unterschied zu fast allen anderen Salinen des deutschen Sprachraumes wurde die Salzerzeugung bis in das 21. Jahrhundert fortgesetzt, und Bad Reichenhall Markensalz wird weiter in ganz Deutschland und im benachbarten Ausland vermarktet. Mehr als die Hälfte dieses Salzes stammt aus den Solequellen der Gemeinde Berchtesgaden.

Schwäbisch Hall

Schwäbisch Hall ist im Tal der Kocher gelegen, für das archäologische Funde eine Besiedelung schon ab 5000 v. Chr. bewiesen haben. Die Existenz einer von Kelten betriebenen Saline konnte für die Zeit ab 500 v. Chr. nachgewiesen werden. Es waren wohl vor allem die Gewinne aus der Salzerzeugung, die einen raschen und kräftigen wirtschaftlichen Aufschwung ermöglichten.

Diese wirtschaftliche Blüte lässt sich an zwei Entwicklungen ablesen. Erstens konnte Schwäbisch Hall schon im 12. Jahrhundert umfangreiche Münzprägungen vornehmen, die trotz oder wegen ihres geringen Silbergehaltes überregionale Verbreitung fanden und unter dem vom Stadtnamen abgeleiteten Begriff Heller bekannt wurden. Zweitens erhielt die Ortschaft zu dieser Zeit das Stadtrecht, was erstmals in einer Urkunde von 1204 dokumentiert wurde. Erfolgreiche Kämpfe gegen benachbarte Territorialherren führten noch im 13. Jahrhundert zur Anerkennung als freie Reichsstadt. Diese Unabhängigkeit endete erst 1802, als die Stadt vom Herzogtum Württemberg (später Königreich von Napoleons Gnaden) annektiert wurde. Die Geschichte der Stadt ist durch mehrere Feuersbrünste gekennzeichnet, deren schwerste sich 1728 ereignete. Dabei brannten die Saline und ein großer Teil der inneren Stadt ab. Die barocke Architektur, die heutzutage im Altstadtbereich zu besichtigen ist, geht auf den Wiederaufbau nach diesem Brand zurück.

Ende des 18. Jahrhunderts setzte der Stadtrat eine Modernisierung der Salzproduktion gegen den Widerstand der Salzsieder durch. Die stark verbesserte Produktivität ermöglichte die Auslieferung von 100.000 Zentnern Salz im Jahre 1800. Schwäbisch Hall war damit zur ertragreichsten Saline im Gebiet des heutigen Baden-Württembergs aufgestiegen. Die Annexion durch Württemberg brachte einen wirtschaftlichen Abschwung mit sich, der viele Haller Bürger zur Auswanderung veranlasste. Der Verfall des Salzpreises im

Lauf des 19. Jahrhunderts reduzierte die wirtschaftliche Bedeutung der Salzgewinnung erheblich, und 1924 wurde der Salinenbetrieb gänzlich eingestellt.

Diese Gemeinde ist im nordhessischen Werratal gelegen in der Nähe zur Grenze zu Thüringen. Die frühmittelalterliche Besiedlung dieses Platzes wird durch die Schenkungsurkunde Karls des Großen aus der Zeit von 716 bis 779 dokumentiert. In dieser Urkunde werden die Nutzung von Salzquellen, der Betrieb von Salzpfannen, Marktrechte und Zollprivilegien dem Kloster Fulda zugesprochen. Nach über 1200 Jahren kontinuierlicher Salzförderung wurde das örtliche Salzmonopol durch Eingliederung in den von den Preußen geführten Norddeutschen Bund aufgehoben. Der Verfall des Salzpreises im 19. Jahrhundert führte zur Schließung der Saline im Jahre 1906. Als wirtschaftliche Ausgleichsmaßnahme wurde ab 1881 der Ausbau des Badewesens forciert.

Lüneburg

Lüneburg ist eine Stadt mit einer langen und reichen Geschichte, die nördlich der Linie Main-Halle (Saale) über die ertragreichste und historisch bedeutendste Saline verfügte. Das Gebiet um Lüneburg wurde schon seit der Altsteinzeit durchgehend besiedelt, wie zahlreiche Funde im „Museum für das Fürstentum Lüneburg" belegen. Das heutige Stadtgebiet umfasst drei Ursprünge der Stadtentstehung. Das sind erstens die Brücke über den Fluss Ilmenau, zweitens die Solequelle und drittens ein Kalkberg genannter Hügel. Dieser Kalkberg, der über Jahrhunderte als befestigter Zufluchtsort diente, ist im unterirdischen Bereich von umfangreichen Salzlagern umgeben, aus denen das Grundwasser kontinuierlich eine konzentrierte Sole an die Oberfläche spült. Sehr wahrscheinlich wurden diese Salzquellen schon im 8. und 9. Jahrhundert genutzt, doch gibt es dafür keine Belege. Eine erste schriftliche Erwähnung von Ort und Saline findet sich in einer Schenkungsurkunde König Ottos I. von 956. Darin wird dem Kloster St. Michaelis der „Salzzoll" aus den Erträgen der Saline zugesprochen. Aufgrund des riesigen Bedarfs an Salz in den nördlichen Hafenstädten (teils für Eigenkonsum, teils für den Export, teils für Fischkonservierung) wurde die Saline im Mittelalter rasch ausgebaut, um die ergiebige Salzquelle voll ausschöpfen zu können. Aufgrund dieser intensiven Handelsbeziehungen wurde Lüneburg im 13. Jahrhundert auch Mitglied der Hanse. Bis 1276 wurden schließlich 54 Siedehütten in Betrieb genommen, die über 500 Jahre lang genutzt wurden. In jeder Siedehütte wurden vier Sudpfannen aus Blei verwendet, die die Standardgröße 100 × 100 ×

10 m aufwiesen. Bis zu 300 Salzsieder und Hilfskräfte waren im Einsatz. So wurden ab dem Hochmittelalter etwa 400.000 Zentner Kochsalz pro Jahr produziert. Damit hatte Lüneburg für Jahrhunderte die produktivste Saline Deutschlands und bis zu den napoleonischen Kriegen war dieser Salinenbetrieb das größte „Industrieunternehmen" Mitteleuropas.

Die Sole wurde aus dem im Stadtgebiet gelegenen Brunnenschächten mit großen Holzfässern im Handbetrieb hochgeholt, wofür rund um die Uhr 24 „Solekumpane" notwendig waren. Ab 1569 wurde ein primitives Pumpensystem installiert, das die Zahl der benötigten Solekumpanen immerhin halbierte. Ab 1799 wurde ein komplexes Pumpensystem entwickelt, das die Wasserkraft der etwa ein Kilometer entfernt fließenden Ilmenau nutzte. Trotz dieser Verbesserungen begann nach den napoleonischen Kriegen der wirtschaftliche Abstieg der Salzerzeugung. Ein Berufstand, der im Zusammenhang mit dem intensiven Salzhandel in Lüneburg zu Wohlstand und Einfluss gekommen war, war das Speditionswesen. Der ab 1847 einsetzende schrittweise Anschluss Lüneburgs an das norddeutsche Eisenbahnnetz reduzierte auch die Bedeutung dieses Berufszweiges. Die Saline wurde in der Zeit 1856 bis 1859 weiter modernisiert, aber das Sieden in Bleipfannen wurde bis zur Beendigung des Salinenbetriebes 1980 beibehalten. Es folgte die Einrichtung eines sehenswerten Salzmuseums im Bereich der alten Saline.

Rungholt

Das untergegangene Hafenstädtchen Rungholt ist an der Küste Nordfrieslands einige Jahrhunderte lang in Erinnerung geblieben, vor allem in Form einer Sage. Die bekannteste Version dieser Sage wurde 1666 von Anton Heinrich in der „Nordfriesischen Chronik" festgehalten. Demnach war Rungholt von gottlosen Einwohnern bevölkert, die auch den Pfarrer beleidigten und aus nichtigem Anlass verprügelten. Der Pfarrer bat Gott um Strafe. Dieser gab dem Pfarrer ein Zeichen, die Stadt zu verlassen, worauf eine Sint- bzw. (Sünd-)Flut den Ort vernichtete und seine Einwohner tötete. Nur zwei Jungfrauen, die sich auf Reisen befanden, kamen noch mit dem Leben davon.

Die Forschung der letzten 50 Jahre hat den historischen Kern dieser Sage ans Tageslicht gebracht. Überreste eines Hafenstädtchens an der ehemaligen Mündung des Flüsschens Hever wurden auf dem heute überfluteten Gelände westlich der Hallig Südfall entdeckt, einige Kilometer südöstlich der Insel Pellworm. Es ist hinreichend dokumentiert, dass bei einer der größten Sturmfluten des Jahrtausends am 16.–17. Januar 1362 mehrere Ortschaften dieses Gebietes und ein Teil des Landes ins Meer gespült wurden. Auf diese sogenannte erste „Mandränke" folgte 1634 eine zweite „Mandränke", welche eine Neuansiedlung auf dem ehemaligen Rungholt-Gelände ebenfalls vernichtete.

Aus den Aufzeichnungen der Steuerreinnahmen in dänischen Archiven geht hervor, dass Rungholt wohlhabender war als die Nachbargemeinden und daher deren Neid auf sich zog. Dieser Wohlstand ist nur dadurch zu erklären, dass Rungholt Nordfrieslands Handelszentrum und Exporthafen für Kochsalz war. Dieses Salz mag teilweise aus Lüneburg gekommen sein, der Hauptteil stammte jedoch aus regionaler Produktion. In diesem Gebiet Frieslands gab es Torf, der bei hohen Fluten von Meerwasser überspült wurde, bei Ebbe und normalen oder niedrigen Fluten aber trocknen konnte. Dadurch reicherte sich Meersalz an, das nach dem Verbrennen dieses „Salztorfes" in der Asche zurückblieb. Draus konnte das Kochsalz mit heißem Wasser extrahiert und durch teilweises Abdampfen des Wassers und Abkühlen auskristallisiert werden.

Ein im Jahre 1882 veröffentlichtes Gedicht von Detlev Liliencron hält die Erinnerung an Rungholt auch in der Kunst wach.

Salzelmen

Das Gebiet zwischen Magdeburg und Halle (Saale) hat umfangreiche Salzvorkommen aufzuweisen, die nicht nur Kochsalz, sondern auch Kalisalze beinhalten. Zu den ältesten Salinen dieses Gebietes gehörte Bad Salzelmen. Dieser ursprünglich Groß Salze genannte Ort liegt wenige Kilometer südlich von Magdeburg im sogenannten „Salzlandkreis" und ist heute Stadtteil von Schönebeck. Die Soleförderung in Groß Salze ist schon für das 12. Jahrhundert belegt. Im Jahre 1680 geriet Groß Salze unter die Herrschaft des Brandenburg-Preußischen Herzogtums Magdeburg. In der Folgezeit entstand unter dem Titel „Königlich Preußische Saline" das größte staatliche Unternehmen Preußens. Zwischen 1756 und 1765 wurde das größte Gradierwerk Mitteleuropas errichtet, mit einer Gesamtlänge von 1837 Metern, von denen heute noch 350 m zu besichtigen sind. Im Jahre 1736 folgte dann der Bau eines 32 m hohen „Soleturms", der mittels eines nach holländischem Vorbild gebauten Windrades die Sole aus dem Hauptschacht pumpte und auf das Gradierwerk beförderte. Die Sole selbst wurde durch Ausspülen der unterirdischen Salzstöcke gewonnen. Im 19. Jahrhundert wurde eine Betriebsbahn zum Schönebecker Hafen gebaut, um den Abtransport des Salzes zu verbilligen. Die Saline wurde erst 1967 geschlossen. Für Touristen wird in der Hauptsaison noch ein Schausieden veranstaltet

Um 1800 entdeckte Johann Wilhelm Tolberg die Heilwirkung von Sole, und daraufhin entstand um 1802 das erste Soleheilbad Deutschlands. Die durch Salzausspülung entstandenen Kavernen wurden in neuerer Zeit als unterirdische Inhalationsräume genutzt. Während des Zweiten Weltkrieges wurden in diesen Kavernen Schätze des Staatlichen Museums Berlin sowie Archivgut des Preußischen Geheimen Staatsarchivs gelagert.

Staßfurt

Das Gebiet um Staßfurt war dadurch gekennzeichnet, dass beiderseits des Flüsschens Bode Sole durch ein Kluftsystem aus dem Untergrund an die Oberfläche gelangte. Daher hatten sich schon in vorgeschichtlicher Zeit Menschen hier niedergelassen und die Solequellen genutzt. Schriftliche Nachrichten stammen jedoch erst aus dem Mittelalter. Die erste urkundliche Erwähnung des Salzsiedens findet sich in einer Schenkungsurkunde des askanischen Landesherrn Albrecht der Bär (1100–1170), der dem Kloster Hamersleben den Betrieb zweier Siedepfannen überlies. Zunächst entstand auf der linken Bodeseite die dem Erzbistum Magdeburg unterstehende Siedlung Alt-Staßfurt. Auf der rechten Bodeseite entstand Unter den Askaniern Staßfurt, das sich aufgrund seiner ergiebigen Solequellen zu einer Saline von überregionaler Bedeutung entwickelte. Im Jahre 1277 kam auch Staßfurt unter die Herrschaft des Erzbistums, das damit über fünf Salinen verfügte:

Halle, Beyendorf, Groß Salze (Salzelmen), Sülldorf und Staßfurt.

Auf dem Höhepunkt der Salzproduktion im 15. und 16. Jahrhundert waren in Staßfurt 64 Siedepfannen in Betrieb, die paarweise benutzt wurden (sogenannte Salzkote). Die Sole wurde mithilfe von Seilzügen in Eimern aus dem Soleschacht hochgeholt und an die einzelnen Salzkoten verteilt. Das Verfügungsrecht über die Siedepfannen und Sudhäuser sowie über die Nutzung des Salzes wurde vom Erzbischof gegen regelmäßige Zahlungen an Adelsfamilien oder reiche Kaufleute verliehen. Diese schlossen sich freiwillig zu einer Pfännerschaft zusammen, die alle Probleme der Salzgewinnung und des Salzhandels regelte. Die angesehensten Mitglieder der Pfännerschaft stellten die Ratsherren und den Bürgermeister. Obwohl die Staßfurter Saline lange Zeit ergiebig war, so war sie doch weniger bedeutend als Halle, Schönebeck oder Bernburg und wurde 1859 geschlossen.

Schon vor der Schießung der Saline, etwa ab 1839, war man mithilfe von Bohrungen auf die Suche nach Kochsalzlagerstätten gegangen und 1852 auch fündig geworden. Damit begann ein neues Kapitel der Salzgewinnung in Staßfurt. Im Laufe der folgenden Jahrzehnte wurden mehrere Schächte niedergebracht, aber auch zwei Schächte wegen Wassereinbruchs wieder still-gelegt. Der bergmännische Abbau der reichen Steinsalzlager wurde bis 1954 fortgesetzt, dann wurde eine neue Technologie eingeführt. Es wurde Süßwasser in die Salzlagerstätten gepumpt und eine künstliche Sole erzeugt. Die Isolierung und Reinigung des Salzes erfolgten dann im Prinzip wie in den vorigen Jahrhunderten durch Abdampfen des Wassers. Mit dieser Technologie wurde im Staßfurter Raum auch im 21. Jahrhundert noch Kochsalz produziert.

Beim Ausbau der Schächte in den Jahren von 1852 bis 1856 war man überraschenderweise auf das „Bittersalz" Kaliumchlorid (KCl) gestoßen und hatte dieses, wo es den Kochsalzabbau störte, nach oben gebracht und auf eine Abraumhalde geschüttet. Nach 1860 wurde das Kaliumsalz aber in rapide steigenden Mengen von der chemischen Industrie und als Zusatz zu Kunstdünger benötigt (s. Kapitel 8). In der Folgezeit entwickelte sich im Raum Staßfurt eine vielgestaltige chemische Industrie, basierend auf der Nutzung von Kochsalz und Kalisalz. Der Kalibergbau wurde nun einträglicher als die Kochsalzgewinnung. Der Untertageabbau von Kalisalzen wurde in Mitteleuropa erstmals in Staßfurt erprobt, und Staßfurt erhielt den Ehrentitel „Mutter aller Kalisalzbergwerke". Nach der Jahrhundertwende wurden bis zu 25 Schächte in Betrieb genommen. Wegen Erschöpfung der Lagerstätten musste der Abbau von Kalisalzen aber 1972 aufgegeben werden.

Halle (Saale)

Bodenfunde und antike Schriftquellen legen nahe, dass das Land um Halle von germanischen Stämmen (Hermunduren, Angeln, Thüringer) und auch von Wenden besiedelt wurde. Um 735 eroberte Karl Martell dieses Gebiet für das Fränkische Reich. Die erste urkundliche Erwähnung als „Halla" stammt aus dem Jahre 806. Unter Kaiser Otto I. wurde es dem neu gegründeten Erzbistum Magdeburg angegliedert. Der Erzbischof war auch bis Ende des 12. Jahrhunderts der Hauptnutznießer der Saline und der Erlöse aus dem Salzhandel. Dennoch profitierte die ganze Stadt von Salzgewinnung und Handel, sodass sie nach 1120 beträchtlich erweitert werden mussten. Um 1200 übernahmen nach und nach wohlhabende Bürger Salzerzeugung und Salzhandel in eigener Regie und gründeten die Innung der „Pfänner". Diese Patrizierfamilien bestimmten für Jahrhunderte die Politik der Stadt. 1281 wurde Halla erstmals urkundlich als Mitglied der Hanse erwähnt, doch erfolgte die Belieferung anderer Hansestädte mit Salz sicherlich schon viele Jahrzehnte zuvor. Die Selbstständigkeit der Stadt wurde für zwei Jahrhunderte dadurch geschmälert, dass der Erzbischof sein befestigtes Wohnschloss (die Moritzburg) errichtete und Halle zur Residenzstadt des Erzbistums Magdeburg machte. Nach 1680 wurde Halle dem Kurfürstentum Brandenburg einverleibt und somit ab 1707 Teil des Königreiches Preußens.

Die Solequellen entspringen aufgrund einer geologischen Besonderheit: der Halleschen Marktverwerfung am Marktplatz quasi in der Stadtmitte. Die darauf basierende Saline wurde bis zum Jahre 1964 ausgebeutet. Anschließend wurde sie zum „Halloren- und Salinenmuseum" umgestaltet, das Schausieden für Touristen veranstaltet. Zum besseren Verständnis ist hier zu erwähnen, dass mit Halloren die früheren Salzarbeiter gemeint sind, mit Hallenser die Mittel- und Oberschicht der Bürger, während die ärmeren Bewohner der heruntergekommenen Vorstadt auch Halunken genannt wurden.

Salzhandel und Städtegründungen

Der Salzhandel mit allem, was dazu gehört, war keineswegs ein wirtschaftlich unbedeutendes Anhängsel der Salzerzeugung. Es war vielmehr so, dass vom frühen Mittelalter bis zur Mitte des 19. Jahrhunderts die größten Gewinne im Handel und nicht bei der Salzgewinnung erzielt wurden. In dieser Hinsicht unterschied sich Salz nicht von anderen Wirtschaftsgütern der letzten zweitausend Jahre. Die Gewinne aus dem Salzhandel ergossen sich vor allem in drei Kanäle. Da wurden erstens Bürger reich, die als Kaufleute oder Spediteure erfolgreich waren. Diese wohlhabenden Bürger leisteten dann einen wesentlichen Beitrag zum Ausbau und zur Verschönerung ihrer Heimatstädte. Da waren zweitens die geistlichen oder weltlichen Territorialherren, die über Zölle und Gebühren den größten Teil der möglichen Gewinne abschöpften. Dieses Geld wurde teilweise zum Ausbau und zum Ausschmücken ihrer Residenzen verwendet, worüber sich wenigstens die kunst- und geschichtshungrigen Reisenden noch Jahrhunderte später freuen konnten und können. Drittens wurden die Gewinne aus dem Salzhandel teilweise zur Finanzierung kriegerischer Auseinandersetzungen eingesetzt.

Der Transport des Salzes zu Lande erfolgte auf dem Rücken von Menschen, Eseln und Pferden und natürlich mithilfe von Fuhrwerken, sofern der Zustand der Wege und Straßen dies zuließ. Die Bewegung großer Salzmengen und vor allem der Transport über größere Strecken wurden auf Flüssen und Kanälen abgewickelt, da im Mittelalter wie in der Neuzeit der Gütertransport auf See- und Flussschiffen die wesentlich billigere Alternative darstellte. Zur Intensivierung des Salzhandels trugen auch technische Neuerungen bei. So brachte die Erfindung des Kummet eine erhöhte Zugkraft des Ochsen- oder Pferdegespannes mit sich. Ferner erhöhte die Verwendung von vierrädrigen

Wagen und Einführung der beweglichen Deichsel Tragfähigkeit und Manövrierfähigkeit der Fuhrwerke. In Anbetracht der katastrophalen Zustände fast aller Handelswege zur Winterszeit waren diese Verbesserungen überaus wichtig. Die Größe und Tragfähigkeit der Flussschiffe richtete sich zwangsläufig nach Breite und Tiefe der Flüsse, doch auch hier kam es bei den relativ großen Donau- und Rheinschiffen im Laufe der Jahrhunderte zu Verbesserungen.

Die Abwicklung des Salzhandels ernährte mehrere Berufszweige. Da wären zuerst die „Salzfertiger" zu nennen, d. h. die Großhändler in Sachen Salz. Deren Aufgabe bestand darin, das noch nasse Salz aus den Sudpfannen zu übernehmen und zum Abtransport zu bringen. Dazu wurde das noch feuchte Salz zunächst in große Fässer gefüllt, in heißer Luft (über Öfen) getrocknet und in kleinere Fässer oder Säcke abgefüllt. Die Säcke waren nötig für den Transport auf dem Rücken von Tieren oder von Männern, die Säumer genannt wurden, weil sie auf Saumpfaden gingen. Der Transport auf Fuhrwerken ernährte Spediteure und Kutscher. Für die Beförderung auf Schiffen wurden nicht nur „Matrosen" benötigt, sondern in den Häfen auch Arbeiter für das Be- und Entladen. Flussaufwärts mussten die Kähne von Pferdegespannen gezogen werden. Die größten Lastschiffe, die im 17. und 18. Jahrhundert für Warentransporte eingesetzt wurden, sogenannte Kelheimer, hatten eine Länge von bis zu 40 m und eine Breite von 7 bis 8 m. Um so große Schiffe und Geleitzüge mehrerer kleiner Schiffe flussaufwärts zu ziehen, waren Gespanne von 30 bis 50 Pferden erforderlich. Einige der Zugpferde wurden zur besseren Kontrolle von Tempo und Richtung geritten. Schließlich wurde ein Heer von Handwerkern benötigt, die Fässer zimmerten, Kutschen und Schiffe bauten und diese, was oft notwendig war, reparierten, und Sattler, die für das Zaumzeug der Last- und Treideltiere zuständig waren.

Die Abschöpfung der Gewinne aus dem Salzhandel durch Landesherrn oder Städte erfolgte vor allem durch Zollerhebung und durch das sogenannte Stapel- oder Niederlagerecht. Zoll- bzw. (Maut-)Stationen wurden vorzugsweise an Brücken errichtet, wo sie nicht zu umgehen waren. Furten, die für Menschen und Tiere noch gangbar waren, waren für schwer beladene Fuhrwerke unpassierbar, sodass Ausweitung und Intensivierung des Salzhandels auch den Brückenbau stimulierten. Das Stapelrecht war ein Privileg von Städten, die typischerweise an einer Schlagader des Salzhandels lagen und eine lokale oder regionale Verteilungsfunktion für das Salz ausübten. Die Salzhändler waren gezwungen, ihr Salz zwei oder mehr Tage niederzulegen und zum Verkauf anzubieten, bevor sie den Transport fortsetzen konnten. Für die Nutzung der Stapelhäuser und die Sicherheit innerhalb der Stadtmauern mussten erhebliche Gebühren entrichtet werden. Dazu kam, dass Händler und Kutscher für die Übernachtung und Ernährung zahlen mussten – auch für die Zugtiere – und eventuell Reparaturarbeiten anfielen. Daher profitierte auch ein beträchtlicher Teil des Dienstgewerbes einer mit Stapelrecht gesegneten Lokalität vom Salzhandel.

Die Beförderung kleiner und größerer Salzmengen hat auf allen fahrbaren und gangbaren Wegen und Trampelpfaden stattgefunden, da auch die Bewohner des am meisten entlegenen Dorfes Salz benötigten. Die Abwicklung des „Kleinhandels" verlief wie andere Handelstätigkeiten auch und hat in den lokalen oder regionalen Annalen keinen besonderen Niederschlag gefunden. Es gab jedoch auch Handelsrouten, auf welchen große Mengen an „Weißem Gold" transportiert wurden, und diesem Sachverhalt kam große wirtschaftliche und machtpolitische Bedeutung zu. Auf einige dieser „Salzstraßen" soll nun näher eingegangen werden, in derselben geografischen Reihenfolge wie bei den zuvor beschriebenen Salinen.

Von Süden nach Norden und Osten

Der Raum südlich vom Salzkammergut und Berchtesgaden hatte als Absatzgebiet für das in Hallstadt, Hallein und Reichenhall abgebaute Salz nur geringe Bedeutung, da hier das Meersalz aus den Lagunen von Venedig als starker Konkurrent auftrat. Das Meersalz war zwar weniger rein und schmeckte weniger angenehm, aber es war billiger. Nördlich des Alpenkammes bestand jedoch ein riesiger Bedarf vom Südwesten Deutschlands bis nach Wien und insbesondere in Böhmen. Das Gebiet südlich und nördlich der Donau von Regensburg bis Wien sowie Böhmen wurde vor allem mithilfe dreier Flüsse bedient: Traun, Inn und Donau. Hallstadt und das ganze Salzkammergut verschifften ihr Salz über die Traun nach Linz, wo es auf der Donau vor allem nach Osten weitergehandelt wurde oder auf dem Landweg nach Böhmen. Das Berchtesgadener Land und teilweise auch Hallein beförderten ihr Salz mittels Salzach und Inn nach Passau, wo die Hauptmenge auf dem Landweg nach Norden (nach Böhmen) weitertransportiert wurde. Kleinere Mengen flossen ins Umland und wurden auf der Donau west- wie ostwärts weitergeleitet.

Aufgrund dieser geografischen Gegebenheiten entwickelten sich Linz und besonders Passau zu den bedeutendsten Salzhandelsplätzen in Süddeutschland und im westlichen Österreich. Böhmen und direkt benachbarte Gebiete verfügten über keine eigene Salzgewinnung und mussten daher den gesamten Bedarf durch Importe aus dem Süden decken. Im frühen Mittelalter verlief der wichtigste Handelsweg von Linz über Freistadt und Gmünd nach Budweis (Budovice). Freistadt erhielt schon 1277 das Stapelrecht und entwickelte sich zu einem bedeutenden Handelszentrum. In Linz vereinigten sich zu dieser Zeit die Salzlieferungen aus dem Salzkammergut mit dem Salz aus Reichenhall, das von Passau nach Linz verschafft wurde. Die Einfälle der Hunnen im 9. und 10. Jahrhundert trugen dazu bei, dass alternative Handelswege weiter westlich erschlossen wurden. Es lag außerdem sehr im Interesse der Erzbischöfe von Passau, die fast monopolartigen Stellung von Linz im „Böhmenhandel" zu brechen. Ende des 10. Jahrhunderts entwickelte sich auf einem Netz von Saumpfaden ein Handelsweg, der Passau mit Prachatitz (Prachatice) im Böhmen verband. Eine Schenkung großer Waldgebiete von König Heinrich II. an das nahe der Handelsroute gelegene Kloster Niedernburg förderte diese Entwicklung und führte zur ersten urkundlichen Erwähnung dieses Handelsweges.

Die Intensivierung des Salzhandels von Passau nach Böhmen führte auch dazu, dass die ursprüngliche Strecke über Waldkirchen, Grainet, Ceske Zleby und Volary nach Prachatice durch Nebenstrecken ergänzt wurde. So entwickelte sich ab 1300 die Route des „Winterberger Steigs" von Röhnbach über den Grenzort Phillippsreut nach Vimperg (Winterberg).

Ab 1356 kam dann der „Bergreichensteiner-Steig" hinzu, der von Röhrnbach über Freyung, Mauth und Budunwald (Bucine) nach Kasperske Hory (Bergreichenstein) verlief. Trotz der Konkurrenz einer westlicher gelegenen bayerischen Route (s. u.) entwickelte sich der Salzhandel von Passau nach Böhmen zu solcher Blüte, dass die drei Handelswege im 16. Jahrhundert den Spitznamen „Goldener Steig" erhielten. In dieser Zeit hatte Böhmen einen Bedarf von 150.000 bis 200.000 Zentnern Salz pro Jahr.

Die westliche Konkurrenzstrecke, mit der die bayerischen Herzöge die Monopolisierung des Böhmenhandels durch den Erzbischof von Passau verhindern wollten, begann südlich der Donau bei Vilshofen. Die Route verlief weiter über Eging am See nach Grafenau, von dort an Waldhäuser vorbei über die Grenze, um schließlich in Vimperg zu enden. Die Bedeutung dieses Handelsweges wird aus der Bezeichnung „Gulden Stras" ersichtlich sowie aus der Verleihung des Stadtrechtes an Grafenau (1376) aufgrund der wirtschaftlichen Blüte durch den Salzhandel. Im Laufe des 15. Jahrhunderts verlor die „Gulden Stras" allmählich an Bedeutung, teils durch Grenzstreitigkeiten, teils durch die Hussitenkriege und ab 1608 durch einen Interessensausgleich der Wittelsbacher mit dem Erzbistum Passau. Wie die vorstehenden Ausführungen schon andeuteten, gab es im Südosten des deutschen Sprachraumes ständige politische Ränkespiele und kriegerische Auseinandersetzungen um die maximale Abschöpfung der Gewinne aus der Salzerzeugung und dem Salzhandel. Die vier mächtigsten Akteure in diesem Spiel waren die Habsburger, die Salz aus dem Salzkammergut (einschließlich Hallstadt) förderten und über Linz nach Osten und Norden verhandelten. Dann war da der Fürstbischof von Salzburg, der für sein in Hallein produziertes Salz stets die bestmöglichen Absatzgebiete und Handelswege suchte. Die Herzöge (später Kurfürsten) von Bayern waren bemüht, das in Reichenhall und Berchtesgaden geförderte Salz im Norden und Westen möglichst gewinnträchtig auf den Markt zu bringen. Schließlich bemühte sich der Erzbischof von Passau, der von Natur aus über keine Rohstoffe verfügte, seine Stadt zur bedeutendsten Drehscheibe des Salzhandels im Südosten zu machen. Zwei Entwicklungen änderten im 16. Jahrhundert das Spiel der Kräfte nachdrücklich. Zunächst kam den Habsburgern ihr sprichwörtliches Glück bei Heirat- und Erbschaftsfällen zugute (Tu felix Austria nube!). Durch einen Erbfall kam diese Dynastie im Jahre 1526 zur Herrschaft über Böhmen. Dadurch wurden sie in die Lage versetzt, die Rolle von Linz als Handelszentrum auf Kosten der Position Passaus zu stärken. Noch schlimmer kam es für Passau durch die Aktivitäten der bayerischen Landesherren. Diese bauten 1568 bei dem Augustinerstift St. Nikola direkt vor den Toren Passaus einen Salzablageplatz, den die Salzfertiger für den Handel mit bayerischem Salz benutzen mussten. Danach kam es im Jahre 1594 zu einem Geheimvertrag zwischen dem Erzbischof von Salzburg und Herzog Wilhelm V von Bayern, in dem der Herzog gegen entsprechende Vergütung das Monopol für die Verwertung des Salzes aus Hallein erhielt. Nun hatten die Bayern alle Trümpfe gegen Passau in der Hand. Nach heftigen Auseinandersetzungen kam man im Oktober 1608 zu einem Vertrag, der Passau verpflichtete, nur Salz aus Bayern zu handeln, wofür sich Bayern verpflichtete, das Salz langfristig zu einem festen Preis zu liefern. Nach dieser Einigung war die als Konkurrenz zum „Goldenen Steig" angelegte „Gulden Stras" überflüssig geworden. Ab 1706 blockierte Bayern jedoch die Salzlieferungen an Passau und der endgültige wirtschaftliche Abstieg der Stadt nahm seinen Lauf. Aber auch heute noch zeugen Dom, Flussbrücken und zahlreiche andere profane Bauwerke noch heute von der ehemaligen Bedeutung Passaus als Metropole des Salzhandels.

Auch die Bedeutung der ehemaligen Salzhandelswege ist nicht völlig aus dem Gedächtnis der dortigen Bevölkerung verschwunden. So sind Abschnitte der „Gulden Stras" und des Goldenen Steigs als historische Wanderwege ausgeschildert, es gibt lokale „Säumerfeste", und in Waldkirchen wurde das Museum „Goldener Steig" eingerichtet. Ferner wurden die deutsche B 12 und die tschechische R 4 entlang der alten Salzstraße Passau-Vimperg angelegt.

Von Süden nach Westen

Ein beträchtlicher Teil des in Berchtesgaden und um Hallein produzierten Salzes wurde auch in den Südwesten Deutschlands geliefert. Anfänglich ließen sich dafür Boote auf der Salzach verwenden, aber am Inn begann dann der mühsame Transport auf dem Landwege. Die südlicher gelegene Hauptstrecke verlief ohne Nutzung der Salzach über raunstein und Wasserburg. Gleichgültig, ob die nördliche oder südliche Route gewählt wurde, es mussten drei große Flüsse überquert werden, nämlich Inn, Isar und Lech. In Landsberg am Lech teilte sich dann die Salzstraße in einen südlichen Zweig, der nach Memmingen führte, und in einen nördlichen Zweig mit Ziel Augsburg. Memmingen und Augsburg waren zwei bedeutende überregionale Handelszentren, von denen das Salz in den Süden, Westen und Osten des heutigen Baden-Württembergs weiterverteilt wurde. Nördlich von Stuttgart stieß dann das bayerische Salz auf die Konkurrenz aus lokalen Salinen, insbesondere auf das Salz von Schwäbisch Hall.

Die Flussüberquerungen, die wegen des Gewichts der salzbeladenen Fuhrwerke ja mithilfe von Brücken gemeistert werden mussten, boten eine optimale Gelegenheit, Zölle zu erheben. Auf der wichtigsten Westhandelsroute entstanden so im frühen Mittelalter vier Zollstationen, die sich im Lauf von zwei oder dreihundert Jahren zu ansehnlichen Städten entwickelten. Das war erstens Traunstein, das den Übergang über die bayerische Traun sicherte. Dann kam in westlicher Richtung Wasserburg, das die Brücke über den Inn bewachte, danach München mit der Isarbrücke und schließlich Landsberg am Lech. Alle vier Siedlungen erhielten nach und nach das Stapelrecht, das zusammen mit dem Brückenzoll Bürgern und Landesherren die hohen Einnahmen brachte. Die Entwicklung der zunächst kleinen dörflichen Siedlungen zu Städten, gekrönt durch die Verleihung des Stadtrechtes, erfolgte keinesfalls nur dem Salzhandel zuliebe. Ein wesentliches Motiv für die Landesherren war die Stärkung der wirtschaftlichen und militärischen Macht. Die Einnahmen aus dem Salzhandel erlaubten aber die Finanzierung dieser Ziele. Die Verleihung des Stadtrechtes bedeutete die Etablierung eines rechtlich geregelten Marktplatzes, der durch Bau von Stadtmauer und Wehrtürmen nach außen gesichert wurde. Diese Baumaßnahmen und Errichtung von Lagerhallen mussten von den wohlhabend gewordenen Bürgern bezahlt werden. Der Landesherr wiederum war bemüht, für die Instandhaltung von Brücke und Burg zu sorgen und den Lebensunterhalt von Beamten und Soldaten zu finanzieren.

München entwickelte sich erst langsam, dann immer schneller zum wichtigsten Handelsplatz der westlichen Salzstraße und erlangte schließlich als Residenz der Wittelsbacher eine Sonderstellung in ganz Bayern.

Die Gründungsphase Münchens verlief jedoch turbulent und soll hier in wenigen Sätzen skizziert werden. München war im frühen Mittelalter ein unbedeutendes Dorf, das erst durch Auseinandersetzungen zwischen dem Bischof von Freising und den Welfen (Landesherren seit Kaiser Otto I.) an Bedeutung gewann. Der Bischof von Freising kam ab 903 in den Besitz des an der Isar gelegenen Dörfchens Föhring. Um vom florierenden Ost-West Handel maximal zu profitieren, wurde die Handelsroute nun über Föhring geleitet und das Dorf durch Ausbau von Markt, Münze und Zollbrücke zum lokalen Handelszentrum aufgerüstet. Dieser Machtzuwachs des Bischofs war den Welfen ein Dorn im Auge, doch erst Heinrich der Löwe startete einen wirksamen Gegenangriff. Er baute 1156 bis 1158 bei München eine Brücke, verpflanzte Markt und Münzrecht dahin und zerstörte die bischöflichen Bauten in Föhring. Unter dem Schutz seiner Soldaten wurde der Handel nun über München geleitet. Der Bischof, der militärisch dem Welfen nicht Paroli bieten konnte, beschwerte sich beim Kaiser, hatte jedoch zunächst wenig Erfolg. Die Verbannung Heinrich des Löwen nach England änderte die Situation von Grund auf. Ab 1180 wurde Föhring wieder zum Handelszentrum aufgebaut und die herzoglichen Bauten in München zerstört. Die Wittelsbacher, die ab 1180 die Nachfolge der Welfen in Bayern antraten, entwickelten München, wie auch andere Städte des Landes, behutsam weiter. Da sie im Unterschied zu Heinrich dem Löwen viel Land im Umfeld Münchens besaßen, hatten sie hier einen wesentlichen Vorteil, um die Handelswege von und nach München zu beeinflussen. Mit der Verleihung des Stapelrechtes setzte der rasche Aufschwung Münchens ein, und der Stern Föhrings verblasste. Das für dieses Gedeihen von München so wichtige Stapelrecht ließen sich die Bürger Münchens 1332 in einer Goldenen Bulle extra von Kaiser Ludwig bestätigen, um es bei Streitigkeiten auch gegen die bayerischen Herzöge verteidigen zu können.

Über die Entwicklungsgeschichte Landsbergs bis zum Jahre 1263 ist wenig bekannt. Es gibt jedoch Parallelen zur Geschichte Münchens. Durch Erweiterung der kleine Burg und Errichtung einer Zollbrücke gab Heinrich der Löwe dieser Siedlung einen ersten Entwicklungsschub. Die Jahrzehnte direkt nach seiner Verbannung 1180 liegen im Dunkeln. Die Wittelsbacher erhielten Landsberg im Jahre 1268 und begannen sofort mit dem Ausbau dieser strategisch wichtigen Grenzstadt ihres Herzogtums. Das Stadtrecht wurde Ende des 13. Jahrhunderts verliehen, doch ist das exakte Datum unbekannt. Aber noch 1332 im Jahr der „Goldenen Bulle" besaß Landsberg kein Stapelrecht. Die Landsberger mussten also über zweihundert Jahre lang ihr Salz teuer in München kaufen, ohne selbst von einem Stapelrecht zu profitieren. Trotz stetigen Wachstums blieb Landsberg auch in den folgenden Jahrhunderten stets im Schatten von Augsburg und München.

Salzhandel im Westen, Norden und Osten

Während Schwäbisch Hall vor allem den Norden Baden-Württembergs mit Salz bediente, waren es Bad Orb, Bad Vilbel und Bad Nauheim, die das Main-Rhein-Gebiet versorgten. Diese Salinen mussten ihr Salz zunächst auf dem Landwege an den Main bringen, wofür im Spessart eine als „Eselsweg" bezeichnete alte Handelsroute genutzt werden konnte. Der Main ermöglichte dann den billigen Schiffstransport nach Aschaffenburg und Würzburg im Südosten sowie Frankfurt und Mainz im Westen. Existenz und wirtschaftliche Blüte dieser alten Städte im Mittelalter machte die Gründung neuer Salzhandelszentren im Rhein-Main-Gebiet überflüssig.

Das Gebiet des heutigen Nordrhein-Westfalens wurde aus drei Richtungen mit Salz versorgt. Da waren einmal die etwa in der Mitte des Landes gelegenen Salinen, die ihr Umfeld versorgen konnten. (Bad) Salzuflen und (Bad) Westernkotten waren hier die ergiebigsten Salzlieferanten. Der Osten Westfalens wurde ferner von (Bad) Salzelmen, (Bad) Salzuflen und auch von Lüneburg beliefert. Entlang des Rheins und in den westlichen Gebieten wurde wohl auch Meersalz importiert, das aus Südeuropa (insbesondere aus Ibiza) über die niederländischen Hafenstädte in Land kam.

Lüneburg als die produktivste Saline nördlich des Mains belieferte ganz Norddeutschland. Mehr als fünfzig Prozent des Lüneburger Salzes ging jahrhundertelang nach Lübeck. Lübeck war vor 1800 einer der bedeutendsten Häfen der Ostsee. Außerdem war es für die Dauer von etwa dreihundert Jahren Hauptstadt des Hansebundes. Diese Bedeutung und der Reichtum Lübecks über Jahrhunderte hinweg beruhte vor allem darauf, dass Lübeck den gesamten Ostseeraum mit Salz belieferte. Die Anrainerstaaten der Ostsee verfügten über keine oder nur eine geringe Gewinnung von Salz in ihrem eigenen Land. Da es noch keinen Nord-Ostsee-Kanal gab, war auch der Transport von Salz aus Südeuropa auf dem Seeweg in die Ostsee nicht konkurrenzfähig. Lübeck hatte daher über mehrere Jahrhunderte eine Art Monopolstellung für die Belieferung der Ostseeanrainer mit Salz. Ein kleiner Teil des Salzes kam aber auch in Form gepökelter Fische ins deutsche Land zurück. Die Strecke Lüneburg – Lübeck war daher die bedeutendste Salzstraße ganz Norddeutschlands. Von Lüneburg verlief der alte Handelsweg nach Norden entlang der heutigen B 209 nach Schwarzenbek und von dort etwa der B 207 folgend über Mölln nach Ratzeburg. Von dort konnte dann der Weitertransport auf dem Wasser erfolgen. Der Transport auf dem Landweg war relativ langsam und teuer, sodass beide Hansestädte bemüht waren, einen durchgehenden Wasserweg zu öffnen. Diese Bemühungen waren 1390 bis 1395 von Erfolg gekrönt als die sogenannte „Stecknitzfahrt" eröffnet werden konnte, eine Kanalverbindung zwischen Elbe (bei Lauenburg) und Lübeck. Von Lüneburg wurde das Salz erst mit Booten auf dem Flüsschen Ilmenau zur Elbe gebracht, und dann ein Stück die Elbe aufwärts bis Lauenburg. Die „Stecknitzfahrt" führte zu einer raschen Steigerung des Handelsvolumens zwischen beiden Hansestädten. Der Erfolg dieser Handelsachse lässt sich auch heute noch erkennen. Da sind die alten Salzlagerhäuser an der Trave nahe dem Holstentor in Lübeck. Da ist der Elbe-Lübeck-Kanal, der den alten Stecknitzkanal abgelöst hat, und da sind Modelle, Bilder und Texte im Salzmuseum Lüneburg.

Von Lüneburg ging natürlich auch Salz die Elbe abwärts nach Hamburg oder auf dem Landweg nach Bremen. Eine wichtige Salzstraße verlief ferner von Lüneburg nach Magdeburg. Das Städtchen Salzwedel, etwa auf halber Strecke gelegen, verdankt Existenz und Name dem regen Salzhandel, denn ein eigenes Salzvorkommen war nicht vorhanden. Südlich von Magdeburg traf das Salz aus Lüneburg auf das Salz von Halle, von Bernburg von Schönebeck, von Staßfurt und von anderen Salinen dieses Gebietes. Vom Salzhandel der Salinen zwischen Halle und Magdeburg sind keine dramatischen Vorkommnisse zu berichten, wenn man von der Unterbrechung durch den Dreißigjährigen Krieg absieht.

Halle und die benachbarten Salinen des Salzlandkreises versorgten Polen, Brandenburg und das heutige Sachsen, lieferten aber auch Salz in das nach 1648 langsam aufblühende Berlin. Ein besonders wichtiges Absatzgebiet war das nördliche Böhmen, da Böhmen keine eigenen Salzvorkommen besaß. Das südliche Böhmen wurde, wie zuvor berichtet, aus dem Salzkammergut und aus Berchtesgaden mit Salz versorgt. Interessanterweise ist auch dokumentiert, dass Halle wie Lüneburg über regelmäßige Handelsverbindungen mit Flandern verfügte. Flandern hatte sich ab dem frühen Mittelalter zum Zentrum des Tuchhandels für ganz Mittel- und Westeuropa entwickelt. Die Schönheit flandrischer Marktplätze und Rathäuser zeugen heute noch von dem damals erworbenen Reichtum. Wohl die meisten größeren Städte bezogen Stoffe aus Flandern, und Lüneburg sowie Halle bezahlten mit Salz. So lieferte der Salzhandel ab dem Mittelalter einen wesentlichen Beitrag zur wirtschaftlichen Globalisierung Europas.

Literatur

M. Kurlansky „Salz, Der Stoff, der die Welt veränderte", Claasen Verlag, München 2002
J.-F. Bergier, „Die Geschichte vom Salz" Campus Verlag, Frankfurt (Main) 1989
Speisesalz, https://de.wikipedia.org/wiki/Speisesalz
Salz/Geschichte, www.baecher.org/seiten/rohstoffe/salz.htm

Hallstadt, https://de.wikipedia.or/wiki/Hallstadt
Hallein, https://de.wikipedia.org/wiki/Hallein
Salzkammergut, https://de.wikipedia.org/wiki/Salzkammergut
Salzkammergut: https://de.wikipedia.org/wiki/Salzkammergut
Reichenhall, https://de.wikipedia.org/wiki/Bad_Reichenhall
Schwäbisch Hall: https://de.wikiedia.org/wiki/Schwäbisch_Hall
Lüneburg. https://de.wikipedia.org/wiki/Lüneburg
Halle, https://de.wikipedia.org/wiki/Halle_(Saale)
Orb, https://de.wikipedia.org/wiki/Bad_Orb
Bad Orb: https://de.wikipedia.org/wiki/Bad_Orb
Salzelmen, https://d.wikipedia.org/wiki/Bad_Salzelmen
Salzhandel, https://de.wikipedia.org/wiki/Salzhandel
Rothenfelde: https://de.wikipedia.org/wiki/Bad_Rothenfelde
Salzhausen: https://de.wikipedia.org/wiki/Salzkotten
Sassendorf, https://de.wikipedia.org/wiki/Bad_Sassendorf
Westernkotten, https://de.wikipedia.org/wiki/Bad_Westernkotten
Salzkotten, https://de.wikipedia.org/wiki/Salzkotten
Natrium chlorid: https://de.wikipedia.org/wiki/Natriumchlorid
Husum Druck und Verlagsgesellschaft (2000) „Rungholt – Der Weg in die Katastrophe", Husum
Goldener Steig, https://de.wikipedia.org/wiki/Goldener_Steig

3

Seide, Weihrauch, Alaun und die Kreuzzüge

Inhaltsverzeichnis

Der Handel mit Seide, Weihrauch, Lapislazuli und Alaun

Die Kreuzzüge, die im 11. Jahrhundert begannen und sich über mehrere Jahrhunderte erstreckten, gehören zu den bedeutendsten Ereignissen der Menschheitsgeschichte. Nicht nur, dass etwa 20 Mio. Menschen unterschiedlicher ethnischer und religiöser Zugehörigkeit den Tod fanden. Es kam zu einem intensiven, lang andauernden Gedanken- und Kenntnisaustausch zwischen dem christlichen Abendland und der orientalischen, vorwiegend muslimisch geprägten Welt. Dieser Gedankenaustausch umfasste alle Aspekte menschlichen Denkens und Handelns von den Naturwissenschaften über Kunst zur Politik, Philosophie und Religion. Diese große Konfrontation zwischen christlicher und muslimischer Welt beeinflusst auch heute noch, zumindest unterschwellig, die Auseinandersetzung der muslimischen Welt mit den Einflüssen der westlichen (allerdings nicht notwendigerweise christlichen) Zivilisation. Daher ist es wichtig, die Motivations- und Energiequellen der Kreuz-

H. R. Kricheldorf, *Die materiellen Grundlagen der deutschen Geschichte*, https://doi.org/10.1007/978-3-662-72456-9_3

züge zu verstehen. Ein derartig umfangreicher und komplexer Teil der Geschichte, über den schon zahlreiche Bücher geschrieben wurden, kann natürlich nicht in einem Kapitel umfassend dargestellt und analysiert werden. Dem Tenor dieses Buches entsprechend sollen die materiellen Aspekte etwas stärker in den Vordergrund gerückt werden, als dies üblicherweise der Fall ist.

Die Motivation für die Kreuzzüge speiste sich vor allem aus drei Quellen. Da waren einmal der Geltungsdünkel und Machtanspruch der Päpste, Herrscher der zivilisierten Welt zu sein. Gregor VII. (1073–1088, geboren ca. 1025) war die Personifizierung dieses Anspruches. Nach der Unterwerfung Kaiser Heinrich IV. durch Kirchenbann und dessen Gang nach Canossa fühlte er sich als oberster Herrscher des westlichen Abendlandes. Kreuzzüge, welche die Macht der Heiden zurückdrängten und Byzanz unterwarfen, würden den Machtbereich des Papstes über das gesamte Abendland plus Mittelmeer ausdehnen. Eine weitere Motivation ergab sich aus der Expansion der türkischstämmigen Seldschuken, die im 10. und im 11. Jahrhundert von Buchara (heute Usbekistan) aus ihren Machtbereich bis nach Palästina und bis vor die Tore von Byzanz ausdehnten.[1,2] Damit behinderten sie drastisch den Pilgerstrom ins Heilige Land und sie unterbrachen vor allem den Rückfluss an Reliquien. Das Mittelalter hatte einen heute kaum verständlichen Enthusiasmus für Reliquien entwickelt, und eine bedeutende Reliquie in einer Abtei oder einem Domschatz war auch ein wichtiger Wirtschafts- und Machtfaktor. Darüber hinaus behinderten und kontrollierten die Seldschuken den umfangreichen und gewinnträchtigen Handel Europas mit dem Orient und Ostasien. Alle Karawanen der Seidenstraße und die meisten Karawanen der arabischen Halbinsel trafen sich in wenigen Knotenpunkten, die in Syrien im Irak sowie in Persien gelegen waren. Der Weitertransport nach West- und Mitteleuropa erfolgte über die Hafenstädte des östlichen Mittelmeeres, und alle diese bedeutenden Handelszentren standen nun unter dem Einfluss der Seldschuken.

Eine weitere treibende Kraft für die Kreuzzüge waren die italienischen Hafenstädte, vor allem Venedig, denn sie konnten in dreierlei Weise daran verdienen. Da waren erstens Gewinne zu erwarten durch das Vermieten von Schiffen und Seeleuten für den Transport von Kreuzrittern und Pilgern. Zwei-

---

[1] Die Johanniter hatten sich so sehr die Achtung der Türken erkämpft, dass sie mit ihren Waffen und Verwundeten abziehen durften, ohne in Gefangenschaft zu geraten.

[2] Das Seldschukenreich bestand aus zwei Teilen, aus der militärisch schwachen syrischen Herrschaft und aus der stärkeren anatolischen Herrschaft der (Rum-)Seldschuken. Dieses Reich mit der Hauptstadt Konya (ab 1084) konnte sich durch den Zuzug von mehr als 500.000 Türken bis etwa um 1300 halten. Danach begann der Siegeslauf der osmanischen Türken, die ihren Zug nach Westen mit der Eroberung von Byzanz im Jahre 1454 krönten. Der Name Türkei tauchte in lateinischen Texten Europas erstmals gegen Ende des 12. Jahrhunderts auf.

tens wurden Schiffe für den Nachschub benötigt. Drittens konnten bei der Rückfahrt aus dem Heiligen Land wertvolle Handelsgüter nach Italien mitgenommen werden. Vier besonders wichtige Handelsgüter sollen als Repräsentanten des breiten Warenstroms im Folgenden ausführlicher dargestellt werden.

Seide war schon seit Beginn der römischen Kaiserzeit das wichtigste Handelsgut, das aus China nach Westen transportiert wurde. Seide ist ähnlich wie Wolle oder menschliche Haare ein Protein (Eiweiß). Sie besteht dementsprechend aus langen Molekülketten (Polymeren), die durch Verknüpfung zahlreicher α-Aminosäuren mittels Peptidbindung zustande kommen. Charakteristisch für Seide ist das relativ häufige Vorkommen der Aminosäure Serin, die nach dem lateinischen Namen für Seide „sericum" benannt wurde. Der Seidenfaden wird von der Raupe des unscheinbaren Nachtfalters *Bombyx mori* gesponnen, wenn sie sich in das Larvenstadium weiterentwickelt, aus dem dann schließlich der Falter, das Imago, hervorgeht. Das Gespinst aus Faden, mit dem die Raupe sich letztlich umgibt, der Kokon, hat einerseits eine Schutzfunktion, und er hält, bedingt durch klebrige Komponenten, die Larve auch am benachbarten Astwerk fest. Die Gewinnung eines sauberen Seidenfadens beinhaltet daher auch die Reinigung von „Klebstoffen" und anderen Stoffwechselprodukten der Raupe. Ein Kokon, der typischerweise einen ellipsenförmigen Längsschnitt aufweist, mit etwa 3 cm Länge und 2 cm Durchmesser, besteht höchstwahrscheinlich aus einem einzigen Seidenfaden von mehreren Kilometern Länge und 2 g Gewicht. Das Abspulen des Seidenfadens vom Kokon führt stets nach einigen Hundert Metern zum Reißen des Fadens, sodass die Häufigkeit des Reißens ein Maß für die mechanische Festigkeit des Fadens darstellt. Die mechanischen Eigenschaften und der Glanz der Seide sind die wichtigsten Kriterien für Qualität und damit für den Preis.

Nun lernten die Chinesen schon sehr früh, dass sich die Qualität der Seide entscheidend durch die Aufzucht der Raupen beeinflussen lässt. Die Aufzucht und der Auswahlprozess beginnen schon bei den Eiern, die vom Falter auf Maulbeerbaumblättern abgelegt werden. Durch Unterkühlung können die schwächsten Eier abgetötet werden. Die frisch geschlüpften Raupen benötigen von den ersten Minuten an Blätter des Maulbeerbaumes als Nahrung, und diese Blätter bleiben lebenslänglich ihre einzige Nahrung. Der Standort der Maulbeerbäume, die Qualität der Blätter und ihre Feuchtigkeit bei der Verfütterung sind wesentlich für das Gedeihen der Raupen. Temperatur und Luftfeuchtigkeit sind weitere wichtige Rahmenbedingungen. Alle diese wichtigen Aspekte der Zucht von Seidenraupen und der Gewinnung von Seide waren den Chinesen schon vor 1250 v. Chr. bekannt, denn es gibt erste schriftliche Erwähnungen der Seide aus dem Jahre 1240. Außerdem beweisen

Grabbeigaben aus der Shang-Dynastie, dass eine Herstellung perfekter Seide schon vor dieser Zeit möglich war. Das Ursprungsgebiet der chinesischen Seidenherstellung lag höchstwahrscheinlich in der heutigen Provinz Shantung an den Ufern des „Gelben Flusses" (Hwang Ho). Dass Maulbeerbäume und Seidenraupen nur in wenigen Ländern gedeihen können, hat dazu beigetragen, dass China sein Monopol annähernd 3000 Jahre aufrecht halten konnte.

Ein kurioser Aspekt des Seidenhandels zwischen China und Abendland soll noch Erwähnung finden. Die aus China gelieferten Seidenstoffe bestanden aus relativ dicken, undurchsichtigen Geweben. An den Karawanenknotenpunkten in Syrien (z. B. Palmyra oder Qatna) entwickelten sich in der Antike Handwerksbetriebe, welche die dicken Stoffe wieder aufspulten und in dünne, durchscheinende Gewebe umwandelten. Diese waren bei den wohlhabenden Frauen des Römerreiches und des Mittelalters wegen ihrer erotischen Wirkung hoch begehrt und teuer bezahlt. Außerdem waren diese „erotischen Gewebe" in China unbekannt, sodass ein Teil auch wieder nach China zurück verkauft werden konnte. Dieser Rückverkauf war auch notwendig, weil Europa von der Antike bis zum Ende des Mittelalters Schwierigkeiten hatte, für die teuren Importe aus China hinreichende Gegenleistungen aufzubringen. Aus China wurden außer Seide auch seltene Tierfelle und Gewürze importiert, insbesondere Zimt.

Zu den teuren Waren, die aus dem asiatischen Raum bezogen wurden, gehörten auch Edelsteine und Halbedelsteine, von denen hier stellvertretend Lapislazuli genannt sei. Lapislazuli gilt als Gestein, denn es handelt sich um ein Gemisch von Mineralien, das überwiegend aus Lasurit sowie Pyrit und Calcit besteht (die tiefblaue Farbe wird der Existenz von S_3-Radikalionen zugeschrieben). Die Silbe „Lapis" repräsentiert das lateinische Wort für Stein, und das aus dem Arabischen stammende Wort „lazulum" bedeutet blau. Lapislazuli wird schon seit 7000 Jahren als Schmuckstein verwendet und findet sich als Grabbeigabe in allen Perioden des Ägyptischen Reiches. Allerdings sind die Fundmengen und die Größe der Schmuckstücke gering. Dieser Sachverhalt liegt darin begründet, dass vom Neolithikum bis zum 15. Jahrhundert nur ein einziges Gebiet mit nennenswerter Lagerstätte bekannt war, nämlich die Provinz Badakshan in Afghanistan (westlicher Hindukusch). Von dort gelangte der Stein mittels Kamelkarawanen an das östliche Mittelmeer. Lapislazuli war daher so wertvoll, dass schon die Ägypter Glasimitate herstellten. Neben der Verwendung als Schmuckstein wurde Lapislazuli in pulverisierter Form als Pigment verwendet. Im Mittelalter wurden damit die leuchtend blauen Gewänder von Madonnenfiguren in Gemälden und Fresken gemalt. Auf einem Freskenzyklus Giottos in Padua wurde der Himmel mit Lapislazuli gefärbt. Auch für Malerei auf Papier kam Lapislazuli-Pigment zum Einsatz. Das bekannteste Beispiel ist hierfür das Stundenbuch des Herzogs von Berry, eines der bedeutendsten Werke der Buchmalerei Europas. Aufgrund seines Transportes auf dem Seeweg über das Mittelmeer erhielt das Pigment später den Namen „Ultramarin". Neue Lagerstätten wurden erst im 15. bis 18. Jahrhundert am Baikalsee und am Fuße des Pamirgebirges entdeckt. Zu einer deutlichen Vermehrung des Angebotes kam es aber erst im 19. Jahrhundert, als reiche Lagerstätten in Chile gefunden wurden.

Ein anderes äußerst wertvolles Gut des Orienthandels war Weihrauch. Gehandelt wurde er vor allem in Form des luftgetrockneten Harzes, das von dem Weihrauchbaum *Boswellia serrata* abgesondert wird. Weihrauch war in Indien, Arabien und Ägypten schon während der Bronzezeit für seine mannigfachen Heilwirkungen bekannt. Sein Import nach Mitteleuropa erfolgte auf der Weihrauchstraße, die aus dem Süden Arabiens kommend zu den Hafenstädten Palästinas führte, von welchen aus der Transport per Schiff nach Griechenland und Italien erfolgte. Die Nabatäer, die für ihre rote Felsenstadt Petra (im westlichen Jordanien) bekannt sind, verdanken einen großen Teil ihres Reichtums dem Handel mit Weihrauch. Schon bei den Indern wurde Weihrauch zur Behandlung von „Tollheit" und Epilepsie eingesetzt, aber auch trivialere Krankheiten wie Husten und Schnupfen wurden damit behandelt, weil die Dämpfe desinfizierend wirken sollten. In der Antike und im Mittelalter wurde er auch noch gegen weitere Krankheiten eingesetzt und hatte den Nimbus eines Wundermittels. Fast alle bedeutenden Heilkundler früherer Jahrhunderte von Hippokrates (ca. 460–ca. 377 v. Chr.) über Galen (ca. 130–ca. 200 n. Chr.) bis zu Hildegard von Bingen (1089–1179) erwähnten Heilbehandlungen mit Weihrauch. Moderne Analysen und medizinische Studien belegten einen hohen Gehalt an sogenannten Boswellia-Säuren und konnten einen positiven Effekt dieser Bestandteile auch auf chronische Erkrankungen wie Arthritis, Asthma, Morbus Crohn, Darmentzündungen und sogar Multiple Sklerose nachweisen. Mit dem Aufkommen der Chemotherapie Ende des 19. Jahrhunderts (s. Kap. 10) verlor der Weihrauch seine Bedeutung als Heilmittel weitgehend. Die Wertschätzung des Weihrauchs in Antike und Mittelalter beruhte jedoch nicht nur auf seiner echten oder eingebildeten Heilwirkung (auch ein Placebo-Effekt ist für den Kranken nützlich!), sondern auch auf der Verwendung für kultische Zwecke. Weihrauch kam schon in römischen Tempeln zur Anwendung, und die katholische Kirche hat die Verwendung für liturgische Zwecke bis zum heutigen Tag fortgesetzt. Die große Wertschätzung in der christlichen Religion wird auch dadurch dokumentiert, dass einer der drei heiligen Könige dem neugeborenen Jesuskind Weihrauch als Geschenk zu Füßen legt.

Alaun ist das vierte und heute wohl am wenigsten bekannte Handelsgut, das im Orienthandel eine Rolle spielte. Alaun ist ein Mineral, ein Metallsalz, das die positiven Ionen des Kaliums und Aluminiums enthält, das negative (An-)Ion der Schwefelsäure sowie Kristallwasser (K, Al(SO$_4$)$_2$ + 12H$_2$O).[3] Alaun ist ein farbloses wasserlösliches Salz mit vielen nützlichen Eigenschaften. Alaun wurde beginnend in der Bronzezeit dann in der Antike und bis ins späte Mittelalter hinein ausschließlich aus Kleinasien bezogen sowie in geringem Maße auch aus weiter entfernten Lagerstädten des Orients. Es war daher für Europa ein wichtiges und teures Importgut. Die Besetzung Kleinasiens, Syriens und Palästinas durch die Seldschuken im 11. Jahrhundert blockierte Abbau und Export von Alaun und lieferte somit einen von mehreren (inoffiziellen) Gründen für die Durchführung von Kreuzzügen. Es gibt Schätzungen, dass Europa für den Import von Alaun aus Kleinasien etwa 200.000 Goldgulden pro Jahr zahlen musste. Erst um 1450 wurden alaunhaltige Gesteine in Italien auf Böden entdeckt, die dem Vatikan gehörten. Die Päpste etablierten umgehend ein Monopol, mit dem sie fantastische Gewinne erzielten. Die Nutzung später gefundener Lagerstätten in anderen Gebieten Europas wurde mit dem Kirchenbann belegt.

Alaun wurde schon von den Ägyptern genutzt, und zwar wurden Stoffe und Hölzer durch Tränken mit Alaunlösung feuerfest gemacht. Eine bedeutende Anwendung in Mittelalter und Neuzeit war die Behandlung von Textilfasern und Geweben mit dem Ziel, das Anhaften von Farbstoffen zu verbessern. Die wichtigste Anwendung von der Antike bis zum 19. Jahrhundert war jedoch das Gerben von Leder. Die wässrige Lösung von Alaun reagiert sauer und fällt (koaguliert) gelöstes Eiweiß. Fester Alaun kann auch als feste Säure betrachtet werden, die zusammen mit den Aluminium-Ionen auf Haut, und insbesondere Schleimhaut, eine adstringierende (d. h. zusammenziehende) Wirkung ausübt. Diese Eigenschaften zusammengenommen haben eine ausgezeichnete blutstillende Wirkung zur Folge, sodass Alaun beim Rasieren, beim Trimmen von Hunden und bei der Nagelpflege von Tieren und Menschen eingesetzt wird (daher auch der Beiname „Heilstein"). Aufgrund der keimtötenden Wirkung ist Alaun auch eine Komponente von Deostiften. Alaun war außerdem für Jahrzehnte Bestandteil von Waschmitteln, wofür Persil ein bekanntes Beispiel darstellt. Trotz dieser vielseitigen Nutzanwendungen wurde Alaun in der Neuzeit eine billige Chemikalie, weil nach 1500 zahlreiche Lagerstätten gefunden wurden, aus denen Alaun herausgewaschen werden konnte.

---

[3] In den letzten Jahrzehnten wurden gleichartig strukturierte Salze, die aber andere Metall-Ionen enthielten, z. B. Chrom statt Aluminium, ebenfalls als Alaun klassifiziert.

Die vorstehende Aufzählung soll dokumentieren, dass der Orienthandel im Mittelalter wie schon in der Antike zahlreiche sehr nützliche und wertvolle Materialien zu bieten hatte, für deren Beschaffung und Gewinnmaximierung auch Kriegszüge lohnend sein konnten.

Die Kreuzzüge

Zu den wesentlichen Voraussetzungen gehörten das Pilger- und Wallfahrtswesen, das zusammen mit dem Glauben an Erlösung durch Buße im 10. Jahrhundert stark an Popularität zunahm. Pilgerreisen an die heiligen Stätten in Palästina wurden schon im 4. Jahrhundert propagiert, nachdem das Christentum unter Konstantin dem Großen zur Staatskirche geworden war. Allerdings war die Zahl der Pilger gering. Eine neue Entwicklung trat ein, als Kaiserin Eudocia von Byzanz in der Mitte des 5. Jahrhunderts das Sammeln von Reliquien zum persönlichen Hobby machte und damit eine neue Begeisterungswelle auslöste. Eine rapide wachsende Pilgerschar versuchte nun, unzählige Reliquien nach Europa zu bringen, mit denen Hunderte von Kirchen gegründet oder geweiht wurden.

Die rasche Ausbreitung des Islam brachte eine kurzzeitige Unterbrechung, aber schon 670, d. h. 30 Jahre nach Eroberung Jerusalems durch Kalif Oman, reiste der Bischof von Périgueux nach Palästina. Zahlreiche weitere bekannte Persönlichkeiten folgten und dokumentierten ihre Erlebnisse in den meist erhalten gebliebenen Reiseberichten. Zunächst waren die Pilgerfahrten relativ teuer, denn von Italien oder Griechenland aus musste ein Schiff nach Palästina benutzt werden. Der Landweg wurde erst frei, als im Jahre 1000 der König von Ungarn, Stephan, zum Christentum übergetreten war. Nun schwoll der Pilgerstrom rasch an, und Gruppenreisen unter der Führung Geistlicher wurden organisiert. Es waren Vorläufer der heutigen Pauschalreisen. Entlang der Pilgerrouten entstanden Hospize, in denen vor allem Kranke gepflegt wurden.

Der im Großen und Ganzen friedliche Ablauf der Pilgerfahrten basierte teilweise auf der für das Mittelalter ungewöhnlich großen religiösen Toleranz der Araber. Ferner hatten sich die Araber im Lauf von drei Jahrhunderten von Eroberern zu Kaufleuten gewandelt, die an den Pilgern und vor allem am Handel mit Europa kräftig verdienten. Diese Situation änderte sich schlagartig, als die Seldschuken auf den Plan traten. Dieses türkischstämmige Volk hatte ursprünglich zu den in Kasachstan beheimateten Stammesverbänden der Oghusen (Oghuza) gehört. Unter ihrem Anführer Seldschuk nahmen sie um das Jahr 1000 den muslimischen Glauben an und gingen zu einer eigenen expansiven Politik über. Seldschuks Enkel Tughrul (Toghril) Beg eroberte in den Jahren von 1040 bis 1055 Persien und den Irak. Er zog 1055 in Bagdad ein, zwang den Kalifen, ihm den Titel Sultan zu verleihen, und übernahm die Defacto-Herrschaft in diesem Geltungsbereich. Sein Neffe Alp Arslan setzte die Expansion nach Westen fort und eroberte Kleinasien bis vor die Mauern von Byzanz. In der Schlacht von Manzikert 1071 erlitt das byzantinische Heer eine vernichtende Niederlage, die zur Folge hatte, dass Byzanz seine Expansionspläne nach Osten für alle Zeiten aufgeben musste. Alps Sohn Malik Shah beherrschte schließlich ein Reich, das vom Norden Persiens über Kleinasien, Syrien und den Irak bis an die Grenzen Ägyptens reichte. Die Seldschuken fühlten sich als Eroberer, nicht als Kaufleute und brachten mit ihrer Machtergreifung die gesamte politische und wirtschaftliche Balance im Vorderen Orient zum Einsturz. Dem schnellen Aufstieg folgte jedoch auch ein rascher Machtverlust. Dem Tod Sultan Marlik Shahs 1092 folgten Thronstreitigkeiten und schließlich eine Teilung des Seldschukenreiches in zwei Teile.

In Europa wurden die Thronwirren im Seldschukenreich als Chance begriffen, nun mit einem Kreuzzug durch Kleinasien nach Jerusalem den religiösen, politischen und wirtschaftlichen Einfluss des Abendlandes wieder zur Geltung zu bringen. Es war daher kein Zufall, dass Papst Urban II. im Jahre 1095 zum Kreuzzug aufrief und allen Teilnehmern Ablass von Sünden versprach. Dieser in Clermont-Ferrand proklamierte Aufruf war vor allem an Frankreichs Bürger und Adel gerichtet, weil die übrigen starken europäischen Reiche aufgrund interner oder externer Machtkämpfe nicht in der Lage waren, zu diesem Zeitpunkt ein schlagkräftiges Kreuzfahrerheer aufzustellen. Schneller als der Papst es erwartet hatte sammelte sich in Frankreich und Deutschland ein Haufen von über 12.000 Mann, bestehend aus religiösen Fanatikern, aus armen Bauern und vor allem aus Räubern, Dieben, Bankrotteure und anderem Gesindel. Sie alle nahmen die Worte des Papstes als Freibrief für ein straffreies Auswandern und für ein fortgesetztes Schnorren und Plündern in den Ländern, die sie durchzogen. Ein Teil von ihnen wurde schon von königlichen Truppen in Ungarn, das Hauptkontingent von einem Seldschuken-Heer in Kleinasien erschlagen. Dieser unrühmliche „Bauernkreuzzug" wurde in der früheren Geschichtsschreibung nicht gewertet und nicht gezählt, er steht daher in Tab. 3.1 mit der Zahl 0 in der klassischen Zählung der Orientkreuzzüge.

Der offiziell erste Kreuzzug wurde von einer großen Zahl namhafter Adliger und Geistlicher Herrn geleitet und begleitet. Dieser Kreuzzug brachte aus der Sicht der Kirche und der italienischen Hafenstädte den gewünschten

Tab. 3.1 Kreuzzüge in den Orient (klassische Zählweise)

Nr.	Initiator/Zeitraum	Anführer	Ziele	Ergebnisse
0	Papst Urban II., 1095	Peter von Amiens, Gottschalk	Eroberung von Jerusalem	Vernichtung durch ungarische Truppen und durch seldschukische Truppen (bei Nicäa)
1	Urban II., 1096–1099	Gottfried von Bouillon	Eroberung Palästinas	Sieg über die Seldschuken, Eroberung Jerusalems, Gründung des Königreiches Jerusalem
2	Papst Eugen III., Bernhard von Clairvaux, 1147–1149	Konrad III. und Ludwig VII. (Frankreich)	Rückeroberung Edessas und weiterer Gebiete	Vernichtung des deutschen und französischen Heeres
3	1189–1192	Philipp II., Richard I., Friedrich I.	Rückeroberung Jerusalems u. Palästinas	Küste von Tyros bis Jaffa, freier Zutritt der Christen zu Lexus, Eroberung von Akkin, Vertrag mit Saladin
4	Innozenz III., 1202–1204	Markgraf Bonifaz von Montferrat	Rückeroberung Jerusalems	Eroberung und Plünderung von Byzanz
5	Innozenz III., Gregor IX., 1218–1229	Jean des Brienne Pelagius v. Albano Friedrich II.	Eroberung Ägyptens und Palästinas	Vertrag zwischen Friedrich II. und Sultan al-Kamil: Christen haben freien Zugang zu heiligen Stätten
6	1248–1254	Ludwig IX. 1249–1250	Rückeroberung Jerusalems	Angriffe auf Ägypten, Gefangennahme Ludwig IX.
7	1270–	Ludwig IX. Beginn 1270	Rückeroberung Jerusalems	Tod des Königs in Tunis, August 1270

Erfolg. Die Seldschuken wurden niedergekämpft, soweit sie den Kreuzfahrern entgegentraten. Syrien und Palästina einschließlich Jerusalem wurden erobert. Die heiligen Stätten waren in christlicher Hand, und der Orienthandel sowie die Beschaffung von Alaun konnten weiter gehen. Die Eroberung Jerusalems entwickelte sich zu einem grausamen Gemetzel, bei dem nicht nur die Verteidiger, sondern auch die Zivilbevölkerung ohne Ansehen von Geschlecht und Alter abgeschlachtet wurde. Dabei kam auch ein großer Teil der christlichen Bevölkerung einschließlich Frauen und Kinder ums Leben. Die Kreuzzüge zeigten hier erstmals (aber nicht zum letzten Mal) ihr bestialisches Gesicht. Es gibt wohl keine größere Perversion des menschlichen Geistes und einer Religion, als wenn Vertreter einer Religion, die Nächstenliebe predigt, ihre eigenen Anhänger im Blutrausch oder aus Gier nach Beute niedermetzeln. Als muslimische Truppen unter Sultan Saladin 1187 Jerusalem eroberten, wurde die Zivilbevölkerung einschließlich der Christen so weit wie möglich geschont, ein beschämendes Beispiel von Menschlichkeit für das Abendland, das nicht in Vergessenheit geraten sollte. Andererseits setzten die kirchlich sanktionierten Kreuzzüge das Abschlachten anderer Christen mehrfach fort. Hier sind der vierte Kreuzzug (s. u.), der Kreuzzug gegen die Hussiten (in Tschechien) und der „Albigenser-Kreuzzug" zu nennen. Albigenser (Katharer) und Hussiten waren Christen, die den einzigen Fehler hatten, dass sie die Deutungshoheit des Papstes nicht anerkennen wollten. Männer und Frauen, Kinder und Greise wurden mit Feuer und Schwert ausgerottet. Der päpstliche Segen begleitete die Täter.

Der Eroberung Jerusalems folgte die Gründung des Königreiches Jerusalem (mit einer den Titel erbenden Dynastie) sowie mehrerer Kleinfürstentümer in Syrien und dem Libanon. Es folgten Gebietsverluste, einschließlich der Stadt Edessa an arabisch/seldschukische Heere, die in Europa das Ausrufen eines weiteren (des zweiten) Kreuzzuges durch Papst Eugen III. (Reg. Z. 1145–1153) zur Folge hatten. Am Auszug eines großen deutschen und französischen Heeres war maßgeblich der Mönch Bernhard von Clairvaux beteiligt, der ein charismatischer Prediger war. Beide Heere wurden in getrennten Schlachten in Kleinasien vernichtet, die Könige Konrad III. und Ludwig VII. flohen in ihre Heimat. Das einzig positive Ergebnis dieses Kreuzzuges war einem englischen Flottenkontingent zu verdanken, das auf der Fahrt ins Mittelmeer bei Lissabon ankerte und half, diese Stadt von den Mauren zu befreien. Dies war ein erster wichtiger Schritt für die Entstehung des Königreiches Portugal.

Von den späteren Kreuzzügen ist vor allem der vierte Kreuzzug zu nennen, der ausgerufen durch Innozenz III. (Reg. Zeit 1199–1216), von Venezianern, Flamen und Franzosen betrieben wurde. Der größte Teil des Heeres schiffte sich in Venedig ein mit der von den Venezianern propagierten Zielsetzung, Byzanz zu erobern und zu plündern. Nun wurden Christen von Christen in noch viel größerer Zahl erschlagen als bei der Eroberung Jerusalems. Die wohlhabendste und zivilisierteste Stadt des Abendlandes wurde ruiniert. Man leistete Vorarbeit für die osmanischen Türken, die zwei Jahrhunderte später (genauer: 1454) Byzanz dem Abendland endgültig wegnahmen. Innozenz III. war zwar wütend über das Verhalten der Kreuzritter, tröstete sich aber mit dem Gedanken, dass nun viele orthodoxe Christen dem Herrschaftsbereich der katholischen Kirche eingegliedert werden konnten. Die Hauptgewinner waren die Venezianer, die alle byzantinischen Hafenstädte am Ostufer der Adria und in der Ägäis (einschließlich Kreta) in Besitz nahmen. Der vierte Kreuzzug zeigt somit überdeutlich, dass für die italienischen Hafenstädte Optimierung von Handel und Gewinn wesentlich wichtiger waren als das Hochhalten religiöser Ideale.

Die Kreuzzüge zwischen 1218 und 1229 richteten sich vor allem gegen Ägypten, wo der sunnitische Heerführer und Sultan die schiitischen Fatimiden verdrängt und die kriegstüchtigere Dynastie der Ayyubiden begründet hatte. Ihre Herrschaft über Palästina sollte gebrochen werden, ein Ziel, das später auch der französische König Ludwig IX. erfolglos zu erreichen versuchte. Das beste Ergebnis erzielte Friedrich II. (von Hohenstaufen) 1219 durch Verhandlungen, die den christlichen Pilgern freien Zugang zu den heiligen Städten brachten. Dem mit Friedrich II. verfeindeten Papst kam dieser unkriegerische Erfolg ganz unerwünscht. Die Päpste hatten sich daran gewöhnt (und Jahrhunderte lang beibehalten), für Durchsetzung und Erweiterung ihrer Macht Blut fließen zu sehen. Außerdem wäre ihm eine Schwächung der militärischen Macht Friedrichs II. gelegen gekommen. Mit der Eroberung der Hafenstadt Akkon durch die Muslime im Jahre 1291 wurde der Traum einer christlichen Herrschaft über Palästina endgültig begraben.

Ein für die Folgezeit äußerst wichtiges Ergebnis der Kreuzzüge war die Entstehung geistlicher Ritterorden. Den Anfang machten die Johanniter, deren Orden zunächst als lokale Organisation mit Hauptsitz im Hospital des Heiligen Johannes zu Jerusalem gegründet wurde (im Jahre 1071 von Papst Alexander II. bestätigt). Basis dieser Gründung waren die zahlreichen Hospitaliter genannten Brüder (seltener Schwestern), die in den Hospizen entlang der Wallfahrtsrouten kranke und hungrige Pilger versorgten. Durch die Schaffung einer von Papst Paschalis II. 1139 anerkannten Dachorganisation entstand ein international agierender und hochgeschätzter Orden, der unter dem Namen Malteser (katholisch, international) und Johanniterhilfe (protestantisch, deutsch) noch heute Krankenhilfe leistet. Obwohl zunächst als reiner Hospitaliter-Orden gegründet, erzwangen die häufigen Kämpfe in Palästina die Eingliederung kämpfender Ritterbrüder. Es wurden auch Burgen gebaut, unter denen der in Syrien gelegene „Krak des Chevaliers" die berühmteste ist. Nach der Vertreibung aus Palästina (1291) wurde der Hauptsitz zunächst nach Zypern verlegt. Dort waren die Johanniter unerwünscht, weil der dortige König einen Staat im Staate befürchtete. Sie bekamen daraufhin vom Papst Rhodos zugewiesen, das allerdings zum Herrschaftsbereich von Byzanz gehörte und erst erobert werden musste. Rhodos wurde zu einer stark befestigten Hafenstadt ausgebaut, doch wurden die Johanniter von den Türken nach dreihundertjähriger, heldenhafter und verlustreicher Belagerung 1523 von dort vertrieben.[4]

Nachdem der Papst ihnen Malta zugewiesen hatte, bauten sie dort die stark befestigte Hafenstadt La Valetta auf, die nach einem Großmeister benannt wurde. Da sie von Malta aus intensiv Seeräuberei gegen türkische Handelsschiffe betrieben, wurden sie von den Türken auch auf Malta angegriffen, doch war die lange, heldenhafte Verteidigung diesmal erfolgreich. Die Malteser waren ferner durch Schiffe und vor allem durch im Seekrieg erfahrene Kapitäne und Offiziere maßgeblich an der siegreichen Seeschlacht von Lepanto (1571, südliche Adria) beteiligt und haben sich so insgesamt unsterbliche Verdienste um die Verteidigung des Abendlandes gegen die Türken erworben.

Als zweiter Orden wurden 1119 die Templer gegründet und nach der Lage ihres Hauptquartiers beim ehemaligen salomonischen Tempel benannt. Im Unterschied zu den italienisch dominierten Johannitern waren die Templer ein französischer Orden, der von Anfang an als Kriegerorden gegründet wurde, der seine Aufgabe vor allem im Kampf gegen die Muslime sah. Das Abzeichen dieses Ordens war ein rotes Kreuz auf weißem Grund, während die Johanniter ein achtzipfeliges weißes Kreuz auf schwarzem oder rotem Grund führten. Die Templer bemühten sich um den Schutz von Pilgern und Warentransporten zu Wasser und zu Land. Damit verbunden war der Schutz von Wertobjekten (z. B. Reliquien) und Geld. Daraus entwickelte sich eine Expertise für Geldgeschäfte aller Art und insbesondere für internationalen Geldtransfer. Es wurde möglich, dass ein Pilger in Paris eine Einzahlung vornahm und in Jerusalem von den Templern wieder ausgezahlt wurde. Rechnungen konnten an Geschäftspartner im Ausland beglichen werden. Geld konnte gegen Verzinsung bei den Templern eingezahlt und Kredite in Anspruch genommen werden. Dieses moderne Geldwesen fand Nachahmung in den oberitalienischen Städten und später auch in Süddeutschland. Die Templer

---

[4] Die Johanniter hatten sich so sehr die Achtung der Türken erkämpft, dass sie mit ihren Waffen und Verwundeten abziehen durften, ohne in Gefangenschaft zu geraten. Von Kaiser Karl V. stammt der Ausspruch: „Nichts ging in der Welt glanzvoller verloren als Rhodos …"

erwarben großen Reichtum, der erwartungsgemäß auch einflussreiche Neider hervorrief. Philipp der Schöne (von Frankreich) war bei den Templern hoch verschuldet und versuchte durch Vernichtung des Ordens in den Jahren 1307–1311 die Schulden loszuwerden und neue Reichtümer hinzuzugewinnen (das Letztere misslang). Die Tempelritter, welche die grausame Verfolgung durch Philipps Soldaten überlebten, wanderten vor allem nach Portugal aus , wo sie den noch heute existierenden Orden „Ritter Jesus" gründeten. Der eigentliche Templerorden war jedoch nach annähernd zweihundert Jahren vernichtet worden, ironischerweise nicht durch muslimische Truppen, sondern durch Christen ihres Heimatlandes.

Der dritte große Ritterorden, der in Palästina entstand (es wurden noch mehrere kleinere Orden gegründet), war der Deutsche Orden. Seine Einflussnahme auf den Lauf der deutschen Geschichte wird im letzten Teil dieses Kapitels geschildert.

Folgen der Kreuzzüge

Die Kreuzzüge nach Kleinasien und Palästina hatten für Europa Rückwirkungen in allen Lebensbereichen. Essbesteck und Kleidung, Rüstung und Waffen, aber auch die Architektur von Burgen, Palästen und Bürgerhäusern wurden durch den intensiven Kontakt mit dem Orient beeinflusst. So wurden bei den Ritterrüstungen die starren Plattenpanzer teilweise durch Kettenhemden ersetzt, die Schutz gegen Pfeile boten (allerdings nicht gegen einen starken Stoß mit einer Lanze). Bogenschützen spielten in den orientalischen Heeren eine große Rolle, und das hatte zur Folge, dass Burgen und Stadtmauern mit Zinnen gekrönt wurden. Diese boten dem Bogenschützen einerseits Schutz und erleichterten andererseits das Schießen. Die wohl langfristig bedeutendste Konsequenz betraf die Erweiterung des geistigen Horizontes. Für die Araber hatte mit der Übernahme des Islam und mit seiner kriegerischen Verbreitung ein geistiger Aufbruch begonnen. Alle Kenntnisse und Fertigkeiten, welche sie bei den eroberten Staaten und unterworfenen Völkern antrafen, wurden dem eigenen Kenntnisstand hinzugefügt. Eine derartige Offenheit und progressive Haltung bei einem Religionswechsel hat in der Menschheitsgeschichte durchaus Seltenheitswert. Es ist überliefert, dass Kalifen oder ihre Heerführer bei der Eroberung von Städten oder bei Tributzahlungen die Auslieferung wertvoller Bücher und ganzer Bibliotheken gefordert haben. Von christlichen Kriegsherren wurde dies nie berichtet, und die römische Kirche war vor allem bestrebt, bei unterworfenen Völker alles Schrifttum, das die vorausgegangene Kultur und Religion dokumentiert, zu vernichten.

Durch die Völkerwanderung war in Europa die Nabelschnur zum Schrifttum und zum Kenntnisstand der antiken Welt weitgehend abgerissen. Es lag in der Hand der katholischen Kirche, den „Lehrbetrieb" zu organisieren, zu leiten und durch die Ausbildung von Lehrkräften zu realisieren. Aber die Kirche zog es vor, dass Volk ungebildet zu belassen, in der Annahme, dass eine ungebildete Bevölkerung leichter zu beeinflussen und zu lenken sei. Mit Ausnahme des hohen Adels, der meist von Geistlichen unterrichtet wurde, war es nur der Klerus einschließlich der Mönche, die schreiben und lesen konnten. Was neu geschrieben oder aus der antiken Literatur kopiert werden sollte, das bestimmten die Mönche. Sie schrieben bei Tag und oft auch bei Nacht im Licht von Kerzen oder rußenden Öllämpchen mit Federkielen auf Pergament. Auf diese Weise waren eine rasche Vervielfältigung und Verbreitung von Informationen nicht möglich. Dieser Zustand änderte sich erst, als etwa ab 1400 Papier in großem Umfang technisch produziert wurde und Gutenberg den Druck mit beweglichen Lettern erfand. Danach konnten einfache Zeitungen und Flugblätter angefertigt werden (s. Kap. 6). Dazu kam, dass die Liturgie ausschließlich in lateinischer Sprache gehalten wurde und keine Bibel in deutscher Sprache zur Verfügung stand, bis Luther nach 1534 die erste Übersetzung ins Deutsche vorlegte. Die Kirche hielt alle schriftliche Überlieferung, gleichgültig ob Religion, Geschichte, Politik oder Wissenschaft, in ihren Händen, und sie wachte sorgsam über diesen Schatz und dieses Machtinstrument.

Die weitaus meisten Kenntnisse der antiken Literatur sowie die neu erworbenen wissenschaftlichen Kenntnisse der Araber gelangten durch die Kontakte mit den Arabern nach Europa. Dieser Informationsfluss verlief über drei Kanäle. Das waren erstens die Kontakte zwischen Christen und Muslimen während der Kreuzzugszeit (1096–1291) in Kleinasien und Palästina. Dann bestanden, zweitens, enge Kontakte und Kooperationen zwischen Arabern und Christen auf Sizilien. Die dortigen Muslime waren am Hofe von Roger II. und später bei Friedrich II. von Hohenstaufen sehr geschätzt. Der dritte Kanal verlief über die in Spanien ansässigen Mauren, die zu ihrer Glanzzeit ein Kalifat in Cordoba errichtet hatten. Das Wissen aller Art, das über die Araber nach Europa gelangte, bildete den Humus, aus dem die Renaissance hervorging, und es bildete den Nährboden für die langsame, aber stetige Entwicklung der Naturwissenschaften. Das Wort Chemie selbst stammt aus dem Arabischen. Es ist von Alchemie hergeleitet, ein Begriff, der auf dem arabischen Wort „al cham" (Erz, Rohprodukt) basiert.

Alle diese Konsequenzen betrafen die meisten europäischen Länder gleichermaßen. Dem Konzept dieses Buches entsprechen sollen nun aber Folgen der Kreuzzüge zur Sprache kommen, welche in spezifischer Weise mit der deutschen Geschichte verknüpft sind. Zwei Entwicklungslinien sollen hier verfolgt werden. Da ist einmal die Geschichte des Deutschen Ordens, der die Entstehung Ostpreußens nach sich zog. Da ist zweitens die Entwicklung des Geldwesens und des transalpinen Handels, der süddeutschen Kaufmannsfamilien wie den Fuggern zu ungeheurem Reichtum und zu erheblichen Einfluss auf die Politik verhalf. Dieser Aspekt wird im nächsten Kapitel ausführlicher behandelt.

Der Deutsche Orden

Während der Johanniter- und der Templer-Orden schon in der Frühzeit der Kreuzzüge gegründet wurden (1113 bzw. 1119, s. o.) war der Deutsche Orden ein Spätabkömmling, der erst 1198 durch einen Erlass vom Papst Innozenz III. offiziell anerkannt wurde. Diese Neugründung speiste sich aus zwei Quellen. Erstens bestand schon Jahrzehnte zuvor ein von Deutschen geleitetes großes Hospital in Jerusalem, das als Ausgangspunkt und „Mutterhaus" des Ordens angesehen wurde. Der Orden erhielt dementsprechend auch den Namen „Orden des Hospitals zu St. Marien der Deutschen zu Jerusalem". Der Name Deutscher Orden ist eine inoffizielle Verkürzung, die erst in der späteren Literatur entstand. Der Bedarf für diesen Orden ergab sich aus dem Verlauf des dritten Kreuzzuges. Das Landheer, das unter Leitung von Friedrich I. (Barbarossa) aufgebrochen war und nach dessen Tod von seinem ältesten Sohn, Herzog Friedrich V. von Schwaben, angeführt wurde, bestand fast ausschließlich aus Deutschen. Bei der Belagerung von Akkon waren daher die meisten Toten und Verwundeten deutscher Herkunft. Der König von Jerusalem stellte nach der Eroberung Akkons 1191 den Deutschen ein Grundstück für die Errichtung eines neuen Hospitals zur Verfügung, das zum zweiten Standbein und Hauptsitz des neu entstehenden Ordens wurde. Ein einfaches schwarzes Kreuz auf weißem Grund wurde Kennzeichen und Wappen des Ordens. Es diente als Vorbild für die Schaffung des „Eisernen Kreuzes", das vom König von Preußen erstmals in den Kriegen gegen Napoleon als militärischer Verdienstorden verliehen wurde. Auch im deutsch/französischen Krieg 1870/71 sowie im Ersten Weltkrieg wurde diese Auszeichnung verliehen. Ein schwarzes (Balken) Kreuz diente danach der deutschen Wehrmacht im Ersten und Zweiten Weltkrieg zur Kennzeichnung von Waffen und Einrichtungen, und in abgewandelter Form hat dann auch die Bundeswehr das schwarze Kreuz übernommen.

Der Orden bestand aus Rittern, Priesterbrüdern und dienenden Brüdern, die wie die Johanniter an die Gelübde Armut, Keuschheit und Gehorsam gebunden waren. Dazu gehörte eine Organisation von Halbbrüdern, der verheiratete Männer und sogar Frauen beitreten konnten. An der Spitze des Ordens stand der Hochmeister, dem als quasi demokratische Institution das Domkapitel gegenüberstand. Dieses hatte die Aufgabe, den Hochmeister zu wählen, ihn zu beraten und alle wesentlichen Aktivitäten des Ordens zu überwachen. Die zahlreichen Besitzungen in Deutschland, die meist durch Schenkungen oder Erbschaft in die Hand des Ordens gekommen waren, wurden von dem Deutschmeister verwaltet. So wie die Eroberung von Akkon zur Gründung des Ordens führte, so beendete der Fall von Akkon im Jahre 1291 die Tätigkeit des Ordens in Palästina. Die wenigen Ordensritter, die aus der Stadt entkommen konnten, versammelten sich zunächst in Venedig, wo der Orden ein großes Hospiz und zahlreiche Güter besaß. Das zukünftige Tätigkeitsfeld lag jedoch in Preußen. Die Gründe für diesen überraschenden Richtungswechsel lagen schon Jahrzehnte zurück.

Ende des Jahres 1225 hatte Herzog Konrad von Masowien den Hochmeister Herman von Salza[5] um Unterstützung gegen die heidnischen Pruzzen (Preußen) gebeten. Masowien, an der mittleren Weichsel gelegen, war de jure ein Teil des Königreiches Polen, das um 963 durch die weitverzweigte Dynastie der Piasten ins Leben gerufen worden war. De facto regierte der Herzog von Masowien jedoch wie ein unabhängiger Fürst. Die schon früher vergeblich betriebene Christianisierung der aufmüpfigen Pruzzen war keineswegs sein primäres Ziel. Es ging vielmehr um Gebietserweiterung Masowiens in Richtung baltische Küste, denn dort war der Bernstein zu gewinnen, der schon seit Jahrtausenden als wertvolles Handelsgut in ganz Europa Absatz fand (s. Kap. 1).

Nun hatte der Orden kurz zuvor bei Hilfeleistungen für das Königreich Ungarn (in Rumänien) die schlechte Erfahrung gemacht, dass er nach erfolgreicher Tätigkeit wieder des Landes verwiesen wurde. Der ungarische Adel befürchtete die Entstehung eines selbstständigen Ordensstaates. Genau dieses Ziel verfolgte nun Hermann v. Salza (1165–1239) für die zukünftigen Unternehmungen im Pruzzenland. Er holte zuerst die mündliche Zustimmung des Papstes ein und erhielt dann 1226 von Kaiser Friedrich II. in der goldenen Bulle von Brindisi die schriftliche Zustimmung zu einem Kreuzzug gegen die

---

[5] Hermann von Salza war der vierte und bedeutendste Hochmeister. Er wurde 1178/79 in Langensalza nördlich von Eisenach geboren und starb 1239. Er wuchs auf der Wartburg am Hofe des Landgrafen von Thüringen und Hessen auf, in einem Umfeld, das den Deutschen Orden besonderes unterstützte. Hermann von Salza war persönlicher Berater Kaiser Friedrich II. und meist in diplomatischer Mission tätig, um die Machtkämpfe zwischen Kaiser und Papst zu schlichten.

Pruzzen und die Schaffung eines selbstverwalteten Gebietes. Dafür hatte der Herzog von Masowien den Anspruch auf das Kulmerland, den Südwestzipfel des Pruzzengebietes, an den Orden abgetreten. Aber nicht alle Klauseln dieses Erlasses, der schon damals als Gebietsurkunde eines preußischen Ordensstaates verstanden wurde, waren klar formuliert. So waren die Rechte des Bischofs von Preußen sowie die des Königreiches Dänemark, das die Küstenregion beherrschte, nicht angesprochen worden. Daraus entstanden in späteren Jahrzehnten Streitigkeiten in verschiedenen Richtungen.

Für den Einsatz des Ordensheeres gegen die Pruzzen im Kulmerland hatte Hermann v. Salza den Ordensritter Hermann von Balk als Führer und Organisator ausgesucht. Dieser zeichnete sich durch diplomatisches Geschick und strategische Weitsicht aus. Das Kulmerland wurde zu dieser Zeit von drei Pruzzenfürsten kontrolliert, von denen jeder über mehr Kämpfer verfügte als das gesamte Ordensheer (dieses bestand schätzungsweise nur aus etwa 1000 Mann). Hermann von Balk konnte mit zwei Pruzzenfürsten ein Stillhalteabkommen erreichen. Durch eine schnelle Überquerung der Weichsel bei Nacht gelang es dem Ordensheer, die Streitmacht des dritten Pruzzenfürsten zu überraschen und in verlustreichen Kämpfen zu überwinden. Der besiegte Pruzzenchef verbündete sich nun mit Hermann von Balk gegen die beiden anderen Pruzzenfürsten, die aber wenig Widerstand leisteten. In kürzester Zeit hatte der Orden das Kulmerland besetzt und sich Respekt verschafft. An der Stelle der Weichsel, an welcher das Ordensheer übergesetzt hatte, wurde umgehend eine Siedlung mit Namen Thorn gegründet, die schon 1233 das Stadtrecht erhielt und große Bedeutung für den Orden gewann.

In den folgenden 60 Jahren betrieb der Orden eine stetige Expansion nach Norden und Nordosten, die teils mit diplomatischen meist jedoch mit militärischen Mitteln durchgeführt wurde. Es kam zu zahlreichen Kämpfen. Für das immer noch relativ kleine Ordensheer war es zeit- und kräfteraubend, die zahlreichen Burgen und Befestigungen der Pruzzen nach und nach zu erobern. Ferner musste das Heer außerhalb seines engeren Herrschaftsbereiches zwei Mal Hilfe leisten. So hatte sich der Bischof von Riga (ab 1245 Erzbistum) im Jahre 1236 in verlustreiche Kämpfe gegen die Litauer verwickelt. Der Bischof hatte einen eigenen Orden gegründet, den Schwertritterorden, der aber nur über ein kleines Heer verfügte und den Litauern somit nicht gewachsen war. Die erfolgreiche Unterstützung durch die „Deutschritter" führte 1237 zu einer Verschmelzung beider Orden und vermehrte den Einfluss des Ordens im Baltikum. Ein Kontingent des Ordensheeres wurde Anfang 1241 nach Schlesien geschickt, um bei der Verteidigung des Abendlandes gegen den Ansturm der Mongolen zu helfen. In der Schlacht von Liegnitz (12. April 1241) blieben die Mongolen zwar Sieger, hatten aber ungewöhnlich hohe

Verluste. Dazu kam der plötzliche Tod ihres Herrschers, des Groß-Khans Ögedei (Sohn des Dschingis Khan). Die Mongolen zogen sich endgültig aus Mitteleuropa zurück, aber die Pruzzen, unterstützt durch die benachbarten Pommern, nahmen den Mongoleneinfall als Signal zum Aufstand. Dieser dauerte mehrere Jahre und konnte nur mithilfe von Truppen verschiedener Fürsten des Deutschen Reiches niedergeschlagen werden.

Der nächste, aber auch letzte Aufstand der Pruzzen begann 1260 und erstreckte sich bis ins Jahr 1273. Wegen der „kaiserlosen, der schrecklichen Zeit" kam nur wenig Unterstützung aus dem Reich. Der Markgraf von Brandenburg war der einzige Mitstreiter, aber seine Mithilfe reichte schließlich zur Unterdrückung des Aufstandes aus. In der Zeit zwischen diesen Aufständen hatte der Orden das Samland und das Memelgebiet erobert, wobei überraschenderweise der slawischen König von Böhmen, Ottokar II., tatkräftig mithalf. Es kam zur Gründung der Stadt Memel (1254) und zur Gründung von Königsberg (1255/56) Diese Stadtgründungen geschahen auf Anregung Ottokars II., der persönlich angereist war – von seinem Titel rührt der Name Königsberg her. Diese Gründung entwickelte sich in den folgenden Jahrhunderten zur Hauptstadt Preußens und schließlich zur Krönungsstadt der Hohenzollern. Die um 1293 abgeschlossene Eroberung des ganzen preußischen Gebietes war nur durch umfangreiche militärische Hilfe verschiedener Reichsfürsten möglich gewesen. Dies hatte ihre Ursache in der Fürsprache mehrerer Päpste, welche die Missionierung der baltischen Völker zu einem Kreuzzug erklärt hatten, für dessen Unterstützung Ablass von Buße versprochen wurde.

Der Fall Akkons (1291) setzte den Orden unter Zwang, einen neuen Hauptsitz für Hochmeister und Ordenskapitel zu finden. Die erfolgreiche Konsolidierung der Lage in Preußen legte es nahe, den Hauptsitz in dem neu geschaffenen Ordensstaat zu verlegen. Unter dem Hochmeister Siegfried von Feuchtwangen (1303–1311) wurde dieser Wechsel vollzogen. Zum neuen Hauptsitz wurde die Marienburg erkoren, die an dem Flüsschen Nogat, dem östlichen Mündungsarm der Weichsel, gelegen war. Für diese scheinbar ungünstige Lage an der Westgrenze Preußens gab es folgende Begründung: Nach Ende des letzten Pruzzenaufstandes hatten der Landmeister des Ordens und seine Berater entschieden, einen zentralen Regierungs- und Verwaltungssitz für ganz Preußen zu schaffen. Für diesen Zweck wurde zwischen 1274 und 1280 die Marienburg erbaut. Ihre Lage reflektierte das zukünftige Ziel des Ordens, sich nach Westen, über die Weichsel hinweg auszudehnen. Das angrenzende, von Slawen besiedelte Gebiet hieß Pommerellen, es bestand aus mehreren kleinen Fürstentümern und war kein einheitliches Staatsgebilde. Die Beherrschung dieses Gebietes bedeutete für den Orden, eine direkte

Landverbindung zum Deutschen Reich zu erhalten. Diese Landverbindung sollte den Zuzug neuer Ordensbrüder erleichtern, vor allem aber den Außenhandel intensivieren, der sich im 14. Jahrhundert zu einer wichtigen Aktivität des Ordens entwickelte.

Streitigkeiten der Kleinfürstentümer Pommerellens untereinander, mit dem Königreich Polen und mit dem zum Reich gehörenden Pommern führten zum militärischen Eingreifen des Ordens und schließlich zur Besetzung des ganzen Gebietes. Die Oberhoheit des Ordens über das ganze spätere Westpreußen genannte Land wurde vom polnischen König Kasimir III. im Vertrag von Kalisch 1340 offiziell anerkannt. Vorausgegangen waren Vermittlungsversuche des König Johannes von Böhmen und seines Sohnes Karl (später Kaiser Karl IV.), die den Orden stets unterstützten. Der Deutsche Orden war bei einem Großteil der Bevölkerung Pommerellens nicht unwillkommen, denn deutsche Siedler und Kaufleute hatten sich schon in größerer Zahl im Lande niedergelassen. Ferner hatten die meisten slawischstämmigen Adligen durch Heirat familiäre Bande zu verschiedenen deutschen Adelsgeschlechtern geknüpft. Nur Danzig, das nach Lübeck das bedeutendste Handelszentrum am Südufer der Ostsee war, war von einer Beherrschung durch den Orden wenig begeistert. Außerdem blieb es ein langfristiges Interesse Polens, einen direkten Zugang zur Ostsee zu erhalten.

Durch die Zusammenarbeit mit dem Bischof von Riga und Livland (ab 1245 Erzbischof) und nach dem Erwerb Westpreußens hatte der Ordensstaat eine politische Macht und ein Staatsgebiet erworben, die eigentlich für eine lang dauernde friedliche Existenz bürgen sollten. Jedoch gab es schon seit der Besetzung des Kulmerlandes eine stete Quelle kriegerischer Auseinandersetzungen, und das war Litauen. Litauen war durch Kurland vom Meer und damit vom Ostseehandel und Bernsteingewinnung abgeschnitten. Es war von Wäldern und Sümpfen umgeben, die eine vollständige Eroberung unmöglich machten, und Litauen war heidnisch. Aufgrund der natürlichen Gegebenheiten hatten die Litauer einen ständigen Mangel an Nahrung und zivilisatorischen Gütern aller Art. Mit Plünderung einhergehende Überfälle auf die wohlhabenderen Nachbarn im Norden, Süden und Westen waren die natürliche Folge. Der Ordensstaat reagierte mit dem Ausbau zahlreicher Burgen an seiner Ostgrenze, und er unternahm Strafexpeditionen in Litauer Gebiet, wann immer militärische Unterstützung durch Reichsfürsten oder durch die Könige von Böhmen (aus dem Geschlecht der Luxemburger) zur Verfügung stand. Als der litauische Großfürst Jagiello (Jogaila) nach dem Tode seines Vaters 1380 an die Macht kam, schloss er einen Friedensvertrag mit dem Orden in Daudisken. Seine kriegerischen Verwandten setzten jedoch die Kämpfe fort und setzten Jagiello gefangen, und nur mithilfe des Ordens gelangte er wieder an die Macht. Es folgte 1382 ein neuer Friedensvertrag. Die Situation änderte sich jedoch grundsätzlich zum Nachteil des Ordens, als Jagiello 1386 die Chance erhielt, die polnische Königin Jadwiga zu heiraten und König von Polen zu werden. Die Königswahl erforderte den Übertritt Jagiellos zum Christentum. Jagiello vollzog den Religionswechsel unverzüglich und verordnete die Christianisierung auch seinem Volk. Dieser Religionswechsel verlief schnell und friedlich, weil er nur in einer einfachen Prozedur bestand, die keinerlei Nachteile für die Bevölkerung hatte. Die Menschen wurden an einem Bach oder Fluss versammelt, mit Wasser übergossen und ein polnischer Geistlicher sprach eine Taufformel.

Diese formale Bekehrung hatte gravierende Folgen, denn es war dem Orden und den Päpsten nun nicht mehr möglich, zu Kreuzzügen gegen die Heiden aufzurufen. Außerdem kam es nach Beendigung der päpstlichen Gefangenschaft in Avignon zu einem Schisma mit zwei Päpsten, sodass auch keine kirchliche Unterstützung zu erwarten war. Einen Anlass zum Krieg bot unbeabsichtigt der aus der Luxemburger Dynastie stammende König von Ungarn, Sigismund. Er hatte das Angebot, polnischer König (mit Regierungssitz in Polen) zu werden, ausgeschlagen, um seine Wahl zum deutschen Kaiser nicht zu gefährden. Außerdem benötigte er für Kämpfe in Ungarn sowie für die Finanzierung seiner Wahl viel Geld und nahm einen großen Kredit vom Orden an. Dafür verpfändete er die Neumark, ein Gebiet, das die Polen gerne selbst erworben hätten. Die permanente Feindschaft der Litauer bildete den Untergrund des Stimmungswandels im Königreich Polen. Als Sigismund nach dem Tode Kaiser Ruprechts 1410 mit allen Mitteln für seine Wahl zum Kaiser kämpfte und weder Zeit noch Truppen noch Geld für Außenpolitik zu Hand hatte, glaubte Jagiello den richtigen Zeitpunkt für einen Angriff auf den Ordensstaat sei gekommen und schlug los. Bei Tannenberg trafen zwei große Heere aufeinander, die vor allem aufseiten Polens durch eine große Zahl von Söldnern verstärkt worden waren. Taktische Fehler der Ordensritter und die Weigerung der Ritter aus dem Kulmerland, ihrer Verpflichtung nachzukommen, entschieden die Schlacht zu Gunsten Jagiellos. Es soll insgesamt an die 100.000 Tote geben haben, und der größte Teil des Ordensheeres wurde vernichtet. Von dieser Niederlage erholte sich der Orden nicht mehr. Im ersten Thorner Frieden 1411 musste der Ordensstaat nur Gebiete abtreten. Im zweiten Thorner Frieden 1466 verlor er auch seine Selbstständigkeit.

Der endgültige Niedergang des Ordensstaates hatte vor allem zwei Gründe. Da war einmal die schleichende Entfremdung zwischen Hoch- und Deutschmeister, die schließlich dazu führte, dass der Deutschmeister dem Hochmeister den Gehorsam verweigerte und die finanzielle wie wirtschaftliche Unterstützung des Ordensstaates infrage stellte. Der zweite bedeutende Grund war die Entfremdung des Ordens von der Bevölkerung des eigenen Staates. Der Orden hielt stur an seinen mittelalterlichen Regeln fest, ohne die materiellen und mentalen Veränderungen des Umfeldes zu berücksichtigen. Weder Bürger noch Adlige des eigenen Staates wurden in den Orden aufgenommen, sodass weder Kämpfer noch Verwaltungspersonal aus dem eigenen Lande den fehlenden Nachwuchs aus dem Reich ausgleichen konnte. Die wirtschaftliche Blüte des Ordensstaates hatte außerdem die Konsequenz, dass die Bevölkerung nicht nur wohlhabender, sondern auch selbstbewusster wurde und die Landespolitik, vor allem aber die Wirtschaftspolitik, mitgestalten wollte. Die Ordensleitung aber verweigerte derartige Neuerungen. Im Jahre 1440 kam es zur Gründung des Preußischen Bundes, in dem sich zahlreiche Städte zusammentaten, um ihre Interessen gegen den Orden durchzusetzen. Damit hatte der Orden nun auch einen Feind im eigenen Lande. Es folgten 13 Jahre Krieg mit Polen, die im zweiten Thorner Frieden mit dem Verlust Westpreußens und mit der Unterwerfung des Hochmeisters unter die Lehnsherrschaft des polnischen Königs endeten.

Eine neue Wendung ergab sich mit der Wahl des Herzogs Friedrich von Sachsen (aus der Wettiner Linie) der von 1498–1510 als Hochmeister regierte, aber sächsischer Landesfürst blieb. Erstmals übernahm ein deutscher Landesfürst die Führung des restlichen Ordensstaates, und diese Politik wurde mit der Wahl des Markgrafen von Hohenzollern, Albrecht, fortgesetzt. Albrecht war durch seine Abstammung eng mit den Kurfürsten von Brandenburg verwandt, die seit Friedrich VI. von Hohenzollern über die Mark als Kurfürsten herrschten (s. Kap. 5). Das Kurfürstentum war zu diesem Zeitpunkt wirtschaftlich und militärisch noch zu schwach, um den neuen Hochmeister in dieser Hinsicht nachhaltig unterstützen zu können, aber auf diplomatischer Ebene waren die Kurfürsten Joachim I. und Joachim II. hilfreich.

Zunächst gab es jedoch einen schweren Rückschlag. In einem von Papst Clemens vermittelten Vertrag wurde 1524 festgelegt, dass die Befugnisse von Deutsch- und Hochmeister vollständig getrennt wurden und der Hochmeister nur noch für den restlichen Ordensstaat (Ost-)Preußen zuständig sein sollte. Das war der endgültige Todesstoß für den Orden als Ganzes und für den Ordensstaat. Von diesem Moment an bemühte sich Albrecht von Hohenzollern nur noch um die Umwandlung des Ordensstaates in ein Herzogtum, das er als weltlicher Fürst regieren wollte, allerdings unter dem polnischen König als Lehnsherrn. Diesen schwierigen diplomatischen Kampf konnte Albrecht von Hohenzollern gewinnen, und im April 1525 wurde der Umwandlungsvertrag in Krakau unterzeichnet.

Für die Zukunft des Herzogtums Preußen war es entscheidend, dass nicht nur Albrecht von Hohenzollern und seine Nachkommen, sondern gleichzeitig auch der Kurfürst von Brandenburg und seine Nachfahren belehnt wurden. Beim Aussterben der herzoglichen Dynastie erbten die kurfürstlichen Hohenzollern den Anspruch auf die Herrschaft in Preußen. Dieser kritische Erbfall trat im Jahre 1618 tatsächlich ein. Von da an wurden das Herzogtum Preußen und die Mark Brandenburg vom Kurfürsten Johann Sigismund in Personalunion regiert. Der Weg für ein Königreich Preußen und seinen entscheidenden Einfluss auf das Schicksal Deutschlands war geebnet. Eine besondere Ironie der deutschen Geschichte soll hier nachgetragen werden. Die Führung des restlichen deutschen Ritterordens in Mitteleuropa geriet in die Hände der Habsburger. Das Land des Ordensstaates und die Führung des restlichen Ordens gerieten so in die Herrschaft zweier Dynastien, die sich zu Konkurrenten und schließlich zu Feinden im Kampf um die Macht im Deutschen Reich entwickelten.

Literatur

Freiberg: https://de.wikipedia.org/wiki/Freiberg
Reinsberg.: https://de.wikipedia.org/wiki/Reinsberg_Sachsen
Schwaz (Inntal): https://de.wikipedia.org/wiki/Schwaz
Schladming: https://de.wikipedia.org/wiki/Schladming
H. Römpp, A. O. Neumüller „Chemie Lexikon" Frank'sche Verlagsbuchhandlung
Hans Breuer „Kolumbus war Chinese" Societäts Verlag, Frankfurt 1970
Encyclopedia Americana, American Corporation N. Y. 1972/73
Aziz S. Atiya. *Kreuzfahrer und Kaufleute – Die Begegnung von Christentum und Islam* (Kohlhammer Verlag, Stuttgart, 1964).
https://de.wikipedia.org/wiki/Seidenstrasse.de
https://de.wikipedia.org/wiki/Alaunstift
https://de.wikipedia.org/wiki/lapislazuli
W. Sonthofen „Der Deutsche Orden" Weltbild Verlag, Augsburg 1995
E. Bradford „Johanniter und Malteser" (Universitas, engl. Original) F.A. Herbig Verlag, München, 3. Aufl. 1996

4

Silber und die Kriege der Habsburger im 16., 17. und 18. Jahrhundert

Inhaltsverzeichnis

Silber und Silberbergwerke

Silber ist ein chemisches Element und ein Edelmetall, von welchem einige Eigenschaften in Tab. 4.1 (s. Kap. 1) aufgeführt sind. Aus der Sicht eines Chemikers ist Silber mit Kupfer und Gold verwandt (1. Nebengruppe des Periodensystems). Silber ist weniger edel als Gold, d. h. chemisch etwas reaktionsfreudiger, aber es ist edler als Kupfer. Es reagiert im Unterschied zu Kupfer unter normalen Lebens- und Arbeitsbedingungen z. B. nicht mit Sauerstoff, Wasser oder Kohlendioxid (CO_2, Kohlensäure). Es reagiert aber mit Schwefelwasserstoff (H_2S), einem Gas, das bei der Verwesung von Protein (Fisch, Fleisch, Eier) auftritt und für den Gestank fauler Eier verantwortlich ist. Da Schwefelwasserstoff in geringen Mengen stets in der heutigen Luft vorhanden ist, überzieht sich Silber langsam mit einer schwarzen Patina aus Silbersulfid (Ag_2S). Die stabile Bindung an Schwefel bringt es auch mit sich, dass Silber in der Natur nicht nur als freies Metall vorkommt, sondern auch als Silbersulfid. Silber wird häufig zusammen mit goldhaltigen Erzen abgebaut, aber es wird als Sulfid auch beim Abbau von Kupferminen sowie bei

H. R. Kricheldorf, *Die materiellen Grundlagen der deutschen Geschichte*, https://doi.org/10.1007/978-3-662-72456-9_4

Tab. 4.1 Silberbergwerke des Mittelalters im Schwarzwald

Benachbarte Ortschaft	Name der Grube	Besuchsbergwerk
Dornstetten/Freudenstadt	Himmlischer Frieden	Nein
Freiburg i. Br.	Schauinsland	Ja
Haslach im Kinzigtal	Segen Gottes	Ja
Münstertal, Südschwarzwald	Teufelsgrund	Ja
Neubulach	Hella Glück	Nein
Schriesheim	Anna-Elisabeth	Nein
Sexau, Waldkirch	Caroline	Nein
Waldkirch, Suggental	Suggental	Nein
Wieden, Südschwarzwald	Finstergrund	Ja

der Ausbeutung von Blei- und Zinklagerstätten gewonnen, weil diese Metalle vorzugsweise als Sulfide im Boden vorkommen.

Mit dem Abbau von Kupfererzen in den Ostalpen (z. B. im Inntal) wurde schon im 4. bis 3. Jahrtausend v. Chr. begonnen (s. Kap. 1). Ob es in prähistorischer Zeit schon zu einem gezielten Silberbergbau kam, ist wohl noch nicht endgültig geklärt. Sicher ist, dass die Römer im Südschwarzwald, bei Sulzburg und Badenweiler, Silbererze abgebaut haben, wenn auch in kleinen Mengen. So stammt der Mörtel der in Badenweiler noch erhaltenen großen römischen Therme aus dem Abraum des dortigen Silberbergbaus. Der Silberbergbau im Schwarzwald wurde im frühen Mittelalter wieder aufgenommen, doch waren die meisten Lagerstätten nicht sehr ergiebig und im 14. Jahrhundert auch schon weitgehend erschöpft. Eine Übersicht über die Silberbergwerke des Schwarzwaldes wird in Tab. 4.1 gegeben. Auch in den Vogesen kam es zum Abbau von Silbererzen, insbesondere im Umfeld von Sainte-Marie-aux-Mines (in der Nähe von Sélestat).

Das Silber kam vor allem dem örtlichen Adel und geistlichen Herren zugute, doch auch die Bevölkerung (und wir Nachfahren) profitierten und profitieren davon. Es waren nämlich vorwiegend die Spenden wohlhabender Adliger und Kaufleute, welche den Bau der schönen gotischen Münster in Freiburg i. Br., in Straßburg und in Thann (bei Mühlhausen) ermöglichten.

Silberbergbau gab es im Mittelalter bis zur beginnenden Neuzeit noch an verschiedenen Gebieten Deutschlands. Folgende Bergbauorte sind zu nennen: Arzbach an der Isar, Silberbergbau im Langental, Bodenmais (Bayern), Silberbergbau am Silberberg, Lem im Bayerischen Wald, Bad Ems mit mehreren Gruben und Lahnstein. auch im Harz gab es mehrere Lagerstätten mit zahlreichen Gruben, z. B. die Gangzüge von Hahnenklee, Bockwiesen, Zellerfeld und Schulenberg.

Alle diese Vorkommen haben gemeinsam, dass Silbersulfid nur in geringen Mengen zusammen mit Kupfer, Blei- und Zinksulfiden gefunden wurde. Das

Silber reichte nur für eine regionale Versorgung von Münzstätten und erlangte keine politische Bedeutung. Nur das im Harz gewonnene Silber spielte eine größere Rolle im frühen Mittelalter als Zahlungsmittel der Sachsenkaiser. Diese Situation änderte sich rasch mit der Erschließung reicher Silbervorkommen im Erzgebirge und in Tirol in der Mitte des 15. Jahrhunderts.

Aus dem Raum Halle/Leipzig führte eine alte Handelsroute über das Erzgebirge nach Prag. Bei dem an dieser Handelsroute gelegenen Ort „Christiansdorf" fanden Kaufleute 1168 gediegenes Silber (in Bleiglanz (PbS) eingebettet). Die Kunde dieses Fundes, die als großes „Berggeschrey" bekannt wurde, verbreitete sich rasch und zog Abenteurer wie Bergleute aus ganz Deutschland an. Durch rasches Bevölkerungswachstum entstand aus drei Siedlungen eine Stadt, die ab 1201 Freiberg genannt wurde. Es entstand eine Burg, eine Münzstätte, eine neue, größere (Nikolai-)Kirche und große Bürgerhäuser. Die Silberlagerstätten verarmten jedoch im Lauf des 14. Jahrhunderts. Neue Silberfunde am nördlich gelegenen Schneeberg führten zu einer zweiten Blüte, und Freiberg war bis zur Reformation die größte Stadt Sachsens. Seine zentrale Bedeutung für den sächsischen Bergbau blieb bis heute erhalten und dokumentiert sich in der 1765 erfolgten Gründung der ersten Bergakademie der Welt.

Im Jahre 1491 wurden beim südwestlich gelegenen Annaberg-Buchholz neue Silbervorkommen entdeckt, und die Bevölkerung wuchs in 30 Jahren von etwa 10 auf 10.000 Personen. Im Lauf von 100 Jahren wurden über 300 Zechen in Betrieb genommen, sodass die Silbervorkommen um 1600 schon fast erschöpft waren. Eine weitere bedeutende Bergbaustadt, Marienberg, entstand auf dem Reißbrett nach Silberfunden im Jahre 1520. Auch Josefstadt (heute Jöhstadt) entstand in dieser Zeit. Dagegen gab es in Dippoldiswalde schon ab 1185 einen kontinuierlichen, aber wenig ergiebigen Silberbergbau. All dieses Silber aus dem Erzgebirge bildete die Grundlage für den Reichtum Sachsens, wie er heute noch anhand der Kunstschätze in den Museen Dresdens bewundert werden kann. Das Silber ermöglichte den Kurfürsten von Sachsen auch die Kriegsführung gegen Karl V. im Schmalkaldischen Krieg, und es ermöglichte später August dem Starken, durch großzügige Bestechungsgelder zum König von Polen gewählt zu werden.

Südlich von Freiberg und nördlich von Karlsbad wurde in einem zunächst kaum bewohnten Tal am Fuße des Keilberges im Jahre 1516 Silber gefunden. Die nun explosionsartig wachsende Siedlung wurde ab 1517 St. Joachimsthal genannt. Im Jahre 1519 wurde der von 5000 Einwohnern bewohnte Ort zur königlich freien Bergstadt erhoben. Um 1533 wurde mit 14 t Silber die größte Jahresausbeute erzielt. Über 900 Zechen mit 8000 Bergknappen waren aktiv. In der Zeit von 1516 bis 1594 wurde Silber im Wert von 36 Millionen Gulden (Florin) zutage fördert. Die Silberminen waren ergiebiger als diejenigen des sächsischen Gebietes. Eigene Münzprägungen begannen ab 1520 und wurden von Kaiser Karl V. im ganzen Reich verbreitet. Aus der Herkunftsbezeichnung Joachimsthal wurde der „Thaler". Da Kaiser Karl V. auch König von Spanien war (Carlos I.[1]), gelangten die Münzen und ihre Bezeichnung auch nach Spanien und wurden dort als „dollaro" bekannt. Nun besiedelten Spanier nach 1520 allmählich auch den Südwesten der heutigen USA (von Texas bis Kalifornien). Als später die englischsprechenden Amerikaner aus den Osten in dieses Gebiet zogen, übernahmen sie die Silbermünzenbezeichnung als Dollar.

Der Nachschub von Silber stand bei den Habsburgern ab Kaiser Friedrich III. (Vater Maximilian I.) noch auf einem zweiten Bein, den Bergwerken in den Ostalpen. Mehrere kleinere Zechen gab es in der Steiermark, z. B. bei Schladming (Bezirk Liezen), das wegen der Silberförderung schon 1322 Stadtrecht erhielt. Dazu kamen Zechen bei Glatzing sowie Ober- und Unterzeiring. Alle diese Lagerstätten waren jedoch nicht sehr ergiebig. Entscheidend für die Wirtschafts- und Machtpolitik der Habsburger wurden jedoch die Silberfunde bei Schwatz im Inntal. Bei diesem Ort wie auch anderen Stellen des Inntals war schon in prähistorischer Zeit Kupfer gewonnen worden (s. Kap. 1). Um 1420 entdeckte man auch silberhaltiges Gestein, dessen Abbau zuerst von den Tiroler Herzögen und schließlich von den Kaisern Maximilian I. und Karl V. intensiv gefördert wurde.[2] Aus Sachsen wurden Bergleute importiert, die beim Silberbergbau um Freiberg schon Erfahrung gesammelt hatten. Entscheidend für den langfristigen Erfolg war hier wie bei anderen Bergwerken der Bau von Schöpfwerken, die das Wasser aus den Stollen und Schächten entfernten. Der Ort Schwaz wuchs von ein paar Hundert Einwohnern um 1420 auf ca. 20.000 Einwohner zur Blütezeit um 1520. Damit war Schwaz die zweitgrößte Stadt Österreichs nach Wien.

Die Lagerstätten von Schwaz erwiesen sich als die ertragreichsten Silberminen Europas. Herzog Sigismund, der vor Maximilian I. über die Nutzung der Bergwerke verfügte, bekam nicht umsonst den Beinamen „Der Münzreiche". Es gibt wohl keine genauen Zahlen, wohl aber in der Größenordnung

---

[1] Diese Begriffe hängen mit dem Wort Sole = Salzlösung zusammen. Schon zur Römerzeit, aber auch in späteren Jahrhunderten erhielten Soldaten einen Teil ihres Soldes in Form des damals sehr wertvollen Kochsalzes ausgezahlt (s. Kap. 2).

[2] Der Sohn von Maximilian I., Philipp der Schöne, starb schon 1506 und damit vor seinem Vater (gestorben 1519) und gelangte daher nicht zur Thronbesteigung in Deutschland oder Spanien. Da er die spanische Thronerbin Johanna (nach seinem Tod „Die Wahnsinnige" genannt) geheiratet hatte, wurde Philipps Sohn Karl nach dem Tode Maximilians I. als Karl V. zum Kaiser des Heiligen Römischen Reiches gewählt. Ferner wurde er als Carlos I. auch König von Spanien und damit Herrscher eines Weltreiches, in dem nach den spanischen Eroberungen Süd- und Mittelamerikas die Sonne nie unterging.

zuverlässige Schätzungen der geförderten Silbermenge. Diese besagen, dass in den 150 Jahren nach 1420 etwa 2000 bis 3000 t Silber und über 100.000 t Kupfer gefördert wurden. Circa 80 % des Geldes das Maximilian I. und zunächst auch sein Enkel Karl V.[1] für Kriege, Prunk und Bestechungsgelder ausgaben, stammte aus dem Schwazer Bergbau. Die Betriebs- und Vermarktungsrechte der Bergwerke hatten dabei die Fugger und einige andere reiche Kaufmannsfamilien inne, bei denen die Herzöge und Kaiser hoch verschuldet waren. Als typisches Beispiel für die damaligen Zustände mag die Wahl Karls V. zum deutschen Kaiser (1519) dienen, wofür die Fugger 850.000 Gulden als Schmiergelder zur Verfügung stellen mussten.

Die Habsburger hatten aber das seltene Glück, dass mit der Expansion ihres Machtbereiches und ihrer Machtgelüste auch neue Silberquellen hinzukamen. Die Eroberung des Azteken- und Inkareiches durch die Spanier eröffnete für Karl V., der ja nicht nur deutscher Kaiser, sondern auch König von Spanien wurde, neue immense Geldquellen. Das meiste Gold und Silber, das die eroberten Völker aus den Gebirgen Süd- und Mittelamerikas geholt hatten, wurde nach Spanien verschifft. Da dieses Silber und Gold nur für Kultgegenstände und Schmuck, aber nicht für Geldprägungen verwendet worden war, wurden riesige Mengen unersetzlicher Kunstwerke vernichte. Als der Nachschub dieser schon verarbeiteten Edelmetalle zu versiegen begann, blieb das Glück den Habsburgern treu. Es wurden in Mittel- und Südamerika nach 1540 neue, äußerst ergiebige Silbervorkommen gefunden.

Ein einziger Ort, wahrscheinlich die ergiebigste Silbermine der Menschheitsgeschichte, gelangte zur Weltberühmtheit: Potosí. „Vale un Potosí" wurde zum spanischen Sprichwort und bedeutete „Es ist ein Vermögen wert". Potosí war vor dem Eintreffen der Spanier eine winzige Ortschaft, die im Südosten Boliviens in 4000 m Höhe gelegen war. Aus dem benachbarten „Silberberg", dem Cerro Rico, waren schon zur Inkazeit geringe Mengen an Silber gefördert worden. Mit verbesserten Kenntnissen und besseren Geräten entfachten die Spanier nun einen Silberboom, der alles, was aus Schwaz und Joachimsthal bekannt war, in den Schatten stellte. Zur Blütezeit um 1610 hatte Potosi annähernd 150.000 Einwohner und war eine der größten Städte der Welt. Im Jahre 1572 wurde in Potosi eine staatliche Münze eröffnet, und von da an wurde nur noch gemünztes Silber nach Spanien verschifft und als Zahlungsmittel schließlich in der ganzen Welt verteilt.

Weitere ergiebige Silberminen wurden in Mexico entdeckt: 1548 in Guanajuato, 1549 in Taxco, 1551 in Pachuca, 1555 in Sombrerete, 1563 in Durango, 1569 in Fresnillo und 1600 in Zacatecas. Die gesamte Produktion aller mexikanischen Minen übertraf zwar diejenige von Potosi, aber als einzelne Lagerstätte übertraf Potosi alles, was jemals an Silbervorkommen bekannt

Tab. 4.2 Österreichische, spanische sowie französische Könige und Kaiser sowie ihre Lebenszeiten

Österreich (Habsburg)	Spanien	Frankreich
Maximilian I. (1459–1519) Dtsch. Kaiser 1493–1519	**Habsburger**	**Valois**
Ferdinand I. (1503–1564) Dtsch. Kaiser 1556–1564	Karl I./Karl V. (1500–1558) Dtsch. Kaiser 1519–1556	Karl VIII. (1470–1498)
Maximilian II. (1527–1576)	Philipp II. (1527–1598)	Ludwig XII. (1462–1515)
Rudolf II. (1552–1612)	Philipp III. (1578–1621)	Franz I. (1494–1547)
Matthias (1556–1619)	Philipp IV. (1605–1665)	Heinrich II. (1519–1559)
Ferdinand II. (1578–1637)	Karlo II. (1661–1700)	Franz II. (1544–1560)*
Ferdinand III. (1608–1657)	**Bourbonen**	Karl IX. (1550–1574)*
Leopold I. (1640–1705)	Philipp V. (1683–1746)	Heinrich III.(1551–1589)*
Joseph I. (1678–1711)	Ferdinand VI. (1713–1754)	**Bourbonen**
Karl VI. (1685–1740)	Karl III. (1716–1788)	Heinrich IV. (1533–1610)
Maria Theresia (1717–1780)	Karl IV. (1748–1819)	Ludwig XIII. (1601–1643)
Joseph II. (1741–1790)	Ferdinand VII. (1784–1833)	Ludwig XIV. (1638–1715)
Leopold II. (1747–1792)		Ludwig XV. (1710–1774)
Franz II. (1768–1835) Dtsch. Kaiser 1792–1806 Österr. Kaiser 1804–1834		Ludwig XVI. (1754–1793)
		Napoleon Bonaparte

* Söhne von Heinrich II.

geworden ist. Der Zustrom an Silber, der nach 1530 nach Europa und von dort in den Orienthandel gelangte, war so groß, dass der Silberpreis drastisch fiel und manches Silberbergwerk in Europa wegen mangelnder Rentabilität schließen musste. Andererseits war es dieser immense Nachschub an Silber, der es den Habsburgern ermöglichte, im 16., 17. und 18. Jahrhundert an vier Fronten zahlreiche Kriege zu führen und zu überleben. Kurze Darstellungen dieser Kriege, die für die Geschichte Deutschlands von fundamentaler Bedeutung sind, folgen in den nächsten Abschnitten dieses Kapitels. Die an diesen Kriegen beteiligten Kaiser und Könige Deutschlands, Frankreichs und Spaniens sind in Tab. 4.2 zusammengefasst

Die Kämpfe gegen die Protestanten

Der geistige und psychologische Nährboden für die Entstehung und rasche Ausbreitung der Reformation ergab sich aus der Verweltlichung der Kirche in den Jahrzehnten vor Luthers Thesenanschlag in Wittenberg (17. Oktober 1517). Hier sollen aus dem komplexen Geflecht der Ursachen nur zwei Aspekte hervorgehoben werden, nämlich der Pfründehandel und der Ablasshandel. Beide Gebiete der unseriösen, pseudoreligiösen Geldbeschaffung wurden von der in Augsburg ansässigen Familie der Fugger kontrolliert. Innerhalb von vier Generationen hatten sich die Fugger von einer in Graben bei Augsburg beheimateten Weberfamilie zu reichen Kaufleuten hochgearbeitet. Jakob Fugger der Reiche (1459–1525) war, gemessen an der Kaufkraft seiner Zeit, der reichste und einflussreichste Privatmann, den die Welt je gesehen hat. Er konnte jeden und jede bestechen oder nach Vergabe von Krediten erpressen, einschließlich Kaiser und Papst. Kaiser Maximilian I. hatte in den letzten Jahren seines Lebens alles verpfändet, was nicht niet- und nagelfest war, um von den Fuggern und anderen reichen Familien die vielen Hunderttausende Gulden zu erhalten, die er für seinen Hofstaat, für Waffen und für die Besoldung von Soldaten benötigte.

Der Pfründehandel war eine Konsequenz der innerkirchlichen Finanzierungssysteme. Der Klerus wurde nicht durch staatlich erhobene Steuern bezahlt wie heute, sondern ernährte sich aus den unmittelbaren Einnahmen, die mit den jeweiligen Ämtern verbunden waren. Da die Kirche den größten Landbesitz in Deutschland hatte, ergaben sich Einnahmen aus Ackerbau, Viehzucht und Holzverkauf. Es gab außerdem Einnahmen aus der Verpachtung von Ackerland, Häusern, Jagd- und Fischrechten. Jeder Pfründeinhaber musste einen Teil seiner Einnahmen nach Rom abliefern. Das Einsammeln und den Transport dieser Abgaben organisierten die Fugger und erhielten dabei auch stets frühzeitig alle Informationen über neu zu besetzende Stellen. Zudem wurde der Augsburger Johann Zingst angeheuert, der es durch Diplomatie und Bestechung erreichte, auf fast alle Geschäfte des Vatikans Einfluss zu nehmen können. In Süd- und Westdeutschland konnte nach 1500 niemand eine lukrative Kirchenstelle besetzen, ohne zuvor durch Schmiergeldzahlungen an die Fugger sich deren Unterstützung gesichert zu haben. Die Fugger hatten auch weitgehend den Handel mit (meist gefälschten) Reliquien monopolisiert, worüber die Bevölkerung jedoch nicht informiert war.

Umso mehr Ärger in der Öffentlichkeit erregte der Ablasshandel nach 1510. Ablassbriefe des Papstes, die gegen Bezahlung eine andere oder minder weitreichende Befreiung von Buße im Fegefeuer versprachen, waren an sich nichts Neues. Eine Eskalation dieser kirchlichen Geldbeschaffungsmethode ergab sich aus dem Geldbedarf der Päpste Julius II. (Reg. Z. 1503–1513) und Leo X. (Reg. Z. 1513–1521). Julius II. hatte einen prächtigen Neubau des Petersdomes in Gang gesetzt und die Bauruine seinem mittellosen Nachfolger hinterlassen. Leo X. reagierte darauf mit der Erhebung des „Petersablasses". Zu dieser Situation gesellten sich die Machtgelüste des Magdeburger Erzbischofs, Albrecht von Brandenburg. Er wollte auch noch Erzbischof und Kurfürst von Mainz werden. Um diese kirchenrechtlich nicht zulässige Ämterhäufung möglich zu machen, musste eine Sondergenehmigung vom Papst gekauft werden. Auch das Mainzer Domkapitel musste für diese Wahl sogenannte Palliengelder an den Papst zahlen. Kredite der Fugger machten auch hier alles möglich. Um diese Kredite zurückzahlen zu können, erlaubte Leo X. Albrecht für acht Jahre das Einsammeln des „Petersablasses" in Deutschland. Daraufhin wurde 1597 eine schlagkräftige Ablasskampagne ins Werk gesetzt, gegen die Luther mit seinen Thesen protestierte.

Aus den ursprünglich als Erneuerung (Reformation) der Kirche gedachten Denkanstößen Luthers entwickelte sich eine rasch wachsende Protestbewegung von Volk und Landesfürsten in ganz Deutschland und im benachbarten Europa. Natürlich war den deutschen Landesfürsten auch jede Gelegenheit willkommen, ihre Freiräume gegen Kaiser und Papst zu erweitern. Diese Entwicklung erschreckte Kirche und Kaiser zutiefst, und auf dem Reichstag zu Worms (April 1521) versuchte Karl V., Luther zur Rückkehr zum althergebrachten Katholizismus zu zwingen. Luther widerstand diesem Ansinnen und entkam der Reichsacht (dem sogenannten Wormser Edikt) mithilfe des Kurfürsten von Sachsen durch Flucht auf die Wartburg. Auf den Reichstagen in Speyer 1526 und 1529 wurde festgelegt, dass jeder Landesherr für sich und seine Landeskinder die Religion frei wählen konnte (cuius regio, eius religio), und es wurde gegen die Reichsacht Luthers Protest eingelegt. Aus diesem Anlass entstand offiziell der Begriff Protestanten. Auf einem Reichstag in Augsburg 1530 wurde die Gründung einer protestantischen Kirche und deren Loslösung aus der katholischen Kirche vollzogen, aber von Karl V. nicht akzeptiert.

Für alle Reichsstände und deren Vertreter, die sich dem Kaiser in religiöser und weltlicher Hinsicht nicht völlig unterwerfen wollten, bestand die Gefahr, wegen Landfriedensbruch verurteilt und im Extremfall hingerichtet zu werden. Daher gründeten protestantische Fürsten und freie Reichsstädte im Februar 1531 im sächsischen Schmalkalden ein Verteidigungsbündnis unter Führung des Kurfürsten von Sachsen und des Landgrafen von Hessen. In den folgenden 15 Jahren stieg die Zahl der Mitglieder um das Dreifache. Im Jahre 1535 wurde die Finanzierung einer Kriegskasse beschlossen, um im Notfall zumindest 10.000 Fußsoldaten[1] und 2000 Reiter anwerben zu können. Als Gegenreaktion entstand 1538 die „Liga" der katholischen Fürsten.

Durch politische Differenzen zwischen „Falken und Tauben" und zwischen Lutheranern und Protestanten kam es zu Unstimmigkeiten im Schmalkaldischen Bund. Dazu kam privates und politisches Fehlverhalten des Anführers, Philipp von Hessen, sodass der Bund ab 1542 praktisch nicht mehr handlungsfähig war. Wegen der Kriege gegen Türken und Franzosen war Karl V. vor 1544 militärisch und finanziell nicht in der Lage, die Reformation in Deutschland niederzuschlagen. Der Frieden von Crépy (1544), die Streitigkeiten zwischen der Albertinischen und Ernestinischen Linie der sächsischen Herzöge sowie die Uneinigkeit im Schmalkaldischen Bund eröffneten nun für den Kaiser die Chance, die protestantischen Länder und Städte wieder unter seine Herrschaft zu bringen. Anfang 1546 eröffnete er den Schmalkaldischen Krieg, der vor allem in Süddeutschland, aber auch in Sachsen ausgefochten wurde. Nach einem entscheidenden Sieg bei Mühlberg konnte Karl V. den Schmalkaldischen Bund zerschlagen. Die beiden Anführer wurden danach jahrelang in den spanischen Niederlanden gefangen gehalten.

Das Konzil, das nun 1546 bis 1563 in Trient abgehalten wurde, brachte zwar einige Reformen der katholischen Kirche auf den Weg, doch konnten die Protestanten nicht mehr eingegliedert werden. Aus dieser Situation erwuchs die Gründung des Jesuiten Ordens, der nun erfolgreich die Re-Katholisierung vieler Ortschaften und Regionen in Angriff nehmen konnte, da der Kaiser die absolute Herrschaft im Reich wieder innehatte. Unter der Oberfläche brodelten jedoch die religiösen Gegensätze weiter, bis es 1618 zu einer neuerlichen Explosion kam. Der Dreißigjährige Krieg brach aus, dessen Ablauf üblicherweise in die folgenden vier Perioden unterteilt wird:

1. Der Böhmisch – Pfälzische Krieg (1618–1623)
2. Der Niederländisch – Dänische Krieg (1625–1629)
3. Der Schwedische Krieg (1630–1635)
4. Der Schwedisch – Französische Krieg (1635–1648)

Seit der Verbrennung von Jan Hus auf dem Konzil in Konstanz (1414–1418) war in Böhmen die Tendenz zur religiösen und politischen Abnabelung von Kaiser und Papst nie verloren gegangen. In Prag regierte Anfang des 17. Jahrhunderts ein katholischer Statthalter der Habsburger Monarchie über eine weitgehende protestantische Bevölkerung. Hier wie auch in deutschen Städten, in denen Obrigkeit und Bevölkerung unterschiedlicher Konfessionen angehörten, war es zu steigender Intoleranz und politischen Spannungen gekommen. Ferdinand II., der 1619 zum Kaiser gekrönt werden wollte, widerrief Anfang 1618 den Erlass zur Religionsfreiheit in Böhmen. In einer hitzigen Debatte in der Prager Burg am 23. Mai 1618 warfen böhmische Adlige den Habsburger Statthalter nebst Sekretär aus dem Fenster der Kanzlei (Prager Fenstersturz). In der Folgezeit wurde Ferdinand II. als Landesherr abgesetzt, und Friedrich V., Kurfürst der Pfalz, wurde zum neuen König gekrönt. Die erhoffte militärische Unterstützung aus den protestantischen Niederlanden und aus England blieb aus. Im Auftrag Ferdinands II. eröffnete Maximilian I. von Bayern mit Truppen der katholischen Liga unter dem Befehl des aus dem katholischen Belgien stammenden Feldmarschalls Johann T'Serclaes von

Tilly den Krieg gegen die böhmischen Protestanten. In der Entscheidungsschlacht am „Weißen Berg" bei Prag (28. November 1620) blieb Tilly siegreich, und auch in weiteren Kämpfen in der Pfalz unterlagen die Protestanten. Friedrich V. musste fliehen, und Maximilian I. von Bayern erhielt die Kurfürstenwürde sowie Teile der Oberpfalz. Tillys Heer bekämpfte nun auch andere protestantische Fürsten und Städte im Reich und rückte nach Norden vor. In dieser Situation erbot sich König Christian IV. von Dänemark im Verein mit dem protestantischen Fürsten Norddeutschlands gegen die katholische Liga ins Feld zu ziehen. Der Zeitpunkt schien günstig, denn Ferdinand hatte kein Geld mehr, um einen größeren Krieg zu finanzieren. Da trat Albrecht von Wallenstein auf den Plan und bot dem Kaiser an, seine Truppen aus eigener Tasche sowie durch Plünderung eroberter Gebiete zu bezahlen. Der Kaiser willigte ein, und Wallensteins Siegeszug begann. Er besiegte den protestantischen Heerführer Ernst von Mansfeld im April 1626 an den Dessauer Brücken und Christian IV. in der Schlacht bei Lutter im August 1626. Schließlich eroberte Wallenstein fast ganz Norddeutschland und drang bis Jütland vor. Mit dem Frieden von Lübeck (1629) zog sich Dänemark endgültig aus dem Krieg zurück.

Die Ausbreitung eines starken katholischen Reiches bis an die Küsten der Ostsee missfiel dem schwedischen König, der außerdem auch Expansionspläne in Nordosteuropa schmiedete. Mit seiner Landung am 4. Juli 1630 begann die dritte Phase des Krieges. Gustav Adolph, der „Löwe aus dem Norden", säuberte zuerst norddeutsche Städte von katholischen Besatzungstruppen, um Vertrauen und deutsche Verbündete zu gewinnen. Bei Breitenfeld nahe Leipzig kam es am 17. September 1631 zu einer entscheidenden Schlacht gegen ein großes Reichsheer unter Tilly, in der Gustav Adolph siegte (s. Kap. 5). Damit hatte Tilly den Nimbus der Unbesiegbarkeit eingebüßt. Daraufhin wurde A. v. Wallenstein, den der Kaiser unter dem Einfluss neidischer Ratgeber entlassen hatte, wieder zum Heerführer der Liga ernannt. Die große Schlacht die bei Lützen am 2. September 1632 zwischen Schwedischen Truppen und Wallensteins Heer ausgefochten wurde, endete unentschieden, aber Gustav Adolph wurde getötet. Der schwedische Reichskanzler Axel Oxenstierna war ein guter Diplomat und fähiger Organisator und übernahm die Führung des Schwedischen Heeres. Er schloss ein Bündnis mit allen protestantischen Reichsständen und setzte den Krieg gegen den Kaiser fort. Die Ermordung Wallensteins am 25. Februar 1634 schwächte die katholische Seite. Im Jahre 1635 beschloss jedoch das immer noch relativ reiche Kursachsen auf die Seite des Kaisers zu wechseln, wodurch das Gleichgewicht der Kräfte wieder zugunsten der Katholischen Liga verschoben wurde.

Ein siegreiches Habsburg war aber nicht im Interesse des französischen Königs Ludwig XIII. und seines lebenslangen Ratgebers, Kardinal Richelieu. Frankreich, obwohl katholisch, schloss in Wismar ein Bündnis mit den Schweden, und der Krieg trat in seine vierte Phase. Die nun folgenden zahlreichen Kämpfe brachten aber keiner Seite einen entscheidenden Vorteil. Ab 1643 begannen Friedensverhandlungen, die schließlich 1648 zu dem in Münster und Osnabrück unterzeichneten „Westfälischen Frieden" führten. Das Kräfteverhältnis von Katholiken und Protestanten im Reich blieb annähernd unverändert. Frankreich erzielte territoriale Gewinne (z. B. im Elsass) und Schweden behielt die Herrschaft über einige norddeutsche Städte (insbesondere Stralsund) und Vorpommern.

Deutschland war total verwüstet und je nach Region waren 60 bis 75 % der deutschen Bevölkerung umgekommen. Kein Krieg auf deutschem Boden, auch nicht der Zweite Weltkrieg, hat jemals so viel Sachschaden und Menschenverluste verursacht wie der Dreißigjährige Krieg. In der Folgezeit kam es zwar nicht mehr zu Religionskriegen in Deutschland, aber die Machtkämpfe zwischen den Habsburger und Frankreich setzten sich fort (s. u.).

Kriege gegen Frankreich

Die Kämpfe der Habsburger Dynastie gegen die Könige von Frankreich (s. Tab. 4.3) begannen 1508 in Italien und erstreckten sich über einen Zeitraum von über 300 Jahren bis zum Abdanken Napoleons. Die zahlreichen Kriege und Feldzüge verteilten sich regional gesehen vor allem auf die folgenden drei Gebiete. Zunächst war Italien und hier vor allem Norditalien der wichtigste Kriegsschauplatz (s. Tab. 4.3). Nach 1560 wurden Süd- und Westdeutschland zur Hauptkampfszene, insbesondere zur Zeit Ludwig XIV. Über den gesamten Zeitraum von 300 Jahren wurden immer wieder das Gebiet des heutigen Belgiens (früher Burgund) und dessen engere Nachbarschaft involviert. Die französischen Könige, welche in diesem Zeitraum regierten, sind in Tab. 4.2 aufgeführt. Eine ausführliche Darstellung der Feldzüge verbietet sich allerdings im Rahmen dieses Buches.

Einen kurz gefassten Überblick über das Geschehen in Italien bietet Tab. 4.3. Die italienischen Kriege wurden durch Frankreich unter Karl VIII. mit dem Ziel begonnen, die Herrschaft über das Königreich Neapel zu erlangen. Konkurrenten und Gegner waren hier die Könige von Aragon, die mit den Staufern verwandt waren und die sich als deren Erben in Sizilien und Neapel betrachteten. In den folgenden Jahrzehnten konzentrierten sich die Kämpfe zwischen den Habsburgern und Frankreich auf die Beherrschung des

Tab. 4.3 Kriege Frankreichs in Italien

Bezeichnung des Krieges	Zeitraum	Ergebnisse
Erster franz. Feldzug	1494–1495	Rückzug Karls VIII. Habsburg nicht involviert
Zweiter franz. Feldzug	1499–1504	Ludwig XII. verliert Neapel, Vertrag von Blois
Krieg der Liga von Cambrai	1508–1510	Habsburg u. Frankreich gegen Venedig
Krieg der heiligen Liga	1511–1515	Ludwig XII. verliert Mailand Franz I. gewinnt es 1515 zurück
Krieg Karls V. gegen Franz I.	1521–1525	Franz I. wird gefangen genommen Frieden von Toledo
Krieg der Liga von Cognac	1526–1530	Kaiserkrönung Karls V. 1530 Herrscher über ganz Italien
Dritter und vierter Krieg Karls V. gegen Franz I.	1535–1544	Im Waffenstillstand von Nizza behält Franz I. Piemont und Savoyen Frieden von Crépy bringt keine wesentlichen Änderungen
Krieg Karls V. gegen Heinrich II.	1552–1556	Frieden von Vaucelles
Krieg Pilipps II. gegen Heinrich II.	1557–1559	Im Frieden von Cateau-Cambresis verliert Frankreich Piémont und Savoyen

reichen Oberitaliens, insbesondere auf die Herrschaft über Mailand, Piemont und Savoyen. Neben den zwei Hauptkonkurrenten waren es die Päpste, die Venezianer und die Mailänder, die sich in diesen Kriegen engagierten. Die Mailänder wurden zu dieser Zeit vom Geschlecht der Sforza regiert und in die Kämpfe geführt. Es gehört zum Charakteristikum der italienischen Kriege, dass die Päpste, aber vor allem die Venezianer, mehrmals die Seiten wechselten.

Zu den herausragenden Ereignissen dieser Kriege gehört z. B. die Schlacht von Pavia 1525, in der es den Truppen von Kaiser Karl V. gelang, den französischen König Franz I. gefangen zu nehmen. Er wurde durch diese Niederlage im Frieden von Toledo zum Verzicht auf seine Ansprüche gezwungen. Aber schon kurz nach seiner Freilassung widerrief er seine Vertragsunterschrift und setzte die Kämpfe fort.

Er suchte und gewann dafür die Unterstützung der Osmanen. Von diesem Zeitpunkt bis ins 18. Jahrhundert paktierten die französischen Könige stets mit den Türken gegen die Habsburger und damit gegen das ganze christliche Abendland. In diesen Kriegen traten überraschenderweise auch Schweizer Söldner in großer Zahl in Erscheinung. Dieses Phänomen hatte seinen Ursprung in den Befreiungskriegen der Eidgenossen gegen die Herrschaft der Habsburger, die in Schillers Drama „Wilhelm Tell" einen lange anhaltende Resonanz auch in Literatur und Theater fanden. Nach dem Sieg gegen das Habsburger Ritterheer in der Schlacht von Sempach (1386) und nach den

Siegen über Karl den Kühnen von Burgund (bei Héricourt 1474, Grandson 1476, Murten 1476 und Nancy 1477) hatten sich die Schweizer Fußsoldaten einen internationalen Ruf als Elitetruppe erworben. Die Schweizer Garde, die noch heute den Vatikan bewacht, ist ein schwacher Nachhall dieser Zeit.

Nach der Abdankung Karls V. 1556 setzte sein Sohn Philipp II., der die spanischen und niederländischen Besitzungen des Hauses Habsburg regierte, die Kämpfe gegen Heinrich II. fort. Im Frieden von Cambrésis verzichtete Frankreich auf Dauer auf alle Herrschaftsansprüche in Italien. Die Habsburger behaupteten die Vorherrschaft für die folgenden 300 Jahre, auch wenn es später nochmals zu Kämpfen um die Vorherrschaft in Savoyen kam. Erst die Einigung Italiens im 19. Jahrhundert beseitigte den Einfluss der Habsburger endgültig.

Unter den französischen Königen, die auf Heinrich II. (gest. 1559) folgten, nämlich Franz II., Karl IX., Heinrich III. und Heinrich IV. (s. Tab. 4.2), kam es zu keinen größeren Kriegen gegen die österreichischen Habsburger. Die dynastische Konkurrenz hatte sich zwar nicht verändert, aber die Ausbreitung der Reformation in Frankreich mit der Erstarkung der Hugenotten beschäftigte diese Herrscher intensiv im eigenen Lande. Unter Ludwig XIII. von Frankreich spitzte sich die Situation jedoch zu, vor allem aufgrund der Expansionsgelüste seines Beraters, Kardinal Richelieu. Unter seinem Nachfolger Ludwig XIV. erreichte die kriegerische Konfrontation mit den Habsburgern ihren historischen Höhepunkt. Im folgenden Text können nur die wichtigsten Ereignisse kurz geschildert werden.

Der wichtigste Beitrag Ludwig XIII. zur Konfrontation mit den Habsburgern war der Eintritt Frankreichs in den Dreißigjährigen Krieg an der Seite Schwedens und der Protestanten, obwohl der Katholizismus französische Staatsreligion war. Aber wie so oft in der Geschichte Europas waren Macht und Landgewinn wichtiger als religiöse und humanitäre Ideale. Der Westfälische Friede 1648 beendete zwar den Krieg mit den österreichischen Habsburgern, aber nicht mit Spanien. Erst im Pyrenäenfrieden November 1559 kam auch hier das Kriegsende. Der Pyrenäenkamm wurde als Grenze zwischen Frankreich und Spanien festgelegt und Frankreich gewann Teile der Artois, Flanderns, des Hennegau, Luxemburgs und Nordkataloniens dazu. Außerdem wurde die Tochter Philipp IV., Marie-Therese, mit Ludwig XIV. verheiratet. Sie gab ihre Ansprüche auf den spanischen Thron auf gegen eine Zahlung von 500.000 Gulden, die aber nie zustande kam.

In der Folgezeit kam es unter Ludwig XIV. zunächst zum sogenannten „Revolutionskrieg" (1667–1668) und zum Holländischen Krieg (Niederländisch-Französischer Krieg). Es ging Ludwig XIV. um eine Schwächung der spanischen Habsburger sowie um eine territoriale Expansion in Richtung der

Beneluxstaaten, die damals als Grafschaft Luxemburg, spanischen Niederlande, Brabant, Flandern und Vereinigte Niederlande bezeichnet wurden. Aufgrund der Erbansprüche seiner Gattin Marie-Therese, die nach dem Tode Philipp IV. und der Inthronisation Karls II. 1665 strittig waren, begann Ludwig XIV. 1667 einen Angriff auf Lille und die Freigrafschaft Burgund. Darauf kam es zu einer Koalition von England, Niederlande und Schweden, die Ludwig XIV. zum Rückzug zwang. Im Frieden von Aachen, im Mai 1668, verzichtete er jedoch nicht auf seine Ansprüche.

Der Holländische Krieg 1672–1679 begann mit einem Angriff Ludwig XIV. und seiner Verbündeten auf die vereinigten Niederlande. Die österreichischen und spanischen Habsburger verbündeten sich mit den Niederlanden, um der französischen Expansion entgegenzutreten. Zu diesem Krieg gehörten kurzfristig auch Kämpfe Englands gegen die Niederlande sowie Schwedens gegen Preußen, das zu dieser Zeit ausnahmsweise die Habsburger unterstützte. Um die österreichischen Truppen auf Reichsgebiet festzunageln, schickte Ludwig XIV. zwei fähige Generäle, Turenne und Condé, mit Truppen auf deutsches Gebiet, wo sie wiederholt Hunderte von Dörfern, Städten und Burgen niederbrannten und zerstörten. Allein in diesem Krieg lassen sich 38 Schlachten und Belagerungen zählen. Im Frieden von Nimwegen (Nijmegen) 1678 blieb Frankreich Sieger und konnte die meisten Eroberungen behalten, darunter auch Städte in Süddeutschland, wie Breisach und Freiburg i. Br.

In den Jahren 1688–1697 folgte der pfälzische Erbfolgekrieg, auch dritter Réunions(Raub-)Krieg genannt. Mit Karl II. von der Pfalz starben die Kurfürsten der Pfalz 1685 im Mannesstamme aus, und die Schwester (Lieselotte von der Pfalz) war mit dem Bruder Ludwigs XIV., Philipp von Orleans, vermählt. Da Kaiser Leopold I. mit der Abwehr der Türken beschäftigt war (s. u.), sah Ludwig XIV. eine günstige Gelegenheit für die Annexion der Pfalz. Eine schnell zusammengetrommelte Koalition aus Spanien, England, Niederlanden und Savoyen zwang die Franzosen allmählich zum Rückzug. Im Laufe dieses Krieges zerstörten die französischen Truppen unter General Ezéchiel de Mélac wieder Hunderte von Dörfern, Städten und Schlössern in Baden und in der Pfalz ohne jede militärische Notwendigkeit. Die Ruine des Heidelberger Schlosses blieb als Mahnmal aus diesen brutalen Raubkriegen für die folgenden Jahrhunderte bestehen. Es soll daher an dieser Stelle auch festgehalten werden, dass deutsche Truppen in späteren Kriegen in Frankreich niemals einen solchen Vernichtungskrieg gegen die Zivilbevölkerung betrieben haben wie die Franzosen in den 180 Jahren von Ludwig III. bis Napoleon Bonaparte. Im Frieden von Rijswijk 1697 verzichtete Frankreich auf seine Ansprüche auf die Pfalz, gab die rechtsrheinischen Eroberungen, niederländisches Gebiet und Lothringen zurück. Das Elsass mit Straßburg aber verblieben bei Frankreich.

Erbfolge- und Thronfolgekriege wurden nun Mode. Schon drei Jahre später begann der spanische Erbfolgekrieg. Mit Karl II. starb der letzte männliche Habsburger auf dem spanischen Thron. Anspruch auf die Thronfolge erhoben der Enkel Philipp von Anjou sowie Karl III., der zweite Sohn Kaiser Leopolds I., Ludwig XIV., wurde von Bayern sowie dem Fürst Bischof von Köln unterstützt, während die Habsburger eine „Große Allianz" mit England, Niederlande, Preußen, Portugal und Savoyen bildeten. Die Kämpfe wurden in Spanien, Italien, den Niederlanden und Süddeutschland ausgetragen, das nun zum wiederholten Male von französischen Truppen verwüstet wurde. Der große Sieg der Allianz bei Höchstädt (Donau) 1704 sichert zunächst den Thron für Karl. Als jedoch dessen Bruder Kaiser Joseph I. (der erste Sohn von Leopold I.) 1711 starb, wurde Karl Kaiser des deutschen Reiches, und eine Personalunion mit Spanien wie unter Kaiser Karl V. (Carlos I.) zeichnete sich ab. Gegen diese Übermacht der Habsburger intervenierten nun auch die Engländer, und im Doppelfrieden von Utrecht (1713) und Rastatt (1714) kam es zu einer Machtverteilung. Kaiser Karl erhielt Mailand, Neapel, Sardinien und die spanischen Niederlande. Mit Philipp V. kam erstmals ein Bourbone auf den spanischen Thron (den die Bourbonen noch heute innehaben), und England behielt das kurz zuvor eroberte Gibraltar. Besonders bemerkenswert ist, dass sich England bei dieser Gelegenheit das Monopol für den Sklavenhandel mit den spanischen Kolonien aushandelte. Für die eigenen Kolonien bestand das Monopol ohnehin. England war für annähernd 300 Jahre der größte Sklavenhändler der Welt und damit eines der rassistischsten Länder. Bei neueren Diskussionen über Rassismus im 20. Jahrhundert und bei Englands stolzer Demonstration einer liberalen Einwanderungspolitik werden diese historischen Fakten gerne vergessen.

Im Jahre 1733 brach der polnische Thronfolgekrieg aus, in dem Österreich und Russland den Sohn des sächsisch/polnischen Königs August des Starken unterstützten, Frankreich einen polnischen Gegenkandidaten. Wieder wurde in Italien und Süddeutschland gekämpft. Im Frieden von Wien 1738 wurde der sächsische König bestätigt und die verschiedenen Gebietsansprüche der Kontrahenten in Italien austariert. Jedoch folgte der österreichische Erbfolgekrieg auf dem Fuße (1740–1748). Auslöser war die in der Geschichte des Deutschen Reiches erstmalige Thronbesteigung durch eine Frau, Maria Theresia, in Wien, der eine Wahl ihres Mannes Franz von Lothringen zum Kaiser folgen sollte. Philipp V. von Spanien, die Bayern und die Sachsen hofften, gegen eine schwache Maria Theresia verschiedene Gebietsansprüche durchsetzen zu können. Mit dem Kriegsgeschehen in Deutschland assoziiert waren

Kämpfe im Ausland, z. B. zwischen Schweden und Russland, Schottland und England oder England und Frankreich in Nordamerika. Im Frieden von Aachen wurde im Wesentlichen der Status quo wiederhergestellt. Nur eine neue Großmacht ging als Sieger hervor, denn Preußen gewann unter Friedrich II. Schlesien hinzu (s. u.).

Der bayerische Erbfolgekrieg (1778/1779) brachte ausnahmsweise keine Konfrontation zwischen Frankreich und Österreich. Erst die Eroberungszüge Napoleons durch ganz Europa führten nochmals zu Kämpfen zwischen französischen und österreichischen Heeren. In der Völkerschlacht zu Leipzig kam es im Jahre 1813 zu einem entscheidenden Sieg der verbündeten Österreicher, Russen und Preußen, womit der endgültige Abstieg Napoleons von der Bühne Europas seinen Anfang nahm.

Die Kriege gegen Preußen

Der große Kurfürst (1620–1688) hatte nach Ende des Dreißigjährigen Krieges durch Reformen von Verwaltung und Heer die Grundlage zum Aufstieg Preußens zur europäischen Großmacht gelegt. Friedrich Wilhelm I. (1688–1740) hatte den Ausbau des stehenden Heeres zum Hobby erkoren, aber trotz seines Spitznamens „Soldatenkönig" nie einen Krieg geführt. Dadurch hatte er einen beträchtlichen Staatsschatz anhäufen können. Sein Sohn Friedrich II., der Große (1712–1786), nutzte in drei Kriegen, die um den Besitz Schlesiens ausgetragen wurden, beides, Heer und Geld, bis zur völligen Erschöpfung der Ressourcen.

Der erste „Schlesische Krieg" ergab sich aus einer schwierig zu interpretierenden Vertragssituation nach dem Tode Kaiser Karls VI. von Habsburg im Oktober 1740 in Wien. Friedrich II. machte einen ins Jahr 1537 zurückgehenden Erbvertrag der Kurfürsten von Brandenburg mit drei verwandten Herzögen in Schlesien geltend. Als diese im Mannesstamme ausstarben, waren die Hohenzollern erbberechtigt. Die Habsburger erzwungen durch Kriegsdrohung und Täuschung die Eingliederung Schlesiens in ihr Reich. Die wirtschaftlich und militärisch schwachen Preußen wagten 200 Jahre lang nicht, auf ihr Recht zu pochen. Da Karl VI. ohne männliche Nachkommen gestorben war, wollten die Habsburger die Tochter Maria Theresia als Haupt der Dynastie und ihren Mann Franz von Lothringen als kaiserpaar des Reiches installieren. Eine derartige weibliche Thronfolge hatte es in der Geschichte der Habsburger und die Reiches noch nie gegeben, und es bedurfte großer diplomatischer und finanzieller Anstrengungen der Habsburger, diesen Anspruch durchzusetzen. Außerdem hatte Österreich mehrere äußere Feinde. Friedrich II. versuchte, diese Situation auszunutzen, und marschierte schnellstmöglich in Schlesien ein. Das verspätet eingetroffene österreichische

Heer wurde bei Mollwitz geschlagen. Dieser Sieg brachte für Friedrich II. zahlreiche Bündnisangebote. Er entschied sich zunächst für Frankreich, und Maria Theresia musste zunächst im Frieden von Breslau klein beigeben.

Dieser Frieden wurde von Wien jedoch bald wieder gebrochen und Maria Theresia schickte ihren Mann als Heerführer ins Feld. Friedrich II. schlug ihn bei Hohenfriedberg sowie bei Soor (in Böhmen), und sein Generalfeldmarschall „Der Alte Dessauer" besiegte die mit Wien verbündeten Sachsen. An Weihnachten 1745 wurde in Dresden der zweite schlesische Krieg mit einem Friedensvertrag beendet, mit dem Schlesien an Preußen abgetreten wurde. Von da an wurde Friedrich II. in England und Frankreich Friedrich „Der Große" genannt.

Der dritte schlesische Krieg hatte seinen Ursprung in den Rachegelüsten Maria Theresias. Sie konnte Russland, das von der Zarin Elisabeth regiert wurde, sowie Frankreich als Bündnispartner gegen Preußen gewinnen. Dass Frankreich, der permanente Gegner Habsburger Expansionspläne, plötzlich als Verbündeter ins Spiel kam, hatte seinen Grund in Preußens Bündnis mit England. England hatte sich als Verbündeter Preußens angeboten, weil es erreichen wollte, dass Truppen und Gelder Frankreichs auf europäischen Kriegsschauplätzen gebunden blieben. England versprach sich das ganz große Geschäft für Jahrhunderte von der Eroberung und Beherrschung Nordamerikas, und dort war Frankreich der entscheidende Gegner. Jeder französische Soldat, der gegen Preußen kämpfte, fehlte in Nordamerika. England schickte daher keine Truppen auf den Kontinent, es zahlte aber an Friedrich den Großen enorme Summen für die Anwerbung von Söldnern. Dennoch waren die vereinigten Heere Frankreichs, Österreichs, Sachsens und Russlands den Truppen Preußens weit überlegen. Friedrich der Große sah daher seine einzige Chance in Überraschungsangriffen auf die einzelnen Mitglieder der Habsburger Koalition. Im August 1756 fiel er zuerst in Sachsen ein, um diesen vermeintlichen schwächsten Gegner aus der Phalanx der Feinde herauszubrechen. Die sächsischen Truppen wurden in Pirma eingekesselt und ausgehungert. Über den unfähigen sächsischen Kanzler Graf Heinrich von Brühl soll Friedrich der Große gesagt haben: „Ich möchte bloß wissen, warum er tausendfünfhundert Perücken besitzt, wenn er keinen Kopf hat!" Auch das heranrückende österreichische Ersatzheer wurde bei Lobositz geschlagen.

Von den folgenden zahlreichen Schlachten, die teilweise von Friedrich dem Großen, teilweise von den Koalitionstruppen gewonnen wurden, sollen hier nur drei Fälle erwähnt werden. Das ist zunächst die Schlacht bei Roßbach, in der Friedrich erstmals die zahlenmäßig weit überlegenen Franzosen besiegte. Zum französischen Heer gehörten Truppen aus Süd- und Westdeutschland, die zum Kriegsdienst gepresst worden waren und nicht engagiert kämpften.

Ihr Einsatz stand im Gegensatz zur Haltung der Bevölkerung ihrer Heimatländer. Als der Sieg Friedrichs des Großen bekannt wurde, jubelten große Teile der deutschen Bevölkerung: „Und kommt der große Friedrich und klopft nur auf die Hosen, so läuft die ganze Reichsarmee, Panduren und Franzosen." Zum ersten Mal hatte Preußen ein deutsches Nationalgefühl geweckt. Am 5. Dezember 1757 kam es zur Schlacht von Leuthen, bei der die Preußen mit 30.000 Mann ein österreichisches Heer von 60.000 Mann angriffen. Die Österreicher waren außerdem auf einer kleinen Anhöhe verschanzt. Durch ein Täuschungsmanöver und eine ungewöhnliche Kombination von Reiterangriff und Artillerieeinsatz (s. Kap. 5) wurde der linke Flügel der Österreicher überrollt. Kaum einer aus dem preußischen Heer hatte einen Sieg erwartet. Nach der Schlacht versammelten sich Offiziere und die meisten Soldaten und sangen das Kirchenlied „Nun danket alle Gott ...". Es ging als Choral von Leuthen in die Literatur ein. Auch die Schlacht bei Torgau hat eine besondere Berühmtheit erlangt. Die Österreicher hatten wieder mit überlegenen Kräften eine Anhöhe besetzt. Friedrich der Große, der bei seinem weiteren Vormarsch zum Winterquartier in Sachsen die österreichischen Truppen nicht im Rücken haben wollte, versuchte einen Zangenangriff. Der mehrfach vorgetragene Hauptangriff unter persönlicher Leitung von Friedrich dem Großen scheiterte, sodass sich die Hauptarmee am späten Nachmittag zurückziehen musste. Der Reitergeneral H. J. von Ziethen sollte Entlastungsangriffe auf der bewaldeten Rückseite vortragen. Er war mutig und erfahren, aber auch alt, schwerfällig und fast taub. Er hatte Friedrichs II. Schlachtplan nicht verstanden und den Angriff der Haupttruppe nicht mitbekommen. Als es zu Dunkeln begann, ließ er die Reiter absitzen und den durch Büsche und Bäume gedeckt Hang aufwärts marschieren, um nach dem Rechten zu sehen. Die Österreicher, ihres Sieges gewiss, hatten die Waffen weggelegt und saßen beim Abendessen am Lagerfeuer. Als sie die Preußen mit gezückten Säbeln heranstürmen sahen, brach eine Panik aus, die alles mitriss. Für das unerwartete Auftauchen einer Person entstand hernach das geflügelte Wort: „Er erschien wie weiland Ziethen aus dem Busch."

Trotz vieler Siege war Friedrich der Große Anfang 1761 finanziell und militärisch am Ende, da die Engländer ihre Ziele in Nordamerika erreicht hatten und die Hilfszahlungen einstellten. Da brachte, wie oft in der Geschichte, ein überraschender Tod die Wende. Die Zarin Elisabeth, eine dezidierte Gegnerin Friedrichs II. starb, und der Nachfolger Peter III. war ein Bewunderer Friedrichs des Großen. Er wollte aufseiten der Preußen kämpfen. Er wurde zwar nach wenigen Monaten ermordet, aber die Nachfolgerin, die deutsche Prinzessin Katharina, zog ihre Truppen zurück. Frankreich war durch die Niederlage in Nordamerika finanziell ausgeblutet. Am 15. Februar 1763, im Frieden von Hubertusburg, überließ Maria Theresia Schlesien endgültig den Preußen.

Fünfzehn Jahre später ergab sich der bayerische Erbfolgekrieg durch Aussterben der bayerischen Wittelsbacher. Die pfälzische Linie der Wittelsbacher wollte nun das Erbe antreten, aber Kaiser Joseph II. von Habsburg erhob Ansprüche auf die meisten bayerischen Gebiete. Diese Machtvergrößerung Österreichs war nicht im Interesse Preußens. Friedrich II. erklärte am 3. Juli 1778 den Krieg und rückte schon am 5. Juli mit Truppen in Böhmen ein. Österreich, aber auch Preußen, waren auf einen so schnellen Kriegsausbruch logistisch jedoch nicht vorbereitet, sodass es zu keinen Kämpfen kam. Schließlich führten Verhandlungen zum Frieden von Teschen im Mai 1779, in dem Österreich auf die Annexion Bayerns verzichtete. Es war der einzige offizielle Krieg in Europa, der ohne nennenswerte Kämpfe beendet wurde. Die endgültige Entscheidung über die Vormachtstellung im ehemaligen Reich fiel durch die Schlacht bei Königgrätz 1866. Der preußische Generalstabschef Graf H. v. Moltke, der nach dem Prinzip „Getrennt marschieren – vereint schlagen" vorgegangen war, blieb Sieger. Die 1871 von Bismarck eingefädelte Gründung eines neuen deutschen Kaiserreiches erfolgte unter Führung Preußens, nicht Österreichs.

Die Kriege gegen die Türken

Die osmanischen Türken betraten im 13. Jahrhundert den Kriegsschauplatz des Vorderen Orients, d. h. Ostanatolien, Syrien, Nordwestirak und nordwestliches Persien. Der Namensgeber Osman und sein Vater Ertuğrul agierten zunächst als Feldherrn des seldschukischen Sultans im Kampf gegen die Mongolen, die unter Nachfolgern Dschingis Khans das Land unsicher machten. Nach dem Tode des Sultans übernahm Osman die Herrschaft im Seldschukenreich. Im Jahre 1326 folgte ihm sein Sohn Orhan auf dem Sultansthron und setzte die Expansion in das westliche Anatolien fort. Die Städte Bursa, Nikomēdeia sowie Nicäa wurden erobert und Bursa zur neuen Hauptstadt erkoren. Zwei weitere Fakten seiner Herrschaft sind erwähnenswert. Er setzte 1337 als erster Osmanenführer seinen Fuß auf europäischen Boden, doch wurde seine kleine Truppe von einem byzantinischen Heer weitgehend vernichtet. Langfristig erfolgreich war dagegen seine Schöpfung einer professionellen Truppe aus Fußsoldaten, den später sehr gefürchteten Janitscharen. Die Türken waren ihrer Herkunft aus den Steppen Asiens entsprechend ein Reitervolk, das nicht zu Fuß kämpfen wollte. Der Kampf im Gebirge und die Belagerung von Städten erforderten jedoch einen hohen Truppenanteil an

Fußsoldaten. Diese wurden nun aus der christlichen und arabischen Bevölkerung angeworben oder zum Kriegsdienst gepresst.

Unter dem jüngeren Sohn, Murad I. (Reg. Z. 1359–1389) begann die endgültige Eroberung Südosteuropas mit dem schrittweise Eindringen in das nordwestliche Griechenland und südliche Bulgarien. Der Kampf gegen die den Balkan dominierenden Bulgaren war zunächst auch zum Vorteil von Byzanz. Für das weitere Vordringen auf dem Balkan war der Sieg über das serbische Heer 1384 in der Schlacht auf dem Amselfeld ein entscheidendes Faktum. Nach weiteren erfolgreichen Kämpfen kam es 1393 zur Unterwerfung Bulgariens, und im gleichen Jahr wurde die Walachei zum Vasallenstaat degradiert.

In den folgenden Jahrzehnten wurde der Expansionsdrang der Osmanen durch den Einfall der Mongolen unter Timur Lenk gebremst, die sich in der Schlacht bei Ankara 1402 zunächst durchsetzen konnten. Nachdem 1430 Makedonien von den Türken annektiert worden war, wurde unter Sultan Mehmed II. (Reg. Z. 1451–1481) der Angriff auf Europa mit der Belagerung von Byzanz wieder aufgenommen. Der Fall dieser Stadt 1454 beseitigte ein wesentliches Bollwerk gegen den weiteren Ansturm der Türken. Byzanz, nun Istanbul genannt, wurde nach Bursa und Edirne die dritte und bleibende Hauptstadt des Osmanenreiches. Weitere Eroberungen folgten Schlag auf Schlag. Die Peloponnes wurde 1460 unterworfen. Danach folgten Bosnien 1463, Albanien 1468 und Montenegro. In den folgenden fünfzig Jahren waren die Osmanen vor allem mit Eroberungen im Osten beschäftigt (Armenien, Teile Persiens, Syrien, Ägypten). Nachdem sich die Moldau 1512 zum Vasallenstaat erklärt hatte, begann Suleiman I. (Reg. Z. 1520–1566) mit Feldzügen in Richtung Mitteleuropa. Der erste Erfolg des Feldzugs war die Eroberung Belgrads 1521. Das wichtigste Ereignis war jedoch die Schlacht von Mohács 1526, in der ein großes ungarisches Heer unter dem erst zwanzigjährigen König Ludwig II. besiegt wurde. Ludwig II. starb auf der Flucht und hinterließ eine kinderlose Witwe, die aus dem Hause Habsburg stammte. Dieses Ereignis hatte weitreichende Folgen.

Erzherzog Ferdinand, der Herrscher Österreichs und seiner Besitzungen, war mit der Jagellonen-Dynastie, welche als Könige über Böhmen und Ungarn herrschten, über einen Erbfolgevertrag eng verbunden. Aufgrund einer Doppelhochzeit 1515/1516 war er selbst mit der Schwester Ludwigs II. von Ungarn verheiratet, welcher seinerseits die Schwester Leopolds zur Frau hatte. Durch den Tod des kinderlosen Ludwig erbte Ferdinand nun die Kronen Böhmens und Ungarns. Dadurch wurden die Habsburger zu direkten Nachbarn und Todfeinden der Türken. Die Folge dieser Konstellation waren sieben große Kriege mit unzähligen Kämpfen und Schlachten, die sich

über eine Periode von annähernd 300 Jahren erstreckten. Die folgende Liste
soll den Überblick erleichtern:

1. Türkenkrieg,	1529–1368,	Friede von Adrianopel1562
2. Türkenkrieg,	1592–1606,	Friede von Zsitvatorok
3. Türkenkrieg,	1660–1664,	Friede von Eisenburg
4. Türkenkrieg,	1683–1699,	Friede von Karlowitz
5. Türkenkrieg,	1716–1718,	Friede von Passarowitz
6. Türkenkrieg,	1737–1739,	Friede von Belgrad
7. Türkenkrieg,	1788–1791,	Friede von Schwischtow (Sistova) und Friede von Jassy 1792

Zwischen und während diesen Türkenkriegen der Habsburger und ihrer
Verbündeten kam es zu weiteren Eroberungen und Friedensschlüssen der
Türken in der Peripherie Europas. Hier ist an erster Stelle die Einnahme Bag-
dads, Aserbeidschans und Algeriens in den Jahren 1534–1536 zu nennen. Die
Türken gewannen dabei auch die Seeherrschaft im Mittelmeer. Die Seeherrschaft ging allerdings 1571 in der Seeschlacht von Lepanto (am Golf von Pa-
tras) wieder verloren. Die christliche Flotte wurde vor allem von den Venezianern gestellt, welche unter der Expansion des Osmanenreiches besonders gelitten hatten. Anführer der Flotte war der Habsburger Prinz Don Juan de
Austria. Einen wesentlichen Beitrag zum Sieg der christlichen Flotte lieferten
die Johanniter. Zuvor hatten die Türken jedoch Rhodos (1523) und Kreta
(1569) erobert und die Johanniter aus dem östlichen Mittelmeer verdrängt.
Im Jahre 1570 kam es zu einem Friedensschluss mit Persien und die gegnerischen Fürstentümer wurden zu Vasallenstaaten des Osmanischen Reiches.
Das von den Türken besetzte Asow wurde von Russen 1696 zurückerobert,
und Dalmatien musste geräumt werden. Durch einen Sieg über die Russen an
der Pruth wurde Asow 1711 nochmals türkisch, 1739 aber von den Russen
wieder zurückerobert. Die Türken verloren die Seeschlacht von Tschesme
gegen die Russen, und im Frieden von Kütschük Kainardschi 1774 erhielten
die Russen erstmals Zugang zum Schwarzen Meer.
Von den Türkenkriegen der Habsburger sollen einige herausragende
Ereignisse kurz dargestellt werden. Im Frühjahr 1529 startete Suleiman
I. (R. Z. 1520–1566) seinen zweiten Feldzug gegen Mitteleuropa. Zunächst
sollten Ungarn besetzt und Wien erobert werden, um den Zutritt zum Heiligen Römischen Reich Deutscher Nation zu erzwingen. So kam es zur ersten
Belagerung von Wien. Vor dem Eintreffen der türkischen Truppen floh Ferdinand I. mit seinem Hofstaat nach Linz. Der Feldhauptmann von Niederös-
terreich, Graf Niklas von Salm, befehligte die Verteidiger, die aus 2600 Rei-
tern und aus ca. 10.000 Mann Söldner zu Fuß bestanden. Am 23. September
1529 hatten die Türken den Belagerungsring vollendet und die Donau durch

Flussschiffe blockiert. Die Vorstädte außerhalb der großen Mauern wurden niedergebrannt, um freies Schussfeld zu schaffen. Nach einem ersten missglückten großen Angriff schickte Suleiman II. (R. Z. 1687–1691) einige gefangene Österreicher in die Stadt zurück mit folgender Botschaft (sinngemäß): Wenn Wien sich ergibt, soll es geschont werden, und das türkische Heer geht westwärts zur Verfolgung König Ferdinands. Andernfalls soll Wien innerhalb von drei Tagen zerstört und auch das Kind im Mutterleib nicht verschont werden.

In Kenntnis der Gräueltaten, welche türkische Truppen im Umland begangen hatten, lehnten die Wiener ab. Nun folgte ein intensiver Beschuss, und erstmals in der Geschichte Europas wurde eine Belagerung in großem Stil durch Minenkrieg betrieben. Das heißt, die Türken versuchten, Stollen und Kammern unter Stadttore oder Mauersegmente zu graben, mit Schwarzpulver zu füllen und zu sprengen. Durch Ausfälle aus den Stadttoren und durch Gegenstollen konnte jedoch das Heraussprengen einer großen Mauerbresche verhindert werden. Auch die übrigen Angriffe der türkischen Truppen konnten zurückgeschlagen werden. Am 16. Oktober trat Suleiman II. den Rückzug an, teils weil der Winter vor der Tür stand, teils weil seine Soldaten unter Seuchen litten. Österreichische Reiterei verfolgte die Türken und Raab, Komoru Erlau sowie Günz konnten zurückerobert werden. Ein zweiter Vorstoß der Türken 1532 scheiterte, weil die Festung Günz nicht erobert werden konnte und die tatarische Reiterei eine Niederlage erlitt. Aber auch Ferdinand I. (seit 1531 König und deutscher Kaiser) gelang es nicht, ganz Ungarn zu befreien.

Aus dieser Situation heraus, in der sich die Türken überlegen fühlten, kam es immer wieder zu Raubzügen in das von den Habsburgern beanspruchte Gebiet. Daraus und aus Streitigkeiten um die Vorherrschaft in Siebenbürgen kam es 1592–1606 zum zweiten Krieg, der jedoch keiner Seite entscheidende Vorteile brachte. Der Sultan war 1606 bereit, Frieden zu schließen, weil er wieder in heftige Kämpfe mit den Persern und Venezianern verwickelt war. Es war ein großes Glück für die Habsburger, dass diese Kämpfe und der Friedenswille der Sultane über die ganze Dauer des Dreißigjährigen Krieges anhielten. Erst 1660 kam es wieder zu einem Krieg, der unter Kaiser Leopold I. (1658–1703) wegen neuerlichem Streit um die Vorherrschaft in Siebenbürgen ausbrach. Das entscheidende Ereignis dieses Krieges war die am 1. August 1664 bei Mogersdorf/St. Gotthard (im Burgenland) ausgefochtene Schlacht, bei welcher der kaiserliche Heerführer Raimondo Montecuccoli Sieger blieb und bei der die Türken fast die Hälfte ihres Heeres verloren. Es war das erste Mal, dass die Türken in einer großen Feldschlacht besiegt wurden.

Der vierte (große) Türkenkrieg hatte seinen Anlass in Aufständen ungarischer Adliger gegen die Herrschaft der Habsburger. Von Mehmed IV. (Reg. Zeit 1648–1687) und seinem Großwesir Kara Mustafa wurde nun ein großer Feldzug zur Eroberung Wiens und Zentraleuropas geplant. Ein Heer von 150.000 Mann, mit viel Artillerie und Schießpulver ausgerüstet, setzte sich am 31. März 1683 in Bewegung. Mehmed IV. glaubte, stark genug zu sein, weil er wie auch seine Vorgänger vom französischen König unterstützt wurde (in diesem Fall Ludwig XIV.), der lieber gegen die Habsburger kämpfen als das christliche Abendland verteidigen wollte. Am 14. Juli begann die zweite Belagerung von Wien. Der Kaiser mit Hofstaat war wieder geflohen; Wien wurde von 11.000 Soldaten und 5000 Bürgern unter Leitung des Grafen E. R. von Starhemberg verteidigt. Dank dessen kluger Führung und der enormen Tapferkeit der Verteidiger gelang es, die Türken bis zum 12. September aufzuhalten. Ein besonderes Problem war dabei der extensive Einsatz von Pulverminen durch die Türken. Da die Türken im September durch Regenfälle behindert wurden und der Winter näherkam, sollten einige gewaltige Sprengungen in der Zeit 13. bis 15. September die entscheidenden Breschen in Wiens Mauern schlagen. Da erschien das mühsam zusammen getrommelte Reichsheer mit 80.000 Mann zum Ersatz im Norden Wiens. Das Heer wurde vom polnischen König Jan Sobieski (1629–1696) geführt, da dieser seine Teilnahme nur unter der Bedingung zugesagt hatte, dass ihm die Führung überlassen wurde. In der Schlacht am Kahlen Berg wurden die Türken in die Flucht geschlagen, weil ein Teil ihres Heeres in dem Belagerungsring um Wien verteilt war. Die Flucht des Großwesirs hinterließ eine immense „Türkenbeute", von der noch heute herausragende Stücke in den Museen Wiens zu sehen sind. In den folgenden Jahren unternahmen die kaiserlichen Truppen zwei erfolgreiche Feldzüge gegen die Türken und befreiten große Teile Ungarns. In den siegreichen Schlachten von Visegrád, Waitzen und Peterwardein erlangten die später Legenden umwobenen Heerführer „Türkenlouis" (Markgraf Ludwig von Baden, 1655–1707) und Prinz Eugen von Savoyen (1663–1736) ihre Berühmtheit. Die Gründung der Heiligen Liga aus Kaiserreich, Polen und Venedig 1884 war ein weiterer Grund für den allmählich einsetzenden Rückzug der Türken aus Südosteuropa.

Die herausragenden Ereignisse des kurzen fünften Türkenkrieges (1716–1718) waren der Sieg Prinz Eugens bei Peterwardein sowie die Rückeroberung Belgrads. Während Venedig, nach der Rückgewinnung der Peloponnes, sich nicht mehr an Kriegen gegen die Türken beteiligte, wurde nun Russland, das 1686 der Heiligen Liga beigetreten war, die treibende Kraft des folgenden Krieges.

Im sechsten Türkenkrieg ging es Österreich vor allem um die Eroberung Bosniens, jedoch wurde kein bleibender Erfolg erzielt. Der letzte Türkenkrieg, an dem sich Österreich beteiligte, fand 1788–1791 statt und hatte u. a. die Eroberung von Bukarest zur Folge. Die Siege der Russen in den bisherigen und folgenden Türkenkriegen führten zu einer Konkurrenzsituation und Konfrontation der Habsburger mit Russland, die sich bis zum Ende des Ersten Weltkrieges fortsetzte und verstärkte.

Literatur

Bergwerke Deutschland http://de.wikipedia.org/wiki/Liste_von_Bergwerken_in_Deutschland

Bergwerke Harz, http://de.wikipedia.org/wiki/Liste_von_Bergwerken_im_Harz

Freiberg, http://de.wikipedia.org/wiki/Geschichte_der_Stadt_Freiberg

Freiberg, http://www.westerzgebirge.com/htm/erzgebirge_bergbau_silberbergbau.htm

Freiberg, http://www.gupf.Fu-freiberg.de/freiberg/fg_geschichte.html

Reinsberg, http://www.gemeinde-reinsberg.de/reinsberg/geschichte.php

Annaberg, http://de.wikipedia.org/wiki/Landkreis_Annaberg

Joachimsthal, http://www.geneologienetz.de/reg/SUD/bez_joachimsthal/joachimsthal.html

Schladming, http://www.aeiou.at/aeiou.encyclop.s/s234600.htm

Schwaz, http://de.wikipedia.org/wiki/Schwaz

Bergbau Österreich, http://www.wegerer.at/bodenschätz-ostalpen/geschichte_4htm

Schwaz, http://www.tivoltours.at/silberbergwerke-schwazhtml

Potosi, http://de.wikipedia.org/wiki/Potosi

Günter Ogger „Kauf dir einen Kaiser" Droemer Knaur München/Zürich 1978

Karl V., http://de.wikipedia.org/wiki/KarlV (HHR)

Reformation, http://de.wikipedia.org/wiki/Reformation

Schmalkaldischer Bund, http://de.wikipedia.org/wiki/Schmalkaldischer_Bund

Schmalkaldischer Krieg, http://de.wikipedia.org/wiki/Schmalkaldischer_Krieg

C.V. Wedgewood „Der dreißigjährige Krieg" Poul List Verlag, München 1969

Habsb.-Franz. Gegensatz, http://de.wikipedia.org/wiki/Habsburgisch_Franz

Enzyklopedia Americane, Americane Corp., New York, N. Y. 1973

Gerd Frank „Die Herrscher der Osmanen" Econ Verlag Wien Düsseldorf, 1980

Georg Schreiber „Auf den Spuren der Türken" List Verlag München 1980

Türkenkriege http://de.wikipedia.org/wiki/T/C3/BCrkenkriege

Die sieben Türkenkriege der

Habsburger: http://www.2.genealogy.net/privat/flacker/kriege.htm

S. Haffner „Preußen ohne Legende" Gruner und Jahr AG & Co Hamburg, 1979
J. Fernau „Sprechen wir über Preußen", F. A. Herbig Verlag, München, Berlin 1981
Italienische Kriege, http://de.wikipedia.org/wiki/Italienische_Kriege
Bayerischer Erbfolgekrieg, http://de.wikipedia.org/wiki/Bayerischer_Erbfolgekrieg
Ludwig XIV, http://www.br-online.de/wissen-bildung/collegeradio/medien/geschichte

5

Schwarzpulver und die Entstehung Preußens

Inhaltsverzeichnis

Schwarzpulver und seine Geschichte

Der Name Schwarzpulver leitet sich nicht von einem mythischen Erfinder Berthold Schwarz her, sondern von seinem Aussehen, das je nach Herstellung von grau-schwarz bis blau-schwarz variieren kann. In anderen Sprachen ist daher die Namensgebung auch verschieden, z. B. „gun powder" im Englischen und „poudre (à canon)" im Französischen. Interessant ist hier auch die Tatsache, dass der Begriff Schwarzpulver erst Ende des 15. Jahrhunderts auftaucht, während zuvor der Begriff Kraut verwendet wurde, der auch noch bis ins 18. Jahrhundert Bestand hatte.

Die Bezeichnung Schwarzpulver erwies sich in den letzten 150 Jahren insofern als besonders nützlich, als Ende des 19. Jahrhunderts ein farbloses und rauchloses Pulver erfunden wurde, das nun eine sprachliche Unterscheidung erforderte. Anstelle von Schwarzpulver findet sich auch der Begriff Schießpulver, doch es handelt sich bei korrektem Sprachgebrauch um einen Überbegriff für Schwarzpulver und rauchloses Pulver.

Ein optimal zusammengesetztes Schwarzpulver besteht aus 75 Gewichtsprozent Kalisalpeter (Kaliumnitrat, KNO_3), 15 % Kohlenstoff und 10 % Schwefel. Im späten Mittelalter wurden zahlreiche Versuche unternommen, die Mengenverhältnisse zu variieren und zu optimieren. Die zuvor genannte Zusammensetzung war ebenfalls sehr früh bekannt (s. u.), jedoch wurde ihre optimale Eigenschaften nicht sofort erkannt, weil es an analytischen Methoden fehlte, welche die Eigenschaften von Schwarzpulver quantitativ zu erfassen gestattet hätten.

Schon vor der Erfindung des Schwarzpulvers verwendeten Chinesen und Griechen leicht brennbare Substanzgemische, die auf langen Stangen befestigt oder in Tongefäßen auf den Feind geschleudert wurden. Im Falle der sogenannten „Griechischen Feuer", die schon lange vor 1000 n. Chr. zum Einsatz kamen, scheint es auch selbstentzündliche Mischungen gegeben zu haben. Die erhebliche Hitzeentwicklung, die auftritt, wenn gelöschter Kalk (CaO) mit Wasser in Berührung kommt, liefert wahrscheinlich die Energie für die Entzündung. Außerdem gab es eine Art von „Griechischem Feuer", das so viel Öl und Fett enthielt, dass es auf Wasser schwamm und mit Wasser nicht gelöscht werden konnte. Alle diese Brandsätze hatten gemeinsam, dass Luftsauerstoff zum Abbrennen erforderlich war und dass der Brand mehrere Minuten andauerte. Die für Schießpulver typische Eigenschaft eines internen Sauerstofflieferanten, der den Verbrennungsvorgang in Sekundenbruchteilen (also in Form einer Explosion) ermöglichte, fehlte noch. Diese Rolle übernahm ab dem frühen Mittelalter bis zum heutigen Tag der Kalisalpeter. Daher soll hier auf Geschichte und Eigenschaft dieses Salzes kurz eingegangen werden.

Die nun tausendjährige Verwendung von Kalisalpeter in Schwarzpulver basiert auf drei Eigenschaften. Erstens: Es kommt als Mineral im Boden verschiedener Länder vor. Der Name Salpeter bedeutet Felsensalz. Zweitens: Es ist eine lagerfähige Substanz. Und drittens: Es ist bei der Herstellung des Pulvers relativ betriebssicher, d. h., es erfolgt keine Selbstentzündung durch Schlag oder Reibung. In der Antike und im Mittelalter waren ergiebige Fundstellen nur in China und Indien bekannt. Es war daher eine logische Entwicklung, dass Schwarzpulver in China und nicht in Europa erfunden wurde. Zunächst wurde Kalisalpeter in China für unterschiedliche Zwecke verwendet. So ist schon aus dem 1. Jahrhundert v. Chr. eine Anwendung für Heilzwecke bekannt. Ferner waren Verfahren zu seiner Reinigung schon in der aus dem Jahre 605 stammenden Chi-Yun-Enzyklopädie beschrieben worden. Im Übrigen findet sich in diesem Text auch eine detaillierte Beschreibung von elementarem Schwefel. Um ein lagerfähiges Pulver zu erhalten, war vor allem eine Reinigung von dem meist als Begleitsubstanz auftretenden Natronsalpeter nötig. Natronsalpeter (Natriumnitrat, $NaNO_3$) liefert zwar etwas mehr Sauerstoff pro Gewichtseinheit und wurde spätestens im 19. Jahrhundert auch durch Importe aus Chile billiger als Kalisalpeter, aber es ist hygroskopisch, d. h., es zieht Wasser aus der Luft an. Feuchtes Schwarzpulver verliert jedoch seine Fähigkeit zu explodieren.

Die erste Beschreibung eines Schwarzpulvergemisches stammt aus dem „Militärhandbuch" des Wujing zongyao aus dem Jahre 1040. Schwarzpulver musste also schon Jahrzehnte zuvor in China bekannt gewesen sein. So wurde schon lange vor 1000 n. Chr. das neue Jahr mit Knallkörpern und einer Art Feuerwerk begrüßt, von denen aber keine genaueren Schilderungen überliefert sind. Ferner wurden schon früh bei der Belagerung von Städten „Feuerlanzen" eingesetzt. Hierbei handelte es sich um ausgehöhlte Bambusrohre, die an einem Ende verschlossen wurden. Dann wurde eine Schwarzpulver ähnliche Mischung eingefüllt und entzündet. Dadurch entstand am offenen Ende eine minutenlang brennende Stichflamme, die dem Gegner entgegengehalten wurde oder zur Entzündung hölzerner Belagerungsgeräte diente. Das Militärhandbuch enthielt dementsprechend auch Rezepturen für die Herstellung verschiedener Brandsätze und Stinkbomben, die Giftgase entwickelten. Die Anwendung aller dieser chemischen Waffen ist aus dem Jahre 1126 n. Chr. überliefert, als die Dschurdschen und Tataren die Hauptstadt der Song-Dynastie „Kaifeng" belagerten. Auch Flammenwerfer, die mit Pulver angereichertem, heißem Öl betrieben wurden, kamen damals zum Einsatz. Dennoch blieben die Tartaren Sieger, denn auch sie hatten bei der vorausgehenden Eroberung anderer chinesischer Städte schon Kenntnisse in Sachen chemischer Kriegsführung erworben. Schließlich ist aus dem Jahre 1161 überliefert, dass eine auf dem Jangtsekiang angreifende Flotte mongolischer Boote in Brand geschossen und vernichtet wurde. Aus keinem dieser chinesischen Berichte lässt sich jedoch eindeutig zurückschließen, dass Schwarzpulver auch als Explosivstoff verwendet wurde, sei es in unterirdischen Minen bei der Belagerung von Städten, sei es als Treibmittel für Geschosse. Auf die erst nach 1200 bezeugte Entwicklung von Handfeuerwaffen und Kanonen soll im folgenden Unterkapitel näher eingegangen werden.

Die vielseitige Anwendung von Kalisalpeter als Heilmittel, für Feuerwerkskörper und für militärische Zwecke hatte eine hohe Wertschätzung zur Folge. Daher ist es nicht überraschend, dass es im Jahre 1067 zu einem kaiserlichen Erlass kam, der den Export von Kalisalpeter verbot. Der Mongolensturm, der nach 1250 über ganz Asien und das östliche Europa hinwegfegte, brachte es mit sich, dass auch die chinesische Verwaltung und ihre Kontrollorgane zeitweise außer Funktion gesetzt wurden. Daher ist es nicht verwunderlich, dass es in dieser Zeit gelang, Kalisalpeter aus China herauszuschmuggeln und über die Seidenstraße bis nach Europa zu bringen. Jedenfalls wurde gereinigter

Kalisalpeter um 1300 in Europa unter dem Namen „Chinesischer Schnee" bekannt, wahrscheinlich zuerst durch Marco Polo. Auch der arabische Asienreisende und Forscher Ibn Battuta berichtet 1325 über chinesischen Kalisalpeter. Das heißt nun nicht, dass Kalisalpeter und Schwarzpulver in Europa vor 1300 unbekannt waren, Kalisalpeterlagerstätten existierten in geringer Zahl und mit geringer Ergiebigkeit auch in Europa. Abgesehen von der mehrfachen Erwähnung „Griechischen Feuers" gibt es auch Berichte, dass die Araber bei ihren Feldzügen in Spanien schon vor 1100 Brandsätze unbekannter Zusammensetzung verwendeten. So dürfte über Griechenland und Spanien die Kenntnisse über die Verbrennung fördernde Wirkung von Kalisalpeter vor 1200 nach Zentraleuropa gelangt sein.

Eine eindeutige Beweislage für die Kenntnis des Schwarzpulvers ergibt sich aus dem Schriftsatz des in Oxford beheimateten Augustiners Roger Bacon mit dem Titel „De secretis operibus artis et naturae". Darin beschrieb er im Jahre 1247 eine Rezeptur für die Herstellung von Schwarzpulver mit der eingangs erwähnten idealen Zusammensetzung. Ferner ist belegt, dass dem aus Lauingen an der Donau gebürtigen Albertus Magnus (1193–1280), einem berühmten, meist in Köln lehrenden Allroundgenie seiner Zeit, die optimale Zusammensetzung des Schwarzpulvers vor 1280 bekannt war.

Darüber hinaus gibt es für den deutschen Sprachraum den Mythos, dass der Franziskanermönch Berthold Schwarz Schießpulver Anfang des 14. Jahrhunderts in Freiburg i. Br. erfunden habe. Da aus dieser Zeit schon erste Experimente mit primitiven Schusswaffen bekannt waren (s. u.), konnte der Berthold-Schwarz-Mythos höchstens bedeuten, dass er die Möglichkeit des Schießen aus Mörsern entdeckt hatte. Er soll auf Befehl des König Wenzel als Strafe für seine schreckliche Erfindung 1380 in Freiburg i. Br. auf ein Pulverfass gebunden und in die Luft gesprengt worden sein. Nach einer anderen Quelle soll er auf Befehl desselben Königs 1388 enthauptet worden sein (Freiburg i. Br. stand seit 1368 unter der Herrschaft der Habsburger). Es gibt jedoch Beweis keinen eindeutigen für die Existenz dieses Franziskanermönches und seiner Erfindung. Dennoch steht seit Mitte des 19. Jahrhunderts auf dem Rathausplatz in Freiburg i. Br. ein Brunnen mit einer lebensgroßen Figur des Berthold Schwarz. Nachdem, durch einen Luftangriff am 27. November 1944 fast 70 % von Freiburgs Stadtgebiet zerstört wurden, einschließlich Kirche und Kreuzgang des Franziskanerklosters, blickt Berthold Schwarz sehr nachdenklich von seinem erhalten gebliebenen Denkmal auf die Spätfolgen seiner (angeblichen) Erfindung.

Die Produktion von Schwarzpulver erfolgte in Deutschland und anderen europäischen Ländern bis zur Mitte des 15. Jahrhunderts ausschließlich im Handbetrieb. Zunächst wurden die drei Bestandteile jedes für sich allein pulverisiert. Das Kohlepulver wurde aus der spröden Holzkohle gewonnen, die durch Erhitzen von Buchen-, Erlen-, Linden- oder Pappelholz auf 300 bis 400 °C unter Luftausschluss hergestellt wurde. Der Schwefel wurde durch Umkristallisieren aus der Schmelze gereinigt. Schließlich wurden alle drei pulverisierten Komponenten miteinander gemischt. Das solchermaßen produzierte Schwarzpulver hatte also eine staubartige Konsistenz, was ihm dem Namen Pulver – vom lateinischen „pulvis" – einbrachte. Diese Pulverform hatte jedoch zwei Nachteile. Erstens war das Füllen enger Rohre während eines Kampfes problematisch. Zweitens ließ sich die Geschwindigkeit des Abbrennens nicht regulieren. Dieser zweite Aspekt wurde von Bedeutung, als sich im Lauf der zahlreichen Kriege des 16. und 17. Jahrhunderts zwei verschiedene Anwendungsgebiete herauskristallisierten. Da war einmal die Anwendung als Schießpulver in Handfeuerwaffen und Kanonen, für die ein langsameres Abbrennen günstig sein konnte, um den raschen Druckanstieg der Explosionsgase in den qualitativ schlechten Kanonenrohren des Spätmittelalters zu reduzieren und damit Rohrkrepierer zu vermeiden. Andererseits erkannte man im 16. Jahrhundert auch die Eignung des Schwarzpulvers als Explosivstoff bei der Zertrümmerung feindlicher Festungsanlagen. Diese zweite Anwendung erfordert einen möglichst raschen Verbrennungs-(Explosions-)Verlauf. Diese verschiedenen Ansprüche an das Schwarzpulver führten zu neuen Wegen der Rohmaterialbeschaffung und der Pulverherstellung.

Der rapide ansteigende Bedarf an Pulver in den Kriegen des 15., 16. und 17. Jahrhunderts konnte in Europa nicht mehr mit Kalisalpeter aus den heimischen Fundstellen befriedigt werden. Die Lösung dieses Problems ergab sich aus der Entdeckung des Seeweges nach Indien durch Bartolomeu Diaz 1488 und Vasco da Gama nach 1497. In der Folgezeit entwickelte sich ein reger Handel zwischen Asien und Europa, wobei große Mengen an Kalisalpeter aus Indien importiert wurden. Diese Importe ermöglichten es bis zum Ende des 18. Jahrhunderts, die zahlreichen europäischen Kriege mit Feuerwaffen auszufechten. Die allmähliche Erschöpfung der indischen Salpeterlager und die Entdeckung riesiger Kali- und Natronsalpeterlager in Chile führten dazu, dass im 19. Jahrhundert und bis zum Ende des Ersten Weltkrieges Chile für Europa zum Hauptlieferanten von Salpeter aufstieg (s. Kap. 10).

Der steigende Bedarf an Schwarzpulver im 15. Jahrhundert war nicht mehr durch Erzeugung im Handbetrieb zu befriedigen, und eine deutsche Stadt nach der anderen begann mit dem Bau von Pulvermühlen. Nürnberg, ohnehin eine von Deutschlands führenden Städten in Sachen Handel, Wissenschaft und Kunsthandwerk, entwickelte sich auch zum ersten Zentrum der Pulverproduktion. Schon für das Jahr 1553 gibt es einen Hinweis, dass ein reicher Nürnberger namens Tibscher Pulver mittels Maschinen hergestellt habe. Sicher ist, dass Michael Behaim um 1405 in Nürnberg und Röthenbach die ersten mechanischen Pulvermühlen erbaute, die sehr wahrscheinlich mit Wasserkraft betrieben wurden, ähnlich wie die Getreidemühlen dieser Zeit auch. Ein Nürnberger namens Horscher folgte diesem Beispiel 1431, und der Verkauf von Schwarzpulver entwickelte sich zu einer wichtigen Einnahmequelle der Stadt. So ist von Wien, das schon vor 1444 eine eigene Pulvermühle besaß, bekannt, dass noch 1526 Pulver aus Nürnberg dazugekauft wurde.

Neben größeren durch Wasser oder Windkraft getriebenen Pulvermühlen gab es im 16. Jahrhundert an jedem Ort Deutschlands, der Schwarzpulver benötigte, transportable, handgetriebene Mühlen, in denen die Bestandteile durch Stampfen und nicht zwischen Mahlsteinen zerkleinert wurden. Schließlich wurde das Herstellungsverfahren dahingehend verändert, dass für die Anwendung als Schießpulver eine körnige Beschaffenheit produziert wurde. Dazu wurde das Gemisch der drei Komponenten mit etwas Wasser befeuchtet, um die spontane Entzündung zu unterdrücken, und in feuchtem Zustand äußerst fein gemahlen und gleichzeitig gemischt. Dann wurde diese „Pulverpaste" zu Blöcken, sogenannten Pulverkuchen, gepresst und getrocknet. Auf die mechanische Zerkleinerung dieser Blöcke folgte das Aussieben der gewünschten Korngrößen. Das gekörnte Pulver war rieselfähig und ließ sich leicht in Handfeuerwaffen füllen. In neuerer Zeit erfolgte noch eine Nachbehandlung mit Graphit, um die Rieselfähigkeit zu verbessern und die Brandgeschwindigkeit herabzusetzen. Das puderartige Schwarzpulver behielt aber durch alle Jahrhunderte seine Funktion als Basismaterial für die Herstellung von Feuerwerkskörpern.

Die Entwicklung der Feuerwaffen

Die Entwicklung von Feuerwaffen, bei denen das Pulver zum Wegschleudern von Geschossen diente, entweder im Sinne von Raketen oder im Sinne von Kanonen, begann sicherlich in China. Die Festlegung exakter Daten und Beschreibung einzelner Waffen wird dabei nicht so sehr durch einen Mangel an Nachrichten behindert als vielmehr durch Probleme mit der Übersetzung und Interpretation der im Mittelalter verwendeten chinesischen Begriffe. So stellte der Marinekapitän Fang Fu im Jahre 1000 n. Chr. dem Kaiser drei neue Waffen vor, deren Namen alle mit „Huo" beginnen, ein Hinweis auf die Anwendung von Brandsätzen und Explosivstoffen. In einem Bericht über Kämpfe gegen Mongolen im Jahre 1231 wird eine neue Waffe mit der blumigen Übersetzung „Himmelserschütternder Donner" benannt. In der gleichen Zeit versuchten Mongolen, bei der Belagerung einer Stadt durch Stollen unter die Stadtmauern zu gelangen. Die Verteidiger warfen mit Pulver gefüllte Bomben von der Mauer, um die Stollen zum Einsturz zu bringen. Ein spezielles sprachliches Problem ist in allen alten Berichten die Übersetzung des Wortes „Pao", das im modernen Chinesisch Kanone bedeutet, im Mittelalter aber normalerweise Katapult meinte.

Einen ersten eindeutigen Hinweis auf die Entwicklung primitiver, kleiner Kanonen gibt es in den Lagerlisten eines kaiserlichen Arsenals aus dem Jahre 1259. Hier werden einseitig verschlossene, (mittels Umwicklung) verstärkte Bambusrohre genannt, mit denen Steine verschossen wurden. Da die Metallgusstechnik in China schon im Mittelalter hoch entwickelt war, wurden die Bambusrohre schon bald durch gegossene Metallrohre aus Bronze ersetzt. So gibt es von dem Feldzug der Yuan Dynastie gegen Japan im Jahre 1274 den Bericht, dass das chinesisch-mongolische Heer über „Schwarze Drachen" und „Feuerrohre" verfügte. Dieser chinesische Bericht wird durch japanische Quellen bestätigt. Noch 1300 häufen sich Berichte über die Verwendung von Feuerwaffen, ein herausragendes Beispiel davon soll hier noch erwähnt werden. Im Jahre 1368 belagerten und eroberten die Truppen der Ming-Dynastie das von den Nachkommen der Mongolen verteidigte Peking. Die Wälle der Stadt wurden durch Kanonen sturmreif geschossen. Aus dieser Zeit gibt es auch Bedienungsanleitungen für die Handhabung von Kanonen, und deren Produktion scheint 1000 Rohre im Jahr erreicht zu haben. Im historischen Museum in Peking ist das älteste noch erhaltene Bronzerohr ausgestellt, das im März 1332 gegossen wurde.

Die Entwicklung von Feuerwaffen in Europa setzte später ein, wohl in der zweiten Hälfte des 13. Jahrhunderts, machte dann aber schnelle Fortschritte. Der erste eindeutige Beleg für Experimente mit Feuerwaffen stammt aus einer Handschrift mit dem Titel „De secretis secretorum Aristotilis", die Walter de Milemete 1326 für Heinrich III. von England angefertigte. Darin gibt es eine Zeichnung einer auf ein dickes Brett befestigten Metallflasche, aus deren Hals ein Brandpfeil ragt, während ein Mann mit einem wohl glühenden Metallstab das Pulver im Inneren der Flasche zündet. Eine derartige „Handkanone", allerdings 50 bis 60 Jahre später aus Bronze gegossen, ist im Armeemuseum in Stockholm erhalten geblieben. Aus der Zeit 1326 bis 1400 gibt es dann zahlreiche schriftliche Zeugnisse aus verschiedenen Städten Europas, in denen über Anschaffung und Verwendung einfacher Handkanonen berichtet wird. Norditalien und Frankreich waren führend in der Entwicklung der allerersten primitiven Artillerie. Die erste Erwähnung einer Feuerwaffe in Deutschland stammt wohl aus dem Jahre 1331, und für 1346 ist belegt, dass die Stadt Aachen eine „bussa ferrea", eine Eisenbuchse, besaß. Der Name Büchse wurde damals in Deutschland für kleine Feuerwaffen gebräuchlich und ist bis heute für Jagdgewehre, die Vollgeschosse verschießen, erhalten geblieben.

Die ersten kleineren Kanonenrohre wurden aus Eisenklumpen geschmiedet, da die zum Gießen geeignete Bronze vor 1450 nicht in ausreichenden Mengen zur Verfügung stand. Reines Eisen hat einen Schmelzpunkt um 1530 °C, der durch Beimengungen anderer Elemente absinkt, aber doch meist oberhalb von 1400 °C bleibt. Im 13., 14. und 15. Jahrhundert war man technisch noch nicht so weit, aus einem so hoch schmelzenden Metall große Kanonenrohre zu gießen. Außerdem ist Gusseisen (Roheisen), das typischerweise 4 bis 6 % Kohlenstoff enthält, wenn es aus dem Hochofen kommt, ein zwar hartes, aber auch sprödes Material, das beim Transport oder beim Schießen ein hohes Risiko der Rissbildung beinhaltet. Dazu gesellte sich das Problem des Rostens. Daher wurde auch in späteren Jahrhunderten Kanonenrohre normalerweise nicht aus Roheisen, sondern aus Bronze gegossen. Erst der durch näher beschriebene Erzeugung von Stahl brachte hier eine Wende (Kap. 7).

Die wenigsten großen Kanonenrohre, welche im 14. und 15. Jahrhundert entstanden, wurden mühsam aus zahlreichen, um einen runden Holz- oder Tonkern angeordneten Eisenstangen zusammengeschmiedet. Diese Eisenstangen hatten durch die vorhergehende Bearbeitung an Luft schon einen stahlähnlichen Charakter erhalten und an Sprödigkeit verloren. Meist wurden zwei oder drei Lagen von Eisenstangen zusammengeschmiedet und schließlich mit Eisenringen ummantelt, wie bei Fässern die hölzernen Dauben auch. Es wurden einerseits Mörser hergestellt, bei denen ein kurzes, weites Rohr (40 bis 80 cm Durchmesser) auf einer kleineren Pulverkammer aufsaß. Andererseits wurden Kanonen produziert, die sich durch kleinere Kaliber, aber drei- bis vierfach größere Rohrlänge auszeichneten. Dieser zeitaufwendige Prozess des Zusammenschweißens vieler Eisenstangen und Ringe war nicht für eine Massenproduktion geeignet und nur größere Städte, wie z. B. Nürnberg, oder fürstliche Waffenarsenale konnten sich die Anfertigung dieser neuartigen Waffen leisten. Diese frühe Gattung der schmiedeeisernen Kanonen, Steinbüchsen genannt, wurde auch noch nicht auf fahrbaren Lafetten transportiert und nahm nicht an Feldschlachten teil, sondern diente nur dem Beschluss belagerter Burgen und Städte. Einige wenige dieser frühen schmiedeeisernen Kanonen sind noch heute in Museen mehrerer europäischer Städte zu bewundern, z. B. der „Große Pumhardt" in Wien, die „Mons Meg" in Edinburg, die „Dulle Griet" in Gent und die „Faule Magd" in Dresden.

In früheren Jahrhunderten eignete sich Bronze sehr viel besser als Eisen für die Massenproduktion von Geschützrohren. Als in der zweiten Hälfte des 15.

Jahrhunderts in Tirol und im Erzgebirge neue ergiebige Kupfer- und Silberbergwerke eröffnet wurden (s. Kap. 5), stand in Mitteleuropa auch genügend Kupfer dafür zur Verfügung. Eine typische Geschützbronze besteht zu ca. 90 % aus Kupfer, zu 9 % aus Zinn und zu 1 % aus anderen Elementen. Daher war die Ausweitung des Kupferbergbaus für die Entwicklung der Artillerie entscheidend. Im 16. Jahrhundert wurden in Europa Tausende von Bronzerohren gegossen. Bronze hatte gegenüber Gusseisen drei wesentliche Vorteile. Erstens: Es war zäher und zeigte daher eine wesentlich geringe Neigung zu Rissbildung. Zweitens: Bronze rostete nicht oder, anders ausgedrückt, war weniger korrosionsanfällig. Drittens: Bronze hat einen Schmelzbereich um 1000 °C und damit 400 bis 500 °C niedriger als der von Eisen. Erfahrung mit dem Gießen großer Bronzeobjekte hatten die Europäer schon Jahrhunderte zuvor mit dem Gießen von Glocken gesammelt.

Im 16. Jahrhundert kam es zu einem weiteren Entwicklungsschub dadurch, dass die Kanonenrohre fahrbar gemacht und damit in Feldschlachten eingesetzt werden konnten. Kleine Kanonen wurden auf ihren einachsigen Lafetten zum Einsatz gefahren. Mörser und schwere Kanonenrohre wurden auf zweiachsigen Wägen gezogen und die Kanonen am Einsatz auf einachsige Lafetten umgeladen, was allerdings viel Zeit erforderte und nicht während eines Kampfes geschehen konnte. Da Bronze das Gießen von Geschützrohren unterschiedlichster Form ermöglichte, ergab sich im 16. Jahrhundert auch eine Diversifizierung der Artillerie, die über etwa drei Jahrhunderte Bestand hatte. Kleine schlanke Kanonen (Kaliber 2,5–4,0 cm) auf einachsiger Lafette hießen Falconette oder Feldschlangen. Kanonen wurden je nach dem Gewicht der verschossenen Kugeln als 4-, 6-, 8-, 12- oder 16-Pfünder bezeichnet. Dazu kamen die Mörser. Die Aufgabe der Feldschlangen und kleineren Geschütze war es, die feindliche Infanterie und Kavallerie zu beschießen. Große Kanonen wurden, wenn möglich, zur Zerstörung der feindlichen Artillerie eingesetzt sowie zum direkten Beschuss von Mauern und Türmen belagerter Burgen und Städte. Mörser erzeugten eine steile Flugbahn, um in indirektem Beschuss Ziele hinter Befestigungsanlagen zu treffen. Mittels glühender Eisenkugeln oder mit Pulver gefüllten Granaten sollten so die Häuser und Magazine einer Ortschaft in Brand geschossen werden. Da die meisten Gebäude in Mitteleuropa jahrhundertelang Fachwerkbauten waren, war dies ein aussichtsreiches Unterfangen.

Zwei weitere Entwicklungsschübe der Artillerie kamen im 19. Jahrhundert zum Tragen. Hier ist zunächst die kontrollierte und industrielle Produktion von Stahl zu nennen. Wenn der Kohlenstoffgehalt des Roheisen durch Reaktion mit Sauerstoff auf Werte unter 2,0 % gesenkt wird, dann verliert das Eisen seine Sprödigkeit und wird hart und zäh zugleich; es wird zu Stahl. Eine

Produktion von Stahl mit reproduzierbaren Eigenschaften erfordert aber eine perfekte Kontrolle dieses Entkohlungsprozesses (Kap. 10). Ferner lassen sich die Eigenschaften des Stahls durch Beimischung anderer Metalle wie Chrom, Nickel, Cobalt oder Wolfram noch deutlich verbessern. Die Herstellung von Stählen verschiedener Qualität war daher bis zum Ersten Weltkrieg ein gut gehütetes Geheimnis der stahlproduzierenden Firmen. Namen wie Mannesmann, Krupp und Thyssen wurden für die Qualität ihrer Stahlbleche, Stahlrohre und Kanonen weltberühmt.

Die zweite Neuerung betraf Schussentfernung und Zielgenauigkeit gleichermaßen. Bis etwa um 1860 wurden ausschließlich Kanonen und Gewehre mit glatten Läufen eingesetzt, die Kugeln verschossen. Zwischen Kugel und Rohrwand gab es einen Zwischenraum, durch den ein Teil der Explosionsgase ungenutzt entwich. Ferner „eierte" die Kugel entlang der Innenseite des Rohres. Kanonenrohre aus Stahl ermöglichten es, scharfkantige Rillen einzufräsen, die in einer lang gezogenen Spirale an der Innenwand des Rohrs entlangliefen, die sogenannten Züge. Nun konnten längliche Granaten verschossen werden, die, durch die Züge geführt, in Drehung versetzt wurden. Diese Rotation stabilisierte die Flugbahn der Granate und erhöhte Zielgenauigkeit und Schussweite. Lagen die Schussweiten der glatten Bronzerohre bei 500 m bis 3 km, so konnten im Ersten Weltkrieg schon Schussweiten von 20 bis 30 km realisiert werden. Der Krimkrieg (1854–1855) wurde noch ausschließlich mit glatten Kanonenrohren ausgefochten, aber am Ende des amerikanischen Bürgerkrieges kamen schon die ersten „gezogenen" Kanonenrohre zum Einsatz. Sie hatten eine enorme Wirkung, weil die Granaten nun die Wälle und Mauern amerikanischer Forts durchschlagen und im Innenteil explodieren konnten.

Auch der Deutsch-Französische Krieg wurde noch mit beiden Rohrtypen bestritten: kleinere Kanonen mit glatten Rohren, die Kugeln oder Kartuschen verschossen, für die Feldschlacht, Kanonen mit gezogenen Rohren für die Belagerung von Belfort und Paris. Der Erste Weltkrieg wurde dann nur noch mit Gewehren und Kanonen ausgetragen, die über „gezogene Läufe" verfügten.

Der Erste Weltkrieg brachte für die Artillerie nochmals einen Entwicklungsschub hervor, um nicht zu sagen eine Revolution, gemäß der Erkenntnis „Der Krieg ist der Vater aller Dinge". Diese Neuerung bestand in der Entwicklung einer motorisierten fahrbaren Artillerie, Panzerkampfwagen (kurz Panzer) oder auch englisch „tanks" genannt. Die „Panzer" des Ersten Weltkrieges hatten noch nicht die Aufgabe, die stationäre Artillerie zu ersetzen oder durch Beschuss auf größere Entfernung zu zerstören. Diese Aufgaben konnten sie erst im Zweiten Weltkrieg erfüllen. Die Panzer des Ersten Weltkriegs besaßen nur kurze kleine Kanonen mit Kalibern um 4 bis 6 cm. Ihre Aufgabe bestand darin, feindliche Maschinengewehrnester zu bekämpfen, Drahtverhaue zu durchbrechen und Infanteriegräben zu überrollen. Durch seitlich angebrachte Maschinengewehre sollten die feindlichen Schützengräben von Soldaten „gesäubert werden". Die ersten Panzer erreichten zwar nur Geschwindigkeiten von 8 bis 12 km/h und Reichweiten von 60 bis 80 km, aber die genannten Aufgaben erfüllten sie gut.

Ein Oberleutnant der K.-u.-K.-Armee namens Burstyn legte 1911 dem K.-u.-K.-Kriegsministerium und dem deutschen Kriegsministerium Konstruktionspläne für einen auf Ketten laufenden Panzerkampfwagen vor. Beide Ministerien fanden es nicht einmal für sinnvoll, ein Testfahrzeug zu bauen. Als die Kampfhandlungen Ende 1914 im Grabenkrieg endeten, kamen Briten und Franzosen gleichzeitig zu der Einsicht, dass gepanzerte Kampfwagen mit Maschinengewehren und einer leichten Kanonen bestückt ein geeignetes Mittel sein könnten, um die feindlichen Linien zu durchbrechen und für eine neuerliche Dynamisierung der Front zu sorgen. Der Bau von Prototypen wurde kurz darauf in Angriff genommen. In der zweiten Jahreshälfte 1916 erprobten die Briten in Belgien bei Ypern erstmals den Einsatz einer kleinen Gruppe von Panzern (32 Exemplare waren im Einsatz). In dem von Granatrichtern aufgewühlten Gelände war der Fortschritt, den die primitiven Panzer erzielen konnten, gering, bestärkte aber die britische Heeresführung im Ausbau der Panzerwaffe. Es ist sicherlich nicht nötig und sinnvoll, hier alle weiteren Panzereinsätze zu kommentieren, aber zwei entscheidende Schlachten sollen als Beispiel erwähnt werden.

Angriffe deutscher oder alliierter Truppenverbände waren bis Ende 1917 mit mehrstündigem Trommelfeuer der Artillerie vorbereitet worden. Am 19. November 1917 verzichteten die Briten auf diese Taktik und fuhren nachts mit fast 380 Panzern nahe an die deutschen Stellungen heran. Der Angriff am nächsten Morgen traf die deutschen Soldaten völlig unvorbereitet, und die Front wurde auf einer Breite von 13 km bis auf eine Tiefe von 10 km aufgebrochen. Tausende deutsche Soldaten wurden getötet, und weitere Tausende gerieten in Gefangenschaft. Dieser Angriff bei Cambrai und Angriffe französischer Panzerverbände bei Soissons bewirkten eine rasch um sich greifende Demoralisierung des deutschen Heeres. Der Anfang vom Ende kam am 18. August 1918, als alliierte Truppen bei Amiens mit etwa 800 Panzern die deutsche Verteidigung auf einer Breite von 30 km überrollten. Danach folgte Niederlage auf Niederlage bis zur Kapitulation am 11. November 1918.

Die deutsche oberste Heeresleitung (OHL) hatte die Bedeutung der neuen Waffe völlig unterschätzt, sodass es nicht nur an eigenen Panzern fehlte, sondern auch an geeigneten Abwehrwaffen. Anfang 1918 hatte die OHL schließlich die Produktion von 800 Panzern für das Jahr 1919 in Auftrag gegeben. Die Briten planten für 1919 die Produktion von 8000 und die Franzosen von 5000 „tanks". Dazu wäre eine unbekannte Zahl amerikanischer Panzer gekommen. Diese Zahlen verdeutlichen, dass die militärische Niederlage Deutschlands ab 1917 unausweichlich war. Dieser Punkt muss betont werden, weil Mitglieder der OHL nach Kriegsende den Mythos verbreiteten, Deutschlands Heer sei unbesiegt geblieben und die Kapitulation nur das Resultat politischer Umtriebe in der Heimat. Wie in Kap. 10 dargelegt, war die Unterschätzung der Panzerwaffe allerdings nicht die einzige kriegsentscheidende Fehlleistung von OHL und Kriegsministerium.

Die Entstehung Preußens

Die Geschichte des Königreichs Preußen beginnt mit der Geschichte der Mark Brandenburg. Der heutige Bundesstaat Brandenburg entspricht ganz grob dem Gebiet der historischen Mark, jedoch ist da zu bedenken, dass die Grenzen dieses Gebietes im Laufe der Jahrhunderte mehrfach Änderungen unterworfen waren. Das Gebiet zwischen Havel, Spree und Elbe war im 5. Jahrhundert bedingt durch die Völkerwanderung von germanischen Stämmen, wie die der Semnonen und Sueben, weitgehend verlassen worden. Slawische Stämme rückten von Osten nach. Die Entstehung der Mark Brandenburg im Mittelalter präsentiert sich daher als eine Reihe politischer und kriegerischer Auseinandersetzungen zwischen expansionsfreudigen deutschen Königen oder Markgrafen einerseits und beharrungswilligen Slawenfürsten andererseits. Die Motive der deutschen Landesherren bestanden nicht nur aus Landgewinn und Steuererhebung, auch die Christianisierung der Slawen sollten vorangetrieben werden. So wurden Anfang des 10. Jahrhunderts ohne kriegerische Handlungen die Bistümer Brandenburg und Havelberg gegründet. Eine erste Expansionswelle nach Osten wurde von Heinrich I. in den Jahren 928/929 angeführt. Alle slawischen Stämme bis zur Oder wurden unterworfen und tributpflichtig. Unter seinem Sohn, Kaiser Otto I., erfolgte dann 936 die Einrichtung einer Nordmark und einer Ostmark. Durch einen erfolgreichen Aufstand verbündeter slawischer Stämme um 983 wurde jedoch die deutsche Oberherrschaft beseitigt und die deutsche Expansion kam für 150 Jahre zum Erliegen.

Die zweite Welle der Expansion nach Osten wurde von dem aus Aschersleben stammenden Geschlecht der Askanier vorangetrieben. König Lothar ernannte Heinrich den Bär im Jahre 1134 zum Markgrafen der Nordmark. Durch einen geschickt eingefädelten Erbschaftsvertrag mit dem benachbarten

Slawenfürsten Pribislaw gelangte Albrecht der Bär nach dessen Tod 1150 in den Besitz eines großen Gebietes um Brandenburg und Spandau. Der in Köpenick residierende Slawenfürst Jacza attackierte mit polnischer Unterstützung die neuen Besitzungen Albrechts und konnte die Burg Brandenburg erobern. Aber Albrecht der Bär schlug erfolgreich zurück und war ab 1157 unangefochtener Herrscher seiner Mark. In einer Urkunde dieses Jahres bezeichnet er sich selbst erstmals als Markgraf von Brandenburg, und diese Jahreszahl gilt in der späteren Geschichtsschreibung daher als offizielles Geburtsdatum der Mark. In der Folgezeit gab es Gebietserweiterungen, z. B. den Zugewinn der Uckermark 1250. In den Jahren 1319 und 1320 starb die brandenburgische Linie der Askanier im Mannesstamme aus. Darauf übertrug der Wittelsbacher Kaiser Ludwig IV. die Mark Brandenburg an seine älteren Sohn Ludwig II. Der übergab 1351 die Herrschaft an seinen jüngeren Halbbruder Ludwig II., der 1356 durch die „Goldene Bulle" die Kurfürstenwürde für die Mark Brandenburg erreichen konnte. Nach seinem Tode 1367 gelangte sein Halbbruder Otto V. an die Regierung. Dieser erwies sich aber als so unfähig, dass er als Otto der Faule in die Geschichte einging. Dieser Otto veräußerte zunächst Gebietsrechte an Kaiser Karl IV. und verkaufte schließlich 1373 die Rechte des Markgrafen mitsamt der Kurfürstenwürde.

König Karl IV., „Der Luxemburger" genannt, war seit 1355 Kaiser des Heiligen Römischen Reiches Deutscher Nation und residierte in Prag, wo er 1348 die erste deutschsprachige Universität gründete. Er war gleichzeitig König von Böhmen und war daran interessiert, die benachbarte Mark Brandenburg seinem Königreich anzugliedern und die Kurwürde für seine Nachkommen zu sichern. Dieser Plan scheiterte letztlich daran, dass die Selbstständigkeit des Kurfürstentums Brandenburg in der „Goldenen Bulle" 1356 festgeschrieben war und die Bistümer, von denen der Kaiser vor allem im Kriege abhängig war, hatten kein Interesse an einer Ausweitung der Hausmacht der Luxemburger.

Karl IV. vermachte die Mark nun seinem noch zehnjährigen Sohn Sigismund, übergab jedoch die Landesrechte und damit die Verwaltungsaufgaben zunächst seinem älteren Sohn Wenzel. Dieser wurde 1376 zum deutschen Kaiser gewählt, kümmerte sich wenig um die Mark und wurde 1397 wieder abgesetzt. Daraufhin wurde ein Neffe, Jobst von Mähren, mit der Verwaltung betraut (bis 1411). Derselbige war allerdings nur am Königreich Böhmen interessiert, ließ sich in Brandenburg selten sehen, und wenn, dann nur um Steuern einzutreiben. Mit der Wahl Siegesmunds zum deutschen Kaiser im Januar 1411 änderte sich die Situation.

Die häufigen Wechsel der Landesherren, deren Unfähigkeit oder Unwilligkeit, konsequent zu regieren, hatten den brandenburgischen Adel gestärkt, der bestrebt war, die Mark nach eigenem Gutdünken zu beherrschen. Diese Bestrebungen gingen aber nicht dahin, eine verantwortungsbewusste Entwicklung des Landes zu fördern, vielmehr fanden es die vorherrschenden Adelsgeschlechter lukrativer, sich als Raubritter zu betätigen. Kaufmannszüge wurden überfallen, die Waren erbeutet oder Lösegeld erpresst und die Städte (damals noch alle unter 5000 Einwohnern) mussten Schutzgeld zahlen. Mord und Totschlag blieben meist ungesühnt. Dazu kamen Fehden zwischen einzelnen Adelsgeschlechtern.

Die Bevölkerung der Mark Brandenburg sah die Wahl Siegesmunds zum Kaiser als neue Chance, um durchgreifende Besserung der katastrophalen Zustände zu erreichen, und schickte eine Abordnung im Jahre 1411 mit der Bitte um Abhilfe. Siegesmund ernannte daraufhin sofort den Burggrafen von Nürnberg, Friedrich VI. von Hohenzollern zum Hauptmann und Verweser der Mark mit dem Auftrag, dort für Ordnung zu sorgen. Friedrich VI. repräsentierte die fränkische Linie der Hohenzollern und hatte in der Rolle des Burggrafen von Nürnberg die Verwaltungshoheit über Franken inne. Die schwäbische Linie der Hohenzollern residierte weiterhin im Gebiet Hechingen-Sigmaringen. Friedrich VI. war 1409 in den Dienst Siegesmunds getreten und hatte sich als treuer sowie in politischen und kriegerischen Auseinandersetzungen erfolgreicher Vasall erwiesen. Ferner hatte Friedrich VI. maßgeblich zur erfolgreichen Königswahl Siegesmunds (1411) beigetragen. Siegesmund wollte daher zwei Fliegen mit einer Klappe schlagen, nämlich die Befriedung Brandenburgs und Dankabstattung an den Vasallen Friedrich.

Friedrich der VI. kannte wohl die Spruchweisheit „Der kluge Mann macht nicht alle Fehler selbst, er informiert sich erst" und schickte Kundschafter nach Brandenburg und in die Nachbarländer. Die Kundschafter hatten wenig Erfreuliches über Land und Leute zu berichten. Ein Unterhauptmann, den Friedrich von nur wenigen Soldaten begleitet nach Brandenburg schickte, wurde von den märkischen Adligen ausgelacht.

Nun holte Friedrich zum entscheidenden Schlag aus. Zuerst kam die diplomatische Vorbereitung. Er schloss Verträge mit den Nachbarländern, Braunschweig Mecklenburg und Pommern, er bemühte sich um die Huldigung der märkischen Bevölkerung und er suchte sich einen geeigneten Verbündeten. Er fand ihn im streitbaren Erzbischof von Magdeburg, der an einer Befriedung der benachbarten Räuberhöhle interessiert war. Wie jeder andere Erzbischof des Reiches besaß auch dieser viel Land und ein hohes Einkommen aus Steuern und Zöllen, vor allem aus dem Salzhandel (s. Kap. 2). Der Bischof konnte sich daher eine kleine Streitmacht leisten, und Friedrich VI. warb weitere Soldaten an. Wären sich die märkischen Adligen einig gewesen und hätten Friedrich mit einem vereinten Heer zur Feldschlacht gezwungen, hätte er wohl mit einer Niederlage den Rückzug antreten müssen. Aber man war sich nicht einig, und nur die führende Clique der Adligen hatte ein Aktionsbündnis zur Abwehr der kaiserlichen Intervention gegründet. Man unterschätzte aber Friedrich und erwartete auch keinen Feldzug im Winter. Außerdem hatte Friedrich VI. einen Trumpf in der Hand, und zwar in Gestalt eines großen Kanonenrohres. Wie schon erwähnt, war Nürnberg ein Zentrum für Schwarzpulverherstellung und Waffenproduktion. Friedrich VI. war daher in der richtigen Stelle beheimatet, um sich eine bewährte Steinbüchse zu leihen, dazu die nötige Menge Schwarzpulver und eine erfahrene Bedienungsmannschaft. Das Kanonenrohr besaß zwar große Henkel, durch die man zum Manövrieren Taue ziehen konnte, aber dem damaligen primitiven Entwicklungsstand der Feuerwaffen entsprechend gab es keinen fahrbaren Untersatz. Das Kanonenrohr musste von Pferden oder Ochsen auf einem Schlitten gezogen oder auf kurz gesägten Baumstämmen gerollt werden. Die Marschleistung pro Tag war dementsprechend gering und betrug wohl selten mehr als 10 km.

Friedrich VI. startete seine Strafexpedition ungewöhnlicherweise im Winter (1411/1412), wahrscheinlich weil der Transport der Kanone auf gefrorenem Boden einfacher war, zumal die Mark Brandenburg viel sumpfiges Gelände aufwies. Er erschien im Februar 1412 vor der Burg Friesack, auf der sich Dietrich von Quitzow verschanzt hatte, noch bevor dieser Unterstützung von seinen Spießgesellen holen konnte. Die Kanone wurde in Stellung gebracht und begann ihre destruktive Arbeit mit lautem Getöse. Das Rohr hatte wohl einen Durchmesser von ca. 60 cm und verschoss Steinkugeln mit einem Gewicht von etwa 5 cm. Mit den damaligen Hilfsmitteln war es schwierig und zeitraubend, eine solche Kanone zu laden und schießfertig zu machen. Die Schussfrequenz (Kadenz) war daher gering und betrug vielleicht nur 20 Schuss am Tag. Friedrichs Kanone hatte daher den Spitznamen „Faule Grete". Die Benennung einer großen Kanone mit einem weiblichen Namen hatte eine längere Tradition, die bis zu Katapulten zurückreichte und wohl von einer nordischen Amazone namens Gunhilda (daher englisch „gun") ihren Anfang genommen hatte. Noch im Ersten Weltkrieg wurde das größte Geschütz der kaiserlichen Armee „Dicke Berta" genannt. Auch wenn die „Faule Grete" langsam war – jeder Schuss war ein Treffer. Dietrich von Quitzow, der wie alle anderen Einwohner Brandenburgs noch nie eine Kanone in Aktion erlebt hatte, war entsetzt. Gleich am zweiten Tag der Belagerung versuchte er einen Ausfall und nutzte diese Gelegenheit zur Flucht in nahegelegene Sümpfe.

Daraufhin zog Friedrich VI. vor die Burg der Rochows. Diese hatten von der raschen Eroberung Friesacks schon gehört, und nach wenigen Schüssen der „Faulen Grete" erschien der Burgherr im Büßergewande vor dem Burgtor und unterwarf sich.

Danach wandte sich Friedrich gegen Johann (Hans) von Quitzow, der auf der Burg „Plaue" residierte. Diese Burg war bekannt dafür, dass sie die stärksten Mauern der ganzen Mark Brandenburg aufzuweisen hatte, und Hans Quitzow glaubte, dem Angreifer widerstehen zu können. Doch die „Faule Grete" war stärker. Es dauerte zwar vier Tage, bis eine Bresche geschossen war, aber dann entschloss sich auch Hans Quitzow zur Flucht in die Sümpfe. Diesmal aber hatten die Mannen des Burggrafen aufgepasst und nahmen den Flüchtling gefangen. Die übrigen Adligen, die Bredows, die Alvensleben, die Putlitz, die Itzenplitz und die Lossows, gaben nun klein bei. Somit hatte eine einzige Kanone, dazu noch eine „faule", den Hohenzollern die Herrschaft über die Mark Brandenburg geebnet.

Um die Herrschaft aufrechtzuerhalten und zu festigen, bedurfte es allerdings noch vielerlei Anstrengungen. So gelang es den Quitzows, den Nachbarn Pommern zum Krieg gegen Friedrich aufzustacheln, doch siegte Friedrich in einer Feldschlacht im Oktober 1412. Nach Herstellung von Recht und Ordnung setzte Friedrich VI. einen Landeshauptmann als Stellvertreter ein und begab sich Anfang 1414 rasch nach Süden, um dem König bei der Durchführung des Konstanzer Konzils (1414–1418) zu helfen. Schon wenige Monate nach Friedrichs Abreise zettelten die Quitzows mit mecklenburgischer Unterstützung einen Aufstand an, den der König mit der Reichsacht für die Rädelsführer beantwortete. Nun waren die Quitzows vogelfrei und rechtlos. Sie zu unterstützen, bedeutete eine schwere Straftat. Damit brach der Aufstand zusammen. Friedrichs Bemühungen um das Konzil, das nicht nur wegen der Reichsgeschäfte, sondern auch wegen der Hussitenkriege und der Beendigung des Kirchlichen Schismas von großer Bedeutung war, waren überaus erfolgreich. Daraufhin belehnte der König den Burggrafen Friedrich VI. am 18. April 1417 offiziell mit der Kurmark und dem Amt des Erzkämmerers verbunden mit der vererbbaren Kurfürstenwürde. An diesem Tag mutierte der Burggraf zum Markgrafen Friedrich I., und es begann die 500-jährige Herrschaft der Hohenzollern in Brandenburg.

Im Oktober 1418 avancierte Friedrich zum Reichsverweser, besiegte 1419 Mecklenburger, Pommern und Polen und erbte 1420 die Herrschaft über Franken. Damit war er nach dem König zum mächtigsten Mann des Reiches aufgestiegen. Im Jahre 1426 übertrug er seinem ältesten Sohn die Herrschaft über die Mark und zog sich aus dem ungeliebten Brandenburg (Beiname: des Deutschen Reiches Sandbüchse) auf die beheizte Cadolzburg bei Nürnberg zurück. Nach seinem Tode 1440 trat sein jüngster Sohn als Friedrich II. die offizielle Nachfolge als Markgraf und Kurfürst an. Er erhielt den Beinamen „Der Eiserne" oder „Eisenzahn", worin seine Beharrung und sein Durchsetzungsvermögen unmissverständlich zum Ausdruck kamen.

Auch in den folgenden 350 Jahren halfen Schwarzpulver und Artillerie den Hohenzollern, die Existenz ihres Territoriums zu sichern und ihren Herrschaftsbereich auszudehnen. Drei Beispiele sollen diese Aussage illustrieren. Das Jahr 1618 brachte zwei herausragende Ereignisse mit sich. Die Markgrafschaft Brandenburg sowie das Herzogtum Preußen wurden in Personalunion verbunden und der Dreißigjährige Krieg brach aus.

Bis 1626 blieb Brandenburg-Preußen von kriegerischen Ereignissen verschont. Im April 1625 verbündeten sich Dänemark, Holland und England gegen die Katholische Liga, und Preußen, das militärisch zu schwach war, um sich selbst zu schützen, geriet für die ganze Dauer des Krieges zwischen die Fronten mächtiger Gegner. Zunächst war auf katholischer Seite der aus Brabant gebürtige Graf von Tilly zum Führer des Reichsheeres berufen worden. Als dem Kaiser das Geld ausging, wurde Wallenstein zum obersten Truppenführer ernannt, weil er versprach, seine Truppen aus den besetzten Ländern zu ernähren: Wallenstein war ein überragender Organisator und Feldherr. Sein Siegeslauf durch fast ganz Deutschland führte ihn bis an die Ostsee. Brandenburg-Preußen stand kurz davor, nicht nur seinen protestantischen Glauben, sondern auch seine territoriale Integrität zu verlieren. Dann beendete Kaiser Leopold I. aus Angst (und Neid?) vor Wallensteins Macht dessen Siegeszug durch Absetzung im Jahre 1630.

Im Juli desselben Jahres landete überraschend König Gustav Adolph (1594–1632) mit schwedischen Truppen auf Usedom und der Krieg trat in eine neue Phase. Gustav Adolph begann zunächst, Schritt für Schritt Städte und Regionen in Norddeutschland zurückzuerobern. Sein Ruf als Feldherr wuchs, er gewann das Vertrauen der Protestanten, und er gewann das relativ reiche Sachsen als Verbündeten. Aufgrund dieser Entwicklung wurde Tilly wiederum zum Führer des katholischen Reichsheeres ernannt. Eingedenk seiner früheren Erfolge umgab ihn der Nimbus des unbesiegten Feldherrn.

Mitte September 1631 trafen seine und Gustav Adolphs Truppen bei Breitenfeld, in der Nähe Leipzigs, aufeinander. Beide Heere hatten etwa gleiche Mannschaftsstärke, aber Gustav Adolph verfügte über dreimal mehr Kanonen. Andererseits verfügte Tilly ausnahmslos über erfahrene Soldaten und Kommandeure, während das sächsische Kontingent, das Gustav Adolphs linken Flügel bildete, weitgehend aus unerfahrenen, frisch geworbenen Burschen bestand. Beide Feldherren befolgten dasselbe taktische Konzept. Der rechte Flügel wurde überproportional verstärkt, um den vermutlich schwächeren linken Flügel des Feindes in die Flucht zu schlagen und damit Panik in die Reihen des Gegners zu tragen. Tilly hatte seinen linken Flügel dem erfahrenen Reitergeneral von Pappenheim anvertraut. Andererseits hatten die Schweden ihre Reiterei mit Musketieren kombiniert, die zwar bei schnellen

Attacken nicht rasch folgen konnten, jedoch die Gegenangriffe der Pappenheimer durch ihre Salven frühzeitig zum Stehen brachten. Langsam, aber sicher machte Gustav Adolphs rechter Flügel Fortschritte. Dafür wurden die Sachsen von Tillys Infanterie in die Flucht geschlagen und die linke Flanke der schwedischen Truppen stand offen. In dieser entscheidenden Phase warf Gustav Adolph seine Reserve auf den linken Flügel und er brachte die Artillerie entscheidend zum Einsatz. Um diese Situation richtig zu verstehen, muss man wissen, dass Kanonen aufgrund fahrbarer Lafetten nun an Feldschlachten teilnehmen konnten. Die meisten Kanonen waren so schwer, dass ein rascher Positionswechsel, der Zugtiere erfordert hätte, während einer mehrstündigen Schlacht nicht möglich war. Im Unterschied zu Tilly verfügte Gustav Adolph aber auch über eine größere Zahl leichter Kanonen, die von ihrer Bedienungsmannschaft allein bewegt werden konnten. Sie gingen, da vielleicht zum Korrosionsschutz mit Leder überzogen, als „Lederkanonen" in die Geschichte ein. Außerdem hatten die Schweden eine neue Methode gefunden, um die Schussfolge der kleinen Kanonen zu erhöhen. Schon vor der Schlacht wurden dünnwandige hölzerne Becher (Kartuschen) mit Pulver gefüllt und eine Kugel darauf befestigt. Diese „Patrone" wurde als Einheit in den Lauf eingeführt, was den Ladevorgang beschleunigte. Die Kampfweise der damaligen Zeit beinhaltete auch, dass die Infanterie in dicht gedrängten und tief gestaffelten Karrees aufmarschierte. In diesen Karrees richteten nun die leichten Kanonen ein fürchterliches Blutbad an. Tillys Angriff auf Gustav Adolphs linken Flügel kam zum Erliegen, während die Schweden Tillys linken Flügel und danach die Mitte seiner Front zum Rückzug zwangen. Tilly verließ geschlagen das Schlachtfeld und der Dreißigjährige Krieg hatte eine entscheidende Wende erfahren, die sich in der Schlacht von Lützen fortsetzte.

Brandenburg-Preußen ging aus diesem Krieg wirtschaftlich ruiniert, aber politisch im Wesentlichen unbeschädigt hervor. Allerdings zogen sich die Schweden nicht aus Deutschland zurück. Sie besetzten vielmehr zahlreiche norddeutsche Städte und weite Landesteile, darunter auch Westpommern. Sie hatten sich von Freunden zu Feinden Preußens entwickelt. Dazu kommen zahlreiche Kriege zwischen Polen, Schweden, Niederlande, Frankreich und den Habsburgern.

Der neue Kurfürst Friedrich Wilhelm (1620–1688), später der Große Kurfürst genannt, war meistens unfreiwillig in diese Kriege verwickelt und musste mehrfach die Verbündeten wechseln, um sein Land zu erhalten. So kam es 1673 zu einem Stillhalteabkommen mit Schweden, um den Rücken für die Verteidigung preußischer Besitzungen am Niederrhein frei zu haben. Kaum waren die preußischen Truppen im Westen angelangt, fielen die Schweden in Brandenburg ein und marschierten auf Berlin. Der Kurfürst kehrte in Eilmärschen zurück. Zunächst traf er auf das von Schweden besetzte Städtchen Rathenow, das er durch eine Kriegslist schnell zurückerobern konnte.

Der Regen, sumpfiges Gelände und ständige Attacken der preußischen Kavallerie verhinderten einen geordneten Rückzug der Schweden nach Fehrbellin. Vor den Toren der Stadt kam es am 28. Juni 1675 zur entscheidenden Schlacht. Aufgrund des ungeordneten Rückzugs hatten die Schweden ihre überlegenen Artillerie nicht einsatzfähig. Auf preußischer Seite hatte der Befehlshaber Feldmarschall Freiherr von Derfflinger einen kleinen Hügel in der Flanke des Gegners entdeckt, der nicht vom Feind besetzt war. Es gelang noch am Abend vor der Schlacht, eine Handvoll der ohnehin nur 13 vorhandenen Kanonen in Stellung zu bringen. Als sich am nächsten Morgen der Nebel lichtete, begann diese kleine Batterie ein vernichtendes Feuer auf die Schweden. Deren Versuche, die Artilleriestellung zu stürmen, misslangen. Den Rest besorgte die preußische Kavallerie. Dieser Sieg war ein Fanal, denn die Schweden galten zu dieser Zeit als die besten Soldaten Europas. In den folgenden Jahren schuf Derfflinger die erste, nun aus Landeskindern rekrutierte, stehende Armee. Er wurde in Preußen zu einer Legende und noch im Ersten Weltkrieg wurde ein Schlachtkreuzer nach ihm benannt, der sich in der Skagerrakschlacht (Mai 1916) bestens bewährte. Kurfürst Friedrich Wilhelm wiederum trug ab Fehrbellin den Ehrennamen Großer Kurfürst.

Über die Geschichte des Königreiches Preußen kann nicht geschrieben werden, ohne dass Friedrich der Große und seine zahlreichen Schlachten Erwähnung finden. Von seinen Siegen wird berichtet, dass meist die Kavallerie unter den berühmten Generälen Seydlitz und von Zieten einen entscheidenden Anteil beigetragen hätten. Die Artillerie wird nie erwähnt. Dieser Sachverhalt hat vor allem seine Ursache darin, dass die vorhandenen Kanonen auf einzelne Infanterie- und Kavallerie-Abteilungen verteilt wurden. Eine zentrale Führung unter einem Artilleriegeneral, der sich hätte Ruhm erwerben können, gab es nicht. Daher ist es interessant, einen Blick auf den bekanntesten Sieg Friedrichs, nämlich die Schlacht von Leuthen, zu werfen.

Im Verlauf des Siebenjährigen Krieges (1756–1763) hatten sich die Österreicher unter Feldmarschall Leopold Joseph Maria Graf von Daun Anfang Dezember 1757 auf einem Hügel bei Leuthen verschanzt, und Friedrichs Truppen waren in der Unterzahl. Der Angriff war sehr riskant, aber aufgrund der politischen und wirtschaftlichen Umstände unvermeidlich. Friedrich wählte die Taktik, seinen rechten Flügel extrem zu verstärken und lang ausgestreckt, teilweise durch Gebüsch verdeckt, gegen die linke österreichische Flanke vorzugehen. Friedrich gelang erstmals in der Kriegsgeschichte das Manöver, schwere Artillerie während des Kampfes umzugruppieren und von der Mitte der Front auf die rechte Seite zu bringen. Außerdem hatte Friedrich der

Große eine zahlenmäßig kleine, aber höchst bewegliche reitende Artillerie erfunden, die den Kavallerieattacken einigermaßen folgen konnte. Daher war die Artillerie maßgeblich am Schlacht entscheidenden Erfolg des rechten Flügels beteiligt. Nun besagt ein einzelnes Beispiel wenig, und deshalb ist es von Bedeutung, den wichtigsten und kompetentesten Zeugen aller friderizianischen Kriege zu Wort kommen zu lassen, und das ist Friedrich II. selbst. Aus seinem schriftlichen Nachlass stammt der Satz: „Die durch die Artillerie im letzten [Siebenjährigen] Krieg erzielten Ergebnisse sind das Hauptelement des Erfolges der Armee." Dieser klaren Aussage ist nichts mehr hinzuzufügen.

So lässt sich am Ende dieses Kapitels zusammenfassend sagen, dass Schwarzpulver und Artillerie einen wesentlichen Beitrag zum Aufstieg Brandenburg-Preußens geleistet haben. Das Ende Preußens wurde dann 1917/1918 durch eine neue Form der beweglichen Artillerie, durch die Panzerkampfwagen, eingeleitet, mit deren Hilfe die Alliierten das deutsche Heer an der Westfront besiegten. Das definitive Ende Preußens folgte dann mit Deutschlands zweiter Kapitulation im Mai 1945.

Literatur

H. Römpp A. O. Neumüller „Chemie Lexikon", Franckh'sche Verlagsbuchhandlung, Stuttgart, 7. Aufl., 1975

A. Stettbacher „Schieß- und Sprengstoffe" J. A. Barth Verlag, Leipzig, 2. Auflage 1933

B. Dolleczek „Geschichte der österreichischen Artillerie", Akademische Druck und Verlagsanstalt Graz, 1973, Faksimile der Originalausgabe 1887

E. Egg, J. Jobé, H. Lachouque, Ph. E.Cleator, D. Reichel, J. Zimmermann "Kanonen-Illustrierte Geschichte der Artillerie", M. Pawlak Verlag Herrsching, 1975

W. K. Nehring „Die Geschichte der deutschen Panzerwaffe 1916 bis 1945" Weltbild Verlag, Augsburg (Lizenzausgabe des Ullstein Verlags) 1995

S. Haffner „Preußen ohne Legende", Gruner und Jahr Hamburg, Stern Magazin Buch 1979

J. Fernau „Sprechen wir über Preußen", F. A. Herbig Verlag München Berlin 1981

Breitenfeld (Schalcht): https://de.wikipedia.org/wiki/Schlacht_bei_Breitenfeld

Mark Brandenburg, https://de.wikipedia.org/wiki/Mark_Brandenburg

Friedrich I., https://de.wikipedia.org/wiki/Friedrich I._(Brandenburg)

Schlacht bei Fehrbellin, https://de.wikipeduia.org/wiki/Schlacht_bei_Fehrbellin

Schlacht von Leuthen, https://de.wikipedia.org/wiki/Schlacht_von_Leuthen

6

Cellulose, Luthers Flugblätter und Dynamit

Inhaltsverzeichnis

Was ist Cellulose?

Cellulose ist ein Biopolymer, genauer ein Polysaccharid, das durch Verknüpfung vieler Glucose- (Traubenzucker-)Moleküle zustande kommt (s. Formel 6.1). Polysaccharide sind lange Ketten, die aus zuckerartigen Bausteinen aufgebaut sind und die mit unterschiedlicher Struktur von allen Pflanzen und Tieren produziert werden. Die Celluloseketten haben eine hohe Tendenz, sich linear auszurichten und zusammen mit anderen parallel gelagerten Celluloseketten mechanisch stabile, steife Bündel zu bilden. Diese Bündel und Aggregate stabilisieren die Zellwände von Gräsern, Büschen und Bäumen, sodass diese Pflanzen gegen die Schwerkraft himmelwärts wachsen können. Die Celluloseketten erfüllen in etwa dieselbe mechanische Funktion wie die Stahlträger in einer Betonwand. Eine Ausnahme von dieser biologischen Funktion sind Büschel von Celluloseketten, die wie Haarbüschel in den Blüten und auf den Samenkernen von Baumwollsträuchern auftreten. Diese „Baumwolle" ist chemisch nicht mit echter Wolle verwandt, die ja durch Scheren von Schafen

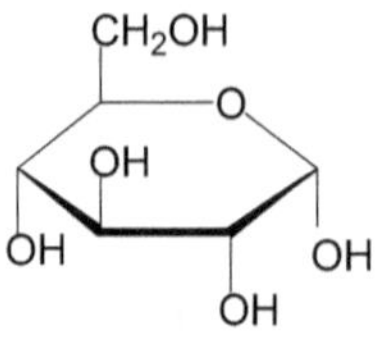

α-Glucose

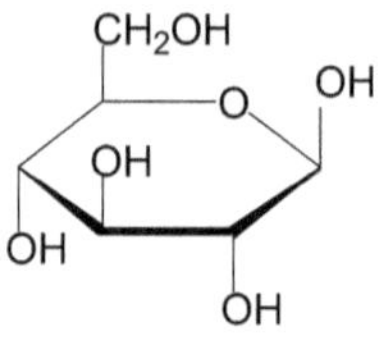

α-Glucose

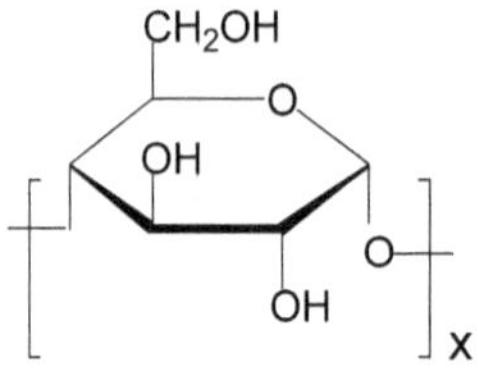

Stärke (Amylose)

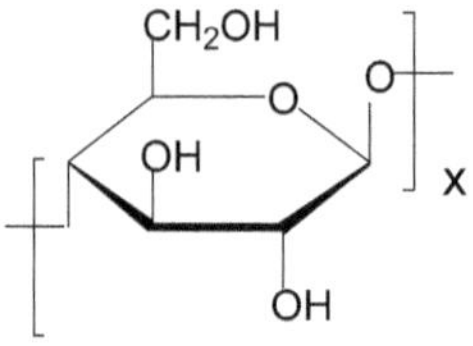

Cellulose

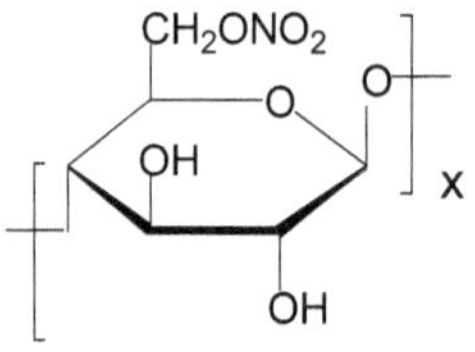

Cellulose-6-mononitrat

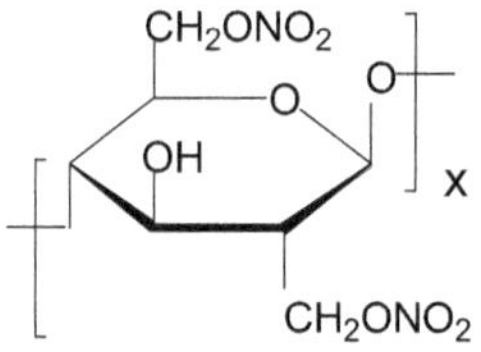

Cellulose-2,6-dinitrat (Kollodium)

Formeln 6.1   Formeln von Glucose (Traubenzucker) und auf Glucose basierenden Polysacchariden

und Ziegen gewonnen wird. Echte Wolle besteht aus Proteinen (wozu Eiweiß gehört) und ist chemisch mit Seide verwandt. Strukturell mit Cellulose eng verwandt ist dagegen Stärke (Amylose, Amylopektin). Auch Stärke besteht aus langen Ketten miteinander verbundener Traubenzuckermoleküle (s. Formeln 6.1). Der Unterschied zwischen Cellulose und Stärke besteht in der räumlichen Anordnung der zwei chemischen Bindungen, durch welche benachbarte Traubenzuckermoleküle miteinander verknüpft sind. Im Falle der Cellulose wird von Beta-Verknüpfung (β-Struktur), im Falle der Stärke von Alpha-Verknüpfung (α-Struktur) gesprochen (s. Formeln 6.1).

Dieser kleine Unterschied in der Verknüpfung benachbarter Glucoseeinheiten mag für den Laien auf den ersten Blick unwesentlich scheinen, er ist aber für die Menschheit lebenswichtig. Stärke ist nämlich das Hauptnahrungsmittel der Menschheit und wird in Form von Getreide (Brot, Kuchen), Mais, Reis oder Kartoffeln verzehrt. Das bedeutet, dass die menschliche Verdauung in der Lage ist, die Stärkeketten zu spalten und zu der Grundeinheit Glucose abzubauen. Die Glucose zirkuliert dann im Blut und kann bei Bedarf in jeder Zelle zur Energiegewinnung verbrannt werden. Da auch andere Lebewesen Stärke verdauen können, hat Stärke in freier Natur eine kurze Lebensdauer.

Bei Cellulose trifft das Gegenteil zu. Kein höheres Lebewesen, beginnend mit den Insekten über die Wirbeltiere bis zum Menschen, besitzt die (bio-) chemischen Eigenschaften, um Cellulose abbauen und verdauen zu können. Daher bleiben umgefallene Bäume in einem Wald auch jahrelang liegen, bis sie schließlich durch Pilze doch verwertet werden. So kann sich der Mensch auch nicht von seinem Baumwollunterhemd oder Toilettenpapier ernähren, aber der Mangel an Verdaulichkeit ermöglicht auch eine längere Existenz und Lagerfähigkeit solcher Celluloseprodukte.

Diese Aussage scheint im Widerspruch zu der Tatsache zu stehen, dass Nagetiere und Weichtiere ihren Nahrungsbedarf weitgehend mit Gräsern und Blättern decken, die erhebliche Mengen an Cellulose enthalten. Diese Fähigkeit resultiert jedoch daraus, dass alle Pflanzenfresser in ihren Mägen oder Därmen über Kolonien von Mikroorganismen verfügen, welche den chemischen Abbau der Cellulose bewerkstelligen. Die Pflanzenfresser verwerten dann die freigesetzte Glucose und belohnen ihre „Hilfsarbeiter" mit einem warmen Zuhause und mit anderen Nahrungsstoffen. Dieses in der Natur weit verbreitete Kooperationsprinzip heißt Symbiose. Einen speziellen Fall der Symbiose praktizieren Termiten. Sie züchten in ihren großen Bauten Kolonien spezieller Pilze, welche die chemischen Fähigkeiten zum Abbau von Cellulose besitzen. Die Termiten ernten von diesen Pilzen die benötigten Enzyme von Zeit zu Zeit und bringen diese zum Abbau von Holz zur Anwendung. Allerdings ist auch für den Menschen der Verzehr Cellulose enthaltender Nahrungsmittel (Salate, Gemüse) sinnvoll, selbst wenn keine echte Verdauung stattfindet. Die Cellulosefasern bewirken jedoch in den Därmen einen mechanischen Reiz, der die Darmbewegung (Peristaltik) aufrechterhält und zum Durchkneten und Weitertransport des Darminhalts wichtig ist.

Die große chemische Beständigkeit von Cellulose hat zu mehreren Anwendungen geführt, die zu unserer heutigen Zivilisation einen wichtigen Beitrag leisten. Da wäre erstens die Herstellung und Verwendung von Papier zu nennen, worauf im folgenden Unterkapitel näher eingegangen wird. Zweitens eignet sich Cellulose zur Produktion vielgebrauchter Schieß- und Sprengstoffe, deren Bedeutung im letzten Teilkapitel näher erläutert werden soll. Drittens lässt sich Cellulose auf verschiedenen Wegen zu Textilfasern verarbeiten, was an dieser Stelle nur kurz erklärt werden soll, weil diese Eigenschaft und Verwendung keinen spezifischen Einfluss auf die deutsche Geschichte genommen haben.

Die Cellulosefasern der Baumwolle können nach Reinigung direkt versponnen werden. Der Baumwollstrauch, der ein heißes, feuchtes Klima braucht, war ursprünglich in Ostasien und Indien beheimatet, wo schon die Soldaten Alexander des Großen Bekanntschaft mit Baumwollkleidung machten. Noch im 17. Jahrhundert begann der Anbau auch in den USA (damals noch englische Kolonie) und expandierte rasch mithilfe von Sklavenarbeit. Etwa 90 % der Rohbaumwolle wurde nach Europa, vor allem nach Großbritannien, exportiert, wo sich schon Anfang des 19. Jahrhunderts eine umfangreiche Industrie rund um das Reinigen, Färben und Spinnen von Baumwolle entwickelte. Zusammen mit der Erfindung einer effektiven Dampfmaschine durch James Watt war die Verarbeitung von Baumwolle der Auslöser für die frühe Industrialisierung Englands. Dagegen spielte in Deutschland die Verarbeitung von Baumwolle und anderen Naturfasern aus Cellulose keine nennenswerte Rolle für den gesamten Industrialisierungsprozess. Weitere Quellen an Cellulosefasern, die ohne chemische Veränderung zu Schnüren, Seilen und groben Geweben verarbeitet werden konnten, waren Hanf, Jute und, mehr in jüngerer Zeit, auch Sisal. Doch hatten all diese Fasern zu keiner Zeit eine große wirtschaftliche Bedeutung.

Erhebliche Bedeutung für die Bekleidung der Bevölkerung hatte dagegen Jahrhunderte lang der Flachs, aus dem Leinengewebe hergestellt wurde. Dies galt jedoch auch für andere europäische Länder und bei der Herstellung, Verarbeitung und Handel von Leinen spielte Deutschland keine Sonderrolle.

Eine dritte Quelle und Verarbeitungsmethode beruht auf der chemischen Modifizierung von Holzcellulose. Cellulose ist in Wasser und fast allen anderen chemischen Lösungsmitteln unlöslich. Jedoch kann Cellulose auf billige Weise chemisch so verändert werden, dass sie sich in Wasser löst. Die konzentrierte zähflüssige (Viskoselösung) kann aus Düsen versponnen werden, sodass in einem sauren durch Fällung die Cellulose wieder regeneriert wird. Diese sogenannte Kunstseide oder Rayon wurde seit der Mitte des 19. Jahrhunderts produziert, doch wurde ihre Bedeutung in den letzten Jahrzehnten durch Synthesefasern wie Polyester oder Nylon stark gemindert. Außerdem entstehen bei der Herstellung von reiner Cellulose, auch Zellstoff genannt, sowie bei der Regenerierung von Rayonfasern aus der Viskoselösung enorme Mengen an Beiprodukten, die früher in Kanäle und Flüsse gespült wurden und die Umwelt verschmutzten, heute aber kostenträchtig entsorgt werden müssen.

Papier, Flugblätter und Reformation

Papier in all seinen Formen und Anwendungen repräsentiert die häufigste und wichtigste Verwendung von Cellulose. Zu den typischen Anwendungen gehören nicht nur Schreibpapier für Handschrift und Computer, sondern auch Druckpapier für Zeitungen, Zeitschriften und Bücher. Dazu kommen Toilettenpapier, Taschentücher, Reinigungstücher im Haushalt und Servietten. Zu den nicht ganz so umfangreichen Anwendungen gehören auch Pappmaché für Eierbehälter, Feuerwerkskörper und Bodenbeläge. Diese sicherlich noch unvollständige Aufzählung belegt, dass Papier eine der wichtigsten stofflichen Komponenten unserer Zivilisation darstellt. Diese Aussage ist natürlich für viele Länder gültig, aber im folgenden Text sollen zwei Aspekte hervorgehoben werden, die einen besonderen Bezug zu Deutschland aufzeigen. Zunächst soll jedoch auf die Geschichte des Papiers kurz eingegangen werden.

Flächige Materialien, die sich zum Beschreiben, Bemalen und Bedrucken eignen, wurden und werden auf zwei sehr unterschiedlichen Wegen erzeugt. Das älteste Verfahren besteht darin, dass lange Fasern aus Pflanzen auf einer harten ebenen Unterlage parallel ausgelegt werden und eine zweite derartige Schicht in Querrichtung aufgelegt wird. Dann werden beide Schichten durch Hämmern und Druck miteinander „verschweißt", wobei geringe Mengen an austretendem Pflanzensaft als Klebstoff wirken. Auf diese Weise haben die Ägypter schon lange vor Christi Geburt aus der im Nildelta beheimateten Papyruspflanze ein papierähnliches Schreibmaterial gewonnen. Die Griechen und später die Römer haben Material und Technik von den Ägyptern übernommen und von dem griechischen Wort „papyros" leitet sich auch das deutsche Wort Papier her. Andere Kulturkreise haben dieselbe Verfahrensweise auf andere Pflanzenfasern angewandt. So wurde in Indonesien aus dem Bast verschiedener Sträucher und Bäume ein Material zusammengehämmert, das mehr den Charakter von Stoffen als von Papier besitzt. Dieses Tapa genannte Material wurde zum Schreiben, aber auch zum Bemalen verwendet und diente auch als Bekleidungsstoff. Ferner haben die in Guatemala und im Süden Mexikos beheimateten Mayas durch Breitschlagen bestimmter Rindensorten ein Huun genanntes Schreibmaterial gewonnen.

Ein Material, wie wir es heute unter Papier verstehen, sowie einen entsprechenden Herstellungsprozess wurden zuerst in China entwickelt, und zwar schon vor Christi Geburt. Die umfangreiche Produktion von Seide lieferte wohl die Inspiration dazu. Bei der Gewinnung reiner Seidenfasern aus dem Kokon der Seidenraupe fällt eine Brühe an, welche eine Suspension kurzer dünner Seidenfäserchen enthielt. Wurden diese Fäserchen mit einem flachen engmaschigen Sieb herausgeschöpft und die abgeschöpfte Schicht gepresst und getrocknet, so entstand ein weiches Seidenpapier. Dieses Seidenpapier eignete sich zwar zum Bemalen mit Tuschepinseln, war aber für den täglichen Gebrauch als Papier nicht reißfest genug. Die Chinesen lernten jedoch schnell den Prozess der Papierherstellung auf die wesentlich reißfesteren Hanffasern zu übertragen. Da Hanf im frühen China für Bekleidungszwecke in großem Umfang angebaut wurde, entstand so ein preiswertes, alltagstaugliches Papier. Das älteste heute noch erhaltene Hanfpapier stammt aus den Gräbern der frühen Han-Dynastie (ca. 180 v.Chr - ca. 10 n.Chr). Aus dem Jahre 105 n. Chr. ist die älteste schriftliche Aufzeichnung der Papierherstellung erhalten geblieben. Sie stammt aus der Tuschfeder des Ministers Ts'ai Lun. Es beschreibt die drei wichtigsten, auch heute noch gültigen Schritte der Papiergewinnung. Als Ausgangsmaterialien werden Fasern des Maulbeerbaum-Bastes, Hanfabfälle und alte Fischernetze genannt. Durch Zerstampfen in steinernen Reibschalen unter Zusatz von Wasser wird ein Brei gereinigte Faser erzeugt, die mit einem flachen Sieb abgeschöpft werden. Als dritter Schritt folgt das Pressen des Vlieses und das Trocknen in der Sonne. Bei Bedarf wurde das Rohpapier durch „Bügeln" mit flachen Steinen geglättet. Die Konstruktion des Siebes und die Techniken des Vliesschöpfens, Pressens und Trocknens wurden in den folgenden Jahrhunderten ständig verbessert. Im 6. Jahrhundert gelangte die Kenntnis der Papierherstellung nach Korea und von dort Anfang des 7. Jahrhunderts nach Japan.

Für die Ausbreitung der Herstellung und Verwendung von Papier in Europa war entscheidend, dass die dafür benötigten Kenntnisse über die Seidenstraße in den arabischen Sprachraum gelangten. Entscheidend war hier die Eroberung Samarkands im Jahre 759, wo die Araber chinesische Papiermacher gefangen nahmen. Die Araber verbreiteten im 7. Jahrhundert und Anfang des 8. Jahrhunderts den Islam über ein riesiges Gebiet, ein Gebiet, das vom Norden Indiens über die arabische Halbinsel und Nordafrika hinweg bis zum Norden Spaniens reichte. Zumindest die gebildete Schicht der Araber hatte im Mittelalters großes Interesse an Poesie, an Medizin und an Naturwissenschaften. Daher erfolgten eine rasche Ausbreitung und Weiterentwicklung der Papierherstellung im gesamten arabisch-muslimischen Sprachraum. Für Bagdad ist die Papierherstellung schon um 794 bezeugt, Damaskus wurde anschließend der wichtigste Produzent und Exporteur von Papier nach Byzanz und Osteuropa. Über Kairo gelangte die Kenntnis der Papierherstellung um 1100 nach Marokko. Die erste Papierproduktion in Europa ist für das Jahr 1144 in Xàtiva bei Valencia nachgewiesen. Über die Mauren in Spanien und über das normannische Königreich Sizilien in dem auch zahlreiche Araber beheimatet waren, trat das Papier seinen Siegeszug in Europa an.

In Fortsetzung römischer Tradition war Pergament im Europa des Mittelalters das einzige Schreibmaterial für die dauerhafte Fixierung wichtiger Texte. Pergament besteht aus speziell gereinigten und geglätteten Tierhäuten, insbesondere Ziegenhäuten, und war nicht in beliebigen Mengen verfügbar, auch war es relativ teuer. Andererseits konnten im Mittelalter etwa 98 % der Bevölkerung einschließlich des niederen Adels nicht schreiben, was den Bedarf an Pergament klein hielt. Geschrieben wurde vor allem in Klöstern sowie in den Schreibstuben von Residenzen geistlicher und weltlicher Landesherren. Ab dem 12. Jahrhundert kam es jedoch zu einem rapiden Wachstum von Bevölkerung und Handel. Die Kaufleute brauchten aber Schreibmaterial auf Schritt und Tritt. Dennoch dauerte es bis zum Ende des 14. Jahrhunderts, bis Pergament durch das schneller und billiger beschaffbare Papier verdrängt wurde.

Mehrere Neuerungen haben in der Folgezeit zu einer raschen Expansion der Papierproduktion beigetragen. Da ist zunächst die Mechanisierung des Zerkleinerungs- und Reinigungsprozesses zu nennen, den das Rohmaterial durchlaufen muss, bevor das Aussieben des Vlieses erfolgt. Für diesen Prozess wurden mit Wasserkraft getriebene Papiermühlen entwickelt. Die ersten Papiermühlen Europas wurden schon im 13. Jahrhundert in Italien errichtet. Ulman Stromer nahm die erste Papiermühle Deutschlands, die „Geismühl" 1389 in Nürnberg, in Betrieb. Andere deutsche Städte folgten sofort diesem Beispiel. Ab 1670 wurde die stampfende Papiermühle durch den sogenannten „Holländer" ersetzt, bei dem ein Rotor gleichzeitig schneidend und schlagend auf dem Rohfaserbrei (Pulpe) einwirkt. Der französische Papiermacher N. L. Robert patentierte um 1799 eine Maschine, die das Aussieben (Abschöpfen) einzelner Blätter automatisierte, sodass auch lange Papierbahnen hergestellt werden konnten. Einen weiteren Beitrag zur beschleunigten Produktion von reißfestem Schreibpapier lieferte der deutsche Papiermacher Moritz Friedrich Illig im Jahre 1806 mit der Erfindung der „Masseleimung" von Papierbögen. Auch hierbei wurde die manuelle Bearbeitung einzelner Behälter durch eine gleichzeitige mechanisierte Bearbeitung vieler Blätter ersetzt.

Einen wirklich epochalen Fortschritt erzielte der sächsische Weber Friedrich Gottlob Keller um 1843/1844. Er erzeugte einen Faserbrei durch Abschleifen von Holz mittels eines groben Schleifsteins. Damit wurde erstmals Holz als billiger und in fast unbegrenzten Mengen zugänglicher Rohstoff für die Papierherstellung zugänglich. Zu diesem Zeitpunkt war Papier über zwei Jahrtausende hinweg vor allem aus Baumwolllumpen und Resten anderer Pflanzenfasern gewonnen worden. Der Lumpensammler war daher ein nicht angesehener, aber notwendiger Beruf, um Papiermühlen mit dem notwendigen Rohstoff zu versorgen. Dem nach 1800 rapide wachsendem Papierbedarf war diese Art der Rohstoffbeschaffung aber nicht mehr gewachsen, und die

Verwendung von Holz löste dieses Problem für alle Zeiten. Allerdings lieferte die Verwendung von rohem Holzschliff nur ein schnell bräunendes, leicht brüchig werdendes Papier. Die von mehreren Engländern und Amerikanern ausgearbeitete Nachbehandlung des Holzschliffs mit verschiedenen Chemikalien ergab dann saubere Cellulosefasern, die auch heute noch die Basis fast aller Papiersorten bilden.

Die Verwendung von Papier verlief in allen europäischen Ländern ähnlich, jedoch ergab sich in Deutschland nach 1516 eine einmalige historische Situation, bei der Papier in den Lauf der Geschichte eingriff. Die Rede ist von Martin Luthers Auslösung der Reformationsbewegung. Hätte Luther seine 1516 veröffentlichten Thesen zu einer Zeit angeschlagen, in der Papier noch unbekannt oder zumindest rar gewesen war, seine Schriften und seine Predigten in sächsischen Kirchen wären allein aus technischer Sicht wohl nur ein regionales Ereignis geblieben. Nach 1500 aber ermöglichten Flugblätter eine schnelle Verbreitung seiner revolutionären Gedanken im gesamten deutschen Sprachraum.

Flugblätter scheinen in Deutschland nach 1480 in Mode gekommen zu sein. Flugblätter verdanken ihre Existenz erstens der Ausweitung der Papierherstellung durch die Errichtung zahlreicher Papiermühlen. Die zweite Voraussetzung bildete die Verbesserung des Buchdrucks durch Johannes Gutenberg in Mainz (1448–1450). Das älteste erhaltene Exemplar eines Flugblattes stammt aus dem Jahre 1492 und beschreibt den Einschlag eines großen Meteoriten in der Nähe des Ortes Ensisheim im Elsass. Flugblätter waren in den ersten Jahrzehnten die Sensationspresse ihrer Zeit. Sie berichteten vorzugsweise von Unglücksfällen, Monstern und Kriegen. Abbildungen wurden mithilfe von Holzschnitten hergestellt und eingefügt. Die Politisierung der Inhalte erfolgte erst mit dem Beginn der Reformation. Die damaligen Flugblätter waren auch keineswegs kostenlos. Bauern und Tagelöhner konnten sich dieses Vergnügen nicht leisten, jedoch konnte der größte Teil der Bevölkerung auch nicht lesen oder schreiben. Die Flugblätter und ausführlichen Flugschriften richteten sich also an die gebildete Oberschicht. Waren aber einige Flugblätter in einer Ortschaft angekommen, dann verbreiteten sich interessante Nachrichten von Mund zu Mund sehr schnell, zumal Dörfer und Städte viel kleiner waren als heute. Es gibt Schätzungen historischer Fachleute, die allein für die Zeit von 1500 bis 1530 eine Produktion von 10.000 verschiedenen Flugblättern und Flugschriften annehmen. Selbst wenn diese Zahl zu hoch gegriffen wäre, die Erfindung und Nutzung der Flugblätter und Flugschriften nach 1500 kann mit heutigem Sprachgebrauch als erste Medienrevolution in Deutschland bezeichnet werden. Flugblätter und Flugschriften, zunächst fliegende Blätter genannt, waren ganz sicherlich an der explosionsartigen Ausbreitung der Reformation maßgeblich beteiligt.

Um Missverständnisse zu vermeiden, soll hier jedoch klargestellt werden, dass Luther selbst keine einseitigen Flugblätter verfasste. Seine ersten wichtigen Texte umfassten mehrere Seiten, aber auch deren rasche Verbreitung basierte auf denselben Voraussetzungen wie die der einfachen Flugblätter. Luthers erste Aufsehen erregende Schriften hatten die Titel:

„An den christlichen Adel deutscher Nationen", „Von der babylonischen Gefangenschaft der Kirche" und „Von der Freiheit eines Christenmenschen". Insbesondere die letzte Schrift bereitete unbeabsichtigt den geistigen Nährboden für den Bauernaufstand, der 1524 bis 1526 in weiten Teilen Deutschlands für Verwüstungen und Gräueltaten sorgte. Wie in Kap. 4 ausführlicher dargelegt, folgten zwei größere Religionskriege in den nächsten Jahrzehnten. Zusammenfassend und salopp ausgedrückt könnte man sagen, Cellulose lieferte die materielle Voraussetzung für die Verbreitung von Luthers geistigem Dynamit, und sie war 350 Jahre später die materielle Basis für Alfred Nobels Erfindung des chemischen Dynamits.

Schießbaumwolle, Kollodiumwolle, Zaponlack und Zelluloid

Die Celluloseketten basieren auf Kettengliedern (Wiederholungseinheiten, Glucosebausteinen), die drei OH-Gruppen, auch Hydroxylgruppen genannt, aufweisen. Diese OH-Gruppen lassen sich auf verschiedene Weise chemisch verändern. Die Umwandlung in Nitratgruppen (NO_3) hat den Lauf der Geschichte beeinflusst. Wird Cellulose, z. B. Watte, für 10 bis 30 min mit reiner Salpetersäure, oder besser mit einem Gemisch von Salpeter und Schwefelsäure durchtränkt, so wird je nach Reaktionszeit und Säuremenge in jeder Wiederholungseinheit der Cellulose eine, zwei oder drei OH-Gruppen in Nitratgruppen umgewandelt. Unter Verwendung der altgriechischen Zahlworte für 1 bis 3 spricht man von Cellulosemononitrat (s. Formeln 6.1), -dinitrat (s. Formeln 6.1) oder -trinitrat (s. Formeln 6.2). Cellulosetrinitrat bedeutet also vollständige oder 100 %ige Nitrierung.

Mit fortschreitender Nitrierung verändern sich verschiedene Eigenschaften der Cellulose drastisch. Während Cellulose in keiner Flüssigkeit unverändert löslich ist, begünstigt zunehmende Nitrierung die Löslichkeit in verschiedenen organischen Lösungsmitteln. So kam über viele Jahrzehnte hin eine teilweise nitrierte Cellulose (vorwiegend Dinitrat), die sich gut in Aceton löst, in

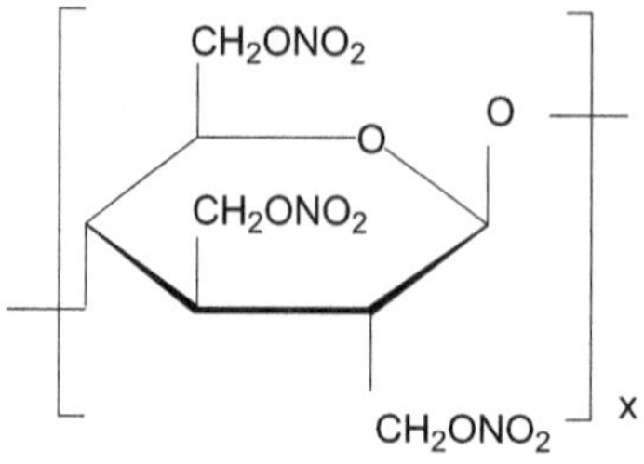

CH2ONO2
O
O
CH2ONO2
CH2ONO2
x

Cellulosetrinitrat (Schieβ baumwolle)

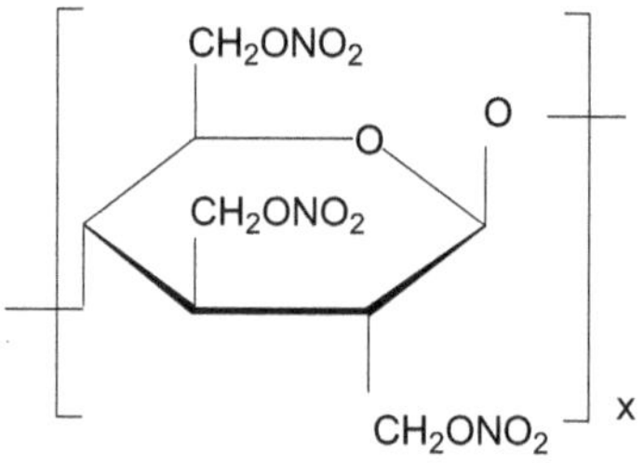

CH2ONO2
O
O
CH2ONO2
CH2ONO2
x

Cellulosetrinitrat (Schießbaumwolle)

Formeln 6.2 Formeln von Schießbaumwolle und Nitroglycerin (die Komponenten von klassischem Dynamit)

Deutschland unter dem Namen „Zaponlack" in Haushalt und Handwerk zum Einsatz. Von noch größerer Bedeutung ist die Zunahme der Entzündlichkeit und Brennbarkeit, die bei mehr als zwei Nitratgruppen pro Wiederholungs- (Glucose-)Einheit in Explosivität übergeht. Wird eine „Nitrocellulose" mit mehr als zwei Nitratgruppen an offener Luft entzündet, so verpufft sie mit gelber Stickflamme, wobei im Unterschied zu Schwarzpulver kein Rauch und kein Rückstand (Asche) entsteht. Hochnitrierte Cellulose kann daher auch zum Verschießen von Projektilen aus Kanonenrohren und Gewehr- oder Pistolenläufen verwendet werden. Aufgrund dieser Eigenschaften erhielt hochnitrierte Cellulose den Beinamen „Schießbaumwolle".

In Lexika findet sich normalerweise die Aussage, dass Schießbaumwolle von dem Basler Professor Christian Friedrich Schönbein (1799–1808) im Jahre 1846 „entdeckt" wurde. Ungewöhnlicherweise wurde diese Entdeckung im gleichen Jahr aber auch noch von zwei deutschen Chemikern gemacht, nämlich von Rudolf Christian Böttger (1808–1881) in Frankfurt a. M. sowie von dem Braunschweiger Professor Friedrich Julius Otto (1809–1870). Es war allerdings schon vor 1846 bekannt, dass sich Cellulose in konzentrierter Salpetersäure löst und nach dem Ausfällen mit Wasser ein rasch brennendes weißes Pulver liefert. Das Neuartige an der Erfindung der zuvor genannten Chemiker war die Verwendung von Salpetersäure-Schwefelsäure-Gemischen, die einen hohen Nitratgehalt bewirken und damit die explosive Schießbaumwolle liefern. Von Schönbeins Versuchen wird berichtet, dass er gerne in der Küche seiner Wohnung experimentierte und damit geharnischte Proteste seiner Frau hervorrief. Die Entdeckung der Schießbaumwolle erfolgte an einem Tag, an dem Frau Schönbein nicht anwesend war. Er verschüttete ungeschickterweise einen erheblichen Teil eines Salpetersäure-Schwefelsäure-Gemisches, und, um dies schnell zu beseitigen, griff er zur naheliegenden Baumwollschürze seiner Frau. Nach sorgfältiger Reinigung des Tisches spülte er auch die Schürze mit Wasser und hing sie zum Trocknen über einen Ofen. Die erfolgreiche Trocknung machte sich durch eine Stichflamme bemerkbar, mit der die Schürze verpuffte. Inwieweit Frau Schönbein nach ihrer Rückkehr explodierte, ist nicht bekannt.

Schönbein und Böttger einigten sich schnell auf eine gemeinsame technische und wirtschaftliche Nutzung ihrer Erfindung und schlossen einen Vertrag mit der Englischen Schwarzpulverfabrik John Holland & Son in Favershm. Schon Ende 1847 erfolgte eine Explosion, welche die neu errichtete Produktionsanlage zertrümmerte und 21 Arbeiter tötete. Im Jahre 1848 erfolgten ebenfalls Explosionen in zwei französischen Fabriken. Dennoch fanden sich weitere Interessenten und der österreichische Artillerieoffizier Baron v. Lenk kaufte die Produktionsvorschriften für die K.-u.-K.-Armee. Das Verfahren wurde verbessert und war einige Jahre lang erfolgreich, bis 1862 die Fabrik in Hartenberg und 1865 eine Fabrik in Heide in die Luft flogen. Kurz zuvor hatte der englische Chemiker Sir Fredrik Abel begonnen, das „Von-Lenk-Verfahren" weiter zu verbessern. Er fand, dass die geringe Lagerbeständigkeit der Schießbaumwolle von Verunreinigung mit geringen Mengen Salpeter. und/oder Schwefelsäure verursacht wurde, und er fand eine effektive Reinigungsmethode. Daraufhin konnte Schießbaumwolle relativ gefahrlos hergestellt und gelagert werden. Eine technische Großproduktion in Deutschland wurde 1884 in Hanau aufgenommen. Die weitere Karriere der Schießbaumwolle als Schieß- und Sprengstoff soll im letzten Teilkapitel weiterverfolgt werden, während hier die ebenfalls bedeutende, friedliche Nutzung von Nitrocellulose zur Sprache kommen soll.

Eine Nitrocellulose, die annähernd zwei Nitratgruppen pro Wiederholungseinheit enthält (Cellulosedinitrat im Idealfall), erhielt den Namen Kollodiumwolle und fand zahlreiche Anwendungen. Eigenschaften, die für eine breite Anwendung entscheidend waren, sind erstens die gute Löslichkeit in leicht flüchtigen organischen Lösungsmitteln wie Aceton- und Ether/ Alkohol-Gemischen (Diethylether + Ethanol) zusammen mit der Unlöslichkeit in Wasser. Zweitens ist die fehlende Explosivität zu nennen, obwohl eine leichte Entflammbarkeit als negative Eigenschaft verbleibt. Drittens sind feste Gegenstände aus Zelluloid (plastifizierte Kollodiumwolle, s. u.) elastisch und haben einen angenehmen Griff. Wenn eine Lösung aus Kollodiumwolle eintrocknet, hinterbleibt ein transparenter farbloser Film. Da Mikroorganismen auf diesem Film schlecht wachsen, haben Lösungen von Kollodiumwolle über 100 Jahre lang zum Verschließen kleiner Wunden gedient. Auch Tinkturen gegen Warzen und Hühneraugen wurden daraus hergestellt. Sie waren in der Apotheke unter dem schönen Namen „Liquor sulfurico-aetherans constringeres" erhältlich. Ferner wurden Lösungen von Kollodiumwolle in Aceton oder Essigester (Ethylacetat), wie schon erwähnt, in Deutschland unter dem Namen Zaponlack geführt. Zaponlack, mit oder ohne Farbstoffzusatz, wurde und wird zur Lackierung verschiedener Materialien verwendet, wie etwa Leder, Holz, Keramik, Kupfer oder Silber. Bei frisch polierten Edelmetallen bewahrt die Lackierung Farbe und Glanz, sie schützt jedoch Eisen nicht vor Rost. Die langlebigste Karriere hatten jedoch Lösungen von Kollodiumwolle als Nagellack erreicht. Dabei wurde die Verwendung von Aceton als Lösungsmittel und Lackentferner in den letzten zwei Jahrzehnten weitgehend durch den hautfreundlicheren Essigester ersetzt.

Eine zähe bis feste Masse, die sich nach Trocknen weiter verfestigt, erhält man beim Durchmischen von Kollodiumwolle mit Campher. Diese harte, aber elastische und transparente Masse hat 100 Jahre lang unter der Bezeichnung Zelluloid Berühmtheit erlangt. Typisch sind Mischungen, die 22 bis 30 % Kollodiumwolle, 15 bis 25 % Campher sowie Farbstoffe und Zusätze zur Stabilisierung enthalten. Zelluloid wurde 1856 von dem Amerikaner Alexander Parker erfunden, der aber keine technische Verwertung zustande brachte. Die Patente wurden ihm 1868 von John Wesley Hyatt abgekauft, der schon zuvor begonnen hatte, für das Elfenbein von Billardkugeln ein billiges Ersatzmaterial zu finden. Der Name resultierte aus der Handelsmarke „Celluloid", die ab 1870 für Produkte der Celluloid Manufactory Company eingeführt wurde, die auf Basis der Hyatt'schen Patente arbeitete. Patente für die Verwendung von Zelluloid als Basis fotografischer Filme wurden 1887 von Hannibal Goodwin und 1888 von der Eastman Kodak Company erhalten. Aus der Verwendung für Filme in kleinen Fotoapparaten entwickelten sich schließlich die Kinofilme, und der Begriff „auf Zelluloid bannen" wurde zum Synonym für Filmaufnahmen machen. Der Siegeszug der Zelluloidfilme um die ganze Welt wurde immer wieder durch Unglücksfälle überschattet, die durch Selbstentzündung von Filmspulen bei Kinovorführungen und in Filmlagern auftraten. Da dabei auch zahlreichen Todesfälle eintraten, wurde die Produktion von Zelluloidfilmen ab dem 1. Januar 1951 weltweit eingestellt und andere wenig brennbare Materialien für die Filmherstellung eingesetzt, vor allem Cellulosetriacetat und (Poly-)Ethylenterephthalat, PET (s. Formeln 6.2).

Zelluloid wurde vor dem Zweiten Weltkrieg auch oft zur Anfertigung von Imitaten teurer Materialien wie Schildpatt, Ebenholz, Perlmutt und Elfenbein verwendet. Ferner wurden Becher, Puppen und anderes Spielzeug aus Zelluloid hergestellt. Überlebt hat Zelluloid bis heute als Standardmaterial für Tischtennisbälle und für Plektren zum Gitarrespielen. Diese Aufzählung, obwohl keineswegs vollzählig, verdeutlicht die breite Anwendbarkeit der Nitrocellulose, die auch außerhalb der Schießpulver- und Sprengstofffabrikation bis heute genutzt wird.

Dynamit, rauchloses Schießpulver und der Nobelpreis

Das Wort Dynamit ist nicht nur eine Bezeichnung für einen bestimmten Sprengstoff, es steht für Sprengstoff schlechthin und bildet den Inbegriff für alles, das eine hochexplosive Wirkung aufweist. Der sprachliche Ursprung liegt im altgriechischen „dynamis" begründet, was Kraft bedeutet. Dass Eigenschaften und Geschichte des Dynamits hier zur Sprache kommen, beruht auf der Tatsache, dass es in Deutschland erfunden wurde. Von Deutschland gingen die ersten Tausende Zentner Dynamit in die Welt, die den wirtschaftlichen und zivilisatorischen Fortschritt erheblich beschleunigt haben, und von Deutschland aus entstand die weltumspannende Firma Dynamit Nobel AG, deren finanzieller Erfolg schließlich die Basis für Verleihung der Nobelpreise bildete. Bevor wirtschaftliche und zivilisatorische Bedeutung von Dynamit und Nobelpreis weiter dargelegt werden, sollen Geschichte und Eigenschaften dieses besonderen Sprengstoffes zur Sprache kommen.

Die Geschichte des Dynamits beginnt mit der Erfindung seines wichtigsten Bestandteils, des Nitroglycerins. Dieses in Wasser unlösliche Öl entsteht, wenn Glycerin langsam und unter Kühlung mit einem Gemisch aus konzentrierter Salpeter- und Schwefelsäure verrührt wird (s. Formel 6.2). Nitroglycerin (Glycerintrinitrat, 1,2,3,-Propantrioltrinitrat) wurde erstmals von dem Turiner Arzt und Chemiker Ascanio Sobrero im Jahre 1847 hergestellt. Nitroglycerin wurde schnell berühmt und berüchtigt für eine ungewöhnliche Kombination von Eigenschaften:

1. Nitroglycerin ist auch nach heutigen Maßstäben einer der stärksten Sprengstoffe und übertrifft Schwarzpulver, das bis ca. 1850 der einzige kommerziell und militärisch genutzte Sprengstoff war, bei Weitem.
2. Nitroglycerin ist sehr empfindlich gegen Stoß oder Schlag, und diese Empfindlichkeit variiert mit Reinheit und Lagerdauer, sodass es leicht zu unkontrollierten Explosionen oder Detonationen kommt.
3. Nitroglycerin ist, wie andere Alkoholnitrate (Salpetersäureester von Alkoholen), ein effektives Medikament bei Herzinsuffizienz durch Gefäßverengung. Es ist in manchen Ländern zu diesem Zweck heute noch in Gebrauch.

Nachdem schnell bekannt wurde, dass Nitroglycerin eine sehr viel größere Sprengwirkung besitzt als Schwarzpulver, wuchs die Nachfrage nach Nitroglycerin rapide. Alfred Nobel (1833–1898) und seine Brüder versuchten, in Schweden eine profitable, technische Produktion von Nitroglycerin aufzubauen. Die jungen Nobels waren zunächst in ärmlichen Verhältnissen aufgewachsen, da der Vater Immanuel Nobel als Architekt erfolglos war. Im Jahre 1838 wanderte zuerst der Vater, 1842 die restliche Familie nach St. Petersburg aus. Dort eröffnete der Vater eine Werkstatt für die Herstellung von Tretminen, die sich zu einem erfolgreichen Unternehmen entwickelte, solange der Krimkrieg andauerte (1854–1855). In dieser Zeit erhielten die jungen Nobels eine sehr gute Erziehung und lernten auch mehrere Sprachen wie Deutsch, Englisch und Russisch. Auf einer Europareise 1852 lernte Alfred Nobel in Paris erstmals Nitroglycerin kennen. Nach dem abermaligen Bankrott seines Vaters nach Schweden zurückgekehrt, versuchten er und sein Bruder Emil aus der Erfahrung mit Sprengstoffen Kapital zu schlagen, und 1860 beantragte er ein erstes Patent für einer Nitroglycerin-Schwarzpulver-Mischung. Nach einigen kleineren Explosionen erfolgte 1864 eine große Explosion, die das ganze Laborgebäude zerstörte und fünf Menschen, darunter seinen Bruder Emil, das Leben kostete. Dennoch wollte Alfred Nobel sein Ziel, einen betriebssicheren Sprengstoff auf Nitroglycerinbasis herzustellen, nicht aufgeben. Diese Haltung nur als wissenschaftlichen Ehrgeiz, Durchhaltevermögen oder gar Martyrium zu glorifizieren, ist wohl nicht ganz falsch, aber doch stark übertrieben. Alfred Nobel ist handwerklich und mental bei seinem Vater in die Schule gegangen, und der hat seinen Profit mit einer Tätigkeit gemacht, die das Töten oder Verstümmeln anderer Menschen zum Ziele hatte. Den Männern der Familie Nobel muss daher auch ein gehöriges Maß an Skrupellosigkeit attestiert werden. Der schwedische Staat reagierte verantwortungsbewusster und verbat die Herstellung von Nitroglycerin in der Nähe bewohnter Häuser. Darauf begab sich Alfred Nobel nach Deutschland und begann in der winzigen Ortschaft Krümmel östlich von Hamburg – heutzutage durch einen störanfälligen Atomreaktor berüchtigt – eine kleine Produktion von Nitroglycerin aufzubauen.

Das Nitroglycerin, das in Glasflaschen an Kunden verschickt wurde, war in eine saugfähige Kieselerde, auch Kieselgur oder Diatomeenerde genannt, eingebettet, um beim Auslaufen einer Flasche das Nitroglycerin aufzunehmen. Alfred Nobel kam auf die Idee, ein mit Nitroglycerin vollgesaugtes Kieselgur auf seine Eigenschaften zu untersuchen. Er fand, dass ein mit ca. 75 % Nitroglycerin vollgesaugtes Kieselgur (plus 1 % Soda als Stabilisator) noch über eine ausgezeichnete Sprengwirkung und geringere Stoßempfindlichkeit verfügte als reines Nitroglycerin, und meldete diese Entdeckung unter dem Namen Dynamit 1865 in mehreren Ländern zum Patent an. Dieses Gurdynamit wurde ein wirtschaftlicher Erfolg und ermöglichte die Expansion der Firma Alfred Nobel & Co., später Dynamit Nobel AG genannt, im Inland und ins Ausland. Der Bau des Gotthardtunnels von der Schweiz nach Italien wurde das Aushängeschild der Firma. Die Eigenschaften des Gurdynamits waren jedoch noch nicht befriedigend, weil es durch geringe Mengen ausgelaufenen Nitroglycerins immer wieder zu unvorhergesehenen Explosionsunglücken kam. Noch in der Erprobungsphase 1866 wurde fast der ganze Gebäudekomplex in Krümmel zerstört. Ferner war die Wirkung deutlich geringer als die des reinen Nitroglycerins.

Ein weiterer Fortschritt ergab sich wiederum eher zufällig, als Alfred Nobel eine kleine Wunde mit einer Lösung von Kollodiumwolle (s. o.) verschließen wollte. Er kam dabei auf die Idee, die Löslichkeit von Kollodiumwolle in Nitroglycerin zu untersuchen, und erhielt schon mit wenigen Prozent an Kollodiumwolle eine zähe Masse ähnlich kalter Gelatine. Dieses Gelatinedynamit, 1875 zum Patent angemeldet, hat die besondere Eigenschaft, der stärkste kommerziell produzierbare Sprengstoff zu sein. Bei idealer Mischung übertrifft es noch Nitroglycerin, weil es dann genauso viel Sauerstoff in Form von Nitratgruppen enthält, wie für eine vollständige Verbrennung der Kohlenstoff- und Wasserstoffatome erforderlich ist. Dadurch wird ein Maximum an Energie freigesetzt. Allerdings war das Gelatinedynamit immer noch so stoß- und schlagempfindlich, dass es für militärische Zwecke nicht eingesetzt werden konnte.

Für kommerzielle Zwecke wurde das Gelatinedynamit nun zu „Sicherheitssprengstoffen" weiterentwickelt (Dynamite der dritten Generation). In die Sprenggelatine wurden Additive eingearbeitet, welche die Lagerbeständigkeit wesentlich erhöhten und die Stoßempfindlichkeit verminderten. Vor allem wurden ein erheblicher Teil an Ammoniumnitrat (s. Kap. 8) eingearbeitet, um die Empfindlichkeit zu reduzieren, die Kosten zu senken und die

Detonationsgeschwindigkeit zu verringern. Es wurden so mehrere Typen von Sicherheitssprengstoffen geschaffen, die für verschiedene Anwendungszwecke optimiert waren. Zu den wichtigsten Anwendungsgebieten gehörten bis heute der Bau von Straßen- und Eisenbahntunneln, das Durchschneiden von Hügeln mit Straßen und Eisenbahntrassen, die Verankerung von Brücken an beiden Flussufern sowie der Bau von Staudämmen und Kanälen für die Schifffahrt. Ein epochales Bauprojekt von weltweiter Bedeutung, das ohne Einsatz von Dynamit nicht möglich gewesen wäre, war der Bau des Panamakanals (eröffnet August 1914). Ferner werden Dynamite wöchentlich im Erzbergbau und Kohlebergbau benötigt, und schließlich ist die Anwendung in Steinbrüchen und zur Beseitigung von Bauwerken aus Beton zu erwähnen. Ohne die Entwicklung von Sprengstoffen auf der Basis von Nitroglycerin und Nitrocellulose wäre die Entwicklung des Verkehrs, vom Fliegen abgesehen, anders und vor allem viel langsamer verlaufen.

Die Erfindung des Gelatinedynamits hatte jedoch noch eine weitere, für Deutschland folgenreiche Konsequenz im militärischen Bereich, nämlich die Erfindung eines wirksamen rauchlosen Schießpulvers. Alfred Nobel erfand nun auch eine neue Methode, um ein besonders wirksames, rauchloses Schießpulver herzustellen. Die Entwicklung einer technischen Produktion rauchloser Schießpulver erfolgte in einem Zeitraum von rund dreißig Jahren, beginnend etwa um 1860. Zunächst wurde von österreichischen und preußischen Militärexperten reine Schießbaumwolle getestet, doch erwies sich deren Explosionsgeschwindigkeit als zu hoch und als schwer kontrollierbar. Diese Probleme konnten durch Umwandlung in eine feste Gelatine gelöst werden. Zwei sich ergänzende Verfahrensweisen wurden hierfür entwickelt. Entweder wurde eine hoch nitrierte Cellulose (annähernd Trinitrat, s. Formeln 6.2) mittels eines nicht explosiven Lösungsmittels wie Aceton gelatiniert, eine Entwicklung, die vorwiegend im Ausland betrieben wurde. Oder Nitroglycerin wurde zur Gelatinierung hinzugezogen; das war die schon erwähnte Erfindung Alfred Nobels. Um die Sprengkraft des neuen Schießpulvers zu reduzieren und um die Stoßempfindlichkeit zu mindern, blieb der Anteil an Nitroglycerin unter 40 %, während sein Anteil im idealen Gelatinedynamit bei 92 % lag. Das neue Schießpulver wurde unter dem Namen Ballistit ab 1988 in Krümmel produziert, wo auch das Dynamit hergestellt wurde. Aufgrund der rapide zunehmenden Nachfrage nach Ballistit, entwickelte sich die Fabriken von Alfred Nobel bis zum Ersten Weltkrieg zum größten Schieß- und Sprengstoffproduzenten Europas.

Das rauchlose Schießpulver ersetzte in kurzer Zeit das Schwarzpulver in allen militärischen Anwendungen völlig und revolutionierte die Kriegsführung in mehrfacher Hinsicht. Ausgangspunkt dieser Entwicklung waren drei

Unzulänglichkeiten des Schwarzpulvers, die sich insbesondere beim Verschießen von Granaten aus den neuen stählernen Kanonenrohren mit eingefrästen Zügen (s. Kap. 8) nachteilig bemerkbar machten. Erstens war das Schwarzpulver zu schwach, um die mit stählernen Gewehr- und Kanonenrohren möglichen großen Schussentfernungen zu realisieren. Zweitens vernebelte die starke Rauchentwicklung schnell das Schlachtfeld und erschwerte die Kontrolle der Truppenbewegungen. Drittens verschmutzte der Verbrennungsrückstand, die Asche aus Kaliumsulfat und Kaliumkarbonat, das Geschütz- oder Gewehrrohr, sodass spätestens nach mehreren Schüssen eine intensive Reinigung notwendig war. Das rauchlose Schießpulver vermied alle diese Nachteile. Ferner änderte sich die Uniformierung der Truppen tiefgreifend. Bis zum deutsch-französischen Krieg 1870/71 waren bunte Uniformen gebräuchlich, weil sie zur Identifizierung eigener und feindlicher Soldaten auf einem vom Pulverdampf vernebelten Gefechtsfeld vorteilhaft waren. Die Abwesenheit von Pulverdampf und das präzisere Schießen über größere Entfernungen ließen es sinnvoller erscheinen, die Soldaten durch mehr oder minder graue Uniformen zu tarnen. Daher fanden der Erste Weltkrieg und alle weiteren Kriege in „Feldgrau" statt.

Die Tatsache, dass Gewehrrohre und Kanonenrohre nun nicht mehr nach jedem Schuss gereinigt werden mussten und zudem einem geringeren Verschleiß unterlagen, hatte weitreichende Folgen in mehrerer Hinsicht. Erstens konnte die Schussfolge erhöht werden. Zweitens erlaubte nun das Verschießen von Granaten aus gezogenen Kanonenrohren wesentlich größere Reichweiten bei größere Treffergenauigkeit (s. Kap. 5). Die dritte Konsequenz war von besonderer Bedeutung für den Verlauf des Ersten Weltkrieges: Die Voraussetzungen für die Erfindung des Maschinengewehres waren gegeben. Das Maschinengewehr (MG) wurde zur bedeutendsten Neuerung im Waffenarsenal des Ersten Weltkrieges, und es zog eine weitere Neuerung nach sich, nämlich die Entwicklung der Panzerwaffe. Die Panzer des Ersten Weltkrieges waren stählerne Ungetüme, die sich wegen der schwachen Motorisierung nur mi 6 bis 10 km/h durchs Gelände bewegten. Sie waren nicht wie in den späteren Kriegen als schelle und bewegliche Artillerie gedacht. Ihre kleinen kurzen Kanonen hatten vor allem den Zweck, feindliche MG-Nester zu zerstören. Ihre besondere Wirkung bestand darin, feindliche Schützengräben überbrücken und überfahren zu können, wobei sie mit den seitlich eingebauten Maschinengewehren die Schützengräben von Feinden „säuberten" (s. Kap. 5). Die Panzer der Entente erwiesen sich im Grabenkrieg der Westfront als sehr wirksam, und die deutschen Soldaten verließen oft in Panik ihre Stellungen, wenn eine größere Zahl feindlicher Panter im Anmarsch war. Es gehört zu den unglaublichen Dummheiten der deutschen Heeresleitung und des Kriegsministeriums, die Entwicklung der Panzerwaffe völlig verschlafen zu haben. Am Tag der Kapitulation Deutschlands hatten die gegnerischen Streitkräfte ca. 18.000 Panzer im Einsatz, das deutsche Heer gerade mal ca. 50 Panzer, von denen etwa die Hälfte Beutepanzer waren. Unabhängig davon, was Aufstände in Deutschland bewirkt haben, der Erste Weltkrieg ging auf dem Schlachtfeld durch den Mangel an Panzern verloren. Es ist natürlich weit hergeholt, die Niederlage Deutschlands der Erfindung der Cellulosenitrierung und der Erfindung des rauchlosen Pulvers zuzuschreiben, aber dies ist dennoch ein Teil der historischen Wahrheit. Es ist eines von mehreren Beispielen, wie großartige Erfindungen deutscher Chemiker in beiden Weltkriegen zum Nachteil Deutschlands gerieten. Weitere Beispiele folgen in den Kap. 10, 11, 12 und 13.

Die Dynamit Nobel AG wuchs nun zusätzlich durch die Produktion von Munition, welche die Produktion von kommerziellen Sprengstoffen vor und während des Ersten Weltkrieges bei Weitem übertraf. Bis zum Ende des Ersten Weltkrieges hatte sich die Dynamit Nobel AG zum größten Schieß- und Sprengstoff-Produzenten Europas entwickelt. Alfred Nobel, der am 12. Dezember 1898 starb, erlebte diese Entwicklung nicht mehr. Jedoch besaß er bei seinem Tode schon 90 Pulver- und Sprengstofffabriken in zahlreichen Ländern, und er war Inhaber von 353 Patenten. Er war durch Erfindergeist, Hartnäckigkeit und Geschäftstüchtigkeit zu einem der reichsten Industriellen Europas geworden. Ab dem Jahre 1890 führte Alfred Nobel ein meist zurückgezogenes Leben in seinem neuen Domizil in San Remo. Dort unterschrieb er auch am 27. November 1895 das berühmt gewordene Testament, in dem er, da kinderlos geblieben, sein Vermögen einer Stiftung vermachte, mit deren Zinsen herausragende Leistungen auf dem Gebiet der Chemie, Medizin, Physik, Literatur und Friedenspolitik honoriert werden sollten. Der sogenannte Nobelpreis für Wirtschaftswissenschaften wurde erst 1969 von der schwedischen Reichsbank gestiftet. Im Dezember 1901 wurde der Nobelpreis erstmals verliehen. Zu den ersten Laureaten gehörte ein deutscher Mediziner (Behring, s. Kap. 10) und ein in Deutschland arbeitender niederländischer Chemiker (van't Hoff).

Literatur

H. Römpp, O. A. Neumüller „Chemie Lexikon", Franckh'sche Verlagsbuchhandlung, Stuttgart, 7. Auflage 1975

P. Le Couteur, J. Burreson „Napoleon's Buttons", Pinguin Group Inc. (USA) 2008, Chapter 4

A. Stettbacher „Schieß- und Sprengstoffe" Verlag von I. u. A. Barth Leipzig, 2. Auflage, 1933

A.L. Leninger „Biochemie" Verlag Chemie, Weinheim – N.Y. 1977, 2. Auflage

Reformation, https://de.wikipedia.org/wiki/Reformation

Cellulose, https://de.wikipedia.org/wiki/Cellulose

Papier, https://de.wikipedia.org/wiki/Papier

Papiergeschichte, http://papiergeschichte.freyerweb.at/edit.html

Flugblatt, https://de.wikipedia.org/wiki/Flugblatt

Kollodiumwolle, https://de.wikipedia.org/wiki/Kollodiumwolle

Dynamit: https://de.wikipedia.org/wiki/dynamit

Dynamit Nobel:https://de.wikipedia.org/wiki/Dynamit_Nobel

Der Nobelpreis, https://www.wiki/Nobelpreis.org/

7

Kohle, Stahl und Kruppkanonen

Inhaltsverzeichnis

Kohle

Wohl jeder Deutsche kennt Kohle, zumindest dem Namen nach, aber wohl nicht jeder kennt den Ursprung der Kohle und die Verteilung von Lagerstätten in Deutschland. Kohle gibt es in Deutschland, wie auch in anderen Ländern, in zwei Varianten, Braunkohle und Steinkohle.

Die Abbaugebiete für Braunkohle in Deutschland liegen vorwiegend in den östlichen Landesteilen, sind Gebiete in der Lausitz, im Spreetal und in Sachsen-Anhalt zu nennen. In Westdeutschland befinden sich abbauwürdige Braunkohlevorkommen im Rheinland (NRW) und um Helmstedt in Nierdachsen. Diese Vorkommen zeichnen sich dadurch aus, dass sich die Kohle nahe der Erdoberfläche und über weite Flächen parallel dazu erstreckt, sodass diese Kohle im preiswerten Tagebau gewonnen werden kann. Dadurch lohnt sich der Abbau finanziell auch noch im 21. Jahrhundert, soll aber aufgrund der klimaschädigenden Verbrennung der Kohle bis zur Mitte diese Jahrhunderts vollständig zum Erliegen kommen.

© Der/die Autor(en), exklusiv lizenziert an Springer-Verlag GmbH, DE, ein Teil von Springer Nature 2026

H. R. Kricheldorf, *Die materiellen Grundlagen der deutschen Geschichte*, https://doi.org/10.1007/978-3-662-72456-9_7

Als wichtigste Abbaugebiete der Steinkohle ist zunächst das Rhein-Ruhrgebiet, dann das Ibbenbührener Steinkohlevier, das Saargebiet und das Aachener Becken und zu nennen. In den östliche Landesteilen wurden kleinere Steinkohlevorkommen in der Nähe von Zwickau und bei Lugau-Ölsnitz abgebaut.

Kohle ist der einzige Rohstoff, der in der Geschichte Deutschlands eine wichtige Rolle spielte und den Deutschland in ausreichender Menge besitzt. Eine Schätzung aus dem Jahre 2014 besagt, dass Deutschland über Vorräte von ca. 80 Mrd. t Braunkohle verfügt, von denen etwa die Hälfte zu wirtschaftlich akzeptablen Bedingungen gefördert werden kann. Wenn man eine konstante jährliche Förderung von 180 bis 200 Mio. t zugrunde legt, was etwa der damaligen Förderung entsprach, dann würde der Vorrat zum Abbau geeigneter Kohle für ca. 200 Jahre reichen. Im Falle der Steinkohle wurden die abbaubaren Vorräte auf ca. 24 Mrd. t geschätzt, was bei einer Abbaurate von 25 bis 26 t pro Jahr für ca. 900 Jahre reichen würde.

Beide Varianten sind Folgen des gleichen erdgeschichtlichen Prozesse. Pflanzenreste und Bäume, die in Moren und sumpfigem Gelände versinken, oder Wälder, die überflutet werden ohne nennenswerten Zutritt von Luftsauerstoff chemischen Veränderungen, bilden die Ausgangsbasis für die Entstehung von Kohle. Man unterscheidet vier Stufen des Inkohlung genannten Verkohlungsprozesses: Torf, Braunkohle, Steinkohle und Anthrazit. In dieser Reihenfolge nimmt der Gehalt an Kohlenstoff zu und damit auch der Brennwert. Dieser Reihenfolge entspricht auch das zunehmende Alter der Kohle. Der Verkohlungsprozess wurde entscheidend dadurch gefördert, dass im Laufe von vielen Millionen Jahren die versunkenen More und Torflagerstätten durch geologische Umwälzungen zumindest zeitweise hohen Drücken und hohen Temperaturen ausgesetzt wurden. Chemisch gesehen handelt es sich vor allem um Dehydratisierungsprozesse (d. h. Abspaltung von Wasser), da die wichtigsten Bestanteile von Pflanzen Polysaccharid wie Cellulose und Stärke sind, deren Formel in Schema 6.1 und 6.2 wiedergegeben sind. Ferner verschwinden bei der Inkohlung auch alle Proteine und damit Moleküle, die Stickstoff, Sauerstoff und in geringem Maße Schwefel enthalten. Diese chemischen Veränderungen bewirken auch die Entstehung von Gasen wie Kohlenmonoxid und Kohlendioxid, welche für die Giftigkeit der Grubengase verantwortlich sind, wenn Kohle aus tieferen Gesteinsschichten gefördert werden muss. Die Bildung von Methan, das geruchlos und ungiftig ist, aber brennbar, hatte für den Kohleabbau unter Tage den Nachteil, dass bei Konzentrationen über 10 % Explosionen auftreten, die bei Bergleuten gefürchteten „schlagenden Wetter". Die geringen Mengen an Salzen, die auch in Pflanzen vorhanden sind, verbleiben überwiegend in der Kohle, stören aber deren Verwendung nicht.

Die Abbaugebiete für Braunkohle in Deutschland liegen vorwiegend in den östlichen Landesteilen und hier sind die Gebiete um zu nennen. In Westdeutschland befinden sich abbauwürdige Braunkohlevorkommen im Raum. Diese Vorkommen zeichnen sich dadurch aus, dass die Kohle nahe der Erdoberfläche und über weite Flächen parallel dazu erstrecken, sodass diese Kohle im preiswerten Tagebau gewonnen werden kann. Dadurch lohnt sich der Abbau finanziell auch noch im 21. Jahrhundert, soll aber aufgrund der klimaschädigenden Verbrennung der Kohle bis zur Mitte diese Jahrhunderts vollständig zum Erliegen kommen.

Als wichtigste Abbaugebiete der Steinkohle ist zunächst das Rhein-Ruhrgebiet, dann das Ibbenbührener Steinkohlevier, das Saargebiet und das Aachener Becken und zu nennen. In den östliche Landesteilen wurden kleinere Steinkohlevorkommen in der Nähe von Zwickau und bei Lugau-Ölsnitz abgebaut.

Kohle ist der einzige Rohstoff, der in der Geschichte Deutschlands eine wichtige Rolle spielte und den Deutschland in ausreichender Menge besitzt. Eine Schätzung aus dem Jahre 2014 besagt, dass Deutschland über Vorräte von ca. 80 Mrd. t Braunkohle verfügt, don denen etwa die Hälfte zu wirtschaftlich akzeptablen Bedingungen gefördert werden können. Wenn man eine konstante jährliche Förderung von 180–200 Mio. t zugrunde legt, was etwa der damalige Förderung entsprach, dann würde der Vorrat zum Abbau geeigneter Kohle für ca. 200 Jahre reichen. Im Falle der Steinkohle wurden die abbaubaren Vorräte auf ca. 24 Mrd. t geschätzt, was bei einer Abbaurate von 25–26 t p. a. für ca. 900 Jahre reichen würde.

Die relativ unreine Braunkohle wurde und wird nur für Heizungszwecke verwendet, sei es zur Erwärmung von Gebäuden oder (wesentlich häufiger) zur Erzeugung von Strom. Dagegen dienten und dienen Steinkohle und Anthrazit neben der Verwendung als Heizmaterial ab etwa 1850 noch zwei weiteren für unsere Zivilisation wesentlichen Zwecken. Da ist einmal die Erzeugung von Eisen aus seinen Erzen zu nennen, ein Prozess, der im folgenden Unterkapitel besprochen wird. Die dritte Anwendung, für die vor allem Steinkohle eingesetzt wird, ist die Gewinnung von Chemikalien durch trockenes Erhitzen unter Ausschluss von Sauerstoff. Dabei lassen sich sogenannte aromatische Chemikalien gewinnen, bei denen Benzol, Toluol, Xylol, Phenol und Anilin als die wichtigsten Komponenten zu nennen sind. Ihre Verwendung zur Synthese von Pharmaka, Farbstoffen und Sprengstoffen wird in den folgenden Kapiteln erläutert. Die nach dem, zum Teil im Vakuum durchgeführten, Abdestillieren der organischen Chemikalien verbleibende ziemlich reine Kohle wird Koks genannt. Es ist dieser Koks, der dann für die Gewinnung des Eisens eingesetzt wird. Die Idee, Koks zur Gewinnung von Eisen einzusetzen, hatte der Engländer Abraham Darby im Jahre 1709. Zuvor hatte man Holzkohle eingesetzt, die aber einen geringeren Heizwert besitzt. Die Idee, Koks zu verwenden, war aus der Not geboren, weil es an Holzkohle fehlte. Für den Schiffsbau, das Salzsieden und das Brennen von Ziegeln und Klinkern waren im Laufe der Jahrhunderte riesige Waldflächen in Zentral- und Südeuropa abgeholzt worden. Die nach 1710 erst langsam und dann immer schneller zunehmende Produktion und Verwendung von Koks führte dann zu der im Prinzip noch heute gebräuchlichen Hochofentechnologie.

Die Braunkohle konnte immer und kann noch im 21. Jahrhundert relativ preiswert im Tagebau gewonnen werden. Dagegen musste die Steinkohle fast immer aus tieferen Schichten der Erde hochbefördert werden, was natürlich ihre Produktion enorm verteuerte.

Nur im Aachener Becken gab es einen kleineren Bereich nahe der Erdoberfläche, und die Archäologen vermuten, dass hier schon die Römer ihre Villen und Bäder mit Steinkohle beheizt haben. Der fortschreitende Abbau der Steinkohle im 19. und 20. Jahrhundert hatte zur Folge, dass immer tiefer gelegene Flöze eröffnet werden mussten mit immer weiter steigenden Kosten. Gegen Ende des 20. Jahrhunderts wurde die Kostenschere zwischen heimischer Förderung und Importkohle, z. B. aus Polen und Australien, immer größer und führte zur Schließung von immer mehr Gruben. Diese Entwicklung war für das Ruhrgebiet wie für das Saargebiet ein schmerzhafter sozialer und politischer Prozess, der durch massive Subventionen abgefedert werden musste. Schließlich wurde im Jahre 2018 die letzte Grube geschlossen. Diese Entwicklung hat zumindest einen positiven Aspekt, nämlich den Verbleib einer heimischen Reserve für Notfälle.

Abschließend soll betont werden, dass die Steinkohle Deutschlands Geschichte auf zweierlei Weise stark beeinflusst hat. Erstens diente sie zur Erzeugung von Stahl und damit zur Produktion fortschrittlicher Waffen, ein Aspekt, der in den folgenden zwei Unterkapiteln besprochen wird. Zweitens ermöglichte sie die Entstehung einer starken und vielseitigen chemischen Industrie, deren Einfluss auf die deutsche Geschichte in den nachfolgenden sechs Kapiteln beschrieben wird.

Eisen und Stahl

Eisen ist eines der häufigsten Elemente der Erdoberfläche. Man kann diesen Sachverhalt leicht an der gelben Farbe von Sand, an den roten Farbtönen von Ziegeln und Klinkern sowie an den braunen Farben von Äckern sehen. Zudem besteht das Erdinnere weitgehend aus flüssigen Eisen. Diese enorme Dominanz von Eisen ist der Tatsache zu verdanken, dass Eisen den stabilsten Atomkern aller Elemente besitzt und daher bei der Entstehung der schweren Elemente (Elemente mit einer Masse oberhalb von Wasserstoff und Helium) bevorzugt gebildet wurde. Eisen kommt sehr selten gediegen vor, und dieses Eisen stammt von Meteoriten, weil auch die meisten Meteoriten überwiegend aus Eisen bestehen. Die zum Abbau anstehenden Eisenerze kann man in zwei Gruppen einteilen, nämlich in sulfidische Erze, bei denen das Eisen an Schwefel gebunden ist, und in oxidische Erze, bei denen das Eisen mit Sauerstoff vergesellschaftet ist. Die wichtigsten sulfidischen Erze heißen Pyrit und Markasit, haben beide die Formel FeS_2, unterscheiden sich aber in ihrer Kristallstruktur. Die wichtigsten Eisenoxide sind Hämatit (Roteisenstein, Fe_2O_3), Magnetit (Magneteisenstein, Fe_3O_4), Limonit (Brauneisenstein, $2Fe_2O_3$-$3H_2O$) und Siderit (Spateisenstein, $FeCO_3$).

Große Eisenerzlagerstätten, die Deutschlands nach 1850 rapide wachsenden Bedarf an Eisen langfristig hätten befriedigen können, gibt es nicht. Kleinere und kleinste Eisenerzlager sind in Deutschland dagegen weit verbreitet Die größeren deutschen Lagerstätten befinden sich im Lahn-Dill-Kreis (Hämatit), Siegerland und Sauerland, im Wesergebirge, in der Schwäbischen Alb und im Oberrhein-Gebiet. Das sogenannte Raseneisenerz oder Raseneisenstein ist bzw. war in kleinsten Lagerstätten in Deutschland weit verbreitet und wurde schon ab dem Mittelalter abgebaut, weil sich diese Vorkommen, wie der Name sagt, meist direkt unter der Erdoberfläche befinden. Der Raseneisenstein ist kein wohl definiertes Mineral, sondern eine Variante des Brauneisensteins, die sich durch eine größeren Wassergehalt, durch Verunreinigung mit Bodenbestandteilen und mit organischen Resten von Pflanzen auszeichnet. Typisch für die eng begrenzte lokale Ausbeutung von Raseneisenerz ist z. B. das Städtchen Zehdenick an der Havel (in Brandenburg). Dort existierte schon ab Anfang des 15. Jahrhunderts eine kleine Eisenverhüttung, die vor allem in Kriegszeiten zur Blüte kam, um Kanonen und Kanonenkugeln zu produzieren. Die Produktion und Verarbeitung von Eisen wurden hier ab 1817 stillgelegt, und das passierte in der ersten Hälfte des 19. Jahrhunderts auch bei vielen anderen Hüttenwerken, die auf kleinen lokalen Vorkommen von Raseneisenerz basierten. Erschöpfung der Vorkommen und billige Importe von Eisenerzen aus dem Ausland waren die Gründe. In Niedersachsen wurden alle 20 zu Beginn des 20. Jahrhunderts noch arbeitenden Erzgruben nach dem Zweiten Weltkrieg schrittweise stillgelegt (die letzte 1982). Nur in Porta Westfalica gibt es noch einen Abbau von Eisenerz, das aber als Beimischung von Beton und Zement verwendet wird. Mit der nach 1850 rasch einsetzenden Industrialisierung war die Erfindung der Dampfmaschine eine entscheidende Erfindung, denn sie zog auch die Erfindung der Eisenbahn und der Dampfschiffe nach sich, und für alle diese Erfindungen benötigte man Eisen und Stahl. Die relativ geringen Vorräte an Eisenerz hatten daher schon früh die Konsequenz, dass Eisenerz importiert werden musste. Da die Hauptfördergebiete für Steinkohle im westlichen Deutschland lagen, waren die riesigen Eisenerzlager in Lothringen (bis hinein nach Luxemburg) die nächstliegende Quelle für den Import. Aber schon vor dem Ersten Weltkrieg bezog Deutschland Eisenerze, vor allem Eisensulfide, aus Spanien, aber das meiste und besonders hochwertige Erz, der Magnetit, wurde aus Schweden importiert. Schweden besaß riesige Eisenerzlager in seinen nördlichsten Gebieten, und von diesen Lagerstätten konnte Deutschland das Erz beziehen, auch als im Ersten Weltkrieg die englische Seeblockade Deutschland von der Zufuhr vieler Rohstoffe ausschließen konnte. Hitler hatte diese Lektion im Ersten Weltkrieg gelernt und daher beschlossen, Norwegen im April 1940 zu besetzen. Treibende Kraft bei der raschen Durchführung des Unternehmens „Weserübung" war Großadmiral Erich Raeder. Der Überfall auf Norwegen verfolgte drei Ziele. Erstens: das Verhindern einer Besetzung durch die Briten. Zweitens: die Nutzung der norwegischen Häfen für die deutsche Kriegsmarine. Das dritte und wichtigste Ziel war aber die Besetzung des Hafenstädtchens Narvik. Dieser Ort war mit den schwedischen Städten Kiruna und Gällivare durch eine leistungsfähige Eisenbahn verbunden, die täglich das in Nordschweden gewonnene Eisenerz in den ganzjährig eisfreien Hafen von Narvik transportierte. Der schwedische Hafen Luleå in der nördlichen Ostsee war dagegen mindestens das halbe Jahr durch Vereisung nicht nutzbar. Die deutschen Truppen erreichten zwar ihr Ziel, aber unter großen Verlusten, weil die Norweger Wiederstand leisteten und weil die Briten mit See und Luftstreitkräften erfolgreich angriffen. Nichts destotrotz konnten die Deutschen bis Anfang 1945 Eisenerz über Narvik abtransportieren, und diese ständige Zufuhr an Erz trug entscheidend zur Verlängerung des Krieges bei. Von britischer Seite wurden im Nachhinein eine Berechnung angestellt, die besagt, dass Hitler seinen Krieg in der zweiten Hälfte des Jahres 1941 hätte beenden müssen, wenn die Zufuhr des Schwedischen Erzes nicht erfolgt wäre.

Die Freisetzung von Eisen aus seinen Erzen erfolgt mittels Steinkohle oder Anthrazit in einem Schritt, wenn die Eisenerze als Oxide vorliegen. Wenn jedoch die Sulfide Pyrit oder Markasit zum Einsatz kommen sollen, dann muss ein weiterer Schritt vorgeschaltet werden, das sogenannte Abrösten. Dabei wir das gesamte Erz mit Luftsauerstoff verbrannt, wobei zwei nützliche Verbrennungsprodukte entstehen, nämlich das gasförmige Schwefeldioxid sowie die festen Eisenoxide. Diese können anschließend, wie die natürlich vorkommenden oxidischen Erze, mit Kohle zu Eisen reduziert werden. Das Schwefeldioxid wird zu Schwefelsäure weiterverarbeitet, die von der chemischen Industrie in großen Mengen für zahlreiche Anwendungen benötigt wird.

Die Umsetzung der oxidischen Eisenerze mit Koks wird seit Anfang des 19. Jahrhunderts in Hochöfen durchgeführt. Bei diesem sogenannten Reduktionsprozess wird zwar schon viel Wärme frei, aber um ein vollständiges Schmelzen des Eisens bei über 1500 °C zu erreichen (der Schmelzpunkt von reinem Eisen liegt bei ca. 1540 °C), muss zusätzlich Luft eingeblasen werden, um durch Verbrennung überschüssiger Kohle die nötige Temperatur zu erreichen. In den vorausgehenden über zweitausend Jahren erfolgte die Eisengewinnung in sogenannten Rennöfen, bei denen die oft von Hand betriebenen Blasebälge nicht ausreichten, um die Temperatur über 1200 °C zu treiben, zumal die früher verwendete Holzkohle einen niedrigeren Brennwert besitzt als der ab Mitte des 18. Jahrhunderts verwendete Koks. So konnte nur ein relativ unreines Eisen in „Luppen" erzeugt werden und musste dann durch mehr oder minder langes Schmieden einer Nachbehandlung unterzogen werden, um ein brauchbares Eisen oder Stahl zu erzeugen. Etwa ab Mitte des 15. Jahrhunderts gelang es, durch wasserbetrieben Blasebälge und höhere Ofenformen Temperaturen bis knapp an die 1300 °C zu erreichen, wobei das sehr Kohle haltige Roheisen schmilzt. Daher konnten ab dieser Zeit Kanonen und Kanonenkugeln aus Eisen gegossen werden. Die bis dahin für Kanonenrohre verwendete Bronze konnte nun durch das billigere Gusseisen ersetzt werden, was nach 1500 rasch zu einer breiteren Anwendung der Artillerie führte.

Das im Hochofen gebildete flüssige Eisen sammelt sich aufgrund seines hohen spezifischen Gewichtes (ca. 7,2 g/cm^{-3}) am Boden des Hochofens und wird nach vollständigem Ablauf der Reduzierung „abgestochen". Es fließt in vorgefertigte Rinnen und Tröge aus feuerfesten Steinen, in denen es dann erstarrt. Das solchermaßen erhaltene Roheisen, auch Gusseisen genannt, enthält bis zu ca. 5 % an gelöstem Kohlenstoff. Einen höheren Anteil kann das Eisen nicht aufnehmen, gleichgültig wie groß der Überschuss an Koks im Hochofen gewählt wurde. Dieser im Eisen gelöste Anteil an Kohlenstoff hat nun einen großen Einfluss auf die physikalischen und technischen Eigenschaften des Eisens. Die charakteristische Eigenschaftskombination des Gusseisens kann kurz mit hart und spröde gekennzeichnet werden. Es kann daher bei Schlägen leicht Risse und Brüche erhalten. Es ist andererseits das billigste Eisen und hat einen relativ niedrigen Schmelzpunk (bis herunter zu ca. 1150 °C). Die Gießbarkeit wird meist auch noch durch einen geringen Zusatz von Silizium verbessert, womit die Verarbeitbarkeit erleichtert und verbilligt wird. Es wird vorzugsweise für die Produktion von Abwasser und Kanalrohen verwendet.

Enthält das Eisen weniger als 2 % Kohlenstoff, dann verändern sich die Eigenschaften drastisch. Die Eigenschaft hart bleibt erhalten, aber das Eisen wird nun zäh und verliert seine Bruchanfälligkeit. Andererseits steigt der Schmelzpunkt nun über 1400 °C hinaus. Unterhalb des Schmelzpunktes ist das Metall unter großer Krafteinwirkung verformbar. Es kann gebogen, gezogen, gewalzt und geschmiedet und so zu Drähten, Profiträgern, Röhren und Blechen verarbeitet werden. Mit diesem Eigenschaftsbild wird Eisen nun als Stahl bezeichnet und ist das neben Stein und Holz in unserer Zivilisation am häufigsten verwendete Konstruktionsmaterial. Dazu trägt bei, dass das Eigenschaftsprofil des Stahles durch Beimischen anderer Elemente über einen weiten Bereich gezielt verändert werden kann. Das hat dazu geführt, dass es im 21. Jahrhundert über 3000 verschiedene Stahlsorten gibt. Hinsichtlich Eigenschaften und Einsatzmöglichkeiten wird Stahl verschiedenen Klassifizierungen unterworfen. Hier sollen nur zwei Arten der Klassifizierung angeführt werden.

Erstens, die Unterteilung in unlegierte Stähle, üblicherweise als Kohlenstoffstahl oder Karbonstahl bezeichnet, und zweitens in legierte Stähle. Legiert bedeutet, dass andere Metalle beigemischt wurden.

Zweitens, eine Unterteilung nach Anwendung:

1. Bewehrungsstahl: Das ist ein preiswerter elastischer Stahl zum Einbau in Betonwände und Pfeiler.
2. Baustahl: Ein preiswerter Kohlenstoffstahl, der beim Bau von Gerüsten, Kränen, Brücken und großen Maschinenteilen zum Einsatz kommt.
3. Nichtrostender Stahl/Panzerstahl. Diese Stähle werden vor allem durch Legieren mit Nickel und/oder Chrom erhalten. Chrom erhöht insbesondere die Härte, während Nickel für eine Erhöhung der Zähigkeit zuständig ist. Bei einem Nickelanteil von 25 % kann der Stahl auf die doppelte Länge gedehnt werden. Bei Panzerplatten hat die Zähigkeit den Vorteil, dass einem einschlagende Geschoss viel Energie entzogen wird, bevor es durchbricht, und die Panzerplatte bekommt keine Risse.

4. Tiefziehstahl: Diese Stahlsorten erlauben eine Verformung zu Blech schon unterhalb von 100 °C. Typische Anwendungen sind Konservendosen und Autokarosserien.
5. Federstahl: Bei diesem Stahl ist eine besonders hohe Elastizität erwünscht, die vor allem durch Beimengung von Silizium erreicht wir kombiniert mit geringen Mengen an Chrom.
6. Werkzeugstahl; Diese Stähle zeichnen sich durch besondere Härte aus, die vor allem durch Legierung mit Wolfram und geringen Mengen an Molybdän erreicht wird. Bohrer, Meißeln, Fräsen und Schneidewerkzeuge sind typische Anwendungen.
7. Sinterstahl: Durch metallurgische Verarbeitung wird ein poröser Stahl erzeugt, der viele feine Poren aufweist. Diese Poren können z. B. Schmieröle aufnehmen, was für eine Anwendung als Achslager günstig ist.
8. Invarstahl: Dieser Stahl soll sich durch einen möglichst geringen thermischen Ausdehnungskoeffizienten auszeichnen, was am billigsten durch Beimischung von 36 % Nickel erreicht wird. Durch Zusatz von Chrom kann der Ausdehnungskoeffizient demjenigen von Glas angepasst werden, was für den Apparatebau in der Industrie wichtig ist.
9. Messerstahl: Für die Herstellung von Messern und anderen Blankwaffen ist die Kombination einer harten Schneide mit einer elastischen Klinge erwünscht. Diese Kombination kann auf dreierlei Weise erreicht werden:

   a) mittels unterschiedlicher Wärmebehandlung von Schneide und Klinge,
   b) mittels spezieller Legierungen unter Verwendung von Nickel, Chrom und Wolfram sowie
   c) durch Zusammenschmieden von mehreren dünnen Schichten aus Hartstahl und kohlenstoffarmem Weichstahl. Ein derartiges schon vor vielen Hundert Jahren in Damaskus erfundene Material gilt die Bezeichnung „Damaszener-Stahl".

In europäischen Stahlregister von 2017 werden ca. 2400 Stahlsorten aufgelistet.

Die Umwandlung des Roheisens (Gusseisens) in Stahl besteht in einer kontrollierten Verbrennung eines Teils des Kohlenstoffs, sodass der Gewichtsanteil zwischen zwei und 0,5 % zu liegen kommt. Unterhalb von 0,5 % Kohlenstoff verschwindet die für Stahl typische Härte und es ergibt sich das relativ duktile Schmiedeeisen, das über einen weiten Temperaturbereich mechanisch leicht verformt werden kann, z. B. durch Schmieden von Hand. Daher werden Hufeisen und künstlerisch gestaltete Objekte aus Schmiedeeisen hergestellt. Das kontrollierte Verbrennen des im Gusseisen noch überschüssig vorhandenen Kohlenstoffs kann durch zwei sehr unterschiedliche Prozesse erfolgen. Bei dem ab 1856 in England entwickelten Bessemer-Verfahren (später zum Thomas-Verfahren optimiert) wird der gesamte Kohlenstoff und andere Verunreinigungen wie Silicium und Phosphor durch Einblasen von Luft in das geschmolzene Roheisen vollständig verbrannt und der gewünschte Kohlenstoffanteil durch nachträgliche Zugabe von Kohlenstoff haltigen Eisen oder Eisenlegierungen eingestellt. Bei dem in Deutschland und Frankreich ab 1864 gemeinsam entwickelten Siemens-Martin-Verfahren wird der Kohlenstoffanteil durch Zugabe von rostigem Schrott oder Eisenoxiderzen langsam auf das gewünschte Niveau gesenkt. Beiprodukte wie Silicium werden dabei nicht oxidiert. Beide Verfahren wurden nach dem zweiten Weltkrieg allmählich durch das in Österreich entwickelte Linz-Donawitz-Verfahren abgelöst, bei dem Sauerstoff über das geschmolzene Roheisen geleitet wird. Der so gewonnene Rohstahl wird dann durch Zugabe verschiedener Metalle zu Edelstählen weiterverarbeitet.

Kruppkanonen

Das Schlagwort „Kruppkanonen" soll hier signalisieren, dass Stahl auf dem Weg über die Produktion von Waffen den Lauf der Deutschen Geschichte mit beeinflusst hat. Ohne eine umfangreiche Produktion von Gewehren und Kanonen aus Stahl hätte es keinen Ersten Weltkrieg gegeben und damit auch keinen Zweiten Weltkrieg. Nun war die Firma F. Krupp nicht die einzige Firma, die in Deutschland Waffen aus Stahl produzierte, aber sie war hinsichtlich Menge und Qualität führend und die Bezeichnungen „Kruppstahl" und „Kruppkanone" waren auch im Ausland ein bekannter Begriff.

Die Geschichte der Krupp Stahlwerke begann mit Friedrich Krupp (1782–1826), der wie sein Vater in Essen am Flachsmarkt 9 geboren wurde und in Essen aufwuchs. Er gründete ein erstes kleines Stahlwerk mit Hammerwerk und Schmelze auf dem Gelände einer ehemaligen Walkmühle außerhalb von Essen. Er hatte wirtschaftlich wenig Erfolg, doch dieser Betrieb blieb bis 1831 in Besitz der Familie, auch als 1919 der Bau eines neuen Stahlwerks auf einem Familiengrundstück in Essen an der Altendorfer Chaussee in Angriff genommen wurde. Dieser Neubau verschlang alle Einnahmen und zwang die Familie zur Aufnahme von Krediten, sodass schließlich das Geburtshaus der Krupps verkauft werden musste. Die Familie zog darauf in das Meisterhäuschen auf dem Firmengelände, das später zum Stammhaus der Firma erklärt wurde. Nach dem frühen Tod von Friedrich Krupp (1826) übernahmen seine Frau Theresa und ihre Schwägerin den Betrieb und führten ihn mehr schlecht als recht weiter, denn der Betrieb war mit 10.000 Thalern verschuldet. Zu diesem Zeitpunkt war der älteste Sohn Alfred erst 14 Jahre alt und besuchte ein Gymnasium. Er war aber von seinem Vater noch in die Geheimnisse der Gussstahlgewinnung eingeweiht worden. Alfred verlies nun das Gymnasium, um Mutter und Tante bei der Führung des Betriebes zu helfen. Die wirtschaftliche Lage der Firma besserte sich allerdings zunächst nicht, bis um 1830 die Idee, mit Dampfmaschinen betriebene Eisenbanen zu bauen, aus England nach Kontinentaleuropa übersprang. Nun stieg der Bedarf an Gussstahl rapide, da dieser nicht nur für Schienen, sondern auch für Achsen und verschiedene Bauteile von Lokomotiven und Wagen gebraucht wurde. Die Gründung des Deutschen Zollvereins im Jahre 1834 beschleunigte den Eisenbahnbau in Deutschland und beflügelte damit die Geschäfte der Firma Krupp. Hatte sie um 1826 als Alfred in die das Geschäft eintrat noch fünf bis sieben Mitarbeiter, so waren es zehn Jahre später schon 60.

Im Jahre 1838 meldete Krupp ein Patent an für eine Walze, die eine effiziente Produktion von Löffeln und Gabeln aus Stahl ermöglichte. Trotz der Expansion war die Firma ständig von Bankrott bedroht, und Alfred Krupp reiste häufig durch Europa, um neue Aufträge an Land zu ziehen. In Österreich gründete er zusammen mit dem Bankier Alexander von Schoeller die Bernsdorfer Metallwarenfabrik, die Bestecke aus Silber und Alpacca herstellen konnte. Nach Alfreds Abreise nach Essen wurde dieser Betrieb von seinem Bruder Herrmann weitergeführt.

Im Jahre 1848 wurde Alfred Krupp Alleineigentümer der Essener Gussstahlfabrik, die wie zuvor vor allem Walzen, Bestecke und Bauteile für die Eisenbahn herstellt, aber vor allem im Ausland starker Konkurrenz ausgesetzt war. Der Durchbruch kam nach 1852 mit der Erfindung des nahtlosen Radreifens, der für die Bereifung aller Räder von Eisenbahnwaggons und Lokomotiven benötigt wurde. Der Radreifen wurde jahrzehntelang zum Verkaufsschlager der Firma Krupp, vor allem auch, weil Alfred Krupp die meisten amerikanischen Eisenbahngesellschaften als Kunden gewinnen konnte. Drei ineinander verschlungene Radreifen wurden dann auch zum Symbol (Logo) der Firma Krupp. Die gesteigerten Einnahmen und Umsätze führten auch zum weiteren Ausbau und zur Modernisierung der Firma. So baute Krupp 1960/61 den weltweit schwersten mit Dampf betriebenen Schmiedehammer, der den Spitznamen Fritz erhielt. In diese Zeit fällt auch die Einführung neuer Stahlproduktionsverfahren, die eine Massenproduktion von Stahl und verschiedenen Edelstählen ermöglichte. So wurden zunächst gegen Lizenzgebühren die Rechte auf Anwendung des in England entwickelten Bessemer-Verfahrens erworben. Danach wurde auch das Siemens-Martin-Verfahren eingeführt. Etwa ab 1880 gab es für Krupp aber auch eine negative Entwicklung dadurch bedingt, dass in den USA die amerikanische Konkurrenz erstarkte und das Geschäft mit den amerikanischen Eisenbahn Gesellschaften allmählich verloren ging. Allerdings hatte sich Krupp in der Zwischenzeit ein neues sehr erfolgreiches Standbein erarbeitet, nämlich die Produktion von Rüstungsgütern, darunter insbesondere die Herstellung von Kanonen.

Die Herstellung von Schusswaffen entwickelte sich aus einem Hobby von Alfred Krupp. Nach einer mehrjährigen Erprobungsphase schmiedete Alfred Krupp einen ersten Gewehrlauf, mit dem er selbst zu schießen wagte. Erste Versuche, Gewehre mit Läufen aus Gussstahl an das preußische Heer zu verkaufen, scheiterten jedoch zunächst an dem Vorurteil, dass Gussstahl ähnlich wie Gusseisen bruchanfällig sei. Alfred Krupp setzte jedoch seine Bemühungen fort, wobei ihm ein reicher Freund (Friedrich Carl Devens, 1782–1944) behilflich war. Alfred Krupp fertigte für diese Familie Jagdgewehre und Sportpistolen, die auf einem der Familie Devens gehörigen Schießplatz ausgiebig getestet werden konnten. Die positiven Ergebnisse stimulierten Alfred Krupp auch dazu, eine erste Kanone aus Gussstahl herzustellen. Dieses Modell wurde dem preußischen Kriegsministerium zum Probeschießen übergeben, doch wanderte das Geschütz zunächst ins Arsenal. Erst zwei Jahre später wurden Tests durchgeführt, aber trotz positiver Ergebnisse erhielt Alfred Krupp keinen Auftrag.

Die ersten stählernen Kanonen waren wie die traditionellen Bronzekanonen Vorderlader. Das Reinigen und Wiederladen der Rohre war ein relativ langwieriger Prozess, der mehrere Minuten erforderte, sodass die Schussfolge (Kadenz) niedrig war. Dieses Problem hatte der Gegner natürlich auch, aber die Verzögerung beim Neuladen konnte tödlich sein, wenn die Kanoniere einer Reiterattacke ausgesetzt waren. Alfred Krupp versuchte nun, dieses Problem mit einer Hinterlader-Kanone zu lösen, mit der vorgefertigte Kartuschen verschossen werden konnten. Im Jahre 1857 konnte er ein funktionsfähiges Hinterlader-Geschütz vorweisen, das er wieder dem preußischen Militär vorstellte. Und wieder erhielt er eine Absage mit der Begründung, dass der Hinterlader-Verschluss nicht zuverlässig arbeiten würde. Überraschenderweise erhielt er aber kurz darauf den Auftrag, 312 Sechs-Pfünder-Vorderlader-Geschütze an das preußische Heer zu liefern. Das war der Startschuss für den Eintritt in das „Kanonenzeitalter" der Firma Krupp. Nach und nach erhielt Krupp Aufträge aus anderen deutschen Staaten und aus dem Ausland. Nur in Frankreich wurde die Produktion von Kanonen durch die Firma H. Schneider dominiert und in England durch die Firma Armstrong.

Die erste Bewährungsprobe im Krieg ergab sich 1864 beim deutsch-dänischen Krieg, der auf deutscher Seite fast ausschließlich von preußischen Truppen geführt wurde, deren stählerne Kruppkanonen den dänischen Bronzekanonen an Durchschlagskraft und Schussweite überlegen waren. Da bei diesem Krieg keine größeren Feldschlachten stattfanden und die Eroberung von Befestigungen entscheidend waren, hatten die Kanonen und nicht die ebenfalls schon vorhandenen Zündnadelgewehre den größten Anteil am militärischen Erfolg der Preußen. Dieser Sachverhalt verbreite sich bei den europäischen Staaten in Windeseile und führte zu einem rapiden Anstieg der Aufträge bei der Firma Krupp. Als 1866 preußische und österreichische Truppen aufeinandertrafen, waren beide Seiten mit Krupp-Kanonen ausgestattet. Bei diesem Treffen war es nun ein Gewehr, das sogenannte Zündnadelgewehr, das zusammen mit einer neuen Einsatztaktik der Schützen für den Sieg des preußischen Heeres den Ausschlag gab. Dieses Hinterlader-Gewehr, das mit vorgefertigten Patronen eine rasche Schussfolge ermöglichte, war im Prinzip schon 1827 von dem Gewehrmacher Johann Nikolaus von Dreyse in Sömmerda (Thüringen) erfunden worden. Es bedurfte einer längeren Entwicklung und Erprobung, insbesondere die Erfindung des Zylinderschlosses 1835, bis das Gewehr ab 1840 in die Massenproduktion gehen konnte. Ab 1848 wurde das preußische Heer schrittweise mit dem neuen Gewehr ausgerüstet. Der riesige Bedarf führte dazu, dass ab 1853 auch die staatliche Waffenfabrik in Spandau zur Produktion herangezogen wurde, und ab 1867 wurden allein dort bis zu 48.000 Gewehre pro Jahr produziert. Bei der Massenproduktion des Zündnadelgewehres kam natürlich auch der Gussstahl von Krupp zur Anwendung, aber eine waffentechnische Erfindung von Alfred Krupp kam nicht ins Spiel.

Kurz nach der Schlacht von Königgrätz erfand Alfred Krupp den sogenannten Rundkeil-Verschluss für Hinterlader-Kanonen, der in den nächsten Jahrzehnten zum Standard wurde und nun ein rasches zuverlässiges Schießen ermöglichte. Mit der Vier-Pfünder-Feldkanone C67 konnte eine Kadenz von bis zu zehn Schuss pro Minute erreicht werden. Dazu kam eine größere Schussweite als die der Bronzekanonen, mit denen das französische Heer vor 1870 noch ausgerüstet war. Mit der artilleristischen Überlegenheit der Krupp-Kanonen gewann das deutsche Heer die Entscheidungsschlacht bei Sedan, nach der Napoleon III. abdankte. Es folgte noch eine mehrmonatige Belagerung von Paris, bei der die Krupp-Kanonen wieder entscheidend zum Erfolg der deutschen Truppen beitrugen. Nach diesem Erfolg hatte sich Alfred Krupp europaweit den Spitznamen „Kanonenkönig" verdient. Der Zusammenhang zwischen dem Familiennamen und der Produktion erstklassiger

Feuerwaffen hat Zeit und Raum sogar so weit überdauert, sodass der Autor ihn in einem modernen Kriminalroman erwähnt fand, der 1990 von einer Autorin in Kalifornien geschrieben wurde.

Nach Königgrätz nahmen die Bestellungen für Krupp-Kanonen aus ganz Europa rapide zu, und die Firma Krupp entwickelte sich bis zum Ende des Ersten Weltkrieges zum größten Industriekonzern ganz Europas. In den größeren Industrienationen Europas wurden nun auch immer größere Kriegsflotten aufgebaut, und damit stieg auch der Bedarf an Geschützen mit großen Kalibern. Für die deutsche Kriegsmarine wurden Kaliber von 30 bis 5 cm produziert und in England sogar Kanonen mit Kaliber 38 cm. Es war die größte Seeschlacht des Ersten Weltkrieges, der Skagerrakschlacht, bei der Krupp-Kanonen nochmals glänzen konnten. Die Schlachtkreuzer beider Seiten trugen die Hauptlast der Auseinandersetzung und waren mehrere Stunden in Artillerieduelle verwickelt. Wenn nun zahlreiche Schüsse aus derselben Kanone abgegeben werden, dann unterliegt die Rohrinnenseite mit ihren Zügen einem Verschleiß, teils durch die Reibung der abgefeuerten Granaten, teils durch die mehrere Hundert Grad heißen Pulvergase. Das bedeutet, dass die Granaten nicht mehr präzise geführt werden und danach während des Fluges beginnen zu „eiern". Deutsche Matrosen beobachteten, dass sich englische Granaten am Ende ihres Fluges mehrfach überschlugen und dann nicht mehr so auftrafen, dass sie Panzerung des Schiffes durchschlagen konnten. Die Kruppkanonen waren wesentlich verschleißfester und konnten auch nach längerer Nutzung präzise schießen. Das war einer der Gründe, warum die zahlenmäßig deutlich unterlegene deutsche Flotte den Briten doppelt so hohe Verluste an Schiffen und Seeleutenbeifügen konnte. Der artilleristische Höhepunkt der Skagerrakschlacht blieb dem Schlachtkreuzer „Von der Tann" vorbehalten. Dieser relativ alte Schlachtkreuzer (gebaut um 1908/1909 als Einzelkonstruktion) war nur mit acht 28-cm-Kanonen ausgestattet, aber die Geschütztürme konnten eine größere Elevation und damit Schussweite ermöglichen als bei den anderen Schiffen der Kriegsmarine. Gegen Ende der Schlacht verbesserte sich kurzzeitig die meist schlechte Sicht auf die britischen Schlachtkreuzer, und die „Von der Tann" konnte trotz der großen Entfernung den Schlachtkreuzer „Indefatigable" mit nur wenigen Salven zur Explosion bringen. Im Übrigen leistete die Skagerrakschlacht keinen nennenswerten Beitrag zum Verlauf des Ersten Weltkrieges.

Auch an der Westfront erbrachten die Krupp-Kanonen hervorragende Leistungen, aber sie konnten die ab Ende 1917 in immer größerer Zahl anrennenden Panzer der Entente nicht stoppen, und so entschied die enorme Überzahl der feindlichen Panzer und nicht die Artillerie den Krieg.

Zur Persönlichkeit von Alfred Krupp und zur weiteren Geschichte der Firma Krupp sollen hier noch folgende Facetten hinzugefügt werden: Alfred Krupp war ein intensiver und ausdauernder Arbeiter, in heutigen Neudeutsch ausgedrückt ein „Workaholic". Andererseits war er ein Hypochonder, der sich tagelang leidend im Bett verkroch. Ferner war er ein fanatischer Briefeschreiber. Zwanzig Briefe an einem Tag waren nicht ungewöhnlich, darunter mehrere Briefe an ein und dieselbe Person. Er war auch vom Fotografieren fasziniert, was zur damaligen Zeit ja noch in den Kinderschuhen steckte. Er fotografierte nicht nur selbst, sondern sammelte auch Fotografien anderer Autoren. Die Sammlung seiner Fotos, ein einmaliges Dokument seiner Zeit, ist erhalten geblieben.

Alfred Krupp heiratete 1853 die 20 Jahre jüngere Bertha Eichhoff, und im Jahre 1854 wurde der Sohn Friedrich-Alfred geboren. Die Ehe war anscheinend nicht sehr glücklich, denn Mutter und Sohn verbrachten die meiste Zeit in Italien. Dennoch übernahm der Sohn die Firma, nachdem sein Vater 1887 an einem Herzinfarkt gestorben war. Friedrich-Alfred Krupp und einigen Managern gelang es, die Firma weiter zu vergrößern. Er heiratete Margaretha Freiin zu Ende, die ihm zwei Töchter gebar, aber nach seinem Tode 1902 war kein männlicher Nachfolger vorhanden. Friedrich-Alfred Krupp hinterließ das Erbe vor allem seiner älteren Tochter Bertha, die aber erst 16 Jahre alt war, sodass die Firma zunächst von der Mutter im Rahmen eines Fideikommiss weitergeführt wurde. Das Testament war auch verfügt, dass die Firma in eine AG umgewandelt wurde, deren Aktien aber fast alle im Besitz von Bertha Krupp verblieben. Bertha Krupp heiratete 1906 Gustav von Bohlen und Halbach, der danach den Vorsitz des Aufsichtsrates einnahm und diesen 1942 an seinen Sohn Alfred von Bohlen und Halbach übergab.

Wie viele andere deutsche Firmen beschäftigte auch die Krupp AG im Zweiten Weltkrieg aus Mangel an Arbeitskräften Zwangsarbeiter und KZ-Häftlinge. Im Nürnberger Prozess wurden Alfred Krupp von Bohlen und Halbach sowie zehn Manager zu zwölf Jahren Haft verurteilt, 1952 aber begnadigt. Alfred Krupp von Bohlen und Halbach berief 1953 Berthold Beitz zum Generalbevollmächtigten, und dieser überführte den gesamten Besitz der Firma in die neu gegründete „Alfred Krupp von Bohlen und Halbach-Stiftung" über. Nach 1970 bewirkte die zunehmende Menge an billigeren Importstahl, dass viele kleinere Hüttenwerke den Betrieb einstellten, fusionierten oder übernommen wurden. An diesem Konzentrationsprozess war auch die Firma Krupp beteiligt, die zunächst 1983 die Fima Wuppermann übernahm und ab 1991 die Hoesch AG. 1999 kam es dann zum Zusammenschluss mit der 1871 in Düsseldorf gegründeten Thyssen AG.

In Deutschland gab es über ein Jahrhundert summiert mehr als 80 kleine und größere eisen- und stahlproduzierende Hüttenwerke mit mehr oder minder langer Lebensdauer. Nach der Firma Krupp war die auf Edelstähle spezialisierte Thyssen AG das größte Unternehmen. Im Jahre 20110 waren noch 20 Hüttenwerke aktiv, und im Jahre 2025 waren nur noch zwei deutsche Stahlproduzenten in Betrieb, die Thyssen-Krupp AG und die Salzgitter AG, deren Ursprung auf die 1853 gegründete Ilseder Hütte (bei Peine) zurückgeht. Alle diese Hütten haben in Kriegs- und Friedenszeiten dazu beigetragen, den Stahlbedarf Deutschlands zu decken, aber keine dieser Firmen hat eine wehrtechnologische Neuerung beigesteuert, die den Lauf der deutschen Geschichte beeinflusst hat. In dieser Hinsicht hat die Firma Krupp eine Ausnahmestellung.

Kurz vor Fertigstellung des vorliegenden Buches fiel dem Autor ein Kriminalroman in die Hände der (als Teil einer Serie) 1984 von einer kalifornischen Autorin publiziert worden war. In diesem Roman spielen Qualität und Funktion verschiedener Handfeuerwaffen eine wichtige Rolle. In diesem Zusammenhang erwähnte die Autorin beiläufig, aber mehrfach den Namen Krupp als Symbol für qualitativ besonders hochwertige Schusswaffen, so als ob sie erwarten konnte, dass dieser Zusammenhang zumindest einem Teil ihrer Leserschaft geläufig sein dürfte. Das bedeutet, dass der Ruf Alfred Krupps über nahezu hundert Jahre und mehr al 10.000 km Entfernung noch am Leben geblieben ist.

Literatur

A. E. Hollemann, E. Wiberg, Lehrbuch der Anorganischen Chemie, Walter De Gruyter Berlin, 1960

G. Sandner, Lehrbuch der Allgemeinen Geographie, Band I, Ergänzung: Eisenförderung, Walter De Gruyter, Berlin, 1969

H. Kiesewetter, Industrielle Revolution in Deutschland: Regionen als Wachstumsmotoren, Franz Steiner Verlag, 2004

H. R. Kricheldorf, Menschen und ihre Materialien, Wiley-VCH, Weinheim,2012

Reserven, Resourcen und Vefügbarkeit von Energierohstoffen 2015, Bundesanstalt für Geowissenschaften und Rohstoffe.

AQMarcia Muller „leave a message for Willy", Warner Books Inc. New York 1984

Eisenverhüttung: https://de.wikipedia.org/wiki/Eisenverhüttung_bei_den_Germanen

https://de.wikipedia.org/wiki/Braunkohle

https://de.wikipedia.org/wiki/Steinkohle

https://www.destatis.de/Thema/Umwelt-Energie/Braunkohle

https://de.wikipedia.org/wiki/Liste_von_Hüttenwerken_in_Deutschland

https://de.wikipedia.og/wiki/Hochofen
http://www.handelsblatt.com/politik/international/100-jahre-weltkrieg
https://de.wikipedia.org/wiki/Alfred_Krupp
http://www.wissende/lexikon/thyssen-ag
https://de.wikipedia.org/wiki/Ilseder_Hütte
http://www.abipur.de/stat/669806557hml
https://de.wikipedia.org/wiki/Völklinger_Hütte
https://de.wikipedia.org/wiki/von_der_Tann_(Schiff)
https://de.wikipedia.org/wiki/Skagerrakschlacht
https://de.wikipedia.org/wiki/Dreyse-Zündnadelgewehr

8

Blue Jeans, Teerfarbstoffe und Konflikte mit den USA

Indigo-Geschichte, Eigenschaften und Synthese

Farbstoffe, die zur Färbung von Textilien geeignet waren, erfreuten sich schon seit der Entstehung der ersten Hochkulturen steigender Beliebtheit und repräsentierten daher auch einen hohen materiellen Wert. Die Verwendung von Indigo (ein intensiv blauer Farbstoff, s. Formeln 8.1) ist in Indien und China schon für die Zeit um 3000 v. Chr. belegt und für Ägypten für die Zeit um 2000 v. Chr. Marco Polo berichtet in seinen Reisetagebüchern um 1300 v. Chr., wie an der Westküste Indiens Indigo zum Färben verwendet wird.

Vor der Entstehung der chemischen Industrie nach 1850 wurden alle Textilfarbstoffe aus Tieren oder Pflanzen gewonnen. Bei diesen Farbstoffen handelte es sich um organische Farbstoffe, die zumindest für die Dauer des Färbevorgangs wasserlöslich sein mussten im Gegensatz zu den anorganischen Pigmenten, die für die Herstellung von Ölfarben und für das Malen von Fresken verwendet wurden. Bevor hier auf die Geschichte und die heutige

H. R. Kricheldorf, *Die materiellen Grundlagen teer deutschen Geschichte*,
https://doi.org/10.1007/978-3-662-72456-9_8

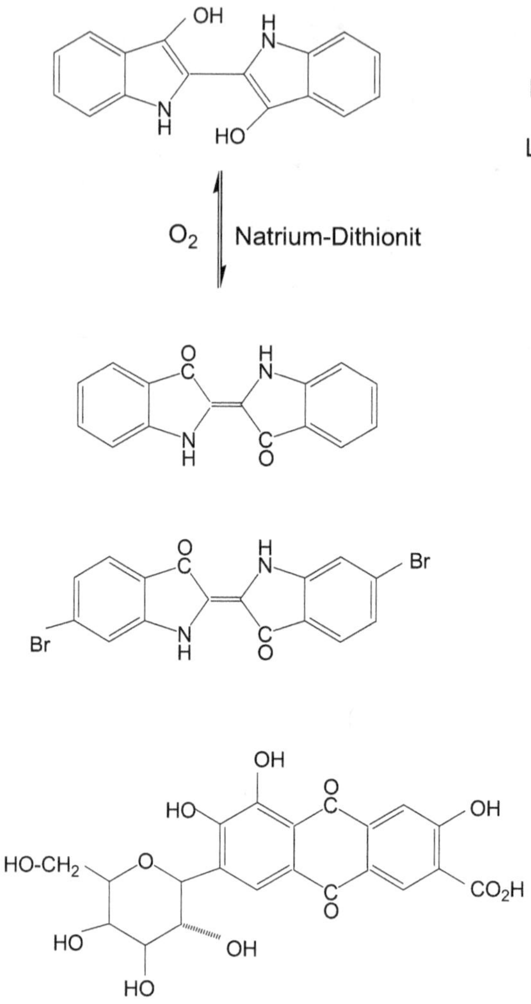

Indigoweiß

Leukobase

Indigo

Purpur

Karmesinsäure (Karmin, Karmesin = Ca- oder Al-Salz)

Formeln 8.1 Formeln der historischen Textilfarbstoffe Indigo, Purpur und Karmin

Bedeutung von Indigo näher eingegangen wird, sollen zwei andere historisch wichtige, biogene – d. h. von Lebewesen erzeugte – Farbstoffe kurz erwähnt werden.

Da ist vor allem der Purpur zu nennen (ein lateinisches Wort, das von dem altgriechischen „Purpurschnecke" abstammt, s. Formeln 8.1). Zumindest im europäischen Raum wurde Purpur aus der Purpurschnecke gewonnen, eine Seeschnecke, die an den Küsten des Mittelmeeres beheimatet ist, und zwar vor allem am Ostrand des Mittelmeeres. Zur Entdeckung der Purpurfarbe gibt es die Legende, dass ein Hund beim Spielen am Strand in eine Purpurschnecke biss und dann mit scheinbar bluttriefenden Lefzen zu seinem Herrchen zurückkehrte.

Das Missverhältnis zwischen Produktionskapazität und Nachfrage hatte einen hohen Preis zu Folge. Der Purpurhandel, für den die Phönizier in den tausend Jahren v. Chr. eine Art Monopol entwickelt hatten, lieferte daher einen entscheidenden Beitrag zu den finanziellen Ressourcen, die diesem Händlervolk eine Jahrhundertelange Expansion im Mittelmeerraum ermöglichten. Die große historische Bedeutung des Purpurs lässt sich auch heute noch daran ermessen, dass diese Farbe über viele Jahrhunderte hin als die Farbe der Könige galt und auch heute noch den Status der Kardinäle in der katholischen Hierarchie anzeigt.

Der Kuriosität halber soll noch ein roter Farbstoff erwähnt werden, der ebenfalls über einen Zeitraum von tausend Jahren hinweg gewonnen wurde, allerdings aus Läusen. In Deutschland war es die Kermeslaus, die eine geringe Produktion des roten Farbstoffes ermöglichte und für den Namen Karmesinrot Pate stand. Nachdem Kolumbus Amerika wiederentdeckt hatte, wurde die wesentlich produktivere Cochenille-Laus, die auf Kakteen lebt, nach Europa importiert, wo sie die Kermeslaus verdrängte. Cochenille-Rot wurde vor allem zum Färben von Seide und Wolle verwendet. Sein Hauptbestandteil ist die Karminsäure (s. Formeln 8.1).

Indigo wurde schon vor Erfindung seiner chemischen Synthese in wesentlich größerem Umfang verwendet als Purpur oder Cochenille-Rot. Aus diesem Grunde und wegen seiner herausragenden Bedeutung für die Entstehung der Deutschen Farbstoffindustrie erhielt Indigo gegen Ende des 19. Jahrhunderts den Spitznamen „König der Farbstoffe". Die erste gesicherte Erwähnung einer Verwendung von Indigo in Europa findet sich in Caesars Buch „De bello gallico", in dem er schreibt: „Alle Briten malen sich mit Waid an, der wild wächst und einen blauen Farbton erzeugt. Diese Färbung gibt ihnen in der Schlacht ein furchteinflößendes Aussehen." Indigo wurde also fast zwei Jahrtausende lang aus der heimischen Pflanze Färberwaid *(Isatis tinctoria)* gewonnen. Dazu wurden die zerkleinerten Blätter zwei verschiedenen Gärungsprozessen unterworfen, sodass einschließlich der Lagerungs- und Reifezeit die Gewinnung eines verwendungsfähigen Indigos einen Zeitraum von mindestens zwei Jahren beanspruchte.

In asiatischen Ländern konnte der Indigo aus dem Schmetterlingsblütler *Indigofera tinctoria* gewonnen werden. Diese Pflanze ist ergiebiger und liefert auch einen reineren, für die Anwendung also höherwertigen Indigo. Diese Gegebenheiten waren für Europa so lange ohne Bedeutung, wie billige Transportmöglichkeiten fehlten. Nach der Entdeckung des Seeweges nach Indien durch Bartolomeu Dias (1487/88) und Vasco da Gama (1497/98) änderte sich die Situation allmählich, zumal die Europäer dazu übergingen, die *Indigofera*-Pflanze in verschiedenen Kolonien anzubauen. Nach Gründung der „Ostindischen Handelsgesellschaft" (VOC) durch die Holländer im Jahre 1602 waren die Niederländer im internationalen Indigohandel führend, bis die Engländer nach mehreren erfolgreichen Kriegen zu Land und zur See ab 1795 zu einer Monopolstellung gelangten. Die Bedeutung der heimischen Indigoproduktion aus Färberwaid ging dadurch laufend zurück, und die deutschen Fürstentümer sowie das Kaiserreich (ab 1872) führten Zölle auf asiatischen Indigo ein, um die heimische Produktion zu schützen.

Indigo ist ein blauer Feststoff, der sich weder in Wasser noch in billigen organischen Lösungsmitteln lösen lässt. Indigo löst sich zwar in Schwefelsäure, jedoch würden alle Färbeversuche von Naturfasern mit einer Schwefelsäure-Lösung mit einer völligen Zerstörung des Gewebes enden. Dieses Problem würde und wird durch Verrühren von Indigopulver mit einer wässrigen Lösung von Natriumdithionit umgangen. Bei diesem Vorgang wird der Indigo in das wasserlösliche Indigoweiß (auch Leukobase genannt) übergeführt (s. Formeln 8.1). Das Textilgewebe wird dann in diese annähernd farblose Lösung getaucht, und das Indigoweiß verbindet sich mit den Fasern. Wird das Gewebe nun an der Luft getrocknet, erfolgt eine chemische Reaktion mit Luftsauerstoff, welche den Reduktionsschritt des Natriumdithionits wieder rückgängig macht. Das heißt, die Leukobase wird zu Indigo oxidiert, und die Textilie färbt sich wie von Zauberhand blau. Zu einer Zeit, als diese chemische Reaktionsfolge theoretisch noch nicht verstanden war, wirkte das spontane Auftauchen der blauen Farbe wie ein Wunder, und daher stammt auch die heute noch gebräuchliche Wendung „Da(nn) wirst Du Dein blaues Wunder erleben". Arbeiter und Angestellte, die das Färben ihrer eigenen Kleidung und Wäsche nur am freien Wochenende durchführen konnten, setzten die Indigoweiß-Lösung am Samstag an und hängten aufgrund der Einwirkungsdauer von mindestens 12 h die Wäsche am Sonntag oder Montagmorgen auf. Dadurch ergaben sich blau gefärbte Wäsche, aber auch blau gefärbte Hände und blaue Flecken im Gesicht, vor allem am Montag, und es entstand das geflügelte Wort vom „blauen Montag". Das Färben von Textilien in privater Hand oder in Kleinbetrieben wurde in Bottichen und Kübeln durchgeführt, woraus sich der Begriff „Küpe" für die Indigoweiß-Lösung herleitet. Später wurde der Begriff Küpenfarbstoffe auf alle diejenigen Farbstoffe angewandt, deren Färbevorgang eine wasserlösliche Vorstufe erfordert.

Nach dem Ende der napoleonischen Kriege traten zwei Entwicklungen in Erscheinung, die dazu führten, dass in den Jahrzehnten nach 1870 Indigo andere Farbstoffe und verschiedene Naturprodukte (z. B. Acetylsalicylsäure/Aspirin) in zunehmenden Maße von der sich rapide entwickelnden chemischen Industrie hergestellt wurden. Hier ist zuerst die Zunahme der deutschen (und europäischen) Bevölkerung zu nennen, die sich vor allem in den fünf Jahrzehnten vor dem Ersten Weltkrieg in bisher noch nicht gekanntem Ausmaß beschleunigt hat. Die Gründe für dieses quasi explosionsartige Bevölkerungswachstum werden in Kap. 10 näher beleuchtet und sollen daher hier nicht weiter kommentiert werden. Das rapide Bevölkerungswachstum zusammen mit steigendem Wohlstand erhöhte die Nachfrage nach Farbstoffen in einem Maße, die durch Herstellung aus Pflanzen und Tieren nicht im Entferntesten befriedigt werden konnte.

Der zweite Entwicklungsstrang ergab sich durch die Emanzipation der Chemie aus dem Humus der jahrtausendealten Alchemie zu einer modernen, oft exakt genannten Wissenschaft. Der Unterschied lässt sich kurz und vereinfacht so darstellen, dass ein Magier der Alchemie zahlreiche Reaktionen durchführen und auch wiederholen konnte, ohne aber zu verstehen, warum und wie Reaktionsabläufe zustande kamen. Moderne Chemie bedeutete nun, dass der Verlauf chemischer Reaktionen als gesetzmäßige Konsequenz der Eigenschaften von Atomen und Molekülen verstanden wird. Für die Wandlung der Alchemie zur Chemie sollen drei Errungenschaften als beispielhaft hervorgehoben werden. Das war erstens die Definition eines chemischen Elementes als eine bestimmte Sorte von Atomen, deren Eigenschaften durch den Aufbau des Atomkerns bestimmt waren (Robert Boyle, John Dalton). Das war, zweitens, die Ausarbeitung des periodischen System der Elemente (auch Periodentafel genannt) durch Dmitri Mendelejew (1834–1907) in der Zeit um 1869/1871. Und das war, drittens, die Entwicklung der Formelsprache, verbunden mit einer dreidimensionalen Vorstellung von der Gestalt der Moleküle (ab 1874 durch Jacobus Henricus van't Hoff abgeschlossen). Die neuen Grundkenntnisse der Chemie ermöglichten nun eine systematische Planung von Synthesen bekannter und unbekannter Stoffe. Die erfolgreiche Umsetzung neuer Synthesemethoden in die technische Produktion gefragter Farbstoffe und Pharmaka war entscheidend für das stürmische Wachstum der deutschen chemischen Industrie, und die Entwicklung einer technisch und wirtschaftlich brauchbaren Synthese von Indigo hatte einen wesentlichen Anteil an dieser Entwicklung.

Der erste, dem die Synthese von Indigo im Labor gelang und der die chemische Struktur von Indigo aufklären konnte, war Adolf von Baeyer (1835–1917), der dafür und für andere bedeutende Leistungen 1905 den Nobelpreis erhielt. Seine Synthesemethoden, z. B. ausgehend von Zimtsäure, erwiesen sich aber für ein wirtschaftlich arbeitendes technisches Verfahren als zu teuer. Einen wesentlichen Fortschritt brachten die Arbeiten des Chemikers

1.   Heumannsche Synthese

+ ClCH$_2$CO$_2$H

- HCl

Anilin   (KOH)

- H$_2$O

Oxidation → Indigo

Indoxyl

2. Heumann'sche Synthese
(Heumann-Pfleger-Verfahren)

+ ClCH$_2$CO$_2$H

- HCl

(KOH)

- H$_2$O

ΔT

- CO$_2$

Indoxyl

Formeln 8.2   Reaktionsgleichungen für die Synthese des Indigo

Karl Heumann. Er entwickelte nacheinander zwei Verfahren, von denen das erstere Anilin als Ausgangssubstanz benötigte (erste Heumann-Synthese, s. Formeln 8.2). Dieses Verfahren war zunächst unrentabel, da die Ausbeute an Indigo bezogen auf Anilin nur ca. 10 % erreichte. Bei der zweiten Heumann Synthese, die von Naphthalin ausging, lagen die Ausbeuten bei annähernd 90 %, aber das ganze Verfahren war zu teuer. Dennoch wurden beide Syntheseverfahren gemeinsam von der Badischen Anilin und Sodafabrik (BASF) sowie von den Farbwerken Hoechst (vormals Meister, Lucius & Brüning) patentiert. Durch Zufall fand die BASF, dass sich die Umsetzung von Naphthalin mit Schwefelsäure durch Quecksilber beschleunigen und verbilligen ließ. Ein zerbrochenes Thermometer, dessen Quecksilber in das Reaktionsgemisch gelangte, spielte dabei eine entscheidende Rolle. Die BASF startete daraufhin die erste technische Produktion und brachte 1897 den ersten vollsynthetischen Indigo auf den Markt.

Auch bei Hoechst war man erfolgreich. Dem Chemiker Johannes Pfleger gelang es. die erste Heumann-Synthese so zu verbessern, dass nun auch auf diesem Wege eine 90%ige Ausbeute an Indigo erzielt werden konnte (s. Formeln 8.2). Es entbrannte daraufhin ein scharfer Konkurrenzkampf zwischen den Farbwerken Hoechst und BASF, bis es zu einer vertraglichen Einigung kam, die eine gemeinsame Nutzung des Heumann-Pfleger-Verfahrens vorsah. Der rasante Aufschwung der deutschen chemischen Industrie und der Indigoproduktion lässt sich aus folgendem Vergleich ermessen: Noch 1898 wurden 1036 t Indigo für 8,3 Mio. Mark aus europäischen Kolonien importiert. Im Jahre 1913 wurden dagegen 33.353 t synthetischer Indigo im Wert von 54 Mio. Mark exportiert. Mit dieser fast explosionsartigen Ausweitung der Indigoproduktion brach die deutsche Chemie das Herstellungs- und Handelsmonopol der Engländer, ein Mosaikstein in der Motivation der Engländer gegen Deutschland in den Ersten Weltkrieg einzutreten.

Das optimierte Heumann-Pfleger-Verfahren bildet auch noch zu Beginn des 21. Jahrhunderts die Grundlage für die Synthese von Indigo. Allerdings hat Indigo nach dem Ersten Weltkrieg durch die Entwicklung waschechter und lichtbeständiger Farbstoffe dramatisch an Bedeutung verloren. Dass die Indigoproduktion nicht völlig in der Versenkung verschwand, ergab sich aus einer unvorhersehbaren Entwicklung der Mode, auf die im nächsten Abschnitt näher eingegangen werden soll.

Blue Jeans

Niemals in der Geschichte der Menschheit hat ein Bekleidungsstück eine so weite Verbreitung und internationale Akzeptanz erworben wie die Blue Jeans. Die Karriere von der einfachen Arbeitshose zum gefragten Modeartikel ist beispiellos. Heute werden Blue Jeans in allen Ländern der Erde, von Mann und Frau sowie Jung und Alt getragen. Hätte ein Diktator der Menschheit das Tragen von Blue Jeans befohlen, sie wären nach Abschaffung der Diktatur der Verachtung anheimgefallen und in der Versenkung verschwunden. So aber, wie die Geschichte der Blue Jeans verlaufen ist, sind diese Hosen ausschließlich mit positiven Emotionen besetzt und stehen z. B. für Freiheitsgefühl, Jugendlichkeit, Sportlichkeit und Protest gegen rigide Traditionen.

Die Geschichte der Blue Jeans begann in der Zeit vor 1850 mit dem Import von Baumwollhosen aus der Gegend von Genua in die USA. Aus dem französischen „Genes" entwickelte sich in der amerikanischen Umgangssprache das Wort Jeans. Damit war der Name geboren, aber noch nicht die charakteristische Hose. Das berühmte Kleidungsstück war vielmehr eine „Erfindung" des deutschstämmigen Juden Levi Strauss, der aus dem Frankenland in die USA auswanderte und sich 1847 in San Francisco niederließ. Kurze Zeit später, zu Beginn des Jahres 1848, wurde in Sacramento Gold gefunden, und es begann der Goldrausch, der die gesamte USA erfasste. Zigtausende von Goldgräbern, Minenarbeitern, Holzfällern und Handwerkern strömten in das Umfeld von San Francisco und benötigten robuste Arbeitskleidung. Der Stoffhändler Levi Strauss erkannte diese einmalige Chance und begann, Arbeitshosen aus bräunlichem Zeltstoff zu schneidern. Die Erweiterung der Produktion erfolgte mithilfe des aus Frankreich importierten Stoffes „Serge de Nimes", und aus der Amerikanisierung dieses Begriffes entstanden die Denim Jeans. Die Idee, Nähte und Zwickel mit Metallnieten zu verstärken, hatte der Schneider Jacob Davis. Dieser verfügte aber nicht über das Geld für eine Patentanmeldung, und so tat er sich mit Levi Strauss zusammen, um seiner Idee zum Erfolg zu verhelfen: 1873 wurden mit Nieten und orangefarbenen Nähten versehene Jeans zum Patent angemeldet. Zu gleicher Zeit wurde der braune Zeltstoff von dem mit Indigo blau gefärbten Denim-Stoff abgelöst.

Die Bezeichnung Blue Jeans wurde allerdings erst nach dem Ersten Weltkrieg ein feststehender Begriff, und Hosenträger wurden erst um 1930 nach und nach von Ledergürtel abgelöst. Amerikanische Soldaten machten die Blue Jeans nach dem Zweiten Weltkrieg in Deutschland bekannt. Filmstars wie James Dean und Marlon Brando erhöhten zwischen 1955 und 1965 das Modeimage dieser Hosen, und spätestens ab 1960 erreichten die Blue Jeans Kultstatus bei deutschen Jugendlichen. Immer mit dabei war der Indigo. Die modische Weiterentwicklung der Jeans brachte es später mit sich, dass ein Teil der Fans wünschte, eine neu gekaufte Jeans möge so aussehen, wie wenn sie schon mehrere Jahre getragen und unzählige Male gewaschen worden wäre. Der Nachteil des Indigo, gemessen an neu entwickelten Farbstoffen, weniger waschfest und lichtecht zu sein, verkehrte sich nun in einen Vorteil. Modifizierte Farbmethoden und eine spezielle Nachbehandlung erlaubten es, dem neuen Modetrend gerecht zu werden, und retteten dem Indigo endgültig ein Überleben als Textilfarbstoff. Zu Anfang des 21. Jahrhunderts gehen zumindest in Deutschland etwa 90 % der Indigoproduktion in die Färbung von Jeans-Kleidung.

Farbstoffe aus Teer

Teer dürfte den meisten Lesern als schwarze, zähe, unangenehm riechende Masse geläufig sein, die z. B. bei der Herstellung von Dachpappe und deren Abdichtung eine wichtige Rolle spielt. Auch die dunkle Farbe hölzerner Eisenbahnschwellen resultiert aus der Imprägnierung mit Teerextrakten als Schutz gegen Fäulnis und Verwitterung. Teer als Rohstofflieferant für Farbstoffe aller Schattierungen dürfte weniger bekannt sein, doch war Teer für die rasche Entwicklung der deutschen chemischen Industrie im Allgemeinen und der Farbenindustrie im Besonderen von entscheidender Bedeutung.

Teer, genauer gesagt Steinkohlenteer, ist ein Produkt der Verkokung von Steinkohle. Bei dieser in Kokereien durchgeführten Umwandlung von Steinkohle in Koks wird die Steinkohle allmählich auf Temperaturen bis 1200 °C erhitzt. In Abwesenheit von Sauerstoff findet keine Verbrennung statt, sondern es entweichen zahlreiche Chemikalien als Dampf, der durch Abkühlen wieder verflüssigt wird. Etwa 80 % der Steinkohle bleiben als Koks zurück, der für die Gewinnung von Eisen aus Eisenerzen in Hochöfen benötigt wird. Die verdampften Produkte bestehen zu einem kleinen Teil aus anorganischen Chemikalien wie Wasser (H_2O), Schwefelwasserstoff (H_2S) und Ammoniak (NH_3), größtenteils aber aus einer Vielzahl organischer Verbindungen, die in ihrer Gesamtheit als Steinkohlenteer bezeichnet werden. Durch Fraktionierungs- und Reinigungsverfahren konnten daraus zahlreiche organische Verbindungen (aus der Gruppe der Aromaten) in reiner Form gewonnen werden – ein Herstellungsweg, der auch im 21. Jahrhundert von der chemischen Industrie noch genutzt wird. Der Begriff Aromaten wurde im 19. Jahrhundert geprägt, weil alle aus Steinkohlenteer, aber auch einige aus Pflanzen gewonnenen Chemikalien über einen charakteristischen, „aromatischen" Geruch verfügen. In der modernen Chemie bezeichnet aromatischer Charakter allerdings eine bestimmte Elektronenstruktur, und andererseits wurden zahlreiche Duftstoffe entdeckt, welche diese aromatische Struktur nicht besitzen. Benzol (s. Formeln 8.3), Toluol, Naphthalin und vor allem Anilin (s. Formeln 8.3) waren die wichtigsten Rohmaterialien für die Herstellung von Farbstoffen. Die immense Bedeutung des Anilins lässt sich schon daraus ersehen, dass zwei der später weltberühmten Chemiefirmen das Wort Anilin im Firmennamen tragen: BASF = Badische Anilin und Sodafabrik sowie Agfa = Aktiengesellschaft für Anilin.

Die Produktion von Eisen, die etwa ab 1000 v. Chr. allmählich in ganz Europa bekannt wurde, nahm nach den napoleonischen Kriegen einen rasanten Aufschwung. Dafür war erstens das sich beschleunigende Bevölkerungs-

Formeln 8.3

NO$_2$

NH$_2$

+ HNO$_3$ / − H$_2$O

3 H$_2$ / − 2 H$_2$O

Benzol   Nitrobenzol   Anilin

NH$_2$

R

NH$_2$ NH$_2$

C$^\oplus$

R = H : Parafuchsin

R = CH$_3$: Fuchsin, Rosanilin

N(CH$_3$)$_2$

N(CH$_3$)$_2$ N(CH$_3$)$_2$

C$^\oplus$

Kristallviolett

OH

OH

Alizarin   Anthracen

Formeln 8.3   Formeln von Triphenylmethan-Farbstoffen und einiger aus Steinkohlenteer gewonnener Ausgangsstoffe

wachstum (s. Kap. 10) verantwortlich. Zweitens begann das Zeitalter der Maschinen, Eisenbahnen, Dampfschiffe und (zuletzt) Motorwagen. Drittens wurde die Gewinnung von Roheisen aus Eisenerzen perfektioniert, indem das Hochofenverfahren unter Verwendung von Koks verbessert und verbilligt wurde (s. Kap. 7). Viertens wurde die Umwandlung von Roheisen in Stahl optimiert, wodurch sich dem Eisen riesige neue Anwendungsgebiete erschlossen, insbesondere bei der Herstellung von Kanonen und Kriegsschiffen (s. Kap. 7). Daher wurden nun riesige Mengen an Koks benötigt, und Steinkohlenteer wurde zum Abfallprodukt, da sein wertvoller Inhalt, die aromatischen

Chemikalien, noch nicht entdeckt war. Diese Situation machten sich zwei deutsche Chemiker zunutze, nämlich Friedlieb F. Runge und Ernst Snell. Sie begannen mit der systematischen Analyse des Steinkohlenteers, was unter den damaligen Bedingungen ein schwieriges und zeitraubendes Unterfangen war. Runge, der früher begonnen hatte, entdeckte 1834 als erster Phenol (Hydroxybenzol) und Anilin im Teer (s. Formeln 8.3). Phenol, das zunächst als Leukol, dann als Karbolsäure bezeichnet wurde, machte zunächst Karriere als erstes Desinfektionsmittel für medizinische Anwendungen. Es war der schottische Arzt Josef Lister, der mit Phenol systematisch Operationssäle, chirurgische Instrumente und Schutzkleidung behandelte, um die hohen Infektionsraten in Krankenhäusern zu verringern. Allerdings ist das einfache Phenol gegen Haut sehr aggressiv und wurde nach und nach durch weniger gefährliche Desinfektionsmittel ähnlicher Struktur ersetzt. In späteren Jahrzehnten diente Phenol als Ausgangsmaterial für Sprengstoffe, Kunststoffe und Pharmaka. Das Anilin wurde durch Runge zunächst unter dem Namen Kyanol bekannt.

Ernst Snell hatte etwa um 1850 bei Justus Liebig in Gießen Chemie studiert. Justus Liebig (1803–1873) war sozusagen ein Starchemiker seiner Zeit, der auch noch Jahrzehnte nach seinem Tod Nichtchemikern durch das Nahrungsmittel „Fleischextrakt" bekannt war. Snell baute auf einem ehemaligen Ziegeleigelände bei Offenbach Anlagen zu Auftrennung von Teer in seine Bestandteile durch fraktionierende Destillation und verkaufte einzelne Fraktionen an Apotheker und andere Abnehmer. Er schickte Proben seiner Produkte an seinen ehemaligen Professor Liebig. Der fand diese Teerfraktionen interessant genug für weitere Untersuchungen und schickte seinen 1841 frisch promovierten Assistenten August Wilhelm von Hofmann nach Offenbach, womit dessen große Karriere ihren Anfang nahm. Hofmann erarbeite sich bei Snell Litermengen an Teerfraktionen, die er für detaillierte Untersuchungen nach Gießen mitnahm. Hofmann fand nur wenig Anilin in seinen Teerölen, und da er Anilin als ein wichtiges Ausgangsmaterial für die Herstellung von Farbstoffen betrachtete, erarbeitete er eine neue Synthese aus dem im Teer reichlich vorhandenen Benzol. Dieses über die Zwischenstufe Nitrobenzol (Mirbanöl, s. Formeln 8.3) verlaufende Herstellungsverfahren ermöglichte dann 1860 die Produktion von Hunderten Tonnen von Anilin. Schon bald danach waren es Tausende Tonnen Anilin und bis zum Ersten Weltkrieg mehrere Hunderttausend Tonnen. Auch im 21. Jahrhundert ist dieses Verfahren noch im Gebrauch. Kurz nach seiner Habilitation 1846 erhielt August Wilhelm von Hofmann auf Empfehlung Liebigs und auf Wunsch des englischen Prinzgemahls Albert eine Professur an der Royal School of Miners und errichtete später das College of Chemistry in London, wo er insgesamt 20

Jahre tätig war. Er wurde schließlich von Queen Victoria für seine Erfolge als Forscher und Hochschullehrer geadelt.

Zu seinen Studenten und Zuhörern gehörten zahlreich später in der Farbstoffchemie erfolgreich Chemiker. Hervorzuheben ist hier der Engländer William Henry Perkin,[1] dem es 1856 gelang, den ersten Farbstoff ausschließlich aus Teerprodukten herzustellen, das Mauvein. Dieser nach Malvenblüten benannte Farbstoff erfreute sich rasch großer Beliebtheit für das Färben von Garnen und Geweben. Dieser Syntheseerfolg ging wie ein Lauffeuer durch Europa und stimulierte in allen Industrienationen die Suche nach Farbstoffsynthesen aus Anilin und anderen Teerchemikalien. Der nächste große Syntheseerfolg wurde das Fuchsin (s. Formeln 8.3), das nach der amerikanischen Zierpflanze Fuchsie benannt wurde. Es wurde im Jahre 1858 fast zeitgleich von August Wilhelm von Hofmann in London und von François-Emmanuel Verguin in Lyon entdeckt.

Fuchsin wurde über viele Jahrzehnte hinweg zum Rotfärben von Wolle und Leder verwendet, bis es durch Farbstoffe mit größerer Lichtechtheit ersetzt wurde. Es hat sich aber auch in Biologie und Medizin bewährt, um die Erbsubstanz DNA im Zellkern und ganze Chromosomen unter dem Mikroskop sichtbar zu machen. Ferner wurde es zur Anfärbung von Haarrissen in Knochen verwendet. In den Jahren nach 1858 folgten Synthesen zahlreicher dem Fuchsin chemisch verwandter Farbstoffe, wie z. B. Hofmanns Violett, Kristallviolett (s. Formeln 8.3) und Bismarckbraun. Es zeigte sich, dass sich die rote Farbe des Fuchsins zum Violetten hin verschiebt, wenn die an den N-Atomen befindlichen H-Atome schrittweise durch CH_3- (Methyl-)Gruppen ersetzt werden. Das Maximum dieser Modifizierung wird beim Kristallviolett erreicht. Dieser Farbstoff erwies sich als zu wenig lichtecht, um für das Färben von Textilien geeignet zu sein, aber er leistete (und leistet) gute Dienste in Tintenstiften, als Tintenfarbe, in Stempelkissen und in Farbbändern von Schreibmaschinen.

Diese ersten Synthesen von „Teerfarben" bewirkten nach 1858 auch einen wirtschaftlichen Boom. In mehreren europäischen Ländern versuchten Chemiker in Hinterhöfen, kleine Farbstoffproduktionen aufzubauen. In den Jahren zwischen 1863 und 1865 kam es zu einer Gründungswelle mehrerer Farbenfabriken. Dazu gehörte die Farbenhandlung Bayer, die 1863 in Barmen (Wuppertal) von Friedrich Bayer und dem Färbermeister Friedrich Weskott ins Leben gerufen wurden. Allerdings war die finanzielle Situation an-

---

[1] Joseph Borkin behauptet in seinem (ansonsten überaus nützlichen) Buch „Die Unheilige Allianz der I.G. Farben" auf Seite 10, die Deutschen hätten die Idee der synthetischen Farbstoffe von dem Engländer William Henry Perkin gestohlen. Er ignoriert dabei völlig die Vorarbeiten von August Wilhelm von Hofmann, der viele Jahre in England unterrichtete und bei dem Perkin in die Lehre ging.

fangs so angespannt, dass man sich vor 1867 keinen Chemiker leisten konnte. Es folgte dann aber ein rasanter Aufstieg zur Weltfirma Bayer AG mit Hauptsitz in Leverkusen. Im gleichen Jahr wurde im Raum Frankfurt die Farbwerke Meister, Lucius & Brüning gegründet, die später in Farbwerke Hoechst AG umbenannt wurden. Schon 1850 war der Teerdestillationsbetrieb von Ernst Snell an den Chemiker Karl G. Reinhold Oehlers verkauft worden, der auch Erfahrung als Textilfärber hatte. Auch er stieg 1861 in die Fuchsin-Produktion ein und konnte trotz Patentstreitigkeiten mit der „Societé de la Fuchsine" seinen Betrieb ausbauen, der dann später in der Hoechst AG aufging. Nach 1860 begann auch Paul Wilhelm Kalle bei Wiesbaden mit der Teerfarbenherstellung. Er hatte bei Hermann Kolbe in Marburg sowie bei Carl Remigius Fresenius in Wiesbaden studiert und in französischen Fuchsin-Fabriken praktische Erfahrungen gesammelt. Auch seine Fabrik, die sich nach dem Ersten Weltkrieg zum Spezialisten für Folien, Filme und Membranen entwickelte, endete als Tochtergesellschaft der Hoechst AG.

Im Jahre 1865 folgte dann die Gründung der Badischen Anilin und Sodafabrik, die sich bis zum Beginn des 21. Jahrhunderts zur größten Chemiefirma der Welt mauserte. Im Jahre 1872 stieß die Agfa in Berlin zu den Farbenproduzenten und entwickelte sich später zum Spezialisten für Farbfilme. Schließlich stieß noch die Casella (Casella Farbwerke Mainkur Aktiengesellschaft AG) zu dieser Gruppe deutscher Farbenfabriken. Der Vollständigkeit halber soll hier aber auch erwähnt werden, dass es in der zweiten Hälfte des 19. Jahrhunderts noch zur Gründung mehrerer Chemiewerke kam, bei denen die Herstellung von Farbstoffen keine nennenswerte Rolle spielte. Dazu gehören die Merck AG (s. Kap. 9) sowie die Röhm und Haas (AG). Ferner sind die Henkelwerke in Düsseldorf und die Schering AG in Berlin (s. Kap. 9) sowie die deutsche Gold- und Silberscheide-Anstalt (DEGUSSA) in Hanau zu nennen.

Die erfolgreiche Synthese von Teerfarben aus Anilin ab 1856 spornte Chemiker an, auch aus anderen Basischemikalien Farbstoffe herzustellen, zumal viele Anilinfarben nur eine mäßige Lichtechtheit aufwiesen. Die Hunderte, ja Tausende von Farbstoffen, die bis zum Zweiten Weltkrieg erfunden wurden, sollen hier natürlich nicht aufgezählt werden, aber einige Meilensteine dieser Entwicklung verdienen erwähnt zu werden.

In erster Stelle ist hier das Alizarin zu nennen (s. Formeln 8.3), ein Name, welcher aus dem spanischen Begriff „alizari" für die Krapppflanze herrührt. Wie schon eingangs dieses Kapitels erwähnt, war die rote Farbe der Krappwurzel neben Indigo der am häufigsten verwendete Farbstoff aus biologischen Quellen. Carl Graebe und Carl Liebermann erarbeiteten als erste im Wettlauf mit Perkin an einer Synthese des Alizarins, wobei sie von dem aus Teer gewonnenen Anthracen (s. Formeln 8.3) ausgingen. Die 1869 patentierte Synthesemethode war für eine technische Herstellung zu teuer. Aufgrund verwandtschaftlicher Beziehungen kam Carl Graebe in Kontakt mit dem BASF-Chemiker Heinrich Caro, einem erfahrenen Farbstoffforscher, der ein billigeres, technisch brauchbares Herstellungsverfahren entwickelte. Der Erfolg von Graebe und Liebermann war auch den Farbwerken Hoechst nicht verborgen geblieben, die sich darauf um einen eigene Synthesemethode bemühten und damit auch Erfolg hatten. So kam es nach 1970 zu einem heißen Konkurrenzkampf um die europäischen Märkte für Alizarin. Mit einigen Jahren Verspätung starteten auch die Farbwerke Bayer mit eigener Alizarin-Produktion und erreichten trotz dieser Verspätung bis zum Ersten Weltkrieg die Führung in der Produktionsmenge. Ein intensiver Wettstreit am Markt für die neu entwickelten Teerfarben war in Deutschland vor 1877 die Regel, weil es für die vielen deutschen Fürstentümer und Königreiche kein verbindliches Patentrecht gab. Erst die Reichsgründung schuf ab 1872 die dafür notwendigen politischen Voraussetzungen, und ein Reichspatentgesetz erlangte 1877 Rechtskraft.

Alle zuvor genannten natürlichen und synthetischen Farben gehörten zu dem bei Färbern und deren Kunden beliebten Farbspektrum von Orange über Rot zu Violett und Blau. Etwa ab 1870 wurde für die chemische Industrie überraschend Grün zu einer wichtigen Modefarbe. Die Farbwerke Hoechst hatten nach 1867 eine kleine Produktion eines grünen Farbstoffes aufgebaut und suchten nach Abnehmern. Ein Repräsentant der Farbewerke Hoechst begab sich nach Lyon, um mit den dortigen Färbereien ins Geschäft zu kommen. Lyon hatte sich im 19. Jahrhundert zu Europas bedeutendstem Zentrum für Produktion und Färben von Seide gemausert. Ein Geschäftserfolg in Lyon war daher die Eintrittskarte in die Farbmärkte Europas. Die renommierteste Färberei Lyons, Renard & Villet, sicherte sich das Alleinvertretungsrecht in Frankreich für das „Aldehydgrün" von Hoechst (ein Substanzgemisch, das aus der Reaktion von Fuchsin oder Parafuchsin mit Paraldehyd resultierte). Die Schneiderin der Kaiserin Eugenie konnte überzeugt werden, eine neue Abendrobe aus grüner Seide zu fertigen. Das Auftreten der Kaiserin in diesem neuen Grün machte Furore unter den adligen Damen Europas, und schließlich wurde auch die Weiblichkeit breiter Bevölkerungsschichten von der Begeisterung für Grüntöne angesteckt. Zunächst waren neben dem „Aldehydgrün" nur geringe Mengen an „Jodgrün" im Handel gewesen, doch waren diese Farbstoffe relativ empfindlich gegen Sauerstoff und Licht. Die Synthese neuer grüner Farbstoffe führte zunächst zum „Methylgrün" von dem die Firma Bayer 1876 schon 22.000 kg produzierte. Kurz zuvor hatte allerdings die Agfa ein Verfahren zur Herstellung von Malachitgrün patentiert, das sich bei Vergleichsversuchen als besser erwies. Die Firma Bayer reagierte mit der Entwicklung eines anderen Syntheseverfahrens und brachte ab 1878 denselben Farbstoff unter der Bezeichnung „Neugrün 1" auf den Markt. Es kam aber wieder zu dem für diese Zeit typischen Konkurrenzkampf deutscher Farbproduzenten. Daraus ergab sich noch die Erfindung von Smaragdgrün, das wegen seines anderen Farbtones neben Malachitgrün breite Anwendung fand. Alle diese Grünfarbstoffe hatten gemeinsam, dass sie auf Anilin als Rohstoff basierten und dass ihre chemische Struktur Variationen des Kristallvioletts (s. Formeln 8.3) darstellten.

Eine neue Farbstoffklasse, deren Herstellung nicht auf Anilin beruht, wurde ab 1901 bei der BASF entwickelt, die sogenannten „Indanthrenfarben". Das erste Beispiel, Indanthron (auch als Alizarinblau bezeichnet, s. Formeln 8.4), war ein blauer Farbstoff von höchster Licht-, Luft- und Kochbeständigkeit. Er eignet sich besonders für das Färben von cellulosehaltigen Fasern (Baumwolle, Flachs) sowie zum Bedrucken von Papier und war bis in die Zeit nach dem Zweiten Weltkrieg erfolgreich auf dem Markt. In der Folgezeit wurden von der BASF sowie von den anderen Farbstoffwerken zahlreiche weitere Farbstoffe unter dem Begriff Indanthrenfarben auf den Markt gebracht, die sich durch besonders große Lichtechtheit (sowie durch kondensierte Ringsysteme) auszeichneten. Nach den Zweiten Weltkrieg basierten die Indanthrenfarben der vereinigten I.G. Farbwerke auf einem Dutzend verschiedener Grundstrukturen, von denen unter Formeln 8.4 nur drei Beispiele mit verschiedenen Farbtönen aufgeführt sind.

Abschließend soll die Gruppe der Azofarbstoffe (s. Formeln 8.5) erwähnt werden, die sich als besonders ergiebig und erfolgreich erwies. Der „Azo" bezeichnet zwei doppelt verknüpfte Stichstoffatome (−N=N−) und leitet sich vom griechischen „azoein" (αζώειν) her. Dieses Wort bedeutet „nicht leben", da der Mensch und alle Tiere, die Sauerstoff für die Atmung benötigen, in einer Atmosphäre aus reinem Stickstoff (N_2) nicht leben könnten. Das farbgebende Grundprinzip der Azofarbstoffe sind zwei durch eine Azogruppe verknüpfte Benzolringe. Der Wollfarbstoff Chrysoidin (s. Formeln 8.5) war einer der ersten und einfachsten Vertreter dieser Farbstoffgruppe. Er ist auch deswegen erwähnenswert, dass die Einführung einer Sulfonsäuregruppe reicht, um ein gegen Streptokokkeninfektionen wirksames Medikament zu erhalten, das einige Jahrzehnte unter dem Markennamen „Prontosil" im Gebrauch war. Es handelt sich hier um ein für die Zeit vor dem Ersten Weltkrieg typisches Beispiel für die fruchtbare Wechselwirkung zwischen Farbstoff- und Pharmaforschung in der deutschen chemischen Industrie.

Auch auf dem Gebiet der Azofarbstoffe kam es zu einem intensiven Wettstreit der Erfinder und Farbstoffproduzenten. Am Anfang stand die For-

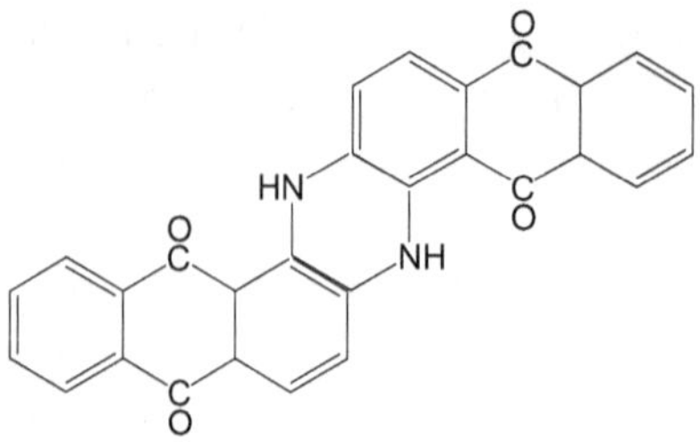

Alizarinblau

Indanthron

Indanthren-Blau RS

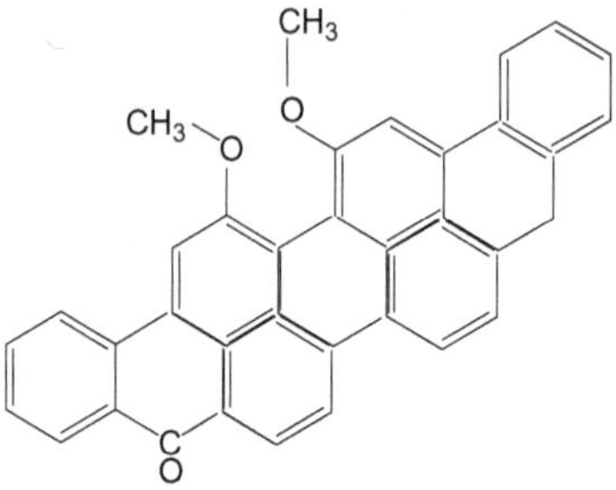

Indanthren-Grün

Brilliantgrün RFB

(Dimethoxyviolanthren)

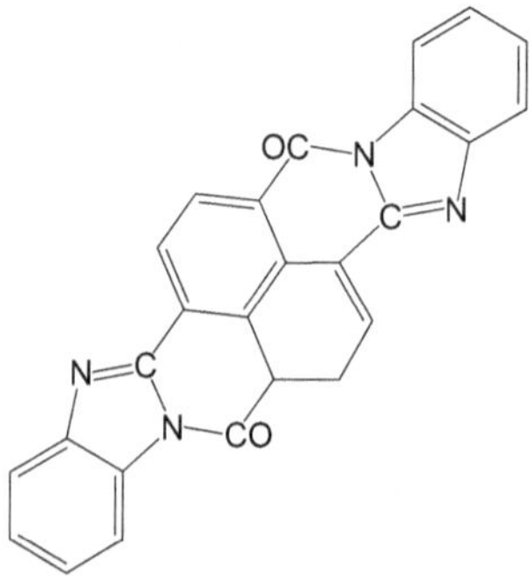

Indanthren-Orange

Brilliantorange GR

Formeln 8.4 Formeln der bedeutendsten Indanthrenfarbstoffe

schung des zuerst in Deutschland, danach in England tätigen Chemikers Peter Grieß, der seine Arbeiten erstmals 1858 in „Justus Liebigs Annalen der Chemie" veröffentlichte. Grieß bemühte sich nicht um eine technische Produktion der von ihm erfundenen Azofarbstoffe, und ab 1870 begann der Wettlauf der Farbenfabriken um deren Nutzung. Die ersten Erfolge hatte Heinrich Caro bei der BASF vorzuweisen, der neben Azo-Gelb und Azo-Orange das für Wolle besonders geeignete „Echtrot" erfand (s. Formeln 8.5).

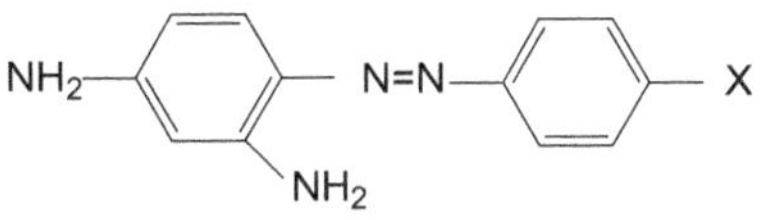

X = H : Chrysoidin

X = SO$_2$NH$_2$: Prontosil

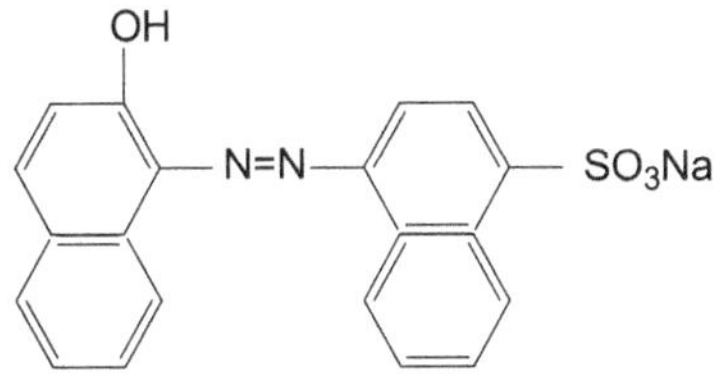

Echtrol A

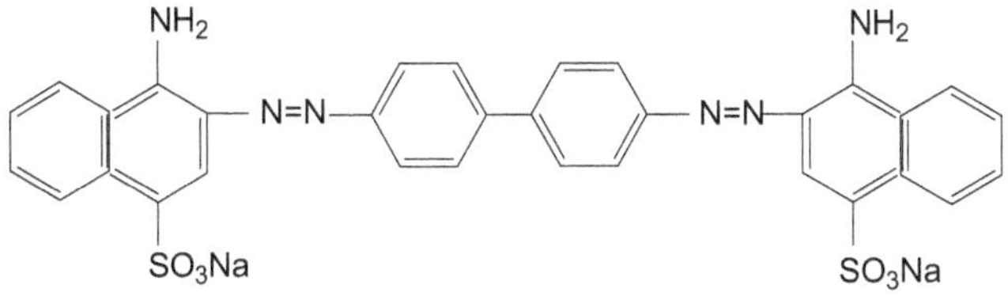

Kongorot

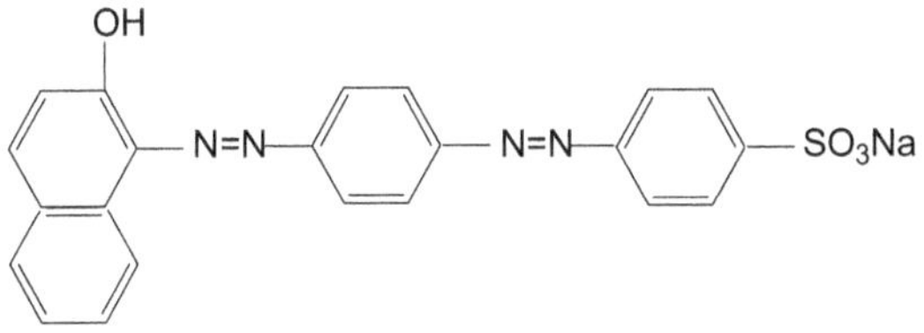

Biebricher Scharlach

Formeln 8.5 Formeln historisch wichtiger Azofarbstoffe

Im Jahre 1878 erhielt die BASF das erste Reichspatent für Azofarbstoffe. Noch ohne Patentschutz brachte Bayer ebenfalls 1878 „Crocein-Orange G" auf den Markt. Ebenfalls im selben Jahr patentierten die Farbwerke Hoechst die von ihrem Chemiker Heinrich Braun entwickelten „Ponceau-Farbstoffe". Diese Farbstoffe verfügten über schöne scharlachrote Farbtöne und verdrängten das Färben mit der Cochenille-Laus vom Markt. Im Jahre 1879 erhielt schließlich Paul Wilhelm Kalle ein Patent auf einen anderen Azofarbstoff namens „Scharlachrot".

Eine neue Generation von Azofarbstoffen wurde 1884 von dem ursprünglich bei Bayer arbeitenden Chemiker Paul Böttiger ins Leben gerufen. Sein Patent auf „Kongorot" (s. Formeln 8.5) wollte zunächst keine der großen Farbenfabriken erwerben, dann erwarb Agfa das Patent und die Farbwerke

Bayer erkannten ihren Irrtum. Neue, dem Kongorot ähnelnde Farbstoffe wurden erfunden, die wie auch der „Biebricher Scharlach (s. Formeln 8.5) über zwei Azogruppen verfügten, und es entbrannte wieder der Konkurrenzkampf der großen Farbenfabriken. Kongorot brachte eine neue Dimension des Färbens ins Spiel, weil es direkt auf Wolle „aufzog", ohne eine vorbereitende Behandlung wie Tannieren oder Küpenherstellung zu erfordern. Die Azofarbstoffe erwiesen sich als die vielseitigste Farbstoffklasse, und nach der Jahrhundertwende waren schon über 1500 Azofarbstoffe patentiert. Auch in den folgenden Jahren leisteten die Azofarbstoffe einen wichtigen Beitrag zum wirtschaftlichen Erfolg der deutschen Farbenindustrie.

Für das Jahr 1914 lässt sich bilanzieren, dass die deutsche chemische Industrie über 50 % aller chemischen Patente weltweit innehatte. Ferner lieferte die chemische Industrie fast 90 % aller in der Welt produzierten Farbstoffe, obwohl England und Frankreich schon früher mit Forschung über Farbstoffsynthesen begonnen hatten. Dieser ungeheure Erfolg der deutschen Chemie, der auch von einem Aufstieg der Pharmaindustrie begleitet war (s. Kap. 9) reizt zu zwei Fragen. Was waren die Gründe für diesen rasanten Aufstieg? Und was waren die Folgen? Zur ersten Frage lässt sich sagen, dass die deutschen Universitäten wesentlich am Aufschwung der chemischen Industrie beteiligt waren. Maßgeblich war hierbei das Konzept Wilhelm von Humboldts, Forschung und Lehre aus einer Hand anzubieten. Dazu kam, dass das deutsche Chemiestudium Theorie und experimentelle Praxis eng miteinander verband, ein System, das von Justus von Liebig um 1835 eingeführt wurde und für Jahrzehnte ein Vorteil des deutschen Chemiestudiums blieb. Ein frisch promovierter Chemiker konnte so von seinem industriellen Arbeitgeber sofort nutzbringend eingesetzt werden. Diesem positiven Aspekt steht eine negative Antwort auf Frage zwei gegenüber. Der einzigartige Aufstieg der deutschen chemischen Industrie weckte den Neid der Konkurrenten, und der Einfluss, den diese Entwicklung auf den Verlauf des Ersten und Zweiten Weltkrieges nahm, soll im letzten Teil dieses Kapitels näher erläutert werden.

Konflikte mit den USA

In den Jahrzehnten von dem Ersten Weltkrieg waren Millionen Deutsche in die USA ausgewandert, und es gibt Schätzungen, dass zur Zeit des Ersten Weltkrieges bis zu 25 % der US-Amerikaner gebürtige Deutsche waren oder deutsche Vorfahren hatten. Der bis 1913 amtierende Präsident Theodore Roosevelt war als deutschfreundlich bekannt. Zu Beginn des Ersten Weltkrieges war der weitaus größte Teil der Bevölkerung auf eine neutrale Haltung ihres Landes eingestimmt. Unter der Oberfläche der offiziellen Politik erfolgte, natürlicherweise, muss man sagen, eine Polarisierung der US-Amerikaner in deutschfreundliche und in feindlich gesinnte Bevölkerungsgruppen. Da der angelsächsische und der aus Frankreich stammende Anteil der US-Bürger wesentlich höher war als der deutschstämmige, verschob sich die Stimmungslage mit fortschreitender Kriegsdauer in Richtung einer deutschfeindlichen Haltung.

Eine deutschfeindliche Haltung hatte sich schon kurz nach Kriegsausbruch vor allem in der amerikanischen Wirtschaft breitgemacht, wofür zwei Gründe maßgeblich waren. Erstens: Die weitaus meisten Besitzer oder Manager von Industrieunternehmen und Banken waren angelsächsischer Abstammung. Zweitens: Mit Frankreich und England ließen sich gigantische Geschäfte abwickeln und exorbitante Gewinne erzielen, mit Deutschland wegen der Seeblockade dagegen nicht. Außerdem hatten Frankreich und England schon aus der Zeit vor 1912 begonnen, Rohstoffe und Rüstungsgüter aus den USA zu beziehen. Zusammen mit der Lieferung von Lebensmitteln erreichte der Export der USA nach Frankreich und England schon 1913 annähernd 70 % des gesamten Exports. In beiden Nachbarländern Deutschlands und Russland war die Politik langfristig auf einen Krieg geben Deutschland und Österreich ausgerichtet. Frankreich wollte das Elsass zurück und Russland wollte Land erobern, von Ostpreußen über die Slowakei bis zum Balkan.

Die Exporte der USA nach England und Frankreich waren zu einem großen Teil mit Krediten amerikanischer Banken und Lieferanten bezahlt worden. Der Umfang der Kredite wuchs seit Kriegsbeginn rapide, und ein Sieg Deutschlands hätte die Rückzahlung verhindert. Amerikanische Banken wie amerikanische Industrie waren daher von Kriegsbeginn an darauf aus, Bevölkerung und Politiker auf einen Kriegseintritt der USA gegen Deutschland in Stimmung zu bringen. Die chemische Industrie beteiligte sich am Kesseltreiben gegen Deutschland aus drei Gründen. Erstens war die größte Chemiefirma, E.I. Du Pont de Nemours, seit den Tagen George Washingtons auch der größte Produzent von Schieß- und Sprengstoffen. Diese Firma war daher auch Gläubiger für Lieferungen an Frankreich und England und konnte von einem erhöhten Munitionsverbrauch nach Kriegseintritt der USA profitieren. Zweitens konnten im Falle eines Sieges alle Patente der deutschen chemischen Industrie gratis übernommen werden. Drittens sollte in den USA eine florierende Farbstoffindustrie aufgebaut und die deutschen Produkte zuerst vom nationalen und danach vom internationalen Markt verdrängt werden. Es ging dabei nicht nur um Farbstoffe. Die Amerikaner hatten verstanden, dass die Entwicklung der Farbstoffindustrie die wissenschaftliche und finanzielle Basis für den gesamten Aufstieg der deutschen chemischen Industrie bildete. Das amerikanische Wehrbeschaffungsamt stimulierte die eigene Industrie zum Einstieg in die Farbstoffproduktion, und durch einen 1916 eingeführten Schutzzoll wurde die Konkurrenzfähigkeit importierter Farben und Chemikalien drastisch reduziert. Industrie und Banken der USA hatten also hinreichend Motive für einen Krieg gegen Deutschland, es ging nur noch darum, die Bevölkerung und den Präsidenten zu überzeugen. Dazu gehörte eine zunehmende Zahl von Presseberichten über angebliche Gräueltaten deutscher Soldaten. Aber auch konkrete Anlässe trugen zu einer Anti-Deutschland-Stimmung bei. Dazu gehörte der U-Boot-Krieg mit dem „Fall Lusitania".

Die Lusitania war der größte und modernste Luxusdampfer der englischen Cunard-Linie und beförderte Passagiere zwischen England und den USA. Am 7. Mai 1915 wurde er in der Nähe der irischen Küste von U20 versenkt, wobei 1198 Passagiere und Mannschaftsmitglieder, darunter 124 US-Bürger, den Tod fanden. Schon wenige Tage nach diesem Ereignis begannen heftige Diskussionen, und es entwickelte sich eine über Jahrzehnte anwachsende Sekundär- nebst Tertiärliteratur, in der Spekulationen und Kommentare über die Umstände und Ursachen der Versenkung angehäuft wurden. Hier können nur einige wenige Punkte Erwähnung finden. Die Lusitania hatte wohl wie einige britische Passagierschiffe zuvor und zahlreiche danach Munition und vielleicht auch Waffen geladen. Die Lusitania sank innerhalb von 18 min, was bei einem so großen Schiff (31.000 BRT) nicht durch einen einzigen Torpedotreffer erklärbar ist. Der deutsche U-Boot-Kapitän hatte sofort bei seiner Erfolgsmeldung von einer zweiten wesentlich stärkeren Explosion berichtet, die nur durch Munition bzw. Sprengstoff an Bord des Schiffes erklärbar war. Ein mit der Aufklärung des Falles betrautes New Yorker Appellationsgericht stellte im Januar 1923 klar, dass die Lusitania Munition an Bord hatte und ihre Versenkung eine seerechtskonforme Kriegshandlung war. Nach internationalem Seerecht waren Schiffe, die Rüstungsgüter transportierten, Kriegsschiffe, gleichgültig, wie viele Zivilpersonen an Bord waren. Die deutsche Kriegsmarine war daher berechtigt, diese Schiffe anzugreifen, und der deutsche Botschafter in Washington hatte 1915 erklärt, dass mit Waffen beladene Fracht- und Passagierschiffe ohne Vorwarnung torpediert würden. Briten und Amerikaner riskierten bewusst das Leben Tausender Zivilisten, um Deutschland moralisch ins Unrecht zu setzen und die Stimmung in den USA gegen Deutschland anzuheizen. Der „Fall Lusitania" lieferte dazu einen erheblichen Beitrag. Es ist interessant festzuhalten, dass selbst der amerikanische Außenminister William Jennings Bryan der Meinung war, dass die Deutschen berechtigt waren, Passagierschiffe mit Munitions- und Waffenladung anzugreifen. Er war außerdem zur Einsicht gekommen, dass sein (ursprünglich befreundeter) Präsident Woodrow Wilson (1913–1921) von einer bestimmten Lobby gezielt in den Krieg getrieben wurde, und quittierte 1915 den Dienst.

Zu einem schlechten Image Deutschlands in den USA trug auch das Verhalten Erich Ludendorffs bei, der nach der verlorenen Schlacht an der Somme im Herbst 1916 Erich von Falkenhayn als Generalstabschef ablöste. Ihm war klar, dass der Erste Weltkrieg auch ein Wirtschaftskrieg war und dass es in deutschen Fabriken an Arbeitskräften fehlte. Er ließ etwa 600.000 Belgier zur Zwangsarbeit verpflichten und nach Deutschland deportieren. Die belgische Regierung protestierte aufs Heftigste, vor allem in den USA. Der weiter intensivierte U-Boot-Krieg brachte das Fass zum Überlaufen. Nach seiner Wiederwahl als Präsident Ende 1916 ließ sich der an und für sich pazifistisch gesinnte Woodrow Wilson von der Notwendigkeit eines Krieges gegen Deutschland überzeugen und proklamierte die Kriegserklärung im April 1917.

Ob die Lusitania zufällig torpediert wurde oder, wie verschiedenen Hinweise nahelegen, von britischer und amerikanischer Seite den deutschen U-Booten absichtlich „zum Fraße vorgeworfen" wurde, konnte nie eindeutig geklärt werden. Doch ist an dieser Stelle ein Vergleich mit dem Verlauf des amerikanisch-spanischen Krieges von Interesse. In den Jahren 1890 kam es auf Kuba und in anderen spanischen Kolonien zu Aufständen gegen die spanische Besatzung. Die Jahrzehnte zuvor erfolgreich verlaufenden Freiheitskämpfe verschiedener süd- und mittelamerikanischer Staaten waren das Vorbild. Im Lauf der Kämpfe auf Kuba wurden auch Besitzungen von Bürgern und Firmen der USA beschädigt. Die USA besaßen eine neue schlagkräftige Flotte, während die Kriegsschiffe Spaniens veraltet und schlecht geführt waren. Es bot sich also eine günstige Gelegenheit, den Spaniern Kolonien abzunehmen. Nur fehlte noch der Anlass. Am 15. Februar 1898 explodierte im Hafen von Havanna das amerikanische Kriegsschiff Maine. Auch hier wurde nie geklärt, ob die Explosion zufällig (eher unwahrscheinlich) oder von amerikanischer Seite inszeniert war. In den amerikanischen Medien wurde eine spanisches Bombenattentat unterstellt. Die USA eröffneten nun den Krieg gegen Spanien und brachten außer Kuba auch noch Puerto Rico, die Philippinen und die Marianen unter ihre Herrschaft.

Im Ersten Weltkrieg ging es den USA nicht um Landgewinn, aber die amerikanische Industrie erhielt wie gewünscht alle deutschen Patente, und darüber hinaus wurde Deutschland zu enormen Reparationsleistungen einschließlich der Lieferung von Farbstoffen erpresst. Nach 1919 versuchte die chemische Industrie der USA, allen voran DuPont, intensiv auf Basis der konfiszierten deutschen Patente eine eigene Farbstoffproduktion aufzubauen. Trotz gewaltiger Investitionen gelang dies aber nicht, weil die deutschen Auslandspatente absichtlich vage formuliert und nur für einen erfahrenen

Farbstoffchemiker nützlich waren. Versuche, Ende 1919 Carl Bosch, Direktor und Vorstandsmitglied der BASF, für eine Zusammenarbeit zu gewinnen, scheiterten. Ende 1920 gelang es dem DuPont-Beauftragten E. C. Kunze durch Bestechung, vier Farbstoffchemiker der Bayerwerke anzuheuern und zusammen mit technischen Informationen aus Deutschland herauszuschmuggeln. Der Koffer wurde jedoch von holländischen Behörden beschlagnahmt, und nachdem die Bayerwerke informiert waren, wurde in Deutschland Haftbefehl wegen Industriespionage gegen die vier flüchtigen Bayer-Chemiker erlassen. Zwei von ihnen konnten sofort in die USA entkommen, die anderen beiden kamen zunächst in deutsche Haft. DuPont bewirkte jedoch unter Mithilfe der amerikanischen Besatzungsarmee deren Freilassung und Überführung in die USA. Von 1922 an konnte nun DuPont eine leistungsfähige Farbstoffproduktion aufbauen. Die zeitweise Schließung der deutschen Farbenfabriken während der Inflation und der französischen Besetzung des Rheinlandes 1923 gaben DuPont und anderen ausländischen Farbenproduzenten weiter Auftrieb.

Schwierigkeiten zwischen der deutschen I.G. Farben AG (gegründet 1925, s. Kap. 12) und der amerikanischen Industrie ergaben sich noch auf einer anderen Ebene. Carl Bosch, Leiter der I.G., hatte mit dem größten Industrieunternehmen „Rockefeller Standard Oil Co" langfristige Zusammenarbeiten eingefädelt, die zur Gründung zweiter gemeinsamer Tochterunternehmen geführt hatte: Der JASCO und der Standard I.G. Co. C. Bosch hatte zweierlei Gründe für diese Aktivitäten. Erstens hatte der Verlust der Patente und Betriebsgeheimnisse des Haber-Bosch-Verfahrens (s. Kap. 10) nach 1919 dazu geführt, dass immer mehr Länder dazu übergegangen sind, eigene Produktionsanlagen für Ammoniak und Salpetersäure aufzubauen. Daher mussten die Auslastung der Hochdruckanlagen in Oppau und Leuna ständig zurückgefahren werden.

Zweitens hatte Carl Bosch für die I.G. Farben die Patente von Bergius aufgekauft, welche das weltweit erste Verfahren zur Synthese von Benzin aus Kohle schützten (s. Kap. 12). Die Umrüstung der alten Hochdruckanlagen auf das neue Verfahren oder der Aufbau neuer Anlagen erforderte jedoch riesige Summen, die in dem verarmten Nachkriegsdeutschland kaum aufzutreiben waren. Eine weltweite Installation des Bergius-Verfahren gar war völlig außer der finanziellen Reichweite der I.G. Farben. Daher hatte Carl Bosch große Anstrengungen unternommen, die Standard-Oil als potenten Geschäftspartner für die weltweite Nutzung des Bergius-Verfahrens zu gewinnen. Für die Überlassung der weltweiten Nutzung des Bergius-Verfahrens wurde die I.G. Farben mit 20 % an dem gemeinsamen Tochterunternehmen (Standard I.G.) beteiligt und erhielt eine Bezahlung von etwa 35 Mio. Dollar in Form von Standard-Oil-Aktien, die es Carl Bosch erst ermöglichten, das Verfahren in Deutschland großtechnisch aufzubauen und einsatzfähig zu machen.

Nach diesem ersten Verhandlungserfolg bemühten sich Carl Bosch und sein Stellvertreter Carl Krauch um eine weitere Kooperation mit dem Ziel, Chemikalien verschiedener Art, vor allem aber Synthesekautschuk (s. Kap. 13), aus Erdöl zu gewinnen. An diesem zweiten Gemeinschaftsunternehmen war die I.G. Farben mit 50 % beteiligt. Diese Kooperation sah vor, dass alle neu erarbeiteten Ergebnisse gegenseitig mitgeteilt und gemeinsam genutzt werden sollten. Es war aber nicht vorgesehen, dass die schon zuvor in Deutschland erarbeiteten Patente für Synthesekautschuk Buna, der Standard-Oil automatisch zur Nutzung überlassen werden sollten. Dieser Punkt produzierte in der Folgezeit erheblichen Ärger.

Zunächst aber schlug die Weltwirtschaftskrise zu und führte zu einem Preissturz bei Erdöl und Naturkautschuk, sodass die Standard-Oil auf mehrere Jahre hinaus wenig Interesse hatte, in die Gemeinschaftsunternehmen zu investieren und ihre Arbeit zu forcieren. Die Situation änderte sich allmählich in den Jahren 1937 und 1938, als mehr und mehr klar wurde, dass Hitler eine expansive Außenpolitik betrieb, die einen Krieg in Europa zur Folge haben konnte. Für einen motorisierten Krieg mit Lastkraftwagen, Panzern, Flugzeugen und Schiffen waren große Mengen gummiartiger Materialien nötig. Deutschland wie die USA war ursprünglich vom Import von Naturkautschuk aus Brasilien und Indonesien abhängig. Deutschland hatte sich jedoch mit der Erfindung von Synthesekautschuk und dem Aufbau einer großtechnischen Produktion weitgehend unabhängig gemacht. Die Amerikaner waren nicht so weit. Sie entwickelten daher ein zunehmendes Interesse an der Versorgung ihrer Personenkraftwagen, ihrer Industrie und ihrer Streitkräfte mit Synthesekautschuk. Dazu benötigten sie den Zugang zu den deutschen Patenten und Betriebsgeheimnissen. Die Vertreter der I.G. Farben AG wurden andererseits vonseiten des Nazi-Regimes unter Druck gesetzt, keine Produktionsgeheimnisse für wichtige Rüstungsgüter an potenzielle Gegner weiterzugeben. In den Jahren 1937 bis Ende 1941 mussten daher die Repräsentanten der I.G. Farben AG in zahlreichen Besprechungen und Verhandlungen mit der Standard-Oil einen sehr schwierigen Balanceakt absolvieren, um einerseits die Buna-Patente zurückzuhalten und andererseits das Wohlwollen und die nützliche Partnerschaft der Amerikaner nicht zu verlieren.

Eine dramatische Zuspitzung dieser Situation ergab sich im Herbst 1941, als die USA in den Krieg mit Japan und mit Deutschland verwickelt wurden. Der rasche Vorstoß der Japaner nach Südostasien schnitt die USA von den dortigen Kautschukquellen ab, und es entstand eine „Gummikrise". Daraufhin begann die amerikanische Kartellbehörde, die gesamten Verträge und Geschäfte der Standard-Oil mit der I.G. Farben AG zu durchleuchten. Am 25. Mai 1942 erließ Leo T. Crowley, der neu ernannte Treuhänder für feindliches Vermögen, die erste Verordnung zur Beschlagnahmung aller Patente, Aktien und Ansprüche, welche die I.G. Farben von den beiden Gemeinschaftsunternehmen besaßen. Ferner kam es in den USA zu einem Prozess gegen die drei Repräsentanten der Standard-Oil (Frank A. Howard, Walter C. Teagle und William S. Farish), die mehrere Jahre mit der I.G. Farben kooperiert und verhandelt hatten. Es wurde ihnen Erfolglosigkeit sowie Verweigerung von Lizenzen an die amerikanischen Gesellschaften Goodyear und Dow Chemical vorgeworfen. Von diesem Zeitpunkt an waren die Beziehungen der I.G. Farben und anderer deutscher Chemieunternehmen zur amerikanischen Industrie auf dem Tiefpunkt angelangt. Die Konsequenzen zeigten sich nach der Kapitulation Deutschlands im Mai 1945. Die I.G. Farben AG wurde zerschlagen, die Schatztruhe der Patente und Verfahren wurde ein zweites Mal geplündert und alle Besitzungen in den USA enteignet.

Literatur

H. Römpp, A. O. Neumüller „Chemie Lexikon" Franckh'sche Verlagsbuchhandlung, Stuttgart 7. Auflage 1975

P. Karrer, „Lehrbuch der Organischen Chemie", C. Thieme Verlag, Stuttgart, 13. Aufl., 1959

E. Bäumler, „Farben, Formeln Forscher", Piper Verlag, München, Zürich, 1989

E. Verg, G. Plumpe, H. Schultheis, „Meilensteine – 125 Jahre Bayer AG", Konzernverwaltung 1988

J. Borkin, „Die Unheilige Allianz der I.G. Farben", Campus Verlag, Frankfurt, New York, 3. Aufl. 1981

Encyclopedia Americana, Americana Corp., Lexington N.Y., 1973

Cochemille Schildlaus: https://de.wikipedia.org/wiki/Cochenille_Achildlaus

A. W. Hofmann, http://de.wikipwedia.org/wiki/August_W._von_Hofmann

A. Dutly, „Geschichte des Indigo", http://www.dutly.ch/indigohtml/indigo1.html

Jeans, http://de.wikipedia.org/wiki/Jeans

Fuchsin: http://de.wikipedia.org/wiki/Fuchsin

Alizarin: http://de.wikipedia.org/wiki/Alizarin

Azofarbstoff, http://de.wikipedia.org/wiki/Azofarbstoff

Indanthron, http://de.wikipedia.org/wiki/Indanthren

9

Aspirin, Seuchen und die Entstehung der Pharmaindustrie

Inhaltsverzeichnis

Infektionskrankheiten und die Anfänge der Chemotherapie

„Deutschland ist die Apotheke der Welt" war ein Slogan, der vor dem Ersten Weltkrieg entstand und mit Abschlägen auch noch bis zum Zweiten Weltkrieg Gültigkeit hatte. Ein Erlebnis des Autors noch zwanzig Jahre nach dem Zweiten Weltkrieg mag den Nachruhm der deutschen Pharmaindustrie unterstreichen. Im Jahre 1965 reiste der Autor mit einer Gruppe von 23 Studenten zu einem zweiwöchigen Ferienaufenthalt auf Sizilien. Im Laufe der ersten zehn Tage erkrankten 20 Studenten einschließlich des Autors an einer Magen-Darm-Infektion. Da nur zwei Mitglieder der Gruppe über entsprechende Medikamente in ihrer Reiseapotheke verfügten, war der Gang zu einer Apotheke unerlässlich. Nun konnte der Apotheker so wenig Englisch oder Deutsch wie die Kranken Italienisch sprachen. Nach heftigem Gestikulieren öffnete der Apotheker alle seine Schränke, um uns die freie Auswahl zu gewähren. Dabei zeigte sich, dass über 50 % aller Medikamente aus Deutschland stammten, und das Logo der Hoechst AG war dominierend.

Die Vorherrschaft der deutschen Pharmaindustrie vor dem Ersten Weltkrieg hatte nicht nur positive Seiten. Sie weckte den Neid der chemischen Industrie anderer Länder, ganz analog zur Entwicklung bei den Farbstoffen (s. Kap. 8). Außerdem war kein Land davon begeistert, große Mengen an Devisen für den Import deutscher Chemieerzeugnisse zahlen zu müssen. Die chemische Industrie sowie Wirtschafts- und Finanzfachleute mehrerer Länder wie Frankreich, England und USA waren daher an einem Krieg gegen Deutschland interessiert, um deutsche Patente, Produktionsgeheimnisse und Markenzeichen zu „erobern".

Das Aufblühen einer vielseitigen deutschen Pharmaindustrie vor dem Ersten Weltkrieg resultierte aus dem Zusammentreffen verschiedener Faktoren und Entwicklungen. Da wäre zuerst die rasche Entwicklung einer im Weltmaßstab außergewöhnlich leistungsfähigen Farbstoffindustrie zu nennen. Erfindung und Produktion vieler Farbstoffe basierten auf der Nutzung von aromatischen Grundstoffen (d. h. Substanzen, die mindestens einem Benzolring enthalten, s. Formeln 8.1, 8.2, 8.3, 8.4 und 8.5), die aus Steinkohlenteer gewonnen wurden. Diese aromatischen Chemikalien wie Anilin oder Aminophenol erwiesen sich auch als geeignete Ausgangsmaterialien für die Herstellung verschiedener Pharmaka. Darüber hinaus stellte sich überraschenderweise heraus, dass auch einige Farbstoffe selbst als Medikamente brauchbar waren. Der zweite Faktor, der den raschen Aufbau der deutschen Pharmaindustrie begünstigte, waren experimentierfreudige und innovative Ärzte, welche die Behandlung von Patienten in jede Richtung verbesserten. Dabei wurden die Grundlagen der Chemotherapie von Infektionskrankheiten erarbeitet, und das gezielte Anfärben bestimmter Zellen und Zellkomponenten unter dem Mikroskop wurde erfunden. Der Nobelpreisträger für Medizin Robert Koch (1843–1910, s. u.), war ein Pionier dieser neuen Entwicklung. Teerfarbstoffe wie Fuchsin, Methylviolett (s. Kap. 8) und Methylenblau waren dabei behilflich.

Der dritte Faktor ergab sich aus dem enormen Einfluss, den Infektionskrankheiten und Seuchen auf Wohlbefinden und Bevölkerungswachstum in allen Staaten und in allen Jahrhunderten vor dem Ersten Weltkrieg ausgeübt haben. Bis zu dessen Ende waren Infektionen und Seuchen[1] die häufigste

---

[1] Eine andere Wortwahl wäre endemische oder epidemische Infektionskrankheit. Endemisch bedeutet, dass die Infektionskrankheit permanent allgegenwärtig ist. Typischerweise entstehen endemische Infektionskrankheiten durch wiederholte Epidemien, bei denen mehr oder weniger immunisierte Jugendliche und Erwachsene überleben. Endemische Infektionskrankheiten befallen daher bevorzugt Kinder, denen die Immunität zunächst fehlt.

Todesursache für alle Bevölkerungsschichten und Staaten Europas. Erst die nach 1870 einsetzenden großen Fortschritte der Chemotherapie und Immunisierung hatten zur Folge, dass nach dem Zweiten Weltkrieg andere Krankheitsbilder wie Krebs und Herz-Kreislauf-Erkrankungen zu dominierenden Todesursachen werden konnten. Das nach den napoleonischen Kriegen einsetzende starke Bevölkerungswachstum Europas führte zusammen mit der beginnenden Industrialisierung zur Bildung großer Städte, in denen der größte Teil der Bevölkerung unter unhygienischen Bedingungen auf engem Raum zusammengedrängt leben musste. Diese Entwicklung begünstigte die rasche Ausbreitung von Seuchen, zumal die Versorgung mit einwandfreiem Trinkwasser und einer hygienischen Kanalisation erst zu Beginn des 20. Jahrhunderts zum Standard wurden. Vor dem 20. Jahrhundert konnten die Städte Europas ein Bevölkerungswachstum nur durch Landflucht erzielen, weil in den Städten die Sterberate die Geburtsrate übertraf. Bedingt durch die Industrialisierung war die Ausbreitung von Seuchen nun nicht mehr allein ein Problem des Leidens vieler Menschen, sondern sie wurde auch zu einem wirtschaftlichen und finanziellen Problem, wenn die Arbeiterschaft massiv dezimiert wurde. Daher gingen nach 1850 die europäischen Staaten allmählich dazu über, mehr und bessere Krankenhäuser zu bauen sowie Forschung auf dem Gebiet der Hygiene und Infektionsbekämpfung finanziell zu unterstützen.

Infektionskrankheiten und Seuchen haben den Verlauf der europäischen (und auch der außereuropäischen) Geschichte vielfach massiv beeinflusst. Dieser Aspekt hat jedoch in der traditionellen Geschichtsschreibung wenig bis keine Resonanz gefunden. Oft wird in historischen Kommentaren nicht einmal die Todesursache wichtiger Personen genannt, obwohl die Todesursachen in den historischen Quellen meist vermerkt wurden. Nur selten haben Autoren diesen Aspekt der Geschichte thematisiert (s. William Hardy McNeill). Im folgenden Text sollen Wechselwirkungen zwischen Infektionskrankheiten oder Seuchen und deutscher Geschichte an einigen ausgewählten Beispielen illustriert werden.

Die Pest war diejenige Seuche, die in historisch gut dokumentierter Zeit als erste die europäische Bühne betrat und die Pläne manches Regenten und Heerführers durchkreuzte. Als Ursprungsquellen der Pest gelten Rattenpopulationen in Nordindien und/oder Zentralafrika. Die Ausbreitung der Pest in Richtung Europa begann jedenfalls von Indien aus etwa um Christi Geburt. Die Ausbreitung erfolgte vielleicht entlang von Karawanenwegen, vor allem aber per Schiff durch den Überseehandel. Eine erste und zweite Welle traf das byzantinische Reich um 165–180 sowie 251–261 und schwächte es so, dass Kaiser Justinian seine Pläne, das ganze Mittelmeer unter die Herrschaft von Byzanz zu bringen, aufgeben musste. Weitere Pestwellen nach 540 haben wohl auch dazu beigetragen, dass der militärische Widerstand gegen die rasche Ausbreitung des Islam im Mittelmeerraum relativ gering war.

Im späteren Mittelalter durchkreuzte sie die Expansionspläne des Staufer-Kaisers Friedrich I. (Barbarossa, 1123–1190) in Italien. Friedrich I. war die längste Zeit seiner Regentschaft als deutscher König und Kaiser in Auseinandersetzungen mit dem Papst und mit den wirtschaftlich wie militärisch erstarkten Städten Norditaliens verwickelt. Den Ansprüchen deutscher Kaiser, Italien zu beherrschen, standen ab Ende des 11. Jahrhunderts auch die normannischen Königreiche in Unteritalien und Sizilien entgegen.

Diese Königreiche waren von einer relativ geringen Zahl normannischer Krieger (wohl kaum mehr als 5000) quasi aus dem Nichts geschaffen worden. Die im 10. Jahrhundert eingewanderten Normannen hatten sich zunächst als Söldner bei Kämpfen rivalisierender Städte und kleiner Fürstentümer betätigt. Mit Roger I. (1031–1101) und Robert Guiscard[2] (1015–1085) betraten jedoch nach 1050 zwei militärisch und staatsmännisch besonders befähigte Führerpersönlichkeiten die Szene und einten die Normannen zu gemeinsamen Anstrengungen. Es waren zahlreiche Kämpfe notwendig, um die Herrschaft gegen lokale Adlige und selbstständige Städte durchzusetzen. Um 1080, nach Niederschlagung eines Aufstandes in Süditalien, schien eine längere Friedenszeit begonnen zu haben, und Robert Guiscard begann seinen letzten großen Plan in die Tat umzusetzen, nämlich eine Expansion nach Osten, gekrönt von der Herrschaft über das byzantinische Reich. Der 1081 gestartete Feldzug brachte auch erhebliche Erfolge, jedoch zwangen neue Aufstände in Süditalien zur Unterbrechung des Unternehmens. Ende 1084 und Anfang 1085 sammelte Guiscard wieder seine Truppen in den Adriahäfen Süditaliens und besserte die Schiffe aus, um seinen Angriff auf Byzanz zu erneuern. Da brach eine Typhusepidemie aus und vernichtete einen großen Teil der normannischen Kerntruppe, die sich bis dahin so resistent gegen die verschiedenen Infektionskrankheiten des heißen Südens gezeigt hatte. Auch Robert Guiscard selbst wurde infiziert, und mit seinem Tod wurden am 17. Juli 1085 alle Expansionspläne der Normannen zu Grabe getragen.

Sein Bruder Roger I., inzwischen zum Herrscher über Sizilien avanciert, übernahm nun auch die Herrschaft in Süditalien, und auf ihn folgten sein Sohn Roger II. (Reg. Zeit 1130–1154) und schließlich dessen Sohn Wilhelm I. (Reg. Z. 1154–1166) sowie der Enkel Wilhelm II. (Reg. Z. 1166–1189).

---

[2] Der Beiname Guiscard (Schlaukopf) wird immer mit verwendet, weil in der Familie Hauteville und in angeheirateten Familien noch andere männliche Mitglieder mit dem Vornamen Robert existierten.

In gleicher Zeit bekämpfte Kaiser Friedrich I. mit wechselndem Erfolg die aufmüpfigen Städte der Lombardei sowie seinen Intimfeind Papst Alexander III. (Reg. Z. 1159–1181). Im Jahre 1167 ergab sich eine günstige Konstellation, denn der Kaiser konnte bei einem neuerlichen Feldzug nach Italien alle feindlichen Städte besiegen und schließlich auch Rom erobern. Alexander III. floh, und der Gegenpapst Paschalis wurde inthronisiert. Aus dieser optimalen Situation heraus wollte Friedrich I. eine große Offensive gegen das normannische Königreich starten, um auch Süditalien wieder unter die Herrschaft des Heiligen Römischen Reiches bringen. Da schlug die Pest zu und vernichtete einen großen Teil seiner deutschen Soldaten. Dabei starb auch sein erfahrener und kriegstüchtiger Berater, der Erzbischof von Köln, Rainald von Dassel. Friedrich I. konnte froh sein, gesund nach Deutschland zurückzukehren. Er starb überraschend im Jahre 1190 durch Ertrinken oder Herzschlag während eines Kreuzzuges in Kleinasien.

Sein Sohn wurde umgehend zum König Heinrich VI. gewählt. Mithilfe seines kompetenten und tatkräftigen Beraters Markward von Annweiler setzte er die Politik seines Vaters fort und zog, sobald das Heer bereit war, über die Alpen. Die meisten lombardischen Städte huldigten ihm sofort, andere wurden rasch niedergekämpft. Schon 1191 zog er in Rom ein, verjagte den feindlich gesinnten Papst Klemens III. (Reg. Z. 1187–1191) und „inthronisierte" den ihm genehmen Papst Coelestin III. (Reg. Z. 1191–1198), der umgehend Heinrich VI. zum Kaiser krönte.

Nun war Heinrich VI. schon im Jahre 1185 mit der elf Jahre älteren Konstanze, der Tochter von König Roger II. von Sizilien, vermählt worden. Diese Heirat war wie fast alle Hochzeiten von Fürsten und Königen des Mittelalters ein rein politischer Akt. Beim Aussterben der Könige von Sizilien im Mannesstamme waren Konstanze und Heinrich VI. erb- und thronfolgeberechtigt. Dieser Fall trat ein, als Wilhelm II. verstarb. Ein illegitimer Enkel Rogers II. versuchte zunächst den Thron zu besetzen, aber Heinrich VI. kämpfte sich nach Palermo durch, wo er 1194 einzog. Einen Aufstand der Adligen Unteritaliens schlug er nieder und ließ alle Anführer hinrichten. Dadurch hatte Heinrich VI. das lang ersehnte Ziel vieler deutscher Kaiser erreicht, nämlich die Herrschaft über Deutschland und ganz Italien. Seit Otto I. war kein Kaiser wieder so mächtig geworden. Aber seinen gefährlichsten Feind konnte Heinrich weder erahnen noch wirksam bekämpfen, nämlich eine Infektion mit Ruhr. Er starb 1197, noch bevor er den geplanten Kreuzzug und die Unterwerfung Konstantinopels verwirklichen konnte.

Sein zunächst noch unmündiger Sohn, der spätere Kaiser Friedrich II. (1194–1250), wuchs in Unteritalien und Sizilien auf und war Deutschland weitgehend entfremdet. Seine Nachkommen verloren in zahlreichen Kämpfen gegen Päpste, gegen deutsche Fürsten und lombardische Städte schließlich alle Macht. Nach einem Interregnum erschien eine neue Dynastie auf der politischen Bühne Deutschlands, die Habsburger, und beeinflusste die Geschichte Deutschlands und Europas für fast 650 Jahre.

Die Pest schickte auch im späten Mittelalter noch mehrere tödliche Seuchenwellen über Europa, begann aber etwa 1430 endgültig abzuflauen. Damit begann der Aufstieg einer neuen gefährlichen Seuche, der Pocken. Die Pocken breiteten sich im 17. Jahrhundert von Asien kommend über Arabien nach Europa aus. Die Pocken machten keinen Unterschied zwischen arm und reich, adlig oder bürgerlich. Auch der französische König Ludwig XV. starb an Pocken, doch hatte dies Ereignis kaum Einfluss auf Deutschland. Von großer Bedeutung waren aber die durch Pocken verursachten Todesfälle in der königlichen Familie Englands. Königin Anne Stuart (meist Queen Anne genannt) stammte aus einer protestantischen Familie, doch konvertierten Vater und Bruder zum Katholizismus. Anne und ihre Schwester Maria wurden jedoch weiter protestantisch erzogen, und Anne heiratete den protestantischen Prinzen Georg von Dänemark. Nach der Entmachtung Jacob II. kam zunächst ihre Schwester Maria, die ebenfalls einen Protestanten, Wilhelm III. von Oranien Nassau, geheiratet hatte, auf den Thron. Doch deren Kinder verstarben alle schon in jungen Jahren (zumindest einige davon an Infektionskrankheiten), und Maria selbst starb 1702 an Pocken. Nun folgte Anne Stuart auf den Thron, unter dem ab 1707 England und Schottland vereinigt wurden. Von achtzehn Schwangerschaften hatte Anne nur fünf Lebendgeburten. Allerdings erreichten vier der fünf Kinder nicht einmal ein Alter von zwei Jahren. Auch ihr elf Jahre alter Sohn Wilhelm starb 1700 an Pocken. In Voraussicht von Problemen in der Thronfolge verabschiedete das britische Parlament schon 1701 den „Act of Settlement", in dem festgeschrieben wurde, dass für die Königswahl Zugehörigkeit zum Protestantismus ein wichtigeres Kriterium sein sollte als dynastische Verwandtschaft. Dieses Gesetz kam nach Annes Tod 1714 zum Tragen, und es kam ein Deutscher, der Hannoveraner Georg II. auf den britischen Thron. Weitere Welfen folgten.

Auch auf dem europäischen Kontinent machten die Pocken Politik. Nach dem Aussterben der Habsburger-Dynastie in Spanien mit Karl II. (1661–1700) brach der spanische Erbfolgekrieg aus. Um die Umklammerung durch die Habsburger zu durchbrechen, wollte Frankreich einen Bourbonen, Philippe V., auf den spanischen Thron bringen. Habsburg im Verein mit England wollte diese Stärkung Frankreichs verhindern, und zunächst konnte der spanische Thron von Karl III., Sohn des Kaisers Leopold I. besetzt werden. Dessen Bruder, Joseph I., sollte das Reich und Osterreich regieren. Dieser verstarb jedoch 1711 an den Pocken und für Karl III. schien sich die Herrschaft über das ganze Reich und Spanien zu ergeben, ähnlich wie für Kaiser Karl V. 150 Jahre zuvor. Eine derartige Vormachtstellung der Habsburger war den Engländern ebenfalls nicht genehm, und sie wechselten die Seite. Daraufhin kam Frankreich zum Zuge, und Philipp V. von Bourbon wurde zum spanischen König gekrönt. Von da an regierten die Bourbonen in Spanien und stellen auch bis zu Beginn des 21. Jahrhunderts noch das Staatsoberhaupt.

Nach 1720 erreichten von Arabien über die Türkei kommend erste Informationen über das Impfen mit mehr oder minder abgetöteten Menschenpocken England und Mitteleuropa. Diese Methode war jedoch unzuverlässig und riskant, weil zu viele lebende Keime eine gefährliche Infektion zur Folge hatten. Eine wesentliche Verbesserung brachte die vom englischen Landarzt Edward Jenner 1798 publizierte Impfung mit den für Menschen relativ ungefährlichen Kuhpocken. Napoleon ließ daraufhin seine Truppen gegen Pocken impfen und führte ab 1809 auch Nahrungsmittel in Konservendosen ein. Dadurch hatte Napoleon geringere Verluste an Soldaten als seine Gegner, bis er seinen Feldzug gegen Russland begann. Auf diesem Feldzug verlor Napoleon fünfmal mehr Truppen durch Ruhr als durch Feindeinwirkung, und diese Verluste hatten auch Anteil an seiner Niederlage in der Völkerschlacht bei Leipzig.

Nach den napoleonischen Kriegen beendeten die Franzosen überraschenderweise die Pockenimpfung bei ihren Soldaten, während die Preußen nun damit begannen. So verloren die Franzosen im Krieg 1870/71 etwa 20.000 Mann durch Infektionen mit Pocken, während die Preußen keine derartigen Verluste erlitten. Im Ersten Weltkrieg wurden die Truppen beider Kriegsparteien, aber vor allem die deutschen Truppen, gegen mehrere Infektionskrankheiten geimpft, z. B. gegen Tetanus und Pocken. Ferner standen Medikamente zur Behandlung infizierter Wunden zur Verfügung. Ferner hatte man ab 1909 erkannt, dass Läuse für die Ausbreitung von Typhus entscheidend waren. Daher wurden alle Soldaten, die zur Front gingen und von ihr zurückkamen, systematischen Entlausungsprozeduren unterzogen. Alle diese Maßnahmen trugen dazu bei, dass Dauer und Kampfintensität des Ersten Weltkriegs von Infektionskrankheiten nicht wesentlich beeinflusst wurden.

Wenn es richtig ist, dass Infektionskrankheiten und Seuchen von erheblicher geschichtlicher Bedeutung waren, dann gilt dies für ihre erfolgreiche Bekämpfung genauso. Wie weitgehende Beherrschung und Vorhersage von Seuchen, wie sie sich nach dem Zweiten Weltkrieg eingespielt haben, gilt heute als Normalzustand, dabei handelt es sich aber nur um einen kurzen ungewöhnlichen Augenblick der Geschichte, gemessen an den zwei Millionen Jahren Evolution der Menschheit.

Abschließend soll noch ein vierter Faktor erwähnt werden, der das Aufblühen einer deutschen Pharmaindustrie begünstigte, doch dieser Faktor war nicht neu und bedarf keiner längeren Erklärung. Gemeint ist der Wunsch aller Menschen nach einer möglichst schmerzfreien Behandlung und Heilung aller Leiden. Seit den Zeiten des Schweizer Arztes Paracelsus (Theophrastus Bombast von Hohenheim, 1493–1541) waren Opiumextrakte das Standardmittel zur Schmerzlinderung und Beruhigung. Sie bestanden zu etwa 90 % aus Wein und 10 % aus Opium. Paracelsus hatte seiner Erfindung den Namen Laudanum gegeben, während in jüngerer Zeit in Deutschland der Name Opiumtinkturen gebräuchlich wurde. Da Laudanum frei käuflich und nicht besonders teuer war, war sein Gebrauch in Europa vor dem 20. Jahrhundert weit verbreitet, sodass man in Laudanum den Vorläufer des Aspirin sehen kann. Laudanum hatte allerdings schwerwiegende Nachteile aufzuweisen. So konnte es bei Kleinkindern zu Gehirnschädigungen kommen und Halbwüchsige wie Erwachsene konnten leicht der Opiumsucht verfallen. Es gab daher einen großen Bedarf von besseren Alternativen, und daraus resultierte eine starke Motivation zur systematischen Erforschung neuer Schmerzmittel, fiebersenkender Medikamente und Narkotika.

Im folgenden Text werden zunächst vier Persönlichkeiten vorgestellt werden, die entscheidende Beiträge zur Entstehung der Pharmaforschung und der modernen Medizin geliefert haben. Anschließend sollen die wichtigsten Erfindungen deutscher Pharmaforscher beschrieben werden.

Biografien: Robert Koch, Paul Ehrlich, Emil Behring, Emil Fischer

Robert Koch

Der älteste der drei Nobelpreisträger, deren Kurzbiografie und Lebenswerk hier vorgestellt werden soll, ist Heinrich Herrmann Robert Koch. Er wurde als drittes von 13 Kindern am 11. Dezember 1843 in Clausthal geboren, wo sein Vater Herrmann Koch aufgrund des benachbarten Bergwerkes Rammelsberg (heute Unesco-Kulturerbe und Museum) als Bergrat tätig war. Robert Koch studierte 1862 zunächst für ein Jahr Philologie und wechselte dann zum Medizinstudium über. Der Anatom Jakob Henle, der Physiologe Georg Meissner sowie der Kliniker Karl Ewald Hasse waren dort seine Lehrmeister und verhalfen ihm schon 1866 zur Promotion noch vor Ablegung des Staatsexamens. Bis 1870 sammelte er Erfahrung in verschiedenen Kliniken in Hamburg, in Langenhagen, in Niemegk (Mark Brandenburg) und in Rachwitz (Posen). Er meldete sich dann freiwillig als Sanitätsarzt zum deutsch-französischen Krieg und vervollständigte nach seiner Rückkehr das zuvor begonnene Medizinstudium mit dem Staatsexamen. Noch im Jahre 1872 wurde er zum Kreisphysikus (Amtsarzt) des Kreises Bomst in Pommern ernannt. In der Ortschaft Wollstein mietete er eine Vierzimmerwohnung und richtete einen Raum als Labor ein. Ein Mikroskop war sein wichtigstes Instrument, mit dem er versuchte, Erreger von Infektionskrankheiten sichtbar zu machen und mittels geeigneter Färbemethoden unverwechselbar zu identifizieren.

Vorausgegangen waren mikroskopische Untersuchungen von Louis Pasteur (s. o. und Kap. 8), der zweifelsfrei gezeigt hatte, dass auch die kleinsten Lebewesen immer nur aus Lebewesen hervorgehen und nicht durch „Spontanzeugung" aus Dreck, Abfall oder Ackerboden entstehen. Robert Koch war der damals noch nicht selbstverständlichen Ansicht, dass Infektionskrankheiten von infektiösen Mikroorganismen (sogenannten Keimen) verursacht werden, die sich von einem Ursprungsort aus rapide vermehren und von Tier zu Tier oder Mensch zu Mensch übertragen werden konnten. Die Infektion von Rindern seines Landkreises mit Milzbrand veranlasste wohl Koch, zunächst nach Erregern dieser auch für Menschen tödlichen Krankheit zu suchen. Tatsächlich fand er auch die Sporen, d. h. eine mit langer Lebensdauer ausgestatteten Zwischenstufe im Lebenszyklus des „Bacillus anthracis" und konnte deren Fähigkeit zur Auslösung des Milzbrandes beweisen. Die Publikation dieser Ergebnisse 1876 machte Robert Koch unter Fachkollegen bekannt, und 1880 wurde er ans Kaiserliche Gesundheitsamt nach Berlin berufen. Dort hatte er bessere Arbeitsbedingungen, er hatte auch Mitarbeiter, und neue Analysemethoden wie die Mikrofotografie sowie das Züchten von Reinkulturen einzelner Keime kamen hinzu. Im März 1882 konnte er seinen nächsten noch größeren Erfolg öffentlich machen, nämlich die Entdeckung des Erregers der Lungentuberkulose. Von da an war Robert Koch eine zumindest europaweite Berühmtheit.

In den Jahren 1883 und 1884 machte Koch seine ersten beiden Reisen in tropische Regionen und begann mit Untersuchungen über Cholera und andere Tropenkrankheiten. Nach seiner Rückkehr wurde Robert Koch zum Direktor des neu gegründeten Instituts für Hygiene in Berlin berufen. Ferner wurde er zum Professor des eigens für ihn neu geschaffenen Lehrstuhls für Hygiene ernannt. Nach 1885 versuchte er die Berliner Stadtverwaltung zum Bau eines neuen geschlossenen und unterirdischen Abwassersystems zu bewegen, um einer Choleraepidemie, wie sie noch 1892 in Hamburg ausbrach, vorzubeugen.

Auf dem 10. Internationalen Medizin Kongress in Berlin 1890 stellte Robert Koch vor 5500 Ärzten erstmals einen Tuberkulin genannten Impfstoff gegen Tuberkulose vor. Er erntete dafür großes Lob und wurde von den Berliner Stadtverordneten zum 42. Ehrenbürger ernannt. In der Folgezeit stellte sich jedoch heraus, dass das Tuberkulin bei Weitem nicht so wirksam war, wie es Koch zunächst erhofft hatte. Vor allem langfristige Heilungserfolge traten nicht ein. Allerdings bewährte sich Tuberkulin als Diagnostikum zur Erkennung latenter Tuberkuloseinfektionen, und 1907 wurde der „Tuberkulintest" durch Clemens von Pirquet eingeführt. Die Hoechst AG nahm daraufhin die Produktion auf. Nichtsdestotrotz war die mangelnde Heilwirkung des Tuberkulins die größte Enttäuschung im Leben von Robert Koch.

In Fachzeitschriften wie auch in der allgemeinen Presse häuften sich negative Kommentare über seine Arbeit. Darauf bat Robert Koch um Entlassung aus allen öffentlichen Ämtern, d. h. Entlassung als Leiter des Hygieneinstitutes und Entlassung als Professor. Sein Wunsch nach Fortsetzung seiner Forschungstätigkeit wurde jedoch von staatlicher Seite erhört, und so konnte er 1891 die Leitung des neu gegründeten „Königlich Preußischen Instituts für Infektionskrankheiten" übernehmen. Diese Institut verfügte über zwei Arbeitsgruppen, eine experimentelle wie eine klinische Abteilung und war zunächst der Charité-Klinik angegliedert. Im Jahre 1906 zog das Institut um in neue Gebäude auf dem Gelände des Rudolf-Virchow-Krankenhauses und existiert auch noch im 21. Jahrhundert unter dem Namen Robert Koch-Institut. An seinem Institut arbeiteten und lernten mehrere erfolgreiche Forscher und Ärzte, von denen hier Paul Ehrlich, Emil Adolf von Behring und August von Wassermann genannt seien. Im Jahre 1905 erhielt Robert Koch den Nobelpreis für Medizin vor allem für seine Forschung über Tuberkulose.

Nach Scheidung von seiner Frau heiratete Koch 1893 Hedwig Freiberg, die reisefreudig war und fließend Englisch sprach. Sie war ihm dadurch bei der Durchführung mehrerer länger dauernder Reisen ins tropische Ausland behilflich. Seine Ziele waren Indien, aber vor allem Deutsch-Ostafrika und das benachbarte Rhodesien. Während ihn in Indien vor allem die Erreger von Cholera und Pest interessierten, widmete er sich in Ostafrika vor allem dem Studium der typischen Tropenkrankheiten Malaria und Schlafkrankheit. Seine wichtigsten Helfer und Diskussionspartner waren die mit Tropenkrankheiten vertrauten Ärzte Paul Kohlstock und Heinrich Robert Kudicke. Ab 1905 konnte Robert Koch in Amani (Deutsch-Ostafrika) über drei modern eingerichtete Laborräume verfügen.

Schon viele Jahre vor seinem Tode hatte Koch an Angina pectoris gelitten. Er verstarb an dieser Herzinsuffizienz am 27. Mai 1910 in einem Sanatorium in Baden-Baden.

Emil von Behring

Emil von Behring wurde am 15. März 1854 in Hansdorf, Kreis Rosenberg in der ehemaligen Provinz Westpreußen (heute in Polen) als Emil Adolf Behring geboren. Sein Vater war Grundschullehrer und dementsprechend nicht in der Lage, den kostenpflichtigen Schulbesuch seines Sohnes zu bezahlen. Ein Stipendium des preußischen Staates ermöglichte jedoch den Schulbesuch bis zum Abitur. Danach finanzierte ein Freund der Familie das Medizinstudium. Im Oktober 1874 begann von Behring mit dem Studium an der „Kaiser Wilhelm Akademie für das militärärztliche Bildungswesen" in Berlin. Zur Promotion wechselte er an die Universität Berlin, wo er 1878 dem Dr. med. erwarb. Danach war er als Truppenarzt in der Provinz Posen tätig. Diese Tätigkeit macht ihn mit einer Vielzahl von Verwundungen und deren Behandlung vertraut, und sie brachte ihn in Kontakt mit Problemen der Seuchenprophylaxe und Hygiene.

Der entscheidende Schritt für seine Karriere als Forscher und Wissenschaftler war der Wechsel auf eine Assistentenstelle ans Robert Koch-Institut für Infektionskrankheiten. Dort avancierte er nach einigen Jahren zum Oberarzt der klinischen Abteilung. In dieser Funktion begann er zusammen mit dem Japaner Shibasburo Kitasato, das Konzept der Serumtherapie von Infektionskrankheiten auszuarbeiten. Im Jahre 1890 veröffentlichte Emil von Behring den Artikel „Über das Zustandekommen der Diphterieimmunität und der Tetanusimmunität bei Tieren" mit dem er berühmt wurde. Er beschreibt darin die Methode der passiven Immunisierung von Menschen mittels eines aus Tieren gewonnenen Blutserums. Diese Methode basiert auf der gezielten Infektion von Tieren mit einem für Menschen gefährlichen Erreger, und zwar so, dass das Tier immun wird, indem es die Fähigkeit erwirbt, permanent Antikörper gegen den Erreger zu bilden. Einem solchermaßen immunisierten Tier kann Blut entnommen und Serum abgetrennt werden. Wird dieses dann einem Patienten gespritzt, erhält er die Antikörper des Tieres, die bei ausreichender Menge eine vollständige Heilung des Patienten ermöglichen.

Im Jahre 1891 gelang Emil von Behring die Heilung zweier an Diphterie erkrankter Kinder mit dem Serum einiger Schafe. Dieser Erfolg hatte weitreichende Konsequenzen. August Laubenheimer, ein Vorstandsmitglied der Hoechst AG, erkannte schnell die Tragweite von Behrings Erfolg und gewann ihn für eine Zusammenarbeit. Die Farbwerke Hoechst legten sich eine Tierfarm zu und begannen ab 1894, ein Diphterieserum „nach Behring" auf den Markt zu bringen, das eine durchschnittliche Heilrate von 75 % aufwies. Um diesen Erfolg ermessen zu können, muss man wissen, dass Diphterie zur damaligen Zeit keine Seuche war, die sich periodisch über das Land ausbreitete, sondern Diphterie war allgegenwärtig (endemisch), und fast jedes zweite Kind in Deutschland starb an Diphterie.

Im Jahre 1893 wurde Emil von Behring als Professor nach Halle berufen. Jedoch schon zwei Jahre später wurde er vom preußischen Staat zum ordentlichen Professor in Marburg ernannt, verbunden mit der Leitung des Hygieneinstitutes. Dazu erhielt er auf dem Schlossberg ein bestens ausgestattetes Privatlabor mit einem kleinen Stall für Versuchstiere, finanziert von den Farbwerken Hoechst und dem „Prix Alberto Levi", der ihm in Frankreich verliehen wurde. Die Krönung dieser Karriere war die Verleihung des ersten Nobelpreises für Medizin im Jahre 1901. Kurz darauf wurde er in den Adelsstand erhoben.

Im Laufe des Jahres 1903 schied August Laubenheimer aus dem Vorstand der Hoechst AG aus, und Emil von Behring entschied sich daraufhin, eine eigene Firma zu gründen. Zu diesem Zweck wurden ein größeres Gelände und ein Gutshof bei den Laboratorien am Schlosspark erworben. Ferner trat der Marburger Apotheker Carl Friedrich Hermann Siebert als Teilhaber und Geschäftsführer in die 1904 neu gegründeten Behringwerke ein. Der Betrieb begann zunächst mit zehn Mitarbeitern, wuchs aber rasch und wurde 1914 in die Behringwerke GmbH umgewandelt. Der Erste Weltkrieg brachte einen besonderen Wachstumsschub, weil das Heer große Mengen an Tetanusserum für die Immunisierung der in dreckigen Schützengräben kämpfenden Soldaten anforderte. Vielen Soldaten blieb dadurch der Tod durch Wundstarrkrampf erspart. Ferner produzierten die Behringwerke Seren gegen Dysenterie, Gasbrand und Cholera. Emil von Behring starb am 31. März 1917 im Alter von 63 Jahren. Seine Behringwerke konnten jedoch ihren erfolgreichen Weg bis ins 21. Jahrhundert fortsetzen.

Paul Ehrlich

Paul Ehrlich wurde am 14. März 1854 in Strehlen (heute Strzelin) als Sohn eines jüdischen Likörfabrikanten geboren. Nach dem Abitur am örtlichen Gymnasium begann er mit dem Medizinstudium in Straßburg, wechselte nach Freiburg i. Br., Leipzig und Breslau, wo er das Staatsexamen ablegte. Schon als Student begann er mit Untersuchungen an Mastzellen im Bindegewebe. Nach seiner Promotion wurde er im Jahre 1878 Assistenzarzt und schließlich Oberarzt an der Berliner Charité. In diese Zeit fällt seine erste bedeutende Leistung, nämlich die Charakterisierung von Blut durch gezieltes Anfärben von roten Blutkörperchen (Erythrozyten), die damit unter dem Mikroskop beobachtbar und identifizierbar wurden. Um die Bedeutung dieser Erfindung verstehen zu können, muss man wissen, dass die Erythrozyten einen komplizierten Lebenszyklus mit mehreren Zwischenstufen durchlaufen. Zwei Vorstufen (sogenannte Retikulozyten) werden aus dem Knochenmark ins Blut entlassen und reifen dort zu den voll funktionsfähigen Erythrozyten, die nach einer begrenzten Lebensdauer wieder abgebaut werden. Erythrozyten können sich außerdem in Größe und Form unterscheiden, wobei bestimmte Abweichungen von der Norm (z. B. Sichelzellen) Blutkrankheiten anzeigen. Die Identifizierung der verschiedenen Zwischen- und Endstufen von Erythrozyten unter dem Mikroskop ist daher eine wichtige Methode, um den Gesundheitszustand eines Patienten zu diagnostizieren. In anderen Worten, Paul Ehrlich hatte die Grundlagenforschung auf dem Gebiet der Hämatologie eröffnet. Für diese Leistung erhielt er 1884 den Professorentitel, noch bevor er habilitiert war. Die Habilitation im Fach Innere Medizin erfolgte dann im Jahre 1887.

Im Jahre 1891 holte ihn Robert Koch an das Institut für Infektionskrankheiten. In dieser Zeit beschäftigte er sich weiter mit der Erforschung des Blutes, mit Untersuchungen zur Entstehung der Immunität gegen Infektionskrankheiten und mit Testmethoden für Diphterieseren. Wie zuvor beschrieben, gelang Emil von Behring die Herstellung von Diphterieseren aus dem Blut infizierter Tiere, für die Diphterie nicht tödlich ist. Vor der Anwendung bei Patienten musste jedoch getestet werden, ob die Tiere überhaupt Antikörper entwickelt hatte und, wenn ja, wie viele. Im Jahre 1896 wurde Paul Ehrlich zum Direktor des neu gegründeten Königlich Preußischen Instituts für Serumforschung und Serumprüfung in Berlin-Steglitz berufen. Diese Institut wurden schon 1899 nach Frankfurt (Main) verlegt und um eine Abteilung für experimentelle Therapie erweitert. Dadurch wurde Paul Ehrlich in die Lage versetzt, seine Forschung auf Chemotherapie, insbesondere im Kampf gegen Infektionskrankheiten, auszuweiten, und erstmals konnte auch mit Krebsforschung begonnen werden. Paul Ehrlich wurde nun zum Honorarprofessor in Göttingen ernannt, was eine Ehrung darstellte, aber seine Forschungsmöglichkeiten nicht verbesserte. Im Jahre 1908 erhielt er den Nobelpreis für Medizin für seine Arbeiten über Diphterieseren. Als in Frankfurt die neue Goethe Universität gegründet worden war, wurde er sofort zum ordentlichen Professor ernannt (1914). Schon vier Jahre zuvor war in seinen Laboratorien eine weitere Glanzleistung ans Licht gekommen, nämlich die Entdeckung, dass die synthetische Chemikalie Arsphenamin eine wirkungsvolle Bekämpfung der Syphilis im Frühstadium ermöglicht. Bis zu diesem Zeitpunkt hatte es noch kein spezifisch gegen Syphilis wirkendes Medikament gegeben. Das Arsphenamin (s. u.) wurde dann von den Farbwerken Hoechst unter dem Namen Salvarsan® auf den Markt gebracht. Am 10. August 1915 starb Paul Ehrlich in Bad Homburg.

Emil Fischer

Herrmann Emil Fischer war der bedeutendste organische Chemiker um die Jahrhundertwende und bis zum Ersten Weltkrieg, und er erhielt 1902 den zweiten Nobelpreis in Chemie. Fischer wurde am 9. Oktober 1852 in Euskirchen (bei Köln) als Sohn eines Kaufmanns geboren. Er besuchte verschiedene Schulen und machte schließlich das Abitur in Bonn 1869. Sein Vater wollte ihn als Nachfolger im Familienbetrieb haben, kam aber zu der Ansicht, dass sein Sohn als Kaufmann zu dumm und ungeschickt sei, und ließ ihn studieren. Emil Fischer studierte zunächst Physik, aber ein Cousin, Otto Fischer, überredete ihn, mit an die neu gegründete Universität Straßburg zu kommen, wo er unter den Einfluss von Adolf von Bayer geriet, der ihn zum Chemiestudium bekehrte. Er promovierte 1874 und ging 1875 als Assistent mit Adolf von Bayer nach München, wohin dieser als Nachfolger von Justus Liebig berufen worden war. In 1875 absolvierte er die Habilitation und wurde zunächst zum außerplanmäßigen Professor berufen. Im Jahre 1881 folgte er seinem Ruf auf eine Professur an der Universität Erlangen, wo er bis 1888 tätig war. Dann folgten vier Jahre an der Universität Würzburg, die er 1892 verließ, um als Nachfolger von August Wilhelm von Hofmann den Lehrstuhl für Chemie an der Universität Berlin anzunehmen. Hier arbeitete er bis zu seinem Tode im Jahre 1915.

In München arbeiteten Emil und Otto Fischer über die Strukturaufklärung von Triphenylmethan-Farbstoffen, wie sie im Arbeitskreis von Adolf von Bayer sowie in der Industrie hergestellt worden waren (s. Kap. 8). In Erlangen konzentrierte Emil sich vor allem auf Synthese und Strukturanalyse von Purinbasen im Allgemeinen, Coffein, Theobromin und Guanin im Besonderen. Im Jahre 1884 begann er mit seinen Untersuchungen über Saccharide (d. h. verschiedene Arten von Zuckern), und diese Arbeiten waren für die Verleihung des Nobelpreises maßgeblich. Er ermittelte die dreidimensionale Struktur von Zuckern und erklärte die chemische Verwandtschaft verschiedener Zucker als Fälle von Isomerie (Isomere sind Moleküle, die aus der gleichen Art und Zahl von Atomen zusammengesetzt sind, hinsichtkich deren räumlichen Anordnung aber unterscheiden). Er erarbeitete neue Synthesen optisch aktiver Zucker aus optisch inaktiven Vorstufen.

Ebenso bedeutend waren seine Arbeiten über die Isolierung von α-Aminosäuren durch Hydrolyse (Spaltung der Proteinketten durch Wasser) von Fleisch, wobei Prolin und 4-Hydroxyprolin erstmals identifiziert und isoliert wurden. Ferner arbeitete er über die Synthese von Oligopeptiden, kurze Molekülketten, die durch Verknüpfung mehrerer α-Aminosäuren entstehen. Auch charakterisierte er die Struktur von Reaktivität der Peptidbindung. Diese Arbeiten wurden erst 1899 begonnen, aber bis zu seinem Tode fortgesetzt. In seinen letzten Jahren folgten dazu Studien über Gerbstoffe und Fette.

Zahlreiche talentierte und erfolgreiche Chemiker arbeiteten in seinen Laboratorien und lieferten so auch wichtige Beiträge zur Entwicklung von Pharmaka (s.u.). Emil Fischer erhielt zahlreiche Ehrungen, darunter die Ehrendoktorwürde von vier ausländischen Universitäten sowie den preußischen Orden Pour le Mérite für Kunst und Wissenschaft.

Medikamente und ihre Erfinder

Fiebersenkende Medikamente

Die Beschäftigung mit Farbstoffen sowie mit den Inhaltsstoffen des Steinkohleteers (s. Kap. 8) hatte mehreren deutschen Chemiefirmen zu umfangreichen Kenntnissen in der Synthese und Charakterisierung neuer Chemikalien, insbesondere aromatischer Verbindungen verholfen. Zwar hatte (und hat) die Menschheit immer einen Bedarf an neuen und besseren Medikamenten, im 18. und 19. Jahrhundert war jedoch darüber hinaus ein steigender Bedarf an fiebersenkenden und Infektion hemmenden Medikamenten entstanden. Dieser Bedarf ergab sich aus der Expansions- und Kolonialpolitik, die ab Ende des 15. Jahrhunderts von Portugal, Spanien, England, Frankreich und den Niederlanden, später auch von Belgien, Deutschland und Italien betrieben wurde. Diese Staaten hatten einen großen Teil der Welt als Kolonien unterjocht, und die meisten Kolonien hatten ein tropisches oder subtropisches Klima, gleichgültig ob in Asien, Afrika oder Amerika. Damit waren die Europäer mit neuen Fieber erzeugenden Infektionskrankheiten wie z. B. Gelbfieber, Schlafkrankheit und vor allem Malaria konfrontiert worden.

Das erste Wundermedikament gegen fiebrige Erkrankungen, insbesondere Malaria, war Chinin (s. Formeln 10.1). Es bekämpfte zwar nicht die Krankheitserreger, aber es senkte das Fieber, steigerte das Wohlbefinden der Kranken und steigerte die Überlebensrate. Chinin konnte zunächst nur aus der „Chinarinde" des Chinchona-Baumes extrahiert werden, der aus Peru stammte und keineswegs aus China. Chinin war deshalb sehr teuer, und selbst als Plantagen dieses Baumes auf Java angelegt wurden, blieb der Preis wegen steigenden Bedarfs hoch. Chinin war erstmals 1820 durch die französischen Apotheker Joseph Bienaimé Caventou und Pierre Joseph Pelletier aus den Extrakten der Chinarinde isoliert worden. In der Folgezeit entstanden mehrere Extraktionsfabriken die Vorläufer bedeutender Chemie- und Pharmafirmen wurden, z. B. durch J.D. Riedel, durch H.C. Merck, durch die Familien Schering und Boehringer sowie durch Johann, Rudolf Geigy-Merian in Basel.

Für die gezielte Suche nach Synthesen von Chinin fehlten zunächst die theoretischen Kenntnisse und die geeigneten Chemikalien. Erst um 1880 kamen erste Erfolge in Sicht. Zunächst war es dem österreichischen Chemiker Zdenko Hans Skraup gelungen, eine Synthese für Chinolin (s. Formeln 10.1) zu finden, welches die Basiskomponente des Chininmoleküles darstellt. Dann gelang es Otto Fischer, einem Neffen von Emil Fischer, in dessen Labor Varianten des Chinolins herzustellen, die erfolgversprechend aussahen.

Die Kaufleute August Müller und Wilhelm Meister sowie die Chemiker Eugen Lucius und Adolf Brüning, die miteinander befreundet oder verwandt waren, gründeten im Jahre 1863 im Städtchen Hoechst die Firma „Meister, Lucius & Brüning". Wie in Kap. 8 dargestellt, bestand das Ziel der Firmengründung in der Produktion von Fuchsin und anderen Farbstoffen. Nach 1880 entschloss man sich dazu, mit der Produktion von Pharmaka ein zweites zukunftsträchtiges Standbein aufzubauen. So wurde um 1883 der Chemiker Eduard von Gerichten eingestellt, der die Entwicklung der neuen Pharmasparte in die Hand nehmen sollte. Diese Personalie erwies sich als Glücksgriff, und es war von Gerichten, der Otto Fischer überredete, sein neues Chinolinderivat bei den Farbwerken Hoechst als Chininersatz produzieren zu lassen. Leider zeigte das Kairin genannte Produkt zu viele Nebenreaktionen und musste bald vom Markt genommen werden. Aber nun folgten weitere, wesentlich erfolgsträchtigere Innovationen in kurzen Zeitabständen.

Wieder war der Arbeitskreis von Emil Fischer in Erlangen erfolgreich, in dem der junge Chemiker Ludwig Knorr mit der Synthese neuer Heterocyclen (Ringförmige Moleküle, die auch zusammen mit Kohlenstoff Stickstoff oder Sauerstoffatome enthalten) beschäftigt war. Ein aus Phenylhydrazin und Acetessigester gewonnene hergestellte Verbindung erwies sich zwar nicht als Chinolinderivat, sondern als Phenylpyrazolon (s. Formeln 9.1), doch die Struktur dieser fünfgliedrigen Heterozyklen war zukunftsweisend. Die fiebersenkende Wirkung dieser neuen Verbindung war gering, aber ein in Erlangen tätiger Professor der Pharmakologie, Wilhelm Filehne, schlug Modifikationen vor, die sich als erfolgreich erwiesen. So wurde das Antipyrin gefunden (s. Formeln 9.1), das sich als hochwirksames fieber- und schmerzlinderndes Medikament erwies. Als 1888 eine Grippeepidemie ausbrach, erwies sich Antipyrin als großer Erfolg, und die Farbwerke Hoechst avancierten zum Star unter den noch jungen deutschen Pharmafirmen.

Unter Anleitung von Wilhelm Filehne wurde das Antipyrin-Molekül weiter modifiziert und das Pyramidon (s. Formeln 9.1) von dem Hoechster Chemiker Friedrich Stolz entwickelt. Diese wirkte dreimal stärker als Antipyrin. Seine Wirkung setzte etwas langsamer ein, hielt aber länger an. Auch das allgemeine Wohlbefinden wurde gesteigert, sodass sich selbst Robert Koch be-

Chinolin

Chinin

Phenylpyrazolon

Phenazon (Antipyrin)

Pyramidon

Aminophenazon

Metamizol   (Novalgin)

Acetanilid   (Antifebrin)

Formeln 9.1 Formeln schmerzstillender Medikamente und des Ausgangsstoffes Chinolin

geistert über das neue Medikament äußerte. Pyramidon blieb ein Bestseller, bis die Hoechst AG es ebenso wie Antipyrin 1978 vom Markt nahm. In Tierversuchen war gefunden worden, dass beide Medikamente im Zusammenspiel mit Natriumnitrat (zur Stabilisierung von Wurst- und Fleischwaren im Einsatz) in geringem Maße krebsfördernde Nebenprodukte (Nitrosamine) bilden können.

In der Zwischenzeit waren die Hoechstwerke nicht untätig geblieben und hatten zahlreiche Varianten der Antipyrin-Grundstruktur hergestellt. Gesucht wurde vor allem ein gut wasserlösliches Medikament, dessen Lösung injiziert werden konnte. Das beste Ergebnis hieß Melubrin. Seine fiebersenkende Wirkung war geringer, aber es hatte eine antirheumatische Wirkung und ermöglichte dadurch eine andere Anwendung. Der größte Erfolg bei der Weiterentwicklung des Antipyrins und Pyramidons gelang der Hoechst AG im Jahre 1922 mit Metamizol, auch Novaminsulfon genannt (Novalgin®, s. Formeln 9.1). Es hat gegenüber den zuvor genannten Pharmaka die zusätzliche Eigenschaft, auch krampflösend zu wirken, und ist auch heute noch in Deutschland verbreitet in der Anwendung, weil es sich als das Schmerzmittel mit den geringsten Nebenwirkungen bei längerem Gebrauch erwiesen hat.

Die nach 1880 einsetzenden pharmazeutischen Aktivitäten wurden natürlich von anderen Chemiefirmen mit Interesse verfolgt. Als erster Konkurrent kam die in Wiesbaden beheimatete Firma Dr. Kalle zum Zug, wobei der Zufall behilflich war. Zwei Ärzte wollten bei einem Apotheker in Straßburg Naphthalin kaufen, doch der Apotheker gab ihnen versehentlich Acetanilid (s. Formeln 9.1). Die Ärzte waren überrascht, dass das vermeintliche Naphthalin eine fiebersenkende Wirkung zeigte, und kontaktierten den Bruder des Arztes, den Chemiker Eduard Hepp, der bei der Firma Kalle arbeitete. Nun wurde die richtige Struktur ermittelt, und da Acetanilid einfach und billig herzustellen war, konnte diese Verbindung als Antifibrin® schon 1866 auf den Markt gebracht werden. Zwar war seine Wirkung derjenigen des Pyramidons deutlich unterlegen, aber es kam mit Antifibrin® eine neue chemische Struktur ins Spiel, von der, wie unten beschrieben, noch wirksamere Vertreter gefunden wurden.

Phenacetin und Aspirin

Am 1. August 1863 gründeten der Kaufmann Friedrich Bayer und der Färber Johann Friedrich Weskott in Elberfeld (Wuppertal) die Firma „Friedrich Bayer et comp.". Zweck der Firmengründung war wie in vielen Firmengründungen zu dieser Zeit die Produktion von Farbstoffen (s. Kap. 8). Der Einstieg in die Produktion von Pharmaka erfolgte eher zufällig. Durch die Anfang 1886 angelaufene Produktion von Benzoazurin-Farbstoffen entstand 4-Nitrophenol (s. Formeln 10.1) als Beiprodukt, das auf dem Elberfelder Werksgelände in großen Mengen auf Halde lag. Der junge Chemiker Friedrich Carl Duisberg (ab 1912 Vorstandsvorsitzender der Bayer AG) begann mit Forschungsarbeiten über mögliche Weiterverwendungen dieses Abfallproduktes. Mit von der Partie war der zeitweise an der Universität Freiburg i.

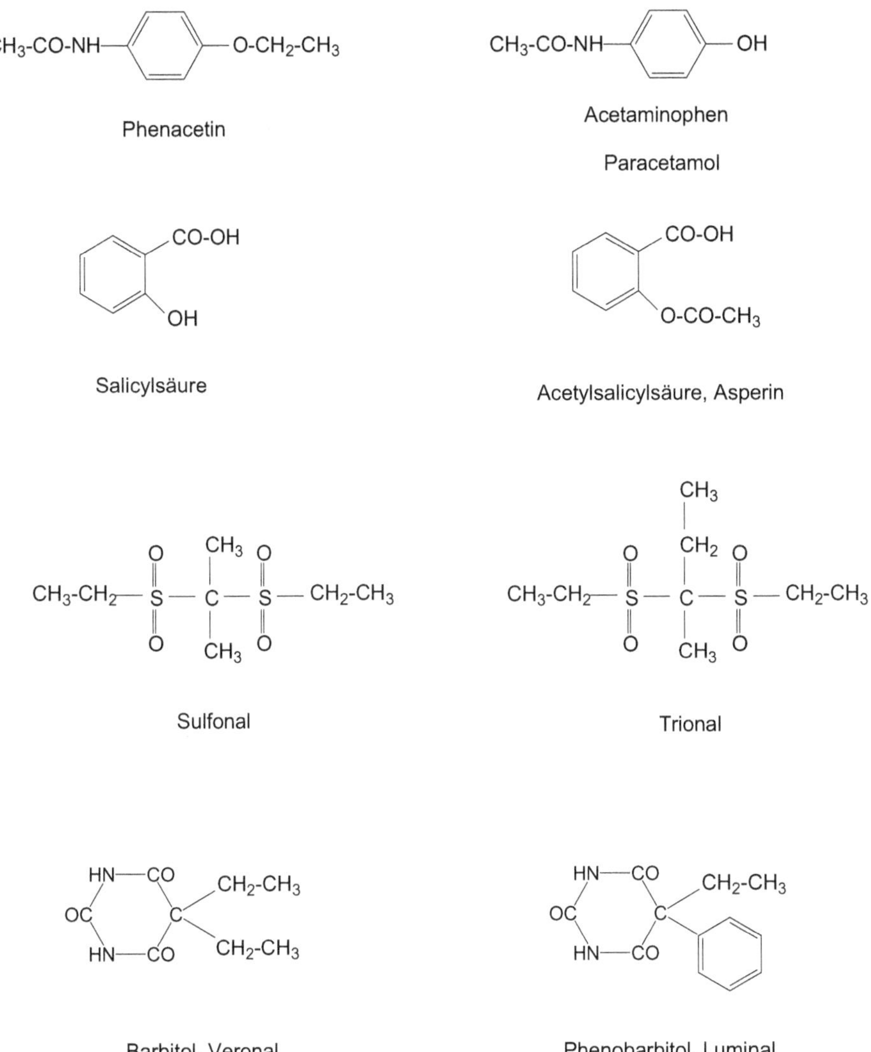

Formeln 9.2 Formeln von schmerzlindernden Medikamenten (oben) und von einigen Schlafmitteln (unten)

Br. tätige Oscar Heinrich Hinsberg, der u. a. Phenacetin (s. Formeln 9.2) erfand. Carl Duisbergs Vermutung, dass diese Verbindung ähnlich wie Antifebrin wirken würde, wurde von dem Freiburger Pharmakologie Professor Alfred Kast bestätigt. Ab 1888 kam Phenacetin auf den Markt und fand schnell Anerkennung und Verbreitung, da es geringere Nebenwirkungen zeigte als Antifibrin. Nach dem Zweiten Weltkrieg wurde Phenacetin allmählich durch das in den USA entdeckte wirksamer Paracetamol (s. Formeln 9.2) verdrängt.

Bayers Einstieg in die Pharmaproduktion wurde durch die Entwicklung des „Jahrhundertmedikaments" Aspirin®[3] (Acetylsalicylsäure, ASS) entscheidend begünstigt. ASS war keine neue Erfindung, denn ASS und der eigentliche Wirkstoff, Salicylsäure (s. Formeln 9.2), kommen in verschiedenen Pflanzen vor. Die schmerzlindernde und antirheumatische Wirkung von Extrakten des Weidenbaumes waren schon den Griechen um 400 v. Chr. bekannt. Salicylsäure selbst greift Haut und Magenwände an, und das Natriumsalz schmeckt sehr bitter und erzeugt Brechreiz. Die Einführung eines Acetylrestes (s. Formeln 10.2) beseitigt diese Probleme. ASS war erstmals 1833 in unreiner und unbeständiger Form von dem Straßburger Chemiker Charles Frédéric Gerhardt synthetisiert worden. Ab 1897 wurde ASS von der Chemischen Fabrik von Heyden in kleinen Mengen und ohne Markenzeichen hergestellt.

Seit 1894 war der junge Chemiker Felix Georg Hoffmann in Elberfeld tätig, und da er einen rheumakranken Vater hatte, interessierte er sich nebenbei für eine gut verträgliche Variante der Salicylsäure. Er fand ein einfaches Acetylierungsverfahren, das reine und lagerstabile ASS lieferte. Die pharmakologische Abteilung bestätigte aufgrund umfangreicher Tierversuche die rheuma- und schmerzlindernde Wirkung sowie die fiebersenkenden und entzündungshemmenden Eigenschaften. Entscheidend für den Markterfolg wurde der ab 26. Mai 1898 eingetragene Markenname Aspirin kombiniert mit der Produktion von Tabletten (damals eine Neuerung), die ab 1904 mit dem eingestanzten Bayer-Kreuz gekennzeichnet waren. In dieser Form wurde ASS in der ganzen Welt das bekannteste und am häufigsten verwendete Medikament. Zu den zuvor genannten Vorzügen von Aspirin kam in der Folgezeit die Erkenntnis, dass es auch die Blutgerinnung hemmen kann. Diese Eigenschaft ist zweischneidig, denn bei Verletzungen kommt die Blutung nicht zum Stillstand, und wer ASS im Blut hat, kann nicht operiert werden. Andererseits nehmen zahlreiche Personen, insbesondere Ärzte, regelmäßig ASS, um das Risiko eines Herzinfarktes oder Schlaganfalls zu reduzieren. Jedes Jahr erscheinen zahlreiche Publikationen über ASS und das Anwendungspotenzial scheint noch nicht ausgereizt zu sein. Anfang des 21. Jahrhunderts wurden ca. 40.000 t ASS pro Jahr weltweit hergestellt, mehr als von jedem anderen Medikament.

---

[3] Der Name Aspirin wurde von dem Strauch „spiraea" abgeleitet, der geringe Mengen Salicylsäure enthält, und das A wurde dem Namen vorangesetzt, um die Acetylierung zu symbolisieren.

Starke Schlaf- und Schmerzmittel

Die zuvor genannten fiebersenkenden und schmerzlindernden Medikamente sind nicht in der Lage, schwere Schmerzen nach Unfällen, nach Operationen oder bei Krebserkrankungen zu stillen. Der Bedarf an starken Schmerz- und Narkosemitteln führte etwa ab der Jahrhundertwende zu bedeutenden Erfindungen, wobei vor allem die Bayerwerke erfolgreich waren. Zunächst, d. h. ab 1889, kamen die Schlafmittel Sulfonal® und Trional® (s. Formeln 9.2) auf den Markt. Oscar Hinsbergs Mentor in Freiburg, Eugen Baumann, war der Erfinder. Zu den besonderen, allerdings negativen Eigenschaften des Sulfonal gehört die unzuverlässige Wirkungsdauer. Je nach Patient kann die Wirkung früh oder spät eintreten bzw. früher oder später enden. Trional war zuverlässiger und zeigte geringere Nebenwirkungen, sodass es bis zur Erfindung von Veronal das am häufigsten verwendete Schlafmittel war.

Einen wesentlich größeren Erfolg landeten die Bayerwerke mit der Herstellung von Barbituraten wie Veronal® und Luminal® (s. Formeln 9.2). Veronal (5,5-Diethylbarbitursäure) war schon 1892 erstmals hergestellt worden, aber wieder in Vergessenheit geraten. Die Synthese wurde 1902 in den Laboren von Emil Fischer wieder neu bearbeitet, und der Pharmakologe Joseph von Mehring fand die schlaffördernden Eigenschaften. Es zeigte sich jedoch bald, dass schon eine relativ geringe Überdosis zum Tode führen kann. Veronal wurde daher nach dem Ersten Weltkrieg berüchtigt als quasi ideales Suizidmittel, denn es bewirkte schmerzfreies Einschlafen mit Todesfolge. Zum berühmtesten Suizidfall wurde der Freitod, den der Wiener Schriftsteller Stefan Zweig und seine Frau 1942 im brasilianischen Exil herbeiführten. Veronal wurde auch durch mehrere Filme berühmt/berüchtigt, z. B. durch „Menschen im Hotel" und „Fahrstuhl zum Schafott". Das von den Bayerwerken ab 1922 produzierte Luminal war bei ähnlich guter Schlafwirkung weniger risikoreich und wurde erst 1992 durch noch weniger problematische Schlaf- und Beruhigungsmittel vom Markt verdrängt.

In den Bayer Labors der I.G. Farben AG erblickte 1939 der erste vollsynthetische Opiumersatz das Licht der Welt, das starke Schmerzmittel Dolantin® (s. Formeln 9.3). Da die Patentrechte 1945 verloren gingen, wurde Dolantin (Pethidin) anschließend in verschiedenen Ländern produziert und bis heute noch weltweit verwendet.

Zur gleichen Zeit war man auch in den Hoechster Labors der I.G. Farben AG erfolgreich. Im Jahr 1941 wurde der Opiumersatzstoff Polamidon (Methadon, s. Formeln 9.3) patentiert. Er wurde erst nach 1945, nach Enteignung

Dolantin, Phetidin

Polamïdon, Methadon

4-Aminobenzësäure ethylester

Anästhesin

Cocain

Procain, Novacain

Xylocain, Lidocain

Formeln 9.3   Formeln von schmerzlindernden Medikamenten und insbesondere von Lokalanästhetika

der deutschen Patente, in den USA vermarktet und ist in den letzten Jahrzehnten vor allem als Heroinersatzstoff bekannt geworden.

Lokalanästhetika

Lokalanästhetika sind spezielle Schmerzmittel, die als Salbe, Tropfen oder Injektion angewandt werden und das engere Umfeld ihres Haut- oder Gewebekontaktes schmerzfrei machen, indem sie die Nervenleitung unterbrechen.

Alle zuvor vorgestellten Schmerzmittel vermindern dagegen die Schmerzempfindung im Gehirn. Sigmund Freud und sein mit ihm befreundeter Kollege Carl Koller machten in der Zeit um 1880 Cocain als schmerzstillendes Mittel und Lokalanästhetikum im deutschen Sprachraum bekannt. Es stellte sich in den Folgejahren jedoch schnell heraus, dass die wiederholte Einnahme von Cocain (s. Formeln 9.3) zur Sucht führen kann. Die Farbwerke Hoechst etablierten eine Arbeitsgemeinschaft mit dem Erlanger Pharmakologen Wilhelm Filehne, mit Paul Ehrlich und dem Münchner Chemieprofessor Alfred Einhorn. Ziel war die Aufklärung der Struktur-Wirkungsbeziehung von Cocain sowie die Entwicklung einer problemlosen Alternative. Zunächst wurde in dem leicht herstellbaren 4-Aminobenzoesäureethylester (s. Formeln 9.3, der als Anästhesin auf den Markt kam, eine billige und problemlose Alternative zu Cocain gefunden. Anästhesin ist auch in Form von Salben und Tropfen heute noch im Einsatz, z. B. zur Schmerzlinderung bei Entzündungen von Mundschleimhaut und Zahnfleisch. Die Wirkung des Anästhesins ist jedoch schwach, und mit der Weiterentwicklung zum strukturell ähnlichen Novocain (Procain, s. Formeln 9.3) wurde ein sehr viel wirksameres Lokalanästhetikum erfunden. Auch diese Verbindung wurde erstmals von Alfred Einhorn hergestellt (1905) und anschließend von der Hoechst AG mit Jahrzehnte dauerndem Erfolg auf den Markt gebracht. Allerdings wurde es durch das 1912 weiter entwickelte Lidocain (s. Formeln 9.3), das eine andersartige chemische Struktur besitzt, noch übertroffen. Lidocain wurde eines der am meisten verkauften Medikamente der Hoechst AG und ist auch im 21. Jahrhundert noch ein Standardmittel bei schmerzhaften Zahnbehandlungen. In neuerer Zeit hat sich zudem herausgestellt, dass bei Patienten mit „Herzrasen" eine Beruhigung und Stabilisierung des Herzrhythmus erreicht werden kann. Allerdings können alle Lokalanästhetika in seltenen Fällen auch Allergien hervorrufen.

In diesem Zusammenhang soll noch ein anderer herausragender Erfolg der Hoechster Pharmaforschung erwähnt werden, nämlich die erstmalige Synthese eines Hormons. Es handelte sich um Adrenalin (s. Formeln 9.4), das wie der lateinische Name besagt, in der Nebenniere gebildet wird. Adrenalin, das „Stresshormon", kontrahiert Arterien, erhöht dadurch den Blutdruck und wird noch heute zur Stillung von Blutungen bei Zahnbehandlungen oder bei Wunden von Blutern eingesetzt. Hoechst brachte zunächst unter dem Namen Suprarenin, ein Extrakt aus den Nebennieren von Tieren auf den Markt. Die große Nachfrage stimulierte jedoch die Suche nach einer Synthese, die schließlich von Friedrich Stolz erarbeitet wurde, der schon das Pyramidon erfunden hatte.

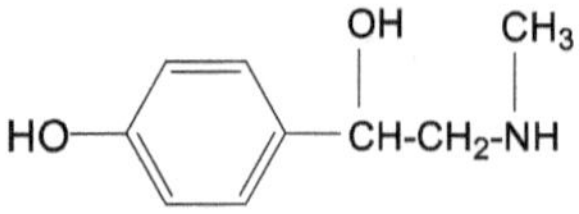

Adrenalin

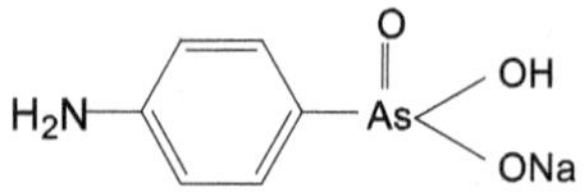

Atoxyl

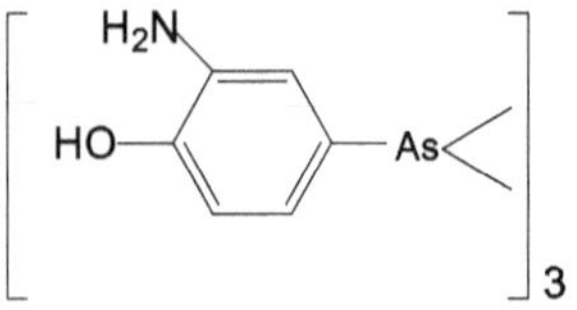

Arsphenamin, Salvarsan

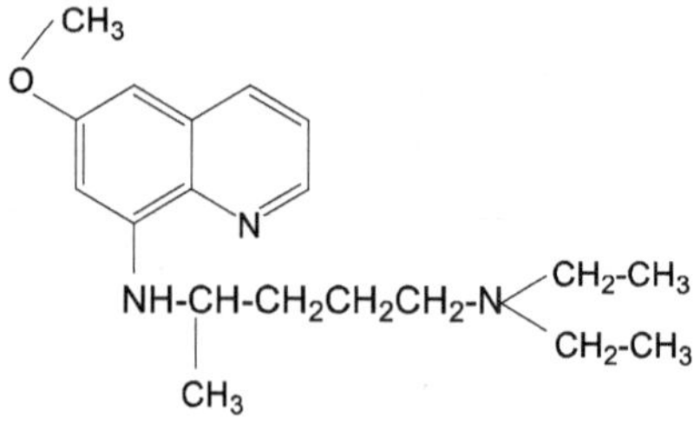

Plasmocin

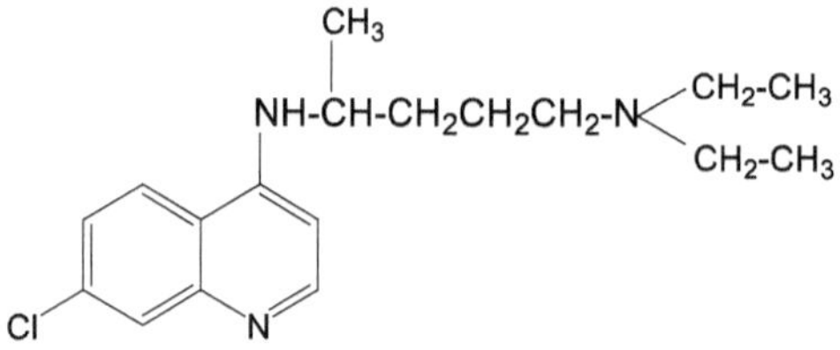

Chloroquin

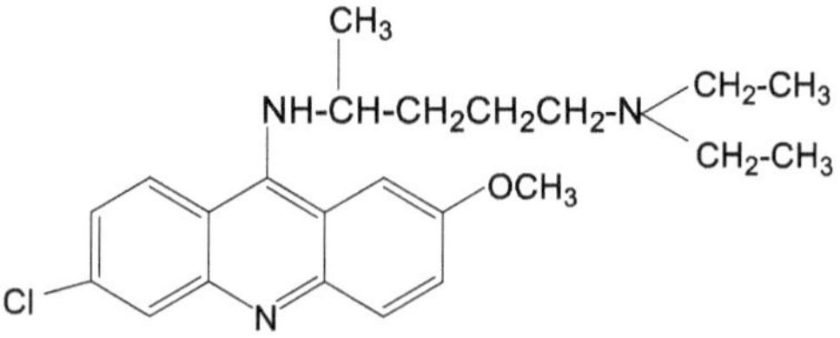

Atebrin, Mecaprin

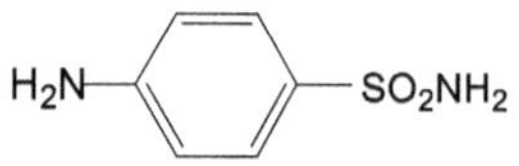

4-Aminobenzolsulfonamid

Formeln 9.4 Formeln von Adrenalin und von Medikamenten gegen Tropen-krankheiten

Der Kampf gegen Infektionskrankheiten

Durch den ab 1872 einsetzenden Erwerb (man könnte besser sagen Eroberung) von Kolonien in tropischen Klimazonen wurde Deutschland wie zuvor andere europäische Nationen mit tropischen Infektionskrankheiten konfrontiert. Schlafkrankheit und Malaria waren dabei die häufigsten Gegner sowohl der Kolonisatoren wie auch der einheimischen Bevölkerung. Dazu kam die schon im 16. Jahrhundert aus Amerika eingeschleppte Syphilis (Lues), gegen die es um 1900 noch keine wirksame Behandlung gab.

Ein erster Hinweis auf Chemotherapeutika zur Bekämpfung der Schlafkrankheit ergab sich eher zufällig. Im Jahre 1863 hatte der französische Chemiker Antoine Béchamp aus Anilin und Arsensäure eine Verbindung synthetisiert, die er Atoxyl nannte (s. Formeln 9.4), um die relativ geringe Toxizität anzuzeigen. Diese Verbindung wurde nur äußerlich gegen Hautinfektionen eingesetzt. Im Jahre 1906 erkannte Robert Koch auf einer Afrikareise, dass die Einnahme von Atoxyl einen günstigeren Verlauf der Schlafkrankheit bewirken kann. Ausgehend von dieser Information begann der Chemiker Alfred Bertheim im Institut von Paul Ehrlich, dem nach seinem Stifter benannten „Georg Speyer Haus", mit einer systematischen Untersuchung von Struktur und Wirkung aromatischer Arsenverbindungen.

Zunächst wurde gefunden, dass die von Antoine Béchamp formulierte Struktur des Atoxyls (als Arsenanilid) falsch war, und die Erkenntnis der richtigen Struktur stimulierte nun die Suche nach erfolgreicheren Arsenverbindungen. Über 600 verschiedene Substanzen wurden synthetisiert und das Produkt mit der Nummer 606 erwies sich als Volltreffer (Arsphenamin, s. Formeln 9.4). Ab 1910 wurde dieses Produkt von der Hoechst AG unter dem Handelsnamen Salvarsan® verkauft. Zunächst war das Salvarsan auf seine Wirkung gegen Malaria geprüft worden, und ein mäßiger Fortschritt gegenüber Atoxyl wurde gefunden. Eine breitere pharmakologische Studie ergab aber, dass Salvarsan hervorragend zur Abtötung der Spirochäten geeignet war, die Syphilis verursachen. Eine etwas später entwickelte, wasserlösliche Modifikation (Neosalvarsan®), die sich für Injektion eignete, verbesserte noch den Erfolg. Salvarsan avancierte damit zum bedeutendsten Medikament gegen Syphilis und wurde erst durch die nach 1950 eintretende Produktion von Penicillin und anderen Antibiotika überflüssig. Da im Ersten Weltkrieg die Zahl der an Syphilis erkrankten Soldaten dramatisch anstieg, bekam Salvarsan auch militärische Bedeutung. Da Deutschland wegen der Seeblockade durch England kein Salvarsan mehr ausführen konnte, gingen England und Frankreich und schließlich die USA unter Verletzung der Hoechster Patentrechte zur Eigenproduktion über, und 1919 wurden die Patente endgültig enteignet.

Bis zum Ende des Ersten Weltkrieges war damit noch kein entscheidender Durchbruch bei der Behandlung von Malaria und Schlafkrankheit erzielt worden. Doch gleich nach Kriegsende konnten die Bayerwerke einen Erfolg präsentieren, die zunächt die interne Bezeichnung „Bayer 202" erhielt und ab Januar 1923 den Handelsnamedn Germanin. Zunächst wurden die Eigenschaften an Tieren getestet, und es wurde eine hervorragende Wirkung gegen Trypanosomen aller Art gefunden. Um einen endgültigen Test an Menschen durchführen zu können, unternahm eine Gruppe von Wissenschaftlern 1921 eine Expedition in den Süden Afrikas und erzielte spektakuläre Erfolge bei der Behandlung der Schlafkrankheit. Später wurde auch eine sehr gute Wirkung gegen die Wurmerkrankung „Flussblindheit" entdeckt. In neuerer Zeit werden klinische Studien zur Behandlung von HIV- (Aids-)Infektion, Lungen-, Nieren- und Prostatakrebs durchgeführt. Germanin ist immer noch im Einsatz, und mittlerweile wurden 250 weitere Variationen des Moleküls hergestellt und auf ihre pharmakologischen Eigenschaften getestet.

Auch auf dem Gebiet der Malariabekämpfung erzielten die Bayerwerke schließlich Erfolge. Ausgehend von der Struktur des Chinins wurden zahlreiche Chinolinderivate und die dem Chinolin (s. Formeln 9.1) verwandten Acridinverbindungen hergestellt und untersucht. Von Hunderten neuer Substanzen wurden nach und nach drei Produkte mit unterschiedlichen Eigenschaften ausgewählt und auf den Markt gebracht. Das war zuerst (vor 1930) das Plasmochin (s. Formeln 9.4), das nur gegen eine geschlechtliche Form der Plasmodien wirksam war, aber wenig gegen die ungeschlechtlichen Spirochäten, welche für die typischen Fieberschübe der Malaria verantwortlich sind. Im Jahre 1930 wurde erkannt, dass das später als Atebrin vermarktete Mepacrin (s. Formeln 9.4), ein Acridinderivat, auch gegen Spirochäten wirksam ist. Es erwies sich als ausgezeichnetes Mittel zur Prophylaxe, aber auch zur Therapie im Frühstadium der Malaria. Nach seiner Markteinführung 1932 kam es in allen Ländern mit tropischem oder subtropischem Klima zum Einsatz und wurde auch auf Vertragsbasis von der amerikanischen Firma Winthrop unter der Bezeichnung Quinacrin produziert. Nach Ausbruch des Zweiten Weltkrieges erlangte Quinacrin eine herausragende Bedeutung für die in Asien gegen Japan kämpfenden Truppen der Alliierten. Die riesige Produktion von Penicillin und die Enteignung der deutschen Patente waren die entscheidenden Faktoren zum Aufstieg der U.S. Pharmaindustrie an die Weltspitze.

In Deutschland war schon 1937 ein noch wirksameres und zudem farbloses Antimalariamittel entdeckt worden, das Resochin. Es wurde 1937 patentiert, kam aber wegen des Zweiten Weltkrieges nicht mehr in die großtechnische Produktion. Nach dem Zweiten Weltkrieg nahmen mehrere Länder die Produktion von Resochin auf, das unter dem Namen Chloroquin weltweit vermarktet wurde. Zusammen mit dem chemisch eng verwandten Sontochin ist es noch heute ein Standardtherapeutikum für Malaria.

Mit diesen großen Erfolgen waren Kreativität und Produktivität der Bayerforscher aber noch nicht erschöpft. Der letzte Paukenschlag vor dem Zweiten Weltkrieg war die Entdeckung, dass sich Sulfonamide (s. Formeln 15 (zur Struktur siehe nächsten Abschnitt)) besonders zur Bekämpfung von Magen-, Darm- und Harnwegserkrankungen eignen. Sie waren die ersten Breitbandantibiotika. Der Urheber dieser Entdeckung war Gerhard Domagk, der für seine Arbeit noch 1939 mit dem Nobelpreis geehrt wurde. Domagk war am 30. Oktober 1895 als Sohn eines Lehrers in Lagow (Mark Brandenburg) geboren worden. Er wurde nach seiner Schulzeit in Lignitz als Sanitäter im Ersten Weltkrieg eingesetzt und erlebte, wie viele Soldaten nach erfolgreicher Operation noch an Infektionen starben. Diese Erlebnisse förderten seinen Entschluss, sich nach dem Krieg der Erforschung von Chemotherapeutika zu widmen. Der Leiter der Pharmaforschung, Heinrich Hörlein, konnte Gerhard Domagk 1927 zum Eintritt in die Firma überreden und übertrug ihm die Leitung des neu geschaffenen Institutes für Pathologie, das ab 1929 auch die bakteriologische Forschung beheimatete.

Als Grundstruktur der Sulfonamide ist das 4-Aminobenzolsulfonamid (s. Formeln 9.4) anzusehen. Das wirksamste Sulfonamid, das vor Ende des Zweiten Weltkrieges entwickelt wurde, war das Prontosil® (s. Formeln 8.5), das ab 1935 auf den Markt kam. Es wurde im Zweiten Weltkrieg in großem Umfang zur Bekämpfung von Wundinfektionen eingesetzt, da die Deutschen nicht über Penicillin verfügten. Penicillin und weitere moderne Antibiotika haben nach 1950 die Bedeutung der Sulfonamide zurückgedrängt, doch sind spezielle Präparate noch zur Behandlung von Toxoplasmose, Harnwegsinfektionen und Lungenentzündung im Gebrauch. Ferner sind die Sulfonamide in der Veterinärmedizin weit verbreitet.

E. Merck KGaA, Boehringer Ingelheim und Schering AG

Neben den Farbwerken Hoechst und Bayer entstanden in Deutschland vor dem Ersten Weltkrieg noch andere bedeutende Pharmafirmen, von denen die drei größten E. Merck KGaA, Boehringer Ingelheim und Schering AG hier kurz vorgestellt werden sollen. Da sich diese Chemie-/Pharmafirmen nicht mit der Synthese von Farbstoffen oder der Verwertung von Teerchemikalien beschäftigten, war das Geschäftsmodell und die Geschichte ihres Aufstiegs von denen der Farbwerke sehr verschieden. Charakteristisch für die Geschäftsentwicklung der genannten drei Firmen (und anderer kleinerer Chemie-/Pharmafirmen) waren die Herstellung und Vertrieb von Chemikalien und Medikamenten die aus natürlichen Quellen, d. h. Pflanzen, Tieren oder Mineralien, gewonnen wurden.

E. Merck KGaA

Diese Firma kann für sich in Anspruch nehmen, das älteste pharmazeutische Unternehmen der Welt zu sein. Der aus Franken gebürtige Friedrich Jakob Merck erwarb im Jahre 1668 die Engel Apotheke in Darmstadt, die zur Keimzelle des Unternehmens wurde. Seit diesem Jahr blieb die Firma ausschließlich oder weitgehend in Familienbesitz. Zwar ist die E. Merck KGaA heute eine an der Börse gehandelte AG, jedoch liegt die Aktienmehrheit in Familienbesitz. Heinrich Emmanuel Merck übernahm von seinem Vater Friedrich Jacob die Engel Apotheke und entwickelte daraus die Anfänge einer chemisch-pharmazeutischen Produktion. Er war vor allem an der Gewinnung von Alkaloiden aus Pflanzen interessiert und hatte Unterstützung von seinem Freund, dem berühmten Chemiker Justus Liebig. Zu den wichtigsten Produkten, die an Apotheker, Chemiker und Ärzte verkauft wurden, gehörte das starke Schmerzmittel Morphium, für das es vor dem Ersten Weltkrieg noch keinen synthetischen Ersatz gab. Ab 1827 nahmen Produktion und Vertrieb industrielle Maßstäbe an, da die Alkaloide der Firma Merck wegen ihrer Reinheit weithin bekannt und geschätzt wurden.

Nach dem Tode des Vaters 1850 übernahmen die drei Söhne Carl, Georg und Wilhelm das Geschäft, und im Jahre 1860 waren schon 800 verschiedene Produkte im Angebot. Die Firma Merck wurde auch dadurch weltweit bekannt, dass sie Naturstoffe und synthetische Chemikalien stets zu einer genau definierten und garantierten Reinheit lieferte. Merck p. a. *(purum analyticum)* wurde ein feststehender Begriff. Der Aufschwung setzte sich bis zum Ersten Weltkrieg fort, dann folgte eine Zäsur.

Im Jahre 1887 hatte Georg Merck eine Vertretung der Firma in New York aufgebaut und ab 1891 die Firma Merck & Co. gegründet. Im Jahre 1917 wurde das florierende Tochterunternehmen enteignet und zu einem selbstständigen amerikanischen Pharmaunternehmen gemacht. Nach dem Zweiten Weltkrieg entwickelte sich die amerikanische Merck & Co. Inc. Zu einer der sieben größten Pharmafirmen der Welt und fusionierte 2009 mit der Schering-Plough Co. Seit dem Ersten Weltkrieg darf die deutsche E. Merck KGaA den Namen Merck nicht in USA und Canada verwenden und firmiert als EMD.

Trotz vieler Zerstörungen und Enteignungen entwickelte sich die Merck KGaA nach 1945 wieder zu einem bedeutenden Pharma- und Chemiekonzern, der in 25 Ländern über Produktions- und Vertriebsstandorte verfügt. Zu den neuen Forschungsschwerpunkten und Umsatzträgern gehören flüssigkristalline Substanzen, die für LC-Displays benötigt werden, und hier ist die Merck KGaA Weltmarktführer. Zweitens wurde Ende 2006 die Schweizer Biotechnologiefirma Serono übernommen und in dem Gemeinschaftsunternehmen Merck-Serono ein Schwerpunkt auf dem Gebiet der Krebstherapie mit monoklonalen Antikörpern etabliert.

Boehringer Ingelheim

Im Jahre 1817 eröffnete Christian Friedrich Boehringer in Stuttgart einen kleinen Heilmittelvertrieb. Zusammen mit einem später erworbenen chemischen Labor erwuchs daraus das Pharmaunternehmen C.F. Boehringer & Söhne. Der Sohn Christoph Heinrich Boehringer verlegte 1872 die Firma nach Mannheim und übergab sie 1882 seinem Sohn Emil. Nach dessen Tod 1892 kam „Boehringer Mannheim" in den Besitz der Familie Engelhorn. Die Firma konzentrierte sich nach dem Zweiten Weltkrieg vor allem auf Methoden und Hilfsmittel zur Diagnose von Krankheiten und Stoffwechselstörungen. Im Jahre 1997 wurde das Unternehmen von der Schweizer Firma Hoffmann LaRoche aufgekauft.

Alfred Boehringer, ein anderer Sohn von Christian Heinrich, erwarb 1885 eine kleine Weinsteinfabrik in Ingelheim am Rhein. Die Silhouette der dort befindlichen, ehemaligen Kaiserpfalz wurde ab 1905 zum Firmenlogo erkoren. Ab 1842 nannte Alfred Boehringer die neue Firma zu Ehren seines Vaters C.H. Boehringer & Sohn, und das schnell wachsende Chemie- und Pharmaunternehmen blieb bis in neueste Zeit im Familienbesitz. Zunächst wurden Weinsäure und deren Salze hergestellt, dann folgten Zitronensäure und Milchsäure. Im Jahre 1895 wurde ein Patent für Backpulver angemeldet.

Auf der Suche nach neuen Geschäftsfeldern begann man nach 1905 mit der Extraktion von Alkaloiden und insbesondere Opiaten aus verschiedenen Pflanzen. Das aus sechs Opiumalkaloiden bestehende Laudanon® kam 1915 auf den Markt. Opiate einschließlich Morphium waren also das erste langfristige Standbein der Firma, das durch Übernahme der Firma Karl Thomä 1928 noch verstärkt wurde, Medikamente gegen Herz-Kreislaufkrankheiten wurden das zweite Arbeitsgebiet. Der Einstieg kam durch Zusammenarbeit mit dem Nobelpreisträger Heinrich Wieland und dessen Bruder Otto Wieland zu Stande, die Experten auf dem Gebiet der Steroidchemie waren.

Boehringer Ingelheim vergrößerte sich nach dem Ersten Weltkrieg auch räumlich. So wurde 1924 ein Werk in Hamburg-Moorfleet in Betrieb genommen, und 1943 wurde mit dem Aufbau eines Forschungs- und Produktionsstandortes in Biberach an der Riß begonnen, wohin auch die Firma Karl Thomä umgesiedelt wurde.

Zu einem besonders wichtigen und intensiv bearbeiteten Gebiet entwickelte sich die Therapie von Atemwegserkrankungen. Ende der zwanziger Jahre kamen die Hustenmittel Codysirup® und Acedium® auf den Markt. Dann folgte 1941 Aludrin zur Asthmatherapie. Aus der Forschung in Biberach kam 1963 Biosolvan®, das erste Sekretlösungsmittel, dem mit Mucosolvan® 1979 eine weitere Verbesserung folgte. Etwa um 2005 kam als neuestes Erfolgsmedikament gegen Asthma und Atemwegsproblemen Spiriva® auf den Markt. Die letzten zwei Jahrzehnte brachten eine Fülle von Medikamenten gegen verschiedene Arten von Krankheiten, z. B. Mittel gegen Aids, gegen rheumatische Arthritis und gegen Parkinson, sodass Boehringer Ingelheim heute ein sehr breit aufgestelltes wachstumsstarkes Pharmaunternehmen darstellt.

Schering AG

Wie im Falle von Merck und Boehringer beginnt auch die Geschichte der Schering AG mit einer Apotheke und der Produktion kleiner Mengen verschiedener Heilmittel. Ernst Schering eröffnete 1851 die „Grüne Apotheke" im nördlichen Berlin und erweiterte das Geschäft nach und nach zu einer kleinen chemischen Fabrik, die 1871 in eine Aktiengesellschaft umgewandelt wurde. Die weitere Expansion beinhaltete die Eröffnung einer Vertretung in New York 1876, den Bau eines Zweigwerkes in Charlottenburg 1880 und die Einrichtung eines Zentrallaboratoriums 1888. Nach dem Ersten Weltkrieg erfolgte als großer Schritt vorwärts die Fusion mit der chemischen Fabrik C.A.F. Kahlbaum AG (1927), und unter Hinzunahme weiterer industrieller Aktivitäten wurde 1937 die Schering AG gegründet. Auf umfangreiche Zerstörungen von Gebäudekomplexen im Zweiten Weltkrieg folgten als schwerster Schlag die Enteignung von Patenten und Warenzeichen sowie die Gründung der selbstständigen amerikanischen Firma Schering Plough. Erst 1988 konnte die Schering AG mit dieser Firma eine Einigung über die internationale Nutzung des Namens Schering und verschiedener Warenzeichen erzielen. Im Jahre 1996 erwarb die Schering AG die Leica Gruppe und im Jahr 2000 die Mitsui Pharmaceuticals in Japan.

Von den zahlreichen verschiedenen Produkten, welche die Schering AG im Lauf ihrer langen Geschichte auf den Markt brachte, seien hier nur einige

Beispiele genannt. Etwa ab 1880 wurde reiner Diethylether für Narkosezwecke angeboten. Fast zur gleichen Zeit kam der Gerbstoff Tannin in den Handel. Zehn Jahre später folgte das „Verjüngungs-" und Gichtmittel Riperazin, und ab 1901 wurde an der Produktion von synthetischem Kampfer gearbeitet. Nach Gründung einer medizinisch-wissenschaftlichen Abteilung 1921 begann der Einstieg in das Arbeitsgebiet der Sexualhormone, durch das Schering weltweit einen sehr hohen Bekanntheitsgrad erreichte. Mit Progynon® kam 1928 das erste Hormonpräparat zur Behandlung von klimakterischen Beschwerden auf den Markt, und 1932 folgten teilsynthetisches Östradiol sowie mit Pro® ein Mittel zur Behandlung hormonal bedingter Erkrankungen bei Männern. Ein herausragender Erfolg wurde Europas erste Antibabypille Anovlar®, die 1961 in den Handel kam, ein Jahr nach Einführung der ersten Antibabypille in den USA. Von da an wurden Antibabypillen im Rhythmus von etwa zehn Jahren ständig verbessert und mit Yasmin® wurde im Jahre 2000 ein weiterer außergewöhnlicher Erfolg erzielt. Zu einem kleineren, aber ebenfalls erfolgreichen Arbeitsgebiet entwickelten sich medizinische Diagnostika. Kontrastmittel für Röntgenaufnahmen oder Kernspintomografie. Die Geschichte der selbstständigen Schering AG endete schließlich 2006 durch Eingliederung in die Bayer AG.

Literatur

P. Karrer „Lehrbuch der organischen Chemie", G. Thieme Verlag, Stuttgart, 13. Auflage 1959

E. Bäumler „Farben, Formeln, Forscher" Serie Piper München, Zürich 1984

W. H. McNeill „Seuchen machen Geschichte" Udo Pfriemer Verlag, München 1978

E. Verg, G. Plumpe, H. Schultheis „Meilensteine – 125 Jahre Bayer AG", Konzernverwaltung, Leverkusen 1988

E. Ortbandt "Die Zeit der Staufer" Riederer Verlag, Stuttgart, 1965

J. J. Norwich „Die Wikinger im Mittelmeer" F.A. Brockhaus Verlag, Wiesbaden 1974

J. J. Norwich „Die Normannen in Sizilien" F.A. Brockhaus Verlag, Wiesbaden 1973

Boehringer Ingelheim: https://de.wikipedia.org/wiki/Boehringer_Ingelheim

Paul Ehrlich: https://de.wikipedia.org/wiki/Paul_Ehrlich

Schering AG: https://de.wikipedia.org/wiki/Schering_AG

Sulfonamide: https://de.wikipedia.org/wiki/Sulfonamide

R. Koch, https://de.wikipedia.org/wiki/Robert-Koch

E. Behring, https://de.wikipedia.org/wiki/Emil-von-Behring

Prontosil, https://de.wikipedia.org/wiki/Sulfonamidochrysidin

Aminophenazon, https://de.wikipedia.org/wiki/Aminophenazon

Arsphenamin, https://de.wikipedia.org/wiki/Arsphenamin

Novalgin, https://de.wikipedia.org/wiki/Metamizol
Antifebrin, https://de.wikipedia.org/wiki/Acetanilide
Phenacetin, https://de.wikipedia.org/wiki/Phenacetin
Paracetamol, https://de.wikipedia.org/wiki/Paracetamol
Sulfonal, https://de.wikipedia.org/wikiSulfomethane
Barbital, https://de.wikipedia.org/wiki/Barbital
Luminal, https://de.wikipedia.org/wiki/Phenobarbital
Dolantin, https://de.wikipedia.org/wiki/Petidin
Procain, https://de.wikipedia.org/wiki/Procain(Procain)
Xylocain, https://de.wikipedia.org/wiki/Lidocain
Germanin, https://de.wikipedia.org/wiki/Suramin(Germanin)
Atebrin, https://de.wikipedia.org/wiki/Mecaprin
Methadon, https://de.wikipedia.org/wiki/Methadon
Sulfonamide, https://de.wikipedia.org/wiki/Sulfonamid
Merck&Co, https://de.wikipedia.org/wiki/Merck_&_Co
Schering, https://www.schering-stiftung.de/lang-de/deutsch/scheringianum
Malaria, https://de.wikipedia.org/wiki/Malaria-prophylaxe
Sulfonamide, https://flexikon.choccheck.com/Sulfonamid-Antibiotika

10

Bevölkerungsexplosion, Kunstdünger und Munitionskrise

Inhaltsverzeichnis

Das Bevölkerungswachstum in der Neuzeit

Wenn man den Einfluss von Umweltveränderungen, Klimakatastrophen, Seuchen, Erfindungen oder Entdeckungen auf die ganze Menschheit oder einzelne Bevölkerungsgruppen abschätzen will, so ist es lehrreich, sich den Verlauf der Bevölkerungszahlen anzuschauen. Für die Weltbevölkerung sind von Experten z. B. folgende Schätzungen publiziert worden (Encyclopedia Americana): Von den Anfängen der Menschheit vor ca. 2 Mio. Jahren bis zum Jahre 1650 ist die Bevölkerungszahl auf etwa 500 Mio. angestiegen. Im Jahre 1800 waren es schon 900 Mio. In den 70 Jahren von 1800 bis 1870 wuchs die Menschheit um weitere 300 Mio. Ein ähnliches Wachstumstempo vorausgesetzt, sollte die Weltbevölkerung nach weiteren 140 Jahren, also um 2010, bei etwa 2000 Mio. angekommen sein. Tatsächlich beträgt die Weltbevölkerung nun 7000 Mio. Schaut man sich Europa einschließlich UdSSR an, so dauerte es annähernd 2 Mio. Jahre bis um 1650 etwa 100 Mio. Menschen in diesem

Raum lebten. Bis 2010 hat sich diese Zahl annähernd vervierfacht. Das Wachstum, das sich besonders nach 1850 beschleunigt hat, reizt zu der Frage, welche Faktoren diese rasante Entwicklung ermöglicht haben. Eine vollständige Beantwortung und Erklärung dieses komplexen Sachverhaltes können hier natürlich nicht gegeben werden. Aber es liegt auf der Hand, dass die Fortschritte der chemischen Forschung den weitaus größten Beitrag zur Bevölkerungsexplosion geleistet haben. Im Einzelnen lassen sich folgende Faktoren anführen:

1. verbesserte Hygiene durch intensivere Verwendung von Seifen und Desinfektionsmittel,
2. neue Medikamente, insbesondere gegen Infektionskrankheiten,
3. ergiebigere Ernten durch Anwendung von Kunstdünger und Schädlingsbekämpfungsmitteln sowie
4. verbesserte Lagerfähigkeit und Haltbarkeit von Lebensmitteln durch Kühlung und Konservierungsmittel.

Zu diesen vier Punkten sollen hier einige kurze Erklärungen folgen. In ihrer mehrtausendjährigen geschriebenen Geschichte durchlief die Menschheit bzw. durchliefen einzelne Bevölkerungsgruppen Phasen relativ großer Wasch- und Badefreudigkeit und Phasen, in denen aus heutiger Sicht Schmutz und ein gravierender Mangel an Hygiene sich abwechselten. So folgten z. B. auf die badefreudigen Römer die weniger reinlichen Europäer des Mittelalters, und im Barock übertrumpften die wohlhabenden Schichten ihren Gestank mit viel Parfüm. Ein entscheidender und unwiderruflicher Fortschritt im Verständnis von Hygiene resultierte aus dem Lebenswerk von Louis Pasteur (1822–1895). Zu seiner Zeit und in den Jahrhunderten davor war es geistiges Allgemeingut, dass Mikroorganismen und primitive Lebewesen wie Würmer oder Pilze direkt durch „Spontanzeugung" aus Schmutz, Erdboden und Erbrochenem entstehen konnten. Pasteur konnte nun beweisen, dass Leben immer nur aus Leben entsteht. Tötet man alles Leben durch Erhitzen von Gegenständen oder Nahrung auf 100 °C oder höhere Temperaturen und schließt das erhitzte Objekt sofort anschließend luftdicht ein, so entstehen keine neuen Organismen, der Inhalt bleibt steril. Diese Erkenntnis, ein Meilenstein nicht nur in der Geschichte der Naturwissenschaften, sondern auch in der Geistesgeschichte der Menschheit, führte zu der auch heute noch gebräuchlichen Methoden des „Pasteurisierens" und Sterilisierens. Ob ärztliche Instrumente, Getränke (Milch) oder feste Nahrungsmittel, kurzes möglichst hohes Erhitzen verbessert Sterilität und Haltbarkeit dramatisch.

Weitere erfolgreiche Hygienemaßnahmen waren eine steigende Produktion von Seifen und Waschmitteln sowie deren breite Anwendung in allen Haushalten. Eine neue, einfache Synthese von Soda (Na_2CO_3) aus Kochsalz (NaCl) lieferte hierzu die chemische Basis, da Soda für die Herstellung von Seife und anderen chemischen Waschmitteln benötigt wird. Dazu kam die Herstellung von Desinfektionsmitteln, die insbesondere in Kliniken und Lazaretten benötigt wurden. Phenol (Hydroxybenzol, s. Formeln 10.1), das auch zur Synthese von Farben und Sprengstoffen diente, war hier ein erster, wenn auch gefährlicher (gegen menschliche Haut aggressiver) Vorläufer der

Phenol

4-Hydroxybenzoësäure-Ethylester

Benzoësäure

2,4,6-Trinitrophenol
(Pikrinsäure)

2,4,6-Trinitrotoluol
(TNT)

Pentaeryxthrityltetranitrat

„Pentryl"

„Hexogen"

Formeln 10.1   Formeln von Sprengstoffen und deren Ausgangsstoffe heutige Desinfektionsmittel. Eine wichtige Verbesserung der Lebensbedingungen, allerdings nicht auf Chemie basierend, war der Ausbau einer effizienten, unterirdischen Kanalisation. Von den Anfängen des Mittelalters bis zum Ende des 19. Jahrhunderts verlief die Entsorgung von Fäkalien und Abwässern oberirdisch zwischen den engstehenden Häusern. Abgesehen von dem enormen Gestank war damit die Ausbreitung von Infektionskrankheiten stark begünstigt. Noch 1892 gab es deshalb in Hamburg eine Choleraepidemie, an der Hunderte von Menschen starben.

Auf die Entwicklung neuer Medikamente, die sich insbesondere zur Bekämpfung von Infektionskrankheiten eigneten, wurde in Kap. 9 näher eingegangen, sodass an dieser Stelle kein weiterer Kommentar zu dieser Thematik nötig ist. Es soll hier jedoch betont werden, dass seit den frühesten Zeiten der Besiedlung Mitteleuropas das Bevölkerungswachstum durch Infektionskrankheiten und Seuchen maßgeblich gebremst wurde.

Der zweite Faktor, der das Bevölkerungswachstum auf niedrigem Niveau hielt, waren der Mangel an Nahrungsmitteln und die Einseitigkeit der Nahrung. So musste der größte Teil der deutschen Bevölkerung im Mittelalter etwa 80 bis 90 % ihres Kalorienbedarfs mit Hirse decken. Hirse ist zwar gesund, eine einseitige Ernährung ist aber meist auch eine Mangelernährung und vermindert die Resistenz gegen Infektionskrankheiten. Mit Vitaminen und Spurenelementen, von denen in heutigen Kommentaren über gesunde Ernährung stets die Rede ist, war die deutsche Bevölkerung jahrtausendelang sicherlich unterversorgt. Dieser Zustand dauerte bis in die Zeit nach dem Ersten Weltkrieg. Eine deutliche Verbesserung der Ernteerträge konnte dann durch eine intensive Düngung der Felder erreicht werden. Dafür war der Naturdung, d. h. Jauche oder Mist, bei Weitem nicht ausreichend, und eine effiziente Produktion von Kunstdünger musste ins Leben gerufen werden. Aber auch die beste Düngung hat nur einen begrenzten Nutzen, wenn die für die Monokulturen typische Ausbreitung von Schädlingen nicht unter Kontrolle gebracht werden kann. Daher begann die chemische Industrie in Deutschland nach dem Ersten Weltkrieg auch mit der Suche nach Schädlingsbekämpfungsmitteln.

Nicht übersehen werden darf, dass ein breites Angebot an Lebensmitteln, wie es sich nach dem Zweiten Weltkrieg entwickelte, auch eine Konsequenz besserer Lagerbedingungen und Konservierungsmethoden war. Die Entwicklung neuer Kunststoffe für optimale Verpackungsbehälter und spezielle Folien, die eine rasche und luftdichte Verpackung ermöglichen, sind hier zu nennen. Gesundheitlich unbedenkliche Konservierungsmittel, die den Lebensmitteln bei Bedarf zugesetzt werden, erlauben eine deutliche Verlängerung der Lagerungszeiten. Stellvertretend seien hier Benzoesäure und 4-Hydrobenzoesäure-Ethylester genannt (s. Formeln 10.1). Diese beiden sehr häufig verwendeten Konservierungsmittel kommen in geringen Mengen in verschiedenen Pflanzen vor und sind daher als Naturstoffe anzusehen. Dieser Aspekt verdient Beachtung, weil in weiten Teilen der Bevölkerung Konservierungsstoffe als unerwünschte, wenn nicht gar schädliche „Chemie" angesehen werden, was in speziellen Fällen auch zutreffen kann.

In der zweiten Hälfte des 20. Jahrhunderts wurden außerdem Kühlschränke und Tiefkühltruhen zur Verbesserung der Lagerhaltung von Lebensmitteln selbstverständlich. Nun gehören zwar die Erzeugung von elektrischem Strom und die Erfindung von Kühlschränken in den Bereich von Physik und Technik. Die Verfügbarkeit von Elektrizität im Alltag basiert jedoch auf Erfindungen und Entwicklungen der chemischen Industrie. Einerseits sind elektrische leitfähige Drähte notwendig und andererseits viele isolierende Materialien. Geeignetes Drahtmaterial stand in Form von Kupferdrähten schon vor der beginnenden Elektrifizierung zur Verfügung (s. Kap. 1). Isolierlacke waren jedoch zu Ende des 19. Jahrhunderts nur in geringen Mengen und hohen Preisen erhältlich. Der Grund für diese missliche Lage bestand darin, dass diese Isolierlacke (sogenannter Schellack) aus exotischen Käfern gewonnen werden musste. Diese Situation verbesserte sich dann deutlich, als der Belgier Leo Hendrik Baekeland um 1907 das „Bakelit" erfand, aus dem preiswert zahlreiche isolierende Komponenten wie Stecker, Steckdosen und Bauteile von Kondensatoren und Transformatoren produziert werden konnten. Die Entwicklung zahlreicher weiterer Isoliermaterialien folgte nach dem Ersten Weltkrieg.

In der zweiten Hälfte des 20. Jahrhunderts wurde in weiten Teilen der deutschen Bevölkerung nur noch Chemie als notwendiges Übel, wenn nicht gar als schädlicher Bestandteil unserer Zivilisation verstanden. Eine schlecht informierte und auf Unfallmeldungen spezialisierte Presse haben dazu ebenso beigetragen wie einige Parteien und Bevölkerungsgruppen mit ideologischen Scheuklappen. Alles, was das Etikett „Bio" trägt, wird als natürlich, als gesund und als wünschenswert empfunden. Diese Mentalität stellt jedoch die historischen Fakten auf den Kopf. Es waren und sind die natürlichen Lebewesen, Bakterien, Pilze und Viren, welche die Menschheit seit 2 Mio. Jahren massiv dezimiert haben. Und es waren Unwetter, Klimakatastrophen und Schädlinge, welche zur Nahrungsmittelknappheit beigetragen haben. Zumindest, was den Einfluss von Infektionskrankheiten betrifft, leidet die Weltbevölkerung noch heute jährlich an einem Verlust von mehreren Millionen Menschen allein durch Malaria, Tuberkulose und Aids. Ferner ist die Chance für einen Deutschen, durch Infektion mit einem multiresistenten Keim in einer Klinik zu sterben, ca. zehnmal höher als die Wahrscheinlichkeit, im Straßenverkehr umzukommen Es sind also nach wie vor Gefahren der Natur, welche die menschliche Gesundheit und das Wachstum der Bevölkerung in erheblichem Maße beeinträchtigen.

Dass eine überbordende Weltbevölkerung auch neue, ernste Probleme schafft, liegt auf der Hand, kann aber nicht der Chemie angelastet werden, zumal es Chemiker (zusammen mit Biologen und Medizinern) waren, die durch neue Empfängnisverhütungsmethoden ein humane Lösung der Überbevölkerungsproblematik ermöglichen.

Was ist Kunstdünger?

Die obige Frage könnte man mit einem kurzen Satz beantworten: Kunstdünger fördert Ernteerträge, und mehr Nahrung für Mensch und Vieh ist immer gut. Für den Zusammenhang zwischen optimaler Ernährung, der Zusammensetzung des Kunstdüngers und der Geschichte Deutschlands soll hier jedoch eine profundere Erklärung geboten werden. Diese beginnt mit der Zusammensetzung des menschlichen Körpers, denn diese muss ja durch Nahrungszufuhr aufrechterhalten werden. Der menschliche Körper besteht zu ca. 60 % aus Wasser und zu ca. 10 % aus anorganischen Bestandteilen wie Knochen, Zähnen und teilweise gelösten Metallsalzen. Knochen und Zähne bestehen weitgehend aus Calcium- und Phosphat-Ionen, die durch Nahrungsmittel ständig nachgeliefert werden müssen. Dabei ist zu berücksichtigen, dass ein Knochen im lebenden Köper kein chemisch totes Gebilde ist, sondern einen dynamischen Stoffwechsel aufweist. Der Knochen wird sozusagen ständig abgebaut und gleichzeitig wieder erneuert.

Den größten Teil der organischen Masse, nämlich 15 bis 17 % des menschlichen Körpers, bilden Proteine. Zu den Proteinen zählt auch das Hühnereiweiß, sodass in der Umgangssprache das Wort Eiweiß als Synonym für Proteine verwendet wird. Da Proteine hinsichtlich Zusammensetzung und biologischer Funktion wesentlich vielseitiger sind als Hühnereiweiß, ist dieser Sprachgebrauch etwas unglücklich und potenziell irreführend. Fast die gesamte Masse der Proteine besteht aus zwei Funktionsgruppen. Das sind einerseits die Muskeln und andererseits die „Gerüstproteine" (Skleroproteine) wie Sehnen, Bänder, Knorpel, Haare, Finger- und Fußnägel. Proteine bestehen aus mehr oder minder langen Ketten, die durch die chemische Verknüpfung vieler α-Aminosäuren zustande kommen. Proteinketten können aus Hunderten eventuell auch aus Tausenden aneinander gereihten α-Aminosäuren bestehen, und zwanzig verschiedene Aminosäuren können im Spiel sein. Von diesen zwanzig „proteinogenen" (proteinbildenden) Aminosäuren kann der

Mensch acht sogenannte essenzielle Aminosäuren nicht selbst herstellen und muss sie fertig aus der Nahrung beziehen. Die übrigen zwölf Aminosäuren kann unser Körper aus geeigneten Vorstufen aufbauen. Jede Aminosäure beinhaltet zumindest ein Stickstoffatom (Symbol N) in Form einer Aminogruppe ($-NH_2$) oder Iminogruppe (= NH). Das bedeutet in Anbetracht des hohen Proteinanteils im menschlichen Körper, dass täglich beachtliche Mengen an Aminosäuren, Proteinen und/oder anderen verwertbaren Stickstoffverbindungen durch die Nahrung aufgenommen werden müssen. Nun erhalten alle Lebewesen, auch Pflanzen, Proteine, und in Wirbeltieren ist der Proteinanteil ebenso hoch wie im Mensch. Daher besteht in der belebten Natur ein riesiger Bedarf an reaktionsfähigen Stickstoffverbindungen (einschließlich Aminosäuren), und es stellt sich somit die Frage, wie dieser Bedarf befriedigt wird.

In einem naturbelassenen Feld oder Waldareal speist sich der Nachschub an Stickstoffverbindungen aus zwei Quellen. Das ist erstens die Freisetzung von Stickstoffverbindungen aus verwesenden Pflanzenteilen, wie z. B. dem im Herbst anfallendem Laub der Bäume. Zweitens werden Stickstoffverbindungen neu gebildet und ständig in den Stoffwechsel des Pflanzenreiches eingeschleust. Dieser Aspekt ist nicht trivial und soll kurz erläutert werden. Alle am Land lebenden Lebewesen sind von viel Stickstoff umgeben, da die Luft zu 80 % aus Stickstoff besteht.

Bei diesem Stickstoff handelt es sich um ein aus zwei N-Atomen bestehendes Molekül (N_2), dass sehr stabil ist und unterhalb von + 50 °C nur schwierig zu Reaktionen veranlasst werden kann. Daher ist kein höherer Organismus, gleichgültig, ob Pflanze oder Tier, in der Lage, den Stickstoff der Luft direkt in seinem Stoffwechsel zu verarbeiten. Die Natur hat nur ganz wenige Mikroorganismen mit der Fähigkeit versehen, das N_2-Molekül in chemische Verbindungen zu überführen (zuerst in Ammoniak = NH_3), die auch von anderen Lebewesen weiterverwendet werden können. Solche Mikroorganismen, z. B. Knöllchenbakterien, sitzen typischerweise an den Wurzeln einiger Pflanzenarten, z. B. Leguminosen, und versorgen diese mit reaktiven Stickstoffverbindungen. Dafür werden sie von der Pflanze mit Traubenzucker und anderen Nährstoffen „belohnt".

Soll nun ein Acker jährlich mit schnell wachsenden Pflanzen genutzt und auch regelmäßig abgeerntet werden, entfällt die zuerst genannte Art des Nachschubs und auch die N_2-verarbeitenden Mikroorganismen können mit dem Verbrauch an Stickstoffverbindungen nicht mehr Schritt halten, zumal nur wenige Pflanzenarten über diese Art des Nachschubs verfügen. Dem Boden muss dann durch Kunstdünger nachgeholfen werden. Aus den zuvor dargelegten Bedürfnissen des menschlichen Körpers ergibt sich die Konsequenz, dass vor allem drei Arten von Kunstdünger zum Einsatz kommen:

1. Stickstoffdünger, der Ammonium- und/oder Nitrat-Ionen enthält. Ammoniumnitrat (NH_4NO_3), Natrium- Kalium- und Calciumnitrat,($Ca(NO_3)_2$) Ammoniumphosphat ($NH_4H_2PO_4$) und (seltener) Harnstoff (NH_2-CO-NH_2) sind die häufigsten Komponenten.
2. Phosphatdünger, der Salze der Phosphorsäure (Phosphat-Ionen) enthält. Kalium und Ammoniumphosphat kommen hier am häufigsten zum Einsatz.
3. Kali- (und Calcium-)Dünger, der Kalium- und Calcium-Ionen nachliefert. Stickstoff- und Phosphatdünger, der Kalisalze enthält, befriedigt den Bedarf der Pflanzen an Kalium-Ionen gleich mit.

Das Haber-Bosch-Verfahren

Nun lassen sich Phosphate, Kali- und Calciumsalze in vielen Gegenden der Erde, auch in Deutschland, bergmännisch gewinnen, sodass hier der Nachschub an entsprechenden Düngemitteln zu keinem Zeitpunkt ein Problem war. Ganz anders stellt sich die Situation beim Stickstoffdünger dar. Es gab in den letzten zwei Jahrhunderten weltweit praktisch nur eine Großlieferanten für Stickstoffdünger, nämlich Chile. In diesem Lande konnten Natrium- und Kaliumnitrat relativ billig im Tagebau bergmännisch gewonnen werden. Ferner besaß das Land eine zweite Quelle an Stickstoffverbindungen, nämlich den Guano. Bei Guano handelt es sich um die Fäkalien von Seevögeln, die sich über Jahrhunderte an der Küste Chiles abgelagert haben. Dieser Guano enthält Harnstoff, Aminosäuren und andere stickstoffreiche organische Verbindungen.

Einigen Agrarexperten wie auch den führenden Köpfen der deutschen chemischen Industrie war schon nach der Jahrhundertwende klar, dass der Düngemittelnachschub aus Chile mit den zukünftigen Bedürfnissen der schnell wachsenden Bevölkerung nicht würde Schritt halten können. Daher begann die BASF schon kurz nach 1900, in den eigenen Laboratorien sowie durch finanzielle Unterstützung von Universitätsprofessoren das Problem der Umwandlung von Luftstickstoff (N_2) in Ammoniak zu bearbeiten. Fritz Haber, dessen folgenreiche Aktivitäten auf verschiedenen Gebieten der Chemie auch in Kap. 9 zur Sprache kommen, war der Erste, der das gewünschte Ziel erreichte.

Er wurde 1906 als Professor nach Berlin berufen und erarbeitete dort die erste Ammoniaksynthese aus Luftstickstoff. Er reichte im Oktober 1908 ein diesbezügliches Patent ein, das ihm 1911 auch zuerkannt wurde. Nun ist eine erfolgreiche Laborsynthese, die üblicherweise nur Grammmengen einer Chemikalie liefert, nicht schon als großtechnisches Verfahren für die Produktion von vielen Tonnen geeignet. Die Entwicklung eines großtechnischen Verfahrens erfordert meist mehrere Jahre intensiver Entwicklungsarbeit, die mit hohen Kosten verbunden ist.

Der Vorstandsvorsitzende der BASF, Heinrich von Brunck, glaubte an die technische Realisierbarkeit und setzte gegen das Votum der übrigen Vorstandsmitglieder die Bearbeitung dieses Problems durch. Er glaubte in dem jungen Ingenieur Carl Bosch die richtige Persönlichkeit gefunden zu haben, um dieses schwierige Projekt zum Erfolg zu führen. Diese Entscheidung erwies sich als Glücksfall für die BASF und hatte weitreichende Folgen für ganz Deutschland. Das Entwicklungszentrum für die Ammoniaksynthese wurde nördlich des BASF-Hauptwerkes (Ludwigshafen) am Rande der Ortschaft Oppau eingerichtet. Die Probleme, die bei der Bearbeitung des Projektes auftraten, waren vielfältig und zum Teil unvorhergesehen. So mussten z. B. neue Werkstoffe, insbesondere Spezialstähle, entwickelt und getestet werden, um die mechanische Stabilität des Reaktors und seiner Befestigungen während eines mehrjährigen Betriebes zu gewährleisten.

Diese Problematik ergab sich zwangsläufig aus dem Reaktionsverlauf, der auf einer Umsetzung von Stickstoff mit gasförmigem Wasserstoff beruhte ($2N_2 + 3H_2 \rightarrow 6NH_3$). Diese Reaktion verläuft nur bei höheren Temperaturen (oberhalb von 200 °C) und bei Verwendung eines Katalysators hinreichend schnell. Außerdem waren hohe Drücke erforderlich, um gute Ausbeuten zu erzielen. Wasserstoff hat aber die ungewöhnliche Eigenschaft, sich bei hohen Drücken allmählich in Metallen aufzulösen. Das Ausmaß dieses Vorganges hängt von der Höhe des Druckes und der Art des Metalls ab, führt jedoch in jedem Fall zu einer Minderung der mechanischen Stabilität. Diese Eigenschaft des Wasserstoffs wird heutzutage positiv gesehen, denn sie ermöglicht es, in geeigneten Metallen bzw. Metalllegierungen große Mengen Wasserstoff zu speichern, die dann als Energieträger für den Antrieb von Autos und Schiffen genutzt werden können. Für Carl Bosch gab es jedoch nur einen negativen Aspekt, nämlich das allmähliche Erweichen seiner Apparatur mit der Folge einer unkontrollierten Explosion.

Carl Bosch und seiner Mannschaft gelang es, alle Schwierigkeiten so weit zu meistern, dass im Jahre 1913 die weltweit erste Anlage zur technischen Produktion von Ammoniak aus Stickstoff in Betrieb gehen konnte. Von da an war es im Prinzip möglich, auch ohne Importe aus Chile genügend Stickstoffdünger für eine zufriedenstellende Ernährung der deutschen Bevölkerung zu produzieren.

Leider verhinderte der Ausbruch des Ersten Weltkrieges im Sommer 1914 zunächst diese positive Entwicklung. Nach Ende des Weltkrieges übernahmen mehr und mehr Länder das Haber-Bosch-Verfahren, zumal der Patentschutz durch die Niederlage Deutschlands verloren ging. Die ungeheure Bedeutung dieser Erfindung für die Ernährung der Weltbevölkerung lässt sich daraus ersehen, dass zu Anfang des 21. Jahrhunderts mehr als 100 Mio. t an synthetischem Stickstoffdünger produziert wurden. Ohne diese Produktion würde schätzungsweise für die Hälfte der Weltbevölkerung die Nahrung fehlen. Das Haber-Bosch-Verfahren muss daher als eines der großen Meilensteine in der Geschichte der Chemie und in der Geschichte der deutschen chemischen Industrie angesehen werden.

Abschließend soll noch ein kurzer Blick auf das Schicksal der Gemeinde Oppau geworden werden, die bis 1938 selbstständig war und dann in die rapide gewachsene Stadt Ludwigshafen eingemeindet wurde. Für die Ehre, Schauplatz der ersten technischen Ammoniak und Stickstoffdüngerproduktion gewesen zu sein, musste dieser Ort acht Jahre später einen hohen Preis zahlen. Die BASF hatte auf ihrem dortigen Werksgelände ein großes Lager für die Düngemittel Ammoniumnitrat und Ammoniumsulfat angelegt. Ammoniumnitrat ist der effizienteste Stickstoffdünger, da beide Komponenten Ammonium und Nitration das N-Atom enthalten. Ammoniumnitrat hat aber auch die Eigenschaft, wenn in geringen Mengen entzündet, an Luft friedlich abzubrennen. Große Mengen unter (eigenem) Druck gelagert verhalten sich jedoch wie Sprengstoff, und in Mischung mit brennbaren Zusätzen (z. B. Aluminiumpulver) wird Ammoniumnitrat auch zur Füllung von Torpedoköpfen und Seeminen verwendet. Es war von der BASF AG allerdings ausgiebig getestet worden, dass Mischungen mit dem stabilen, nicht brennbaren Ammoniumsulfat bei 45 % Sulfatanteil jegliche Explosivität verlieren. Die Lagerung großer Mengen des Gemisches führte unter dem eigenen Druck zu einer derartig starken Verfestigung, dass eine Lockerung mit kleinen Sprengladungen notwendig war, um den Abtransport zu ermöglichen. Dieser Vorgang war unzählige Male durchgeführt worden, ohne dass es zu Unfällen gekommen wäre. Möglicherweise kam es im Herbst 1921 aber zu Lagerung eines Gemisches, das viel zu wenig Sulfat enthielt, und bei Lockerungssprengungen erfolgte am 21. September 1921 eine Detonation der gesamten Vorräte. Der Knall war noch im 80 km entfernten Frankfurt zu hören. Von 1000 Wohnungen in Oppau wurden 900 zerstört und 7500 Menschen wurden obdachlos, davon über 2000 verletzt. 561 Menschen kamen ums Leben. Ein Krater von 125 m Länge, 90 m Breite und 19 m Tiefe war entstanden. Es war das größte Explosionsunglück, das sich jemals in Deutschland zu Friedenszeiten ereignete.

Die Munitionskrise im Ersten Weltkrieg

Das deutsche kaiserliche Heer verwendete ebenso wie die Armeen der Nachbarländer vier verschiedene Typen an Explosionsstoffen für vier verschiedene Anwendungen. Erstens wurden phlegmatisierte, stabilisierte Dynamite für Straßenbau, Brückenbau, Tunnelbau und Festungsbau benötigt, wie für andere Baumaßnahmen in Friedenszeiten auch. Dann wurden spezielle sehr energiereiche, aber nicht sehr beschusssichere Sprengstoffe für Torpedoköpfe und Seeminen verwendet. Die weitaus größte Menge an Explosivstoffen wurde jedoch für die Herstellung von Munition benötigt. Dabei handelte es sich erstens um die Schießpulver, welche die Projektile oder Granaten aus den Pistolenläufen, Gewehrläufen oder Kanonenrohren jagten. Zweitens handelte es sich um spezielle Sprengstoffe, die zur Füllung von Granaten und Bomben eingesetzt wurden.

Im Ersten Weltkrieg wurde kein Schwarzpulver mehr verwendet, sondern es kamen die im Kap. 6 (Cellulose) vorgestellten rauchlosen Pulver auf Basis nitrierter Cellulose zum Einsatz. Die zur Füllung von Granaten und Bomben vorgesehenen Sprengstoffe zeichneten sich keineswegs durch besonders hohe Sprengkraft aus. Ihr hervorstechendes Merkmal war vielmehr die Beschusssicherheit. Sie durften nicht schon detonieren, wenn Granaten z. B. beim Transport von Pistolen oder Gewehrkugeln getroffen wurden. Vor allem mussten die Granaten den Schock des Abschusses aus dem Kanonenrohr überleben, sonst kam es zu einem Rohrkrepierer. Ein Rohrkrepierer war ein doppeltes Unglück, denn einmal ging das wertvolle Geschütz verloren, zum anderen wurde die Bedienungsmannschaft verletzt oder getötet. Im Ersten Weltkrieg kamen bei allen beteiligten Nationen zunächst Pikrinsäure (s. Formeln 10.1) und dann Trinitrotoluol (TNT, s. Formeln 10.1) als Granatfüllung zur Anwendung. Die Pikrinsäure hatte zwei Nachteile. Sie detonierte nicht immer vollständig, und die Soldaten einer getroffenen Stellung wurden dann in eine Wolke feinsten gelben Staubes gehüllt, der sich auf der Haut festsetzte. Die Überlebenden erhielten dann den Spitznamen „Kanarienvögel". Schwerwiegender war die gefährliche Eigenschaft der Pikrinsäure im Kontakt mit Metallen, z. B. an den Innenwänden von Granaten, geringe Mengen an Metallsalzen zu bilden. Diese Metallsalze waren aber schockempfindlich und führten häufig zu unvorhersehbaren Detonationen, sei es beim Transport oder als Rohrkrepierer beim Abschuss der Granate.

Aufgrund der effizienten chemischen Industrie konnten die Deutschen gleich anfangs des Krieges die Pikrinsäure durch das unproblematische Trinitrotoluol (TNT) ersetzen. Seit dieser Zeit wurde TNT zum Standard-Militärsprengstoff, an dem alle anderen Sprengstoffe, auch die Explosivkraft der Atombombe, gemessen wurden und noch immer gemessen werden. Es wurden allerdings auch brisantere Sprengstoffe als TNT erfunden, technisch produziert und militärisch verwendet, wie z. B. das „Pentryl" und das „Hexogen" (s. Formeln 10.1). Wegen ihrer größeren Schockempfindlichkeit wurden diese Sprengstoffe aber nicht in Granaten, sondern in Seeminen und in Torpedoköpfen eingesetzt.

Gleichgültig, welcher Explosivstoff benötigt wurde, seine Herstellung erforderte Salpetersäure. Dazu kam das Problem, dass Explosivstoffe egal welcher Art, nicht beliebig lange gelagert werden können, da sie sich langsam zersetzen. Das bedeutete, Munition muss im Lauf von Jahrzehnten immer wieder entsorgt, eventuell recycelt, aber in jedem Fall durch neue Munition ersetzt werden. Nun basierte die Salpetersäureproduktion vor dem Ersten Weltkrieg in Deutschland wie in anderen Ländern weitgehend auf Chilesalpeter als Rohstoff. Die Salpetersäure wurde dabei aus ihren Natrium- und Kaliumsalzen freigesetzt, üblicherweise mittels konzentrierter Schwefelsäure. Synthesemethoden, die von Ammoniak (NH_3) ausgingen, gab es zwar schon, allerdings nur im Labormaßstab.

So hatte Charles Frédéric Kuhlmann schon 1838 beobachtet, dass sich NH_3 mithilfe eines Platin-Katalysators durch Sauerstoff zu Stickoxiden, den Vorstufen der Salpetersäure, oxidieren lässt. Wilhelm Ostwald verbesserte die Methode, die dann nach ihm benannt wurde. An der Ausarbeitung eines technischen Verfahrens arbeitete Cartl Bosch etwa seit 1908. Da aber zu Friedenszeiten die Gewinnung von Salpetersäure aus Chilesalpeter billig und unproblematisch war, war der teure Aufbau eines neuen technischen Verfahrens für die BASF AG nicht attraktiv.

Im deutschen Generalstab, der für die Planung und Logistik zukünftiger Kriegshandlungen zuständig war, hatte man sich auf einen Krieg gegen Frankreich und Russland mit dem „Schlieffen-Plan" vorbereitet. Dieser Plan war von dem im Jahre 1913 verstorbenen Generalstabschef und Generalfeldmarschall Alfred von Schlieffen ausgearbeitet und dann nach ihm benannt worden. Dieser Plan sah vor, dass Süddeutschland von Truppen entblößt und Ostdeutschland mit möglichst wenig Truppen gegen russische Angriffe hinhaltend verteidigt werden sollte. Mehr als 80 % der gesamten Heeresmasse sollten in Belgien und im Norden Lothringens möglichst rasch vordringen, ein eventuell in Belgien stehendes britisches Expeditionskorps von der französischen Armee trennen und in einem Schwenk nach Süden die französische Armee einkesseln. Nach der Niederwerfung Frankreichs, für die etwa ein halbes Jahr einkalkuliert war, sollte sich dann das Hauptkontingent der deutschen Truppen auf die Russen stürzen und Russland zu Friedensverhandlungen zwingen.

Im deutschen Generalstab war man so siegessicher, dass man keinen Plan B für ein Versagen des Schlieffen-Planes vorbereitet hatte. Der Generalstab war im Wesentlichen mit preußischen Offizieren besetzt, die auf eine stolze Vergangenheit zurückblickten. Da waren die Siege unter dem legendären Generalstabschef Helmuth von Moltke über Frankreich im Krieg 1870/71. Da waren die Siege über Österreich bei Königgrätz 1866, über die Dänen 1864 und über Napoleon in Waterloo sowie in der Völkerschlacht bei Leipzig 1813. Aus noch fernerer Vergangenheit leuchteten die Ruhmestaten Friedrichs des Großen herüber. Ein Offiziersanwärter war daher hinreichend damit beschäftigt, die Schlachten der deutschen und europäischen Geschichte zu analysieren sowie Truppenführung und Waffentechnik zu lernen.

Industrieproduktion, Volkswirtschaft, Rohstoffversorgung oder Außenhandel waren Wissensbereiche, die einem deutschen Offizier weitgehend fremd waren. Im Kriegsministerium und seiner Bürokratie war man ähnlich einseitig eingestellt. So stürzte sich Deutschland 1914 in einen Krieg, für den die Munitionsvorräte bestenfalls neun Monate ausreichen konnten. Gleich zu Kriegsbeginn verhängte England mit seiner überlegenen Flotte eine fast perfekte Seeblockade, die Deutschland weitgehend von Rohstofflieferungen aus dem Ausland abschnitt. Damit wurde auch die Versorgung mit Chilesalpeter unterbunden.

Die führenden Köpfe der deutschen Industrie sahen die Situation viel klarer und kritischer, fanden aber keinen Zugang zu den entscheidenden Persönlichkeiten in Generalstab und Kriegsministerium. Walther Rathenau war ein besonders einflussreicher Repräsentant der deutschen Industrie. Er war Leiter der AEG und Direktor in über hundert in- und ausländischen Firmen. Seine Bücher und Schriften waren in Wirtschaftskreisen und bei Politikern bekannt. Seine Karriere führte ihn nach 1919 bis zur Position des Außenministers. Als er eine Woche nach Kriegsausbruch beim Kriegsminister vorstellig wurde, ließ dieser ihn immerhin ausreden, aber darüber hinaus konnte er zunächst keinen Erfolg verbuchen. In der Folgezeit konnte er aber General Erich Georg von Falkenhayn von seinem Plan überzeugen, die Industrie in die Kriegsplanung mit einzubeziehen und der drohenden Rohstoffverknappung entgegenzuwirken. General von Falkenhayn erreichte, dass im Kriegsministerium eine „Kriegsrohstoffbehörde" eingerichtet wurde. Zum Leiter der Abteilung Chemie wurde Fritz Haber berufen, der weitere Experten einschließlich der Nobelpreisträger Walther Nernst und Richard Willstätter um sich scharte. So entstand das „Büro Haber".

Der Schlieffen-Plan scheiterte schon nach wenigen Monaten an der Marne aufgrund mangelnder Vorbereitung und Durchführung durch den Generalstabschef von Moltke (ein Neffe des legendären Helmuth von Moltke). Ferner war der Munitionsverbrauch weit höher gewesen als von den Militärs erwartet. Der Munitionsnotstand kam in Sicht und verhinderte weitere Offensivaktivitäten der deutschen Truppen. Der Grabenkrieg wurde geboren. Nun ließ sich auch die Ministerialbürokratie zu einem Sinneswandel drängen, und es brachen hektische Aktivitäten aus, um die Probleme in den Griff zu bekommen. Carl Bosch wurde ins Boot geholt mit dem Auftrag, die Ammoniakproduktion auszubauen. Da dies nicht über Nacht geschehen konnte, wurden alle Vorräte an Stickstoffdünger in Deutschland und in den besetzten Gebieten requiriert. Dabei fand man 100.000 t Chilesalpeter im Hafen von Antwerpen, wodurch eine Durststrecke von einigen Monaten überbrückt werden konnte. Im Jahre 1915 begann dann die Salpetersäureproduktion in Oppau und eine zuerst dürftige aber kontinuierlich wachsende Versorgung der Truppen mit Munition setzte ein.

Als dritte Maßnahme zur Verbesserung der Munitionskrise war eine ungewöhnliche militärische Operation geplant. Das Asiengeschwader der Kriegsmarine unter dem Befehl von Admiral Graf Spee sollte die Falklandinseln erobern, damit diesen Pfeiler der britischen Seeblockade beseitigen und den Nachschub von Chilesalpeter ermöglichen. Die Engländer verstanden zwar den Sinn dieser Operation nicht, befestigten aber die Falklandinseln und schickten ein kleines Geschwader zur Unterstützung in die Gewässer um Chile. Die überlegenen deutschen Schiffe konnten in der Seeschlacht von Coronel einen vollständigen Sieg erringen. Diese Niederlage schmerzte die englische Admiralität sehr, und die neuesten Schlachtschiffe wurden in Marsch gesetzt. Nun waren die deutschen Schiffe unterlegen, und in der Seeschlacht bei den Falklandinseln wurden fast alle deutschen Schiffe versenkt. Dabei fand auch Admiral Graf Spee den Tod.

Die Versorgung des deutschen Heeres mit Munition ruhte daher seit Mitte 1915 ausschließlich auf den Schultern von Carl Bosch und seiner Mannschaft. Da unter diesen Umständen die Kapazitäten und räumlichen Gegebenheiten in Oppau nicht ausreichten und Oppau in Reichweite feindlicher Flugzeuge lag, wurde 1916 mit dem Bau einer Ammoniakproduktion in Leuna, im Geiseltal an der Saale begonnen. In nur neun Monaten entstand eine riesige Anlage, die wesentlich dazu beitrug, dass die Munitionsversorgung stetig zunahm und im Jahre 1918 die Truppe hinreichend versorgen konnte. In diesem Jahr wurden 90.000 t Salpeter produziert, d. h. ein Fünftel des Weltverbrauchs an Chilesalpeter, doch da war der Krieg schon nicht mehr zu gewinnen.

Der außergewöhnliche Erfolg der „Boschtruppe" ermöglichte dem Kaiserreich die Fortsetzung des Krieges über 1915 hinaus. In keinem anderen Land der Welt und zu keinem Zeitpunkt der Geschichte hat sich die Situation ergeben, dass die Erfolge von Chemikern für die Durchführung eines Krieges entscheidend waren. Im Nachhinein gesehen, unter Kenntnis des Versailler Vertrages und seiner katastrophalen Folgen, wäre allerdings eine Kapitulation im Frühjahr 1915 für Deutschland wohl die bessere Lösung gewesen.

Gleich nach Ende des Krieges brachte die oberste Heeresleitung die Dolchstoßlegende in Umlauf, die besagte, dass der Heldenkampf der im Felde unbesiegten Soldaten einen Dolchstoß in den Rücken erhalten hätte, indem Sozialdemokraten und Kommunisten Kriegsmüdigkeit und revolutionäre Gesinnung im Volk geschürt hätten. Nichts ist falscher als diese Legende. Es waren gravierende Fehler der Heeresleitung und des Kriegsministeriums, welche den vor Kriegseintritt der USA möglichen Sieg verhindert haben. Neben der unzulänglichen Durchführung des Schlieffen-Planes und neben der vorhersehbaren Munitionskrise gab es noch andere Fehler, die in den Kap. 6 und 7 zur Sprache kommen. Die Kriegsmüdigkeit und revolutionäre Stimmung in vielen Teilen des deutschen Volkes waren 1918 ganz wesentlich durch den Mangel an Nahrungsmitteln mitverursacht. Dieser resultierte aber weitgehend daraus, dass die Düngemittelproduktion in Oppau schon wenige Monate nach Kriegsbeginn zur Salpetersäure- und Munitionsherstellung umfunktioniert worden war. Die falsche Einschätzung des Munitionsbedarfs rächte sich also in doppelter Weise.

Biografien

Wenige Nichtpolitiker haben die Geschicke Deutschlands so sehr beeinflusst wie der Chemiker Fritz Haber und der Ingenieur Carl Bosch. Daher sollen hier Kurzbiografien vorstellt werden, zumal diese aufschlussreiche Schlaglichter auf das Zeitgeschehen werfen.

Fritz und Clara Haber

Fritz Haber wurde am 9. Dezember 1868 als Sohn einer jüdischen Familie in Breslau geboren. Sein Vater Siegfried Haber war ein wohlhabender Geschäftsmann, der mit Farben, Lacken, Chemikalien und auch mit Stoffen handelte. Fritz wuchs als Einzelkind auf, weil seine Mutter schon wenige Wochen nach seiner Geburt verschied. Er besuchte ein humanistisches Gymnasium und absolvierte auf dringenden Wunsch seines Vaters, der ihn als Nachfolger in der Firma haben wollte, eine kaufmännische Lehre. Mithilfe des Onkels konnte er aber erreichen, dass der Vater einem Chemiestudium zustimmte, das Fritz

Haber 1886 in Heidelberg begann und später in Berlin fortsetzte. Dort promovierte er mit einer Arbeit „Über einige Derivate des Piperonals".

Schon während des Studiums und auch während des einjährigen Wehrdienstes wurde er gewahr, dass er als Jude sowohl im militärischen wie im zivilen Bereich nur geringe Karrierechancen haben würde. Er konvertierte deshalb 1892 zu Protestantismus. Nach verschiedenen kurzfristigen Tätigkeiten an Hochschulen und in der Industrie erhielt er 1894 eine Assistentenstelle an der Technischen Hochschule Karlsruhe, wo er 1894 in physikalischer Chemie habilitierte. Schon 1896 wurde er zum außerordentlichen Professor ernannt und folgte 1906 einem Ruf auf eine ordentliche Professur nach Berlin. Er wurde rasch durch zwei Lehrbücher bekannt, nämlich durch den schon 1905 in Karlsruhe erschienen „Grundriss der Elektrochemie" sowie durch die 1911 publizierte „Thermodynamik thermischer Gasreaktionen". Im Jahr 1911 wurde er zum Direktor des „Kaiser-Wilhelm-Instituts für physikalische Chemie und Elektrochemie" berufen, das durch die Nachfolgeorganisation, die Max-Planck-Gesellschaft, nach 1945 in Fritz-Haber-Institut umbenannt wurde.

Schon bald nach seinem Umzug nach Berlin begann Fritz Haber mit seinen Versuchen zur Ammoniaksynthese aus Stickstoff und Wasserstoff, die 1908 von Erfolg gekrönt waren und zur Einreichung eines Patentantrages im selben Jahr führten. Nach Beginn des Ersten Weltkrieges versuchte Fritz Haber, sich dadurch als Patriot zu profilieren, dass er sich für den Kriegseinsatz mit Giftgasen stark machte. Tatsächlich gelang es ihm, auch die oberste Heeresleitung von seinem Plan zu überzeugen, worauf in Kap. 11 ausführlich eingegangen wird. Da der Gaskrieg 1915 bis 1918 zu grässlichen Verstümmelungen der betroffenen Soldaten führte, war Fritz Haber nach Kriegsende bei den Alliierten eine besonders verhasste Person. Daher kam es zu heftigen Protesten, als die schwedische Akademie der Wissenschaften im Jahre 1918 Fritz Haber den Nobelpreis für Chemie verlieh. Das Nobelpreiskomitee blieb aber standhaft mit der Begründung, dass Habers immense Verdienste für die Ernährung der Weltbevölkerung durch seine Rolle im Gaskrieg nicht negiert werden.

Fritz Haber versuchte, auch nach dem Ende des Krieges ein herausragender Patriot zu sein, und beschäftigte sich mit Versuchen, aus Meerwasser Gold zu gewinnen, um die immensen Reparationszahlungen des Deutschen Reiches zu erleichtern. Diese Versuche blieben jedoch erfolglos. Trotz aller Bemühungen Habers, Deutschland behilflich zu sein, glaubte er sich als Nachkomme einer jüdischen Familie in Gefahr, nachdem es zur Machtergreifung Hitlers gekommen war. Er war zwar schon lange zum Protestantismus übergetreten, aber die Aktivitäten der Nazis richteten sich gegen die Zugehörigkeit zu einer

Rasse (wie sie glaubten) und nicht gegen die Zugehörigkeit zu einer Religion. Im Mai 1933 musste er aufgrund des Ariergesetzes die Leitung des Kaiser-Wilhelm-Institutes niederlegen. Haber bereitete von da an seine Flucht vor, und ein Ruf an die Universität Cambridge lieferte dafür den geeigneten Anlass. Seine Reise führte ihn über die Schweiz, wo er 1934 in Basel überraschend verstarb. Trotz eines Verbotes der Nazis, organisierten Carl Bosch und andere Wissenschaftler eine würdige Gedenkfeier.

Nach dem Zweiten Weltkrieg kam es zu zahlreichen Ehrungen. Berlin hat ihm in einer Briefmarkenserie „Berühmte Berliner" 1957 ein Denkmal gesetzt.

Die Biografie Fritz Habers wäre nicht vollständig, ohne eine Erwähnung und ausführliche Würdigung seiner Frau Clara, geb. Immerwahr. Sie wurde am 21. Juni 1870 in Polkendorf bei Breslau geboren. Sie war die jüngste Tochter des Chemikers D. Phillipp Immerwahrs, der mit seiner Frau Anna ein Landgut bearbeitete, auf dem er erfolgreiche Experimente mit Kunstdünger durchführte. Clara Immerwahr war von ihrer Familie her Jüdin, trat aber später unter dem Einfluss ihres Mannes zum Protestantismus über, der in Preußen Staatsreligion war. Sie studierte in Breslau Chemie und promovierte bei Richard Abegg Ende 1900 im Fach Physikalische Chemie. Sie war eine der ersten deutschen Studentinnen, die eine Promotion anstrebten, und sie war die erste Deutsche mit einem Doktortitel in Chemie.

Sie hatte wohl schon vor der Promotion den aus Breslau gebürtigen Fritz Haber kennengelernt, und als beide 1901 heirateten, war ihr Mann Assistent in Karlsruhe, sodass der gemeinsame Wohnsitz dorthin verlegt wurde. Ihre Schwangerschaft und die Geburt ihres Sohnes Hermann 1902 verhinderten intensive Forschungsarbeiten in Karlsruhe. 1919 siedelte die Familie nach Berlin-Dahlem um, wo Fritz Haber über eine Dienstvilla verfügte.

Ende 1914 begann Fritz Haber, über den Einsatz von giftigen Gasen und Flüssigkeiten als Kampfmittel zu arbeiten. Hier begannen wohl schon deutliche Meinungsverschiedenheiten und intensive Auseinandersetzungen innerhalb der Familie. Als Fritz Haber Anfang 1915 die wissenschaftliche Verantwortung für die gesamte Kriegsführung mit Giftgasen übernahm, missbilligte seine Frau dieses Vorgehen in aller Öffentlichkeit als „Perversion der Wissenschaft". Sie befand sich dabei in guter Gesellschaft vieler Chemiker, die das Verhalten Fritz Habers kritisierten.

Nachdem Fritz Haber vom ersten erfolgreichen Giftgaseinsatz an der Ypernfront (22. April 1915) zurückgekehrt war, erschoss sich seine Frau mit seiner Dienstpistole im Garten ihres Anwesens. Dass dieser Suizid vor allem als Protest gegen Handlungsweise und Gesinnung ihres Mannes gemeint war, ergab sich aus Aussagen von gemeinsamen Bekannten und Freunden, ist aber nicht schriftlich belegt. Auf Veranlassung ihres Sohnes wurde ihre Urne 1937 von Berlin in das Grab ihres Mannes auf dem „Hörnli-Friedhof" in Basel umgebettet. Der Sohn, der wohl aus Angst vor den Nazis in die USA auswanderte, beging dort 1946 ebenfalls Suizid.

Die öffentliche Wertschätzung von Clara Immerwahr als Wissenschaftlerin, Frauenrechtlerin und Pazifistin ließ lange auf sich warten. In den vergangenen zwanzig Jahren wurden jedoch Straßen in Kiel (Wellsee), Freiburg i. Br. (Vauban-Viertel), Lörrach, und Köln (Braunsfeld) nach ihr benannt. In Karlsruhe gibt es seit 2001 einen Clara-Immerwahr-Haber Platz). Die Universität Berlin vergibt seit 2012 einen mit 15.000 € dotierten Clara Immerwahr Preis an Nachwuchsforscherinnen auf dem Gebiet der Katalyse. Zum hundertsten Gedenken des Ersten Weltkrieges zeigte das deutsche Fernsehen (ARD) am 28. Mai 2014 einen Film über das Leben von Clara Immerwahr, der unter der Regie des Österreichers Harald Sicheritz entstanden war.

Carl Bosch

Carl Bosch wurde am 27. August 1874 in Köln geboren als Sohn von Carl und Paula Bosch, die dort ein Installationsgeschäft führten. Der Erfinder und Industrielle Robert Bosch war sein Onkel. Carl besuchte in Köln die Oberrealschule, die er im März 1893 mit dem Abitur verließ. Nach einem Praktikum an der Marienhütte im schlesischen Kotzenau begann er 1894 in Berlin-Charlottenburg mit dem Studium des Maschinenbaus und Hüttenwesens. In dieser Zeit hörte er aber auch Vorlesungen in Chemie, und nach erfolgreicher Abschlussprüfung begann er ein Chemiestudium an der Universität Leipzig, das er schon 1898 mit der Promotion abschloss. In den Semesterferien machte er ein Praktikum an der Krupp'schen Hermannshütte in Neuwied. Er blieb noch bis Ostern 1899 als Assistent bei seinem Doktorvater Johannes Adolf Wislicenus und trat dann auf dessen Empfehlung in die BASF ein.

Nach verschiedenen Tätigkeiten schlug seine große Stunde, als der Vorstandsvorsitzende ihn gegen interne Widerstände damit beauftragte, die von Fritz Haber entwickelte Laborsynthese von Ammoniak aus den Elementen zu einem großtechnischen Verfahren zu entwickeln. Nach Vorversuchen im Technikumsmaßstab wurde 1912 der Bau der erste Ammoniakfabrik in Ludwigshafen in Angriff genommen und 1913 fertiggestellt. Es folgte 1915 eine Anlage zur Produktion von Salpetersäure auf Ammoniakbasis und ebenfalls auf Betreiben Carl Boschs wurde am 1. Mai 1916 mit dem Bau einer viel größeren Ammoniakfabrikation in Leuna-Merseburg begonnen. Trotz der Kriegsereignisse konnte diese Anlage nach neun Monaten in Betrieb genommen werden. Durch diese Erfolge erwarb sich Carl Bosch nicht nur innerhalb der BASF, sondern zumindest unter Wissenschaftlern auch europaweit.

Die erste Stufe der nun folgenden steilen Karriere war die Aufnahme in den Vorstand der BASF 1916, worauf 1919 die Berufung zum Vorstandsvorsitzenden folgte. Aber schon im Jahr zuvor, nach der Kapitulation Deutschlands, übernahm er den verantwortungsvollen Posten als Wirtschaftsberater der deutschen Delegation bei den Friedensverhandlungen in Spa und Versailles. Während die Amerikaner vor allem daran interessiert waren, die deutschen Patente in Besitz nehmen zu können, waren die Briten und vor allem die Franzosen auch darauf aus, ganze Fabrikationsanlagen zu demontieren und abzutransportieren, um auch die deutschen Betriebsgeheimnisse vollständig in die Hand zu bekommen. Hierbei stießen sie nun auf den erbitterten Widerstand von Carl Bosch. Auch weigerte er sich, den Franzosen beim Abtransport der in Oppau lagernden großen Mengen an Stickstoffdünger zu helfen. Dafür wurden er und sieben weitere Mitglieder der BASF von einem französischen Kriegsgericht zu acht Jahren Gefängnis verurteil, doch hat Carl Bosch diese Strafe entweder gar nicht oder nur für kurze Zeit angetreten.

Carl Boschs zäher Widerstand gegen die Plünderung der deutschen chemischen Industrie war zumindest teilweise erfolgreich, und nach 1920 konnte sich die chemische Industrie wieder langsam erholen (s. Kap. 12). So wurde z. B. unter Mithilfe Boschs 1923 die Produktionsanlage für Benzin durch Kohleverflüssigung in Leuna gebaut (s. Kap. 12), und die 1925 gegründete I.G. Farben baute ab 1926 in Schkopau ein Riesenwerk für die technische Kautschuksynthese (s. Kap. 13). In diesem Werk wurden dann auch PVC und zahlreiche Grundchemikalien hergestellt.

Die I.G. Farben, geleitet von Carl Bosch als Vorstandsvorsitzendem, unterstützte die Wahlkampagne der NSDAP 1934 mit der für damals enormen Spende von 40.000 Reichsmark, um ein weiteres Vordringen kommunistischer und sozialistischer Kräfte zu verhindern. Ein weiterer Hintergedanke war allerdings, die NSDAP für die Abnahme des Synthesebenzins zu gewinnen, das in Schkopau hergestellt werden sollte. Trotz der zunehmenden Kontakte und Kooperationen der I.G. Farben mit dem Naziregime wurde Carl Boschs anfänglich noch zwiespältige Meinung über die politische Entwicklung und über die Person Hitlers mit zunehmender Zeit immer negativer.

So gab er anfänglich noch verhalten positive Kommentare von sich und lobte Hitler als „den Mann, der als Erster die Arbeitslosigkeit als Kardinalproblem der Wirtschaftsnot klar erkannte und als einziger Maßnahmen zur Überwindung durchführte". Als Hitler nach 1933 äußerte, „der synthetische Treibstoff ist für ein politisch unabhängiges Deutschland zwingend notwendig" und Schutzzölle einführte, bemerkte Carl Bosch: „Der Mann ist ja vernünftiger als ich dachte". Diese Meinung begann er jedoch schon Ende 1933 zu revidieren. In einem persönlichen Gespräch mit Hitler über Wirtschaftsfragen und Autarkiebestrebungen Deutschlands kam es in Sachfragen zwar zu weitgehender Einigkeit. Als Carl Bosch daraufhin bemerkte, dass die Vertreibung jüdischer Wissenschaftler aus Forschung und Industrie die deutsche Chemie und Physik um 100 Jahre zurückwerfen würde, soll Hitler in einem Wutanfall geschrien haben „Dann werden wir eben 100 Jahre ohne Chemie und Physik arbeiten". Carl Bosch wurde ab 1935 merklich depressiver, trat 1939 vom seinem Aufsichtsratsvorsitz bei der I.G. Farben zurück und beging noch im selben Jahr einen, allerdings erfolglosen, Selbstmordversuch. Carl Bosch war nun auch Alkoholiker geworden und starb am 26. April 1940 in Heidelberg, wo er auf dem Bergfriedhof begraben wurde.

Trotz seines intensiven Engagements in Wissenschaft, Firmenleitung, Wirtschaft und Politik hatte Carl Bosch noch ein Privatleben. So heiratete er 1902 Else Schilbach, und aus dieser Ehe gingen ein Sohn (Carl jr.) sowie eine Tochter (Ingeborg) hervor.

1925 bezog die Familie ein großes Haus, später Villa Bosch genannt, das die BASF bei Heidelberg für ihn gebaut hatte. Dort frönte er in seiner spärlichen Freizeit verschiedenen Hobbys, zu denen das Sammeln von Käfern, Schmetterlingen, Moosen, Flechten und Gräsern gehörte. Ferner hatte er großes Interesse an Mineralogie und Astronomie. Seine Sammlung, die über 12.000 Objekte umfasste, ging nach 1950 in den Besitz des Naturkundemuseums Senckenberg der Stadt Frankfurt a. M. über.

Unter den zahlreichen Ehrungen, die Carl Bosch zuteil wurden, war der Nobelpreis für Chemie, den er 1933 zusammen mit Friedrich Bergius für seine „Verdienste um die Entdeckung und Entwicklung der chemischen Hochdruckverfahren" erhielt, die bedeutendste.

Literatur

H. Römpp, A. O. Neumüller „Chemie Lexikon", Franckh'sche Verlagsbuchhandlung, Stuttgart, 7. Aufl., 1975

Encyclopedia Americana, Americana Corp. New York, N. Y., 1973

H. F. Hollemann, E. Wiberg „Lehrbuch der Anorganischen Chemie", Walter de Gruyter & Co, Berlin 1960

J. Borkin „Die Unheilige Allianz der I.G. Farben", Campus Verlag, Frankfurt, New York, 3. Aufl. 1981

Oppau, https://de.wikipedia.org/wiki/Explosion_des_Oppauer_Stickstoffwerkes

D. Stoltzenberg „Fritz Haber, Chemiker, Nobelpreisträger, Deutscher, Jude: eine Biograpgie", Wiley VCH, Weinheim, 1994

Fritz haber: https://de.wikipedia.org/wiki/Fritz_Haber

daten.didaktikchemie.uni-bayreuth.de/umat/haber/haber.htm (18. 6. 2014)

D. Wöhrle „Fritz Haber und Clara Immerwahr", Chem. Unserer Zeit 2010, 44, 30

K. Holdermann, W. Greiling „Im Banne der Chemie : Carl Bosch-Leben und Werk", Econ. Düsseldorf, 1953

K. Holdermann, Carl Bosch 1974-1940 in memoriam, Chem. Ber. 1957, 90 (11), 19–39

V. Smil, Fritz Haber, Carl Bosch, and the Trahsformation of the World Food Production, MIT University Press, Cambridge 2001 https://de.wikipedia.org/wiki/Carl_Bosch

11

Chlor und der Krieg mit Giftgasen

Inhaltsverzeichnis

Chlor, Eigenschaften und Verwendung

Der Erste Weltkrieg war der erste große Krieg, in dem chemische Kampfstoffe in großem Umfang eingesetzt wurden. Da, wie in Kap. 8, 9, 10 und 11 begründet, Deutschland über eine wesentlich leistungsfähigere chemische Industrie verfügte als die Nachbarländer, war eine Kriegsführung mit chemischen Kampfmitteln für Deutschland auch näherliegend als für seine Gegner. Die Grausamkeit der chemischen Kriegsführung erzeugte aber von Deutschland ein sehr negatives Bild in den übrigen Ländern der Welt, und dieses negative Image hat wahrscheinlich auch zur außerordentlichen Härte des Versailler Vertrages beigetragen. Bevor der Krieg mit Giftgasen und seine Folgen ausführlicher geschildert werden, soll jedoch der wichtigste Grundstoff des Geschehens, Chlor, näher beschrieben werden, zumal Chlor in Friedenszeiten auch mehrere positive Seiten aufzuweisen hat.

Chlor ist ein chemisches Element und ein aus zwei Cl-Atomen bestehendes Gas (Cl_2). Sein Name stammt aus dem Altgriechischen und bedeutet gelb-

H. R. Kricheldorf, *Die materiellen Grundlagen der deutschen Geschichte*,
https://doi.org/10.1007/978-3-662-72456-9_11

231

grün, die typische Farbe des Cl_2-Gases. Der drastische Preisverfall von Kochsalz im 19. Jahrhundert (s. Kap. 2) hatte dazu geführt, dass eine billigere technische Gewinnung von Chlor durch Elektrolyse von wässriger Kochsalzlösung möglich wurde. Elektrolyse heißt, das Kochsalz wird durch elektrischen Strom in seine Elemente Chlor und Natrium gespalten, wobei das Natrium sofort mit Wasser zu Natronlauge (NaOH) und Wasserstoff (H_2) weiterreagiert. Darüber hinaus wird Chlor durch Verbrennung (Oxidation) von Salzsäure mit Sauerstoff gewonnen. Befinden sich aber mehr als 10 ppm Chlor in der Atemluft, d. h. ein Cl_2-Molekül auf hunderttausend Stickstoff- und Sauerstoffmoleküle, werden die Atmungsorgane gereizt. Ab 100 ppm, d. h. ein Cl_2-Molekül auf zehntausend Stickstoff- und Sauerstoffmoleküle, wird die Wirkung bei längerem Einatmen tödlich.

Chlor ist für fast alle Lebewesen giftig, insbesondere auch für Kleinstlebewesen (Mikroorganismen) wie Bakterien und Pilze. Daher wurde und wird Chlor zur Desinfektion von Wasser in Badeanstalten verwendet, aber nicht für Trinkwasser. Die sehr geringen Mengen an Cl_2 im „Schwimmwasser" sind für den Menschen unbedenklich. Große Vorteile zieht die Menschheit aus Chlor aber vor allem dadurch, dass die chemische Industrie zahlreiche Chloratome enthaltende Substanzen herstellt, die für sehr unterschiedliche Anwendungen nützlich sind. Einige typische Beispiele sollen hier genannt werden. Dabei ist es sinnvoll zu unterscheiden zwischen

1. Chloratome enthaltenden Endprodukten, die der Verbraucher direkt nutzt, und
2. Chlorverbindungen, die in der chemischen Industrie nur als Zwischenstufe für die Produktion chlorfreier Endprodukte verwendet werden.

Zu Gruppe 2 gehören z. B. Chloressigsäure (s. Formeln 11.1), aus der Unkrautbekämpfungsmittel hergestellt werden, oder Chlorbenzol, aus dem Phenol (s. Formeln 10.1) gewonnen wird. Das Phenol wiederum dient zur Produktion von Farben und Medikamenten.

Zur Gruppe 1 und 2 gehört auch Chloral (s. Formeln 11.1), das früher als Schlafmittel Verwendung fand, aber wegen seiner relativ hohen Giftigkeit durch harmlosere Schlafmittel ersetzt wurde. Allerdings spielte und spielt Chloral zusammen mit Chlorbenzol die Rolle der Zwischenstufe für die Herstellung des Insektizids DDT (s. Formeln 11.1), welches jahrzehntelang zur erfolgreichen Bekämpfung der Malaria verbreitenden Stechmücke eingesetzt wurde. Ein weiteres gegen viele lästige Insekten häufig verwendetes Insektizid ist Lindan (s. Formeln 11.1). Ein häufig angewandtes und sehr geschätztes

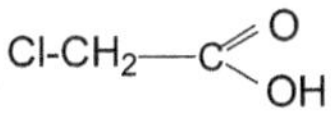

Chloressigsäure

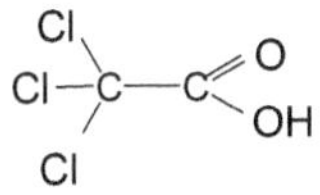

Chloral

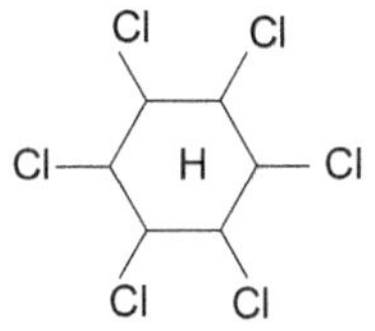

Lindan

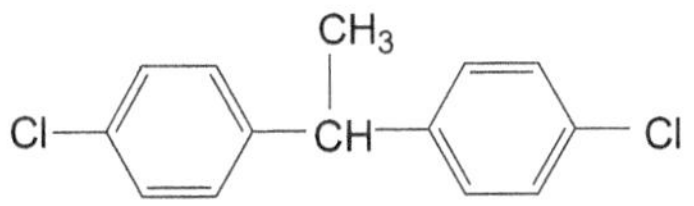

DDT

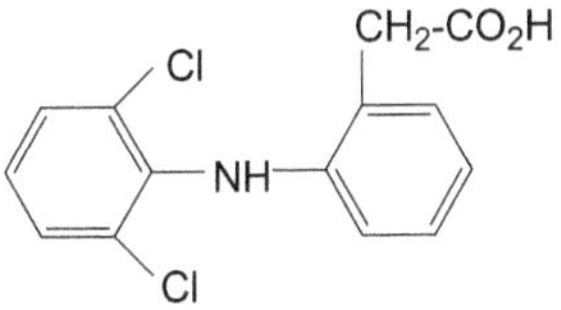

Diclofenac

(Voltaren)

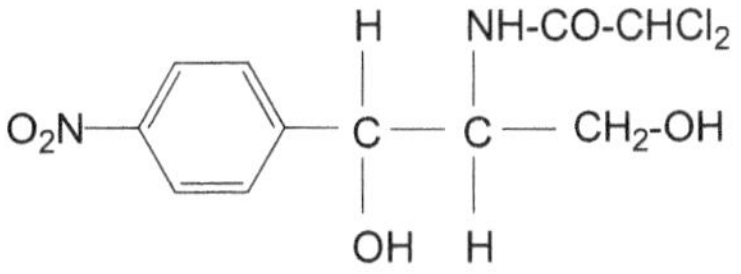

Chloramphenicol

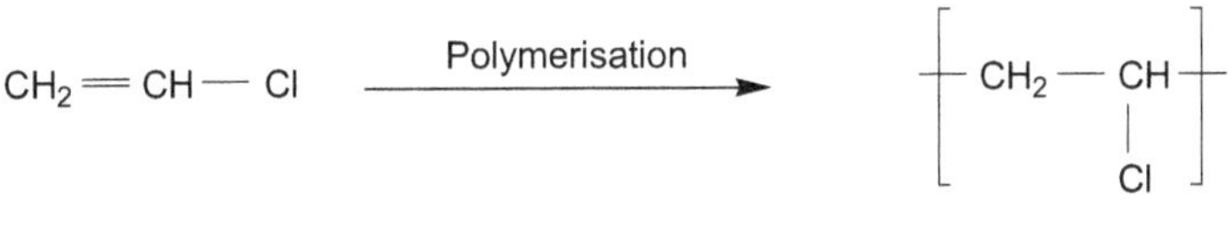

Vinylchlorid

Polyvinylchlorid (PVC)

Formeln 11.1 Formeln von Chlorverbindungen, die für verschiedene Anwendungen benutzt werden, z. B. als Insektizide, schmerzlindernde Medikamente oder als Kunststoffe (PVC)

Schmerzmittel ist Diclofenac (s. Formeln 11.1), das auch unter der Handelsmarke Voltaren erhältlich ist. Es ist vor allem wirksam bei Schmerzen, die aus Prellungen, Zerrungen, Stauchungen, Rheuma und Arthrose resultieren. Ferner ist hier auch das Antibiotikum Chloramphenicol (s. Formeln 11.1) zu nennen. Die weitaus größte Menge an Chlor wird zur Produktion des Kunststoffes Polyvinylchlorid (PVC, s. Formeln 11.1) verwendet. PVC hat neben Nachteilen bei der Entsorgung eine einmalige Kombination nützlicher Eigenschaften vorzuweisen: Es lässt sich je nach Verarbeitung als weiche Folie, z. B. für billige Lederimitate, einsetzen, oder aber als harter Werkstoff, z. B. für Abwasserrohre und Fensterrahmen. Es ist weniger brandgefährlich als andere Kunststoffe, sehr witterungsbeständig und nicht anfällig für Fäulnis. Diese kurze Aufzählung mag genügen, um darzulegen, dass das giftige Chlorgas in Friedenszeiten viele nützliche Anwendungen in unserem Alltag bedient und dementsprechend in großen Mengen erzeugt wird. So verbraucht Deutschland anfangs des 21. Jahrhunderts etwa 3 Mio. t an Chlor (Cl_2), und die weltweite Produktion beläuft sich auf ca. 80 Mio. t.

Chemische Kampfstoffe im Ersten Weltkrieg

Die chemischen Kampfmittel aus der Zeit des Ersten Weltkriegs lassen sich in vier Gruppen einteilen, die sich nach der beim Einsatz dominierenden Wirkung richten. Da gibt es die Tränenreizstoffe (als englisches Fremdwort aus dem Lateinischen: lacrimators), da gibt es die Hustenreizstoffe, die Hautgifte und die Giftgase, die als Lungengifte definiert sind. Diese Art der Einteilung ist natürlich oberflächlich, weil ein Tränenreizstoff auch ein Lungengift und von tödlicher Wirkung wäre, wenn der Betroffene nicht fliehen könnte. Ein Hautgift ist immer auch ein Lungengift, und ein Giftgas wie Phosgen ist in höherer Konzentration auch tränenreizend. An dieser Stelle sollen die wichtigsten chemischen Kampfmittel mit ihren Eigenschaften kurz vorgestellt werden, weil dadurch Schilderung und Verständnis des Kriegsverlaufs erleichtert werden.

Tränenreizstoffe

Choraceton (s. Formeln 11.2), Bromessigsäureester (s. Formeln 11.2) und Benzylbromid (s. Formeln 11.2) sind farblose Flüssigkeiten, die an der Luft verdampfen können und dabei eine stark tränenreizende Wirkung entfalten. Die Geschwindigkeit des Verdampfens nimmt mit steigendem Siedepunkt ab (Sdp. von Chloraceton: 120 °C, von Bromessigester 159 °C, von Benzyl-

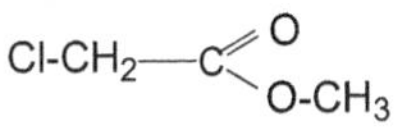

Chloraceton 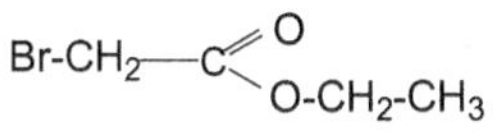   Bromessigsäureethylester 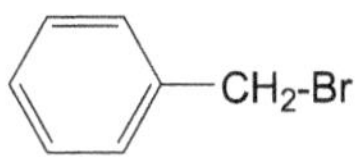   Benzylbromid

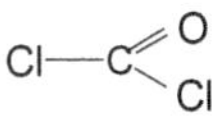

Phosgen 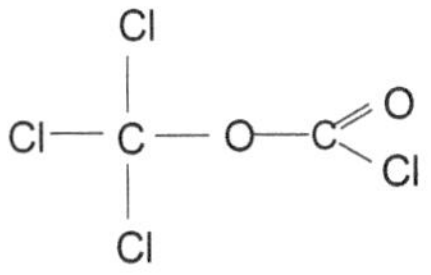   Diphosgen 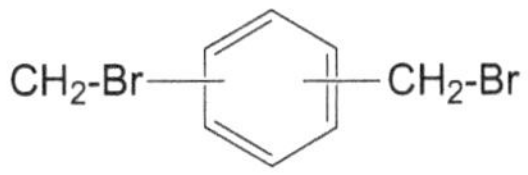   α,α'-Dibromo-o-Xylol

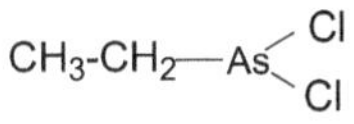

Ethylarsindichlorid 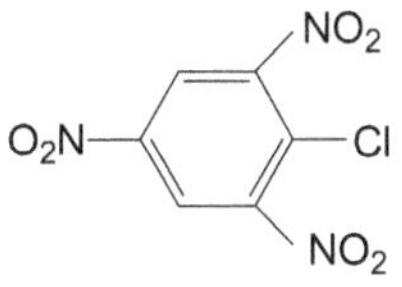   Pikrylchlorid

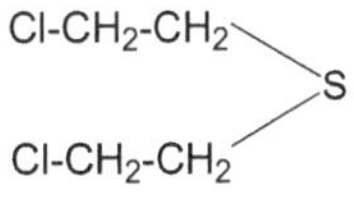

Senfgas, Lost

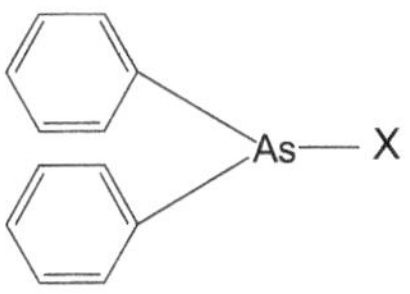

X = Cl : Clark 1

X = CN : Clark 2

Formeln 11.2 Chlorverbindungen, die als tränenreizende oder giftige Gase (bzw. Flüssigkeiten) in Kriegen verwendet wurden

bromid 198 °C). Das Dibromxylol (s. Formeln 11.2) ist sogar ein Feststoff. Um solche Feststoffe oder hochsiedenden Flüssigkeiten wirkungsvoll einzusetzen, werden sie mit etwas Schießpulver oder Sprengstoff gemischt und durch Explosion von Geschossen zerstäubt. Chloraceton wurde von Deutschland kaum verwendet, wurde aber von Frankreich über die gesamte Dauer des Krieges häufig eingesetzt.

Giftgase

Die vier im Ersten Weltkrieg am häufigsten eingesetzten Giftgase waren Blausäure, Chlor, Phosgen und Diphosgen (s. Formeln 11.2). Blausäure, die von ihrem Kaliumsalz (Kaliumcyanid, KCN) her aus Kriminalromanen einen besonderen Bekanntheitsgrad besitzt, ist das mit Abstand am schnellsten wirkende Gift. Es ist eine schon bei 25,7 °C siedende Flüssigkeit, die, über die Lunge aufgenommen, die roten Blutkörperchen daran hindert, Sauerstoff zu transportieren. Blausäure bewirkt daher innerhalb weniger Minuten einen Erstickungstod. Wer die erste akute Vergiftungsphase übersteht, hat eine fast 100%ige Heilungschance und keine Spätfolgen zu erwarten. Reine Blausäure ist eine chemisch relativ instabile, nicht lange lagerfähige Substanz. Für die Füllung von Granaten wurde Blausäure mit den ebenfalls giftigen Substanzen Zinntetrachlorid ($SnCl_4$) oder Arsentrichlorid ($AsCl_3$) gemischt, wodurch die Lagerfähigkeit wesentlich erhöht wurde. Gleichgültig, ob rein oder gemischt, Blausäure löst sich gut und schnell in Wasser, sodass sie bei Regen oder im feuchten Gebinde rasch aus der Atemluft verschwindet. Die Verwendung von Blausäure unter dem Handelsnamen Zyklon-B für die Tötung von KZ-Häftlingen wird in Kap. 13 kommentiert.

Diphosgen ist eine Flüssigkeit, die sich beim Erwärmen in zwei Moleküle Phosgen aufspaltet, das bei Temperaturen oberhalb von 7,5 °C ein Gas ist.

Ähnlich wie Chlorgas (Cl_2) löst sich Phosgen in Wasser nur langsam und in geringer Menge. Wird Phosgen nur kurzfristig eingeatmet, (z. B. über 1 bis 2 min) durchdringt es den Feuchtigkeitsfilm auf dem Lungengewebe kaum, und es tritt keine nennenswerte Vergiftung ein.[1] Die Gefährlichkeit besteht darin, dass es in sehr großer Verdünnung kaum wahrnehmbar ist und in mäßiger, aber tödlicher Konzentration einen angenehmen Geruch besitzt, der demjenigen von frisch gemähtem Gras ähnelt. Über längere Zeit eingeatmet sammelt sich das Phosgen jedoch in fettähnlichen und fetthaltigen Bereichen der Lungenzellen und reagiert mit lebenswichtigen Bausteinen der Lungen-

---

[1] Der Autor hat mehrere Jahre lang mit Phosgen gearbeitet und es auch mehrfach eingeatmet.

zellen. Es reagiert außerdem auch langsam mit Wasser, wobei Salzsäure (HCl) freigesetzt wird, die in hinreichender Konzentration das Lungengewebe zerfrisst. Im Unterschied zu Blausäure haben aber Phosgen und ähnlich Chlorgas einen mehrere Stunden dauernden, qualvollen Todeskampf zur Folge. Diese Eigenschaften haben Phosgen den Ruf eines besonders gefährlichen und heimtückischen Giftes eingebracht. Die relativ langsam fortschreitende Giftwirkung des Phosgens eröffnet zwar die Möglichkeit, dass in der ersten halben Stunde mit geeigneten Medikamenten eine erfolgreiche Bekämpfung möglich ist. Im Ersten Weltkrieg war jedoch keine der beteiligten Nationen auf einen Krieg mit Giftgasen vorbereitet, und optimale Behandlungsmethoden standen nicht sofort zur Verfügung. Dieses Problem bestand natürlich auch hinsichtlich der Vergiftungen mit anderen chemischen Kampfmitteln.

Es soll an dieser Stelle aber auch erwähnt werden, das Phosgen in Friedenszeiten auch nützliche Eigenschaften aufzuweisen hat. Es wurde und wird für zahlreiche chemische Synthesen verwendet, wobei das Phosgen in geschlossenen Anlagen nach seiner Erzeugung sofort wieder quantitativ umgesetzt wird. Zu den nützlichen Produkten gehören vor allem die Polycarbonate, Kunststoffe, aus welchen Compact Disks, Gewächshäuser, unzerbrechliches Geschirr und Sturzhelme hergestellt werden. Durch letztere Anwendung hat Phosgen auch schon viele Menschenleben gerettet.

Ethylarsindichlorid und Pikrylchlorid (s. Formeln 11.2) sind Feststoffe, die nur in relativ kleinen Mengen eingesetzt wurden, weil ihre Herstellung deutlich teurer war als die von Phosgen. Von Österreich wurden beide Stoffe nicht verwendet, jedoch kamen größere Mengen an Bromcyan (BrCN) zur Anwendung, das von keinem anderen Staat eingesetzt wurde.

Hautgifte

Das mit Abstand am häufigsten angewendete Hautgift war Lost (Senfgas, s. Formeln 9.2). Es wurde meist gemischt mit Bis(-chlormethyl-)ether in Granaten verschossen, deren Boden eine geringe Menge an Sprengstoff enthielt, um die Granate zum Platzen zu bringen und den giftigen Inhalt zu verteilen. Ähnlich wie das ebenfalls als Hautgift wirkende Pikrylchlorid verdampft Lost nur sehr langsam und reagiert auch nur sehr langsam mit Wasser, sodass es über mehrere Wochen aktiv im Kampfgelände verblieb und als Kontaktgift wirkte. Lost konnte bei längerem Kontakt die im Ersten Weltkrieg verwendete Kleidung der Soldaten durchdringen. Es reagiert mit jeder Art von Protein (Eiweiß), reizt Augen, Mund und Bronchien und erzeugt auf der Haut schmerzhafte „Brandblasen". Bei intensivem Kontakt entstehen größere und tiefere Wunden, die auch bei medizinischer Versorgung schlecht heilen. Im Unterschied zu Blausäure und Phosgen war die Tötungsrate gering, aber die Soldaten wurden durch nur langsam heilende Wunden monatelang kampfunfähig gemacht. Lost war daher für die Durchführung eines schnell vorgetragenen Angriffs wenig nützlich, eignete sich aber besser als alle anderen Gifte zu einer langanhaltenden Verseuchung großer Kampfgebiete.

Hustenreizstoffe

Die in Formeln 11.2 formulierten Arsenverbindungen Clark 1und Clark 2 sind Feststoffe, die mit Granaten verschossen wurden und in geringsten Mengen einen starken Hustenreiz verursachen. Diese Kampfstoffe kamen etwa ein Jahr nach Beginn des Gaskrieges an die Front, als die Truppen beider Seiten mit Gasmasken ausgerüstet waren. Der Hustenreiz bewirkte, dass die betroffenen Soldaten die Gasmasken abnahmen und dann dem kaum riechbaren Phosgen schutzlos ausgeliefert waren.

Der Gaskrieg

Zu Beginn des Ersten Weltkrieges hatte keine der beteiligten Nationen nennenswerte Vorbereitungen für die Durchführung eines umfangreichen Krieges mit chemischen Kampfstoffen getroffen. Zwei Gründe waren dafür maßgeblich. Erstens erwarteten die militärischen Planer und Befehlshaber einen dynamischen Kriegsverlauf mit raschen Truppenbewegungen, wie er bei allen vorausgegangenen Kriegen der Fall war. Außerdem war die deutsche oberste Heeresleitung (OHL) fest davon überzeugt, mithilfe des „Schlieffen-Plans" einen raschen und Kriegs entscheidenden Sieg an der Westfront zu erzielen. Bei einem raschen Wechsel der Frontverläufe ist jedoch der Einsatz von Giftgasen und anderen chemischen Kampfstoffen nicht erfolgversprechend. Ein zweiter Grund bestand in der Haager Landkriegskonvention, die, vom Juli 1899 und Oktober 1907 datierend, den Gebrauch von giftigen Kampfmitteln stark einschränkte. Gemäß § 23a sollten bei Geschossen die tödliche Wirkung durch Splitter die von begleitenden Giftgasen deutlich überwiegen. Andererseits war der Einsatz sogenannter Reizstoffe erlaubt, worunter damals vor allem zu Tränen reizende Chemikalien gemeint waren. Vor diesem Hintergrund ist zu sehen, dass die französische Polizei, insbesondere die Polizei von Paris, seit 1912 bemüht war, ihre Mannschaften mit Tränengaswaffen für den Einsatz gegen Demonstranten und Revolutionäre auszurüsten.

Sofort zu Kriegsbeginn übernahmen einige französische Infanterieeinheiten die vorhandenen 30.000 Gewehrgranaten, die mit 19 ml (ccm) Bromessigester gefüllt waren. Diese wurden schon im August und September 1914 eingesetzt und verbraucht. Trotz geringen Erfolges forderte General Joseph Jacques Césaire Joffre weiterhin den Einsatz chemischer Waffen, sodass nach 1914 die Produktion von Gewehren und Handgranaten mit Chloraceton in Angriff genommen wurde, weil Chloraceton als Tränengas wirksamer und in der Herstellung billiger war. Frankreich war daraufhin über die gesamte Dauer des Krieges der größte Produzent von Chloraceton.

Der frühe Einsatz von Tränengasen durch die Franzosen hatte die deutsche OHL auf die Möglichkeit der chemischen Kriegsführung aufmerksam gemacht. Der Anstoß, trotz der Haager Konvention Giftgase in großem Stil an der Front einzusetzen kam, von zwei Seiten. Erstens war die Westfront schon Ende 1914 im Grabenkrieg erstarrt, nachdem der „Schlieffen-Plan" unter der unfähigen Leitung des Generalstabschef Graf Helmuth von Moltke (1848–1916, dieser Helmuth von Moltke war ein Neffe des legendären preußischen Generalstabschef) in der Marneschlacht schon Mitte September gescheitert war. Die Deutschen wie ihre Gegner versuchten einerseits über ausgedehnte Artillerieduelle und andererseits mithilfe neuer Kampfmittel wieder Bewegung in die Fronten zu bringen.

Die Deutschen entschieden sich fatalerweise für die Verwendung von Giftgasen. Die Entente-Mächte erwiderten zwar den Gaskrieg, entschieden sich aber gleichzeitig auch für die Entwicklung und Produktion von Panzerkampfwagen und waren schließlich damit erfolgreich (s. Kap. 6 und 7). Den zweiten Anstoß zum Einstieg in den Gaskrieg erhielt die OHL von dem Chemiker Fritz Haber und seiner Arbeitsgruppe.

Die verlorene Marneschlacht hatte auch die Folge, dass der Generalstabschef Graf von Moltke abgesetzt und durch den General der Infanterie Erich von Falkenhayn ersetzt wurde. Ferner begannen OHL und Kriegsministerium einzusehen, dass der Krieg sich wesentlich länger als erwartet hinziehen könnte. Auf einen längeren Krieg war Deutschland wirtschaftlich aber nicht vorbereitet. Die deutsche Industrie war in die Kriegsplanung und Vorbereitung nicht mit einbezogen worden, es fehlte an zahlreichen Rohstoffen, und die englische Seeblockade verhinderte deren Einfuhr. Walther Rathenau, ein hoch angesehener Industrieller und Autor, Direktor der AEG, hatte gleich in den ersten Augustwochen beim Kriegsministerium Vorschläge unterbreitet, wie Rohstoffversorgung und Einbindung der Industrie in die Kriegswirtschaft verbessert werden könnten. Jedoch erst unter Erich von Falkenhayn fand er Gehör. Unter Rathenaus Leitung wurde eine Kriegsrohstoffbehörde geschaffen, die mit renommierten Industriellen und Wissenschaftlern besetzt wurde.

Zum Leiter der Chemieabteilung wurde Fritz Haber ernannt, der durch seine mit Carl Bosch entwickeltes Verfahren von Kunstdünger (s. Kap. 10) berühmt geworden war. Das vordringlichste Problem, das von dieser Abteilung gelöst werden sollte, war die Beschaffung von Schießpulvern und Sprengstoffen (s. Kap. 6 und 10). Wegen beträchtlicher Meinungsverschiedenheiten schied Haber noch Ende 1914 aus der Rohstoffbehörde aus und betreute ein neu geschaffenes Referat für Gaskampfwesen, das Ende 1915 zur Zentralstelle für Fragen der Chemie aufgerüstet und umbenannt wurde. Anfang 1915 bestimmte außerdem Erich von Falkenhayn den Major Max Hermann Bauer, als ständiger Verbindungsmann zwischen Kriegsministerium und Rüstungsindustrie, einschließlich chemischer Industrie, zu agieren.

Zusammen mit dem Physikochemiker und späteren Nobelpreisträger Walther Nernst kontaktierte Max Bauer den Leiter der Farbenfabriken Bayer, Carl Duisberg, eine als Chemiker und Organisator herausragende Persönlichkeit. Carl Duisberg war der Meinung, dass Phosgen als Kampfmittel in einem Gaskrieg besonders geeignet wäre. Dieses Gas wurde bei den Bayerwerken und ebenso bei der BASF in Friedenszeiten als vielseitig verwendbares Zwischenprodukt für chemische Synthesen ohnehin produziert. Carl Duisberg beschäftigte sich von nun an mit der Frage der optimalen Anwendung an der Front. Das heißt, er kümmerte sich auch um die Entwicklung mit Phosgen gefüllter Geschosse für Artillerie und Minenwerfer.

Die Vorbereitung des Gaskrieges erfolgte nun zweigleisig, da sich Fritz Haber zunächst für den Einsatz von Chlorgas stark machte. Diese Entscheidung Habers basierte auf drei gewichtigen Gründen. Erstens, die BASF und Bayer produzierten Chlorgas ohnehin relativ billig und in großen Mengen (40 t pro Tag). Eine Produktionsausweitung war einfacher als bei anderen chemischen Kampfmitteln zu realisieren. Zweitens: Der Fronteinsatz von Chlor sollte sich auf relativ einfache Weise verwirklichen lassen. Große stählerne Druckbehälter sollten an die Front gekarrt und das Chlor aus geeigneten Düsen in Richtung der feindlichen Linien geblasen werden. Da Chlorgas wesentlich schwerer ist als Luft, sollte es dort in die feindlichen Schützengräben und Bunker fallen. Voraussetzung für den Erfolg an der Westfront war aber die Mithilfe von Ostwind. Im Mitteleuropa herrscht jedoch an den weitaus meisten Tagen des Jahres Westwind, der einen Einsatz von Chlor an der Ostfront begünstigt hätte. Dort aber spielte der Grabenkrieg nur eine untergeordnete Rolle. Geografie und Wetter waren also für einen Einsatz an der Westfront nicht sehr geeignet, dennoch wurden Großversuche gestartet.

Das dritte Argument zugunsten der Verwendung von Chlorgas wurde von Fritz Haber unter Lebensgefahr selbst gebracht. Zur Rechtfertigung im Ausland, vor allem aber innerhalb Deutschlands selbst, wollte Fritz Haber demonstrieren, dass es sich bei Chlor überwiegend um ein Reizgas handele, dessen Anwendung nicht der Haager Konvention widersprach. Sein Bericht von einem Selbstversuch in offenem Gelände sei hier wörtlich wiedergegeben: „Das Gas blies vorschriftsmäßig ab, da plagte uns der Teufel und wir ritten versuchsweise in die abtreibende Gaswolke hinein. Im Augenblick hatten wir im Chlornebel die Orientierung verloren, ein wahnsinniges Husten setzte ein, die Kehle war wie zugeschnürt … in höchster Not lichtete sich die Wolke und wir waren gerettet." Dieser Bericht verschleiert natürlich die Tatsache, dass wesentlich geringere Konzentrationen an Chlor, die keinen Hustenreiz bewirken, über eine längere Dauer eingeatmet sehr wohl tödlich sein können.

Die Rechtfertigung des Gaskrieges innerhalb Deutschlands war angebracht, weil ein großer Teil der Wehrmachtsangehörigen, unabhängig vom Dienstgrad, den Kampf mit chemischen Waffen als unsoldatisch und unehrenhaft ablehnten. Ferner waren auch viele Chemiker nicht einverstanden. Hier soll stellvertretend nur der Freiburger Professor für organische Chemie Hermann Staudinger erwähnt werden. Staudinger wurde nach dem Ersten Weltkrieg als Vater der Kunststoffe berühmt und erhielt 1953 den Nobelpreis. Staudinger hat stets eine pazifistische Einstellung kundgetan und insbesondere den Krieg mit Giftgasen abgelehnt. Schließlich hat König Ruprecht I. von Bayern am 1. März 1915 folgende Bedenken gegen Chlorgas geäußert: „Wenn es sich wirksam erweise, der Feind zum gleichen Mittel greifen würde und bei vorherrschender westöstlicher Windrichtung zehnmal öfter gegen uns Gas abblasen könnte, als wir gegen ihn." Diesem Einwand begegnete Haber mit dem Hinweis, dass der Feind über keine nennenswerten Produktionskapazitäten verfüge.

Unter zahlreichen Briefen und Aufzeichnungen deutscher Soldaten aus dem Ersten Weltkrieg sind Feldpostbriefe des Majors Karl von Zingler erhalten, aus denen hervorgeht, dass von deutscher Seite kleine Fronteinsätze mit Chlorgas schon im Januar 1915 erprobt wurden. Der erste große Gasangriff erfolgte jedoch am 22. April 1915 an der Ypern-Front, und dieses Datum ist als offizieller Beginn des Gaskrieges in die Geschichtsschreibung eingegangen. Ypern (Ypres, Ieper) war ein kleines hübsches Städtchen in Flandern nahe der französischen Grenze. Bei dem raschen Vorstoß deutscher Truppen durch Belgien erreichte die Vorhut auch Ypern, zog sich abends aber wieder einige Kilometer zurück, um die Front zu begradigen. Ein großer Vorstoß der deutschen Truppen über Ypern hinaus zur französischen Grenze war in den nächsten Tagen vorgesehen. Die Engländer besetzten jedoch Ypern schneller, als dass die Deutschen weiter vorstoßen konnten, und Ypern blieb bis Kriegsende in den Händen britischer Truppen. Die Front bei Ypern war ohnehin strategisch wichtig, aber nun wurde der Kampf um Ypern auch zum Prestigeduell deutscher und britischer Truppen – so, wie der Kampf um Verdun in der Auseinandersetzung mit den Franzosen.

In den Tagen vor dem 22. April 1915 hatten die Deutschen 6000 Stahlbehälter mit je 40 kg Chlor an die Front gebracht und dazu 24.000 Stahlflaschen mit je 20 kg. Mithilfe eines nordöstlichen Windes wurde eine 1 km breite Chlorwolke in die Gräben der Franzosen geblasen, und deutsche Soldaten konnten nachrücken, da sie sich provisorisch mit Mullbinden, die mit Soda oder Thiosulfatlösung getränkt waren, geschützt hatten. Es kam zwar zu einem deutlichen Einbruch in die französische Front, aber zu keinem entscheidenden Durchbruch, weil die OHL nicht genügend Truppen und Artillerie bereitgestellt hatte.

Die OHL hatte nur halbherzig reagiert und den Gasangriff zwar befürwortet, die Skepsis aber überwog, und ein konzentriertes Nachstoßen im Falle eines erfolgreichen Gasangriffs war nicht vorbereitet worden. Dennoch wurde dieser erste große Gasangriff als Erfolg gewertet und am 1., 6., 10. und 24. Mai wurden weitere Angriffe mit Chlorgas gegen britische Stellungen durchgeführt.

Der erste Angriff mit Chlorgas an der Ostfront erfolgte am 31. Mai 1915 bei Bolimow im südlichen Memelgebiet, wobei 12.000 Stahlbehälter à 20 kg Chlor (240 t insgesamt) abgeschossen wurden. Eine Neuerung bestand darin, dass dem Chlor jetzt 5 % Phosgen zugesetzt wurden. Reines Phosgen war aufgrund seines relativ hohen Siedepunktes von 7,5 °C nicht für Blasangriffe geeignet, weil bei Außentemperaturen von 10 bis 25 °C der Gasdruck nicht hoch genug war, um eine rasche und quantitative Entleerung der Druckbehälter zu gewährleisten (beim Ausströmen von Gasen entsteht eine Abkühlung, die den Druck der Restmenge zusätzlich reduziert). Die nächsten Gasangriffe an der Ostfront folgten am 12. Juni und 6. Juli 1915. Im Dezember desselben Jahres gingen die Deutschen auch an der Westfront dazu über, Chlor-Phosgen-Gemische zu verwenden. Der größte Blasangriff fand gegen französische Truppen bei Reims am 19. und 20. Januar 1916 statt, wobei 500 t Giftgas abgeblasen wurden. Im größten Blasangriff der K.-u.-K.-Truppen gegen italienische Einheiten am 29. Juni 1916 sollen bis zu 8000 Gegner getötet worden sein. Insgesamt führten die deutschen Truppen 50 Angriffe durch Abblasen von Chlor oder Chlorgasgemischen durch. Dabei kam es an der Westfront mehrfach zu erheblichen Verlusten durch eigenes Giftgas, weil der Wind während des Angriffs drehte. Daher beendeten die deutschen Truppen die Blasangriffe Mitte 1916 und gingen ausschließlich zum Verschießen von gifthaltigen Granaten über.

Der Ausbruch des Gaskrieges Anfang 1915 veranlasste die kriegführenden Nationen, Gasmasken zu entwickeln. Ebenso wie die Handhabung der Giftstoffe war auch die Entwicklung von Gasmasken und Schutzkleidung Neuland, sodass aus primitiven Anfängen immer bessere Systeme entwickelt wurden. So hatten die ersten deutschen Gasmasken, die erst im Herbst 1915 an die Front kamen, nur einen Filter, der eine einzige mit Pottasche getränkte Schicht gegen Chlor enthielt. Es folgt im Frühjahr 1916 ein Filter mit drei Schichten, die vor allem Phosgen und dessen giftigen Folgeprodukte wie Formaldehyd (CH_2O) weitgehend zurückhielten. Dieser Filter wurde 1917 mit einer zusätzlichen Schicht Aktivkohle nachgebessert. Allerdings machte es keinen Sinn, die Filterdicke immer weiter zu erhöhen, weil der Atmungswiderstand erhöht wurde, worunter die körperliche Leistungsfähigkeit der Soldaten litt. Im Jahre 1917 wurden auch Gasmasken aus Ziegenleder eingeführt, das besonders geschmeidig war und für eine gute Dichtung sorgte. Die Glasaugen erhielten einen Überzug aus Gelatine, um das Beschlagen mit Feuchtigkeit zu verhindern.

Noch vor den Deutschen begannen im Frühsommer 1915 die Briten, ihre Truppen mit den ersten primitiven Gasmasken auszustatten, die zunächst nur gegen Chlor einigermaßen wirksam waren. Laufende Verbesserungen führten Mitte 1916 zu Gasmasken, die auch einen mäßigen Schutz gegen Phosgen boten. Zufriedenstellende Gasmasken kamen erst im Laufe des Jahres 1917 an die Front. Auf französischer Seite erfolgte die Entwicklung von Gasmasken mit Verzögerung, und Masken, die einigermaßen guten Schutz gegen Phosgen boten, gelangten erst im November 1917 zur Truppe. Den Italienern gelang die Entwicklung brauchbarer Gasmasken nicht, sodass sie auf Lieferungen aus Frankreich und England angewiesen waren.

Die Einführung immer wirksamerer Gasmasken veranlasste die deutschen Chemiker, neue Kampfstoffe zu entwickeln, deren Zweck es war, starken Husten- oder Brechreiz zu erzeugen, sodass der betroffene Soldat die Gasmaske abnehmen musste. Die hustenerzeugenden Arsenverbindungen Clark 1 und 2 (s. Formeln 11.2) erwiesen sich als sehr wirksam, zumal sie von den bis Anfang 1918 vorhandenen Gasmaskenfiltern kaum zurückgehalten wurden.

Der Einsatz dieser sogenannten Maskenbrecher hatte nun zur Folge, dass drei verschiedene Typen von Gasgranaten zum Einsatz kamen. Dazu kamen die Sprenggranaten. Um Verwechslungen vorzubeugen, bedurfte es daher ab Mitte 1916 einer einfachen Kennzeichnung des Inhaltes. So wurden Granaten, die Hautgifte enthielten, mit einem gelben Kreuz versehen, Granaten mit Lungengiften erhielten ein grünes Kreuz und Granaten mit „Maskenbrechern" ein blaues Kreuz. Im Jargon der Truppe hieß es nun „Gelbkreuz-Schießen" oder „Grünkreuz-Schießen", wenn die jeweiligen Granaten zum Einsatz kamen. Sofern die für einen Gasangriff benötigte Munition hinreichend zur Verfügung stand, wurde das „Buntkreuz-Schießen" als besonders wirkungsvolle Methode angewandt, bei der alle drei Typen von Kampfmitteln gleichzeitig verschossen wurden.

Weder Franzosen noch Italiener verfügten Anfang des Krieges über die technische Ausstattung, um mit Ausnahme des Reizstoffes Chloraceton größere Mengen an Giftgasen zu produzieren. Nur mithilfe der Engländer gelang es den Franzosen, bis Anfang 1918 etwas aufzuholen. Auch die Engländer selbst wurden im Jahre 1915 von deutschen Gasangriffen überrascht. Ihre chemische Industrie war jedoch weiter entwickelt als die aller anderen Gegner Deutschlands und reagierte rasch. Es gelang, bis Mitte 1916 große Mengen an Chlorgas und zunehmende Mengen an Phosgen an die Front zu bringen. Von Anfang 1916 bis Ende 1918 brachten die Briten weit überwiegend Gemische aus Chlor und Phosgen zum Einsatz. Die Entwicklung von Gasgranaten hinkte der deutschen Entwicklung stark hinterher, sodass die Briten bis zum Kriegsende Blasangriffe durchführten, doch hatten sie hierfür das Wetter mehr auf ihrer Seite.

Schon bei den Kämpfen an der Somme (Flüsschen nahe der belgisch-französischen Grenze) in der Zeit von Juni bis November 1918 konnten die Briten 110 Blasangriffe durchführen, wobei 1100 t an Giftgasen verbraucht wurden. Da, wie erwähnt, die Winde in Europa vorwiegend von Westen wehen, waren die Blasangriffe für die Gegner der Deutschen viel häufiger möglich und zuverlässiger durchführbar als für die Deutschen selbst. Ein weiterer großer Blasangriff erfolgte bei Diksmuide (nahe Ypern) im Oktober 1917 mit 1000 Gasflaschen à 22,5 g Chlor-Phosgen-Gemisch. 1918 folgten zehn weitere Blasangriffe mit 27.000 Gasflaschen. Insgesamt wurden von britischer Seite 300 Blasangriffe mit 88.000 Gasbehältern durchgeführt.

Die Russen verfügten nur über geringe Kapazitäten für die technische Produktion von Chlorgas, Phosgen und Pikrylchlorid. Die Konzentration der vorhandenen Mittel auf einen Großeinsatz im September und Oktober 1916 traf jedoch die Zentralmächte ziemlich überraschend. Der Zusammenbruch des Zarenreiches im März 1917 verhinderte eine Ausweitung des Gaskrieges an der Ostfront.

Trotz des späten Friedensschlusses mit der neu entstehenden Sowjetunion am 3. März 1918 (in Brest-Litowsk, Weißrussland) konnten Deutschland und Österreich schon ab April 1917 Truppen von der Ostfront abziehen und u. a. zur Verstärkung der dünn besetzten Südfront einsetzen. Diese zog sich von Triest nach Norden durch die Berge Sloweniens und schließlich nach Westen durch Südtirol bis zur Schweizer Grenze. Trotz großer Übermacht war es den Italienern in zwölf Schlachten im Gebiet des Flüsschens Isonzo (nördlich von Triest) nicht gelungen, einen Durchbruch zu erzielen. Im Oktober 1917 hatten die Zentralmächte genug neue Truppen zusammengebracht, um einen großen Gegenangriff zu starten. Außer neuer Artillerie hatten die Deutschen auch einen großen Vorrat an Gasmunition mitgebracht. Obwohl die Angriffspläne verraten wurden, waren die Italiener am 24. Oktober vom massiven Gasangriff der Deutschen überrascht. Ein erheblicher Teil der Fronttruppen und Artilleriebedienungen wurde getötet oder schwer verletzt, da die Italiener noch nicht über Gasmasken verfügten. Der nachfolgende rasche Vorstoß von Deutschen und Österreichern verursachte bei den Italienern eine chaotische Flucht, sodass die Angriffswelle der Deutschen und Österreicher erst von britischen und französischen Truppen am Piave nördlich von Venedig gestoppt wurde. Diese Schlacht von Karfreit (Caporetto) ist ein Beispiel für einen überaus erfolgreichen Gasangriff, wie er 1915 an der Westfront hätte durchgeführt werden sollen und können.

Im Jahr 1918 strebte der Gaskrieg an der Westfront dem Höhepunkt zu, ohne dass durch die Gifte allein ein entscheidender Erfolg erzielt worden wäre. Die anfängliche Überlegenheit der Deutschen verkehrte sich allmählich in einen Nachteil. Erstens holten die Gegner bei den Produktmengen rasch auf. Zweitens litt die deutsche chemische Industrie zunehmend unter Rohstoffmangel, sodass die vorhandenen Synthesekapazitäten 1918 gar nicht mehr ausgenutzt werden konnten. Aus einem anfänglichen Vorteil hatte der Gaskrieg sich in einen Nachteil verwandelt.

Insgesamt sollen von allen Seiten 132.000 t an chemischen Kampfstoffen produziert und weitgehend zum Einsatz gekommen sein. Die Zahl der dadurch Verletzten wird auf ca. 1,2 Mio. Menschen (einschließlich Zivilisten) geschätzt und die Zahl der Toten auf etwa 100.000.

Die Folgen

Die Folgen des chemischen Krieges 1915 bis 1918 sollen hier in drei Richtungen kommentiert werden.

I) Die juristische und politische Aufarbeitung durch die Siegermächte
II) Die Verwendung von chemischen Giften auf anderen Kriegsschauplätzen vor dem Zweiten Weltkrieg
III) Die Entwicklung neuer Giftgase in Deutschland bis zum Ende des Zweiten Weltkrieges

In dem Vertrag von Versailles war vorgesehen, dass Kaiser Wilhelm II. vor ein internationales Gericht gestellt werden sollte wegen „schwerster Verletzung der internationalen Moral und der Heiligkeit von Verträgen". Auch wenn eine solche Anklage teilweise begründbar war, so war sie doch nackter Zynismus der Siegermächte in Anbetracht der Rolle Italiens. Der italienische König hatte vor dem Ersten Weltkrieg mit den Kaisern von Österreich und Deutschland jeweils einen Nichtangriffspakt geschlossen, war aber im Mai 1915 mit dem Ziel, Südtirol zu erobern, ohne Vorwarnung den Österreichern in den Rücken gefallen. Ferner sollten gemäß Artikel 228 deutsche Politiker und Generäle wegen „gegen die Gesetze und Gebräuche des Krieges verstoßender Handlungen" vor ein Militärgericht gestellt werden. Der uneingeschränkte U-Boot-Krieg und der Gaskrieg lieferten hierzu die wichtigsten Argumente. Es sollten also erstmals in der Kriegsgeschichte Europas Kriegsverbrecherprozesse in der Art der Nürnberger Prozesse (1945–1948) durchgeführt werden. Ein Prozess gegen Wissenschaftler, wie er dann in den Jahren 1947–1948 stattfand, war ursprünglich nicht vorgesehen, denn dies widersprach dem Zeitgeist, der die Verantwortung allein bei Politik und Militär sah.

Die Frage einer Mitschuld von Wissenschaftlern an Kriegsverbrechen wurde aber Thema weltweiter Diskussionen, als Fritz Haber im Herbst 1918 den Nobelpreis für seine Verdienste um die Ammoniaksynthese (Haber-Bosch-Verfahren, s. Kap. 10) verliehen bekam. Es kam weltweit zu Protesten, die insbesondere von französischer Seite geschürt wurden, weil Haber zum Urheber des Gaskriegs gestempelt wurde. Dieser Vorwurf war insofern richtig, als Fritz Haber auf deutscher Seite treibende Kraft und Organisator des Krieges mit Chlorgas war. Der Vorwurf war aber insofern unberechtigt, als die Franzosen zu Kriegsbeginn das Verschießen von Reizgasen begonnen hatten und weil das Abblasen von Chlor in der Haager Konvention nicht geächtet war.

Am 30. Februar 1920 erhielt Baron Kurt von Lersner, der Leiter der deutschen Verhandlungsdelegation, eine Liste mit 900 Namen deutscher Persönlichkeiten, die wegen Kriegsverbrechen angeklagt werden sollten. Fritz Haber war der einzige Chemiker auf dieser Liste. Das alliierte Vorhaben ließ sich aber nicht realisieren, weil der Kaiser schon in Holland Asyl gefunden hatte, das die Auslieferung verweigerte. Ferner waren zahlreiche Angeklagte unauffindbar oder konnten u. a. wegen der Schreibfehler nicht identifiziert werden. In einer neuen Liste vom 7. Mai war die Zahl der Angeklagten auf 45 Personen reduziert worden, und die meisten prominenten Namen, auch der von Fritz Haber, fehlten. In dem folgenden Prozess in Leipzig kam es nur zu wenigen Verurteilungen und diese mit geringen Strafen, sodass der ursprünglich vorgesehene Mammutprozess als Farce endete.

Es liegt nicht in der Absicht des Autors, hier eine ausführliche Beurteilung der Persönlichkeit Fritz Habers vorzulegen, zumal zahlreiche Berichte von Fritz Haber und über Fritz Haber leicht zugänglich sind. Es soll aber erwähnt werden, dass sich Haber die Entscheidung, den Gaskrieg anzukurbeln, ganz sicher nicht leicht gemacht hat. Nach seinen Aussagen war es allein die patriotische Pflicht, die für seine Entscheidung ausschlaggebend war. Forschungserfolge wie bei der Ammoniaksynthese (s. Kap. 9) gab es im Falle der Giftstoffe nicht zu feiern. Die Schwierigkeit seiner Entscheidungsfindung erhellt sich auch aus seiner privaten Situation, denn seine Frau Clara, geb. Immerwahr, die ebenfalls Chemikerin war, war eine entschiedene Gegnerin der Kriegsführung mit Giften (s. Kap. 10, Biografien).

Obwohl die Folgen der Verwendung chemischer Gifte im Ersten Weltkrieg auf allen Seiten Entsetzen ausgelöst hatten, markierte der Gaskrieg nicht das Ende, sondern den Anfang einer neuen Entwicklung. Die nächste Etappe ergab sich überraschenderweise in Marokko und wiederum unter deutscher Beteiligung. Das Drama begann zunächst friedlich und unauffällig damit, dass Frankreich und Spanien mit Billigung Englands im Jahre 1904 daran gingen, ihre Interessensphären in Marokko abzustecken. Es sollten „Protektorate" definiert und eingerichtet werden. Protektorat bedeutet Schutzgebiet, jedoch sollte nicht die einheimische Bevölkerung gegen irgendwen oder irgendetwas geschützt werden, sondern die wirtschaftlichen Interessen der Protektoratsmächte. Es handelte sich um die letzte Phase der Kolonialisierung Afrikas. Diese wirtschaftlichen Interessen bestanden vor allem in der Ausbeutung der Bodenschätze, denn Marokko verfügte über reiche Vorkommen an Phosphatsalzen, die vor allem als Kunstdünger benötigt wurden. Ferner gab es größere Vorkommen an Eisenerzen und kleine Mengen an anderen Metallen wie Kupfer, Zink und Silber. Darüber hinaus konnte man Konsumgüter der eigenen Industrie nach Marokko verkaufen, und man konnte Steuern und Zölle erheben.

In der Zeit vor dem Ersten Weltkrieg besaß Marokko keine militärisch starke Zentralregierung, sodass Frankreich und Spanien das Land leicht unter ihre Herrschaft bringen konnten. Allerdings waren die Marokkaner über diese Unterwerfung nicht sehr begeistert, und es kam immer wieder zu kleinen Revolten, die jedoch auf einzelne Stämme oder Stammesteile beschränkt blieben, sodass die Protektoratsmächte keine Probleme mit deren Niederwerfung hatten. Solche Situationen gebären früher oder später einen charismatischen Führer, der divergierende Stammesinteressen überwindet, der ein guter Organisator ist und oft auch ein guter Stratege. Im Falle Marokkos hieß dieser Mann Abd el-Krim, und der von ihm geführte Aufstand ist als Krieg gegen die Rifkabylen (1922–1927) in die Geschichte eingegangen.

Trotz der schlechten Ausrüstung und Bewaffnung waren die Aufständischen erfolgreich, denn sie profitierten von der Unwegsamkeit des Rifgebirges und vom Überraschungsmoment ihrer Attacken. Die Spanier, die zuerst betroffen waren und mehrere Niederlagen einstecken mussten, kamen auf die Idee, Giftgas einzusetzen, da Panzer und Artillerie in gebirgigem Gelände und gegen Guerillakrieger wenig wirksam waren.

Schon im Jahre 1918 hatte der spanische König Alfons XII. in Berlin Interesse an chemischen Kampfstoffen und deren Produktion angemeldet. Nach der Niederlage Deutschlands kooperierte das spanische Militär zunächst mit Frankreich, und in dem marokkanischen Küstenort Melilla wurde eine Giftstoffabfüllanlage für die Produktion von Granaten aller Art aufgebaut. Die von Frankreich gelieferten Reizstoffe (z. B. Chloraceton) zeigten jedoch in den ersten Monaten des Rifkrieges wenig Wirkung, und Frankreich konnte das gewünschte Supergift Lost nicht liefern. Daher versuchte die spanische Regierung, ihre Wünsche in Deutschland zu befriedigen. Die Deutschen hatten wegen des Gaskrieges international ein schlechtes Image, galten aber andererseits als Experten für die Herstellung aller möglichen chemischen Kampfmittel. Der entscheidende Mann für Spaniens Einstieg in die Kriegsführung mit Lost und anderen effizienten Giften wurde Hugo Stoltzenberg.

Stoltzenberg war im Rang eines Leutnants an der Ausweitung des Gaskrieges im Ersten Weltkrieg maßgeblich beteiligt. Einerseits war er unter der Leitung von Fritz Haber am Kaiser-Wilhelm-Institut in Berlin an der Erforschung neuer Gifte beteiligt, andererseits war er an der Gasabfüll- und Erprobungsstation Breloh (bei Munster, nördlich von Celle) mit der Produktion und Erprobung von Gasmunition befasst. Nun hatten die Siegermächte im Vertrag von Versailles bestimmt, dass Deutschland keine chemischen Kampfmittel mehr herstellen sollte und dass die noch verbliebene Gasmunition entsorgt werden sollte. Auf Empfehlung von Fritz Haber war Stoltzenberg mit der Aufgabe betraut worden, die in Breloh gesammelte Gasmunition unschädlich zu machen. Andererseits waren Teile der Heeresleitung daran interessiert, die Versailler Verträge, wo immer möglich, zu unterlaufen und dabei auch Deutschlands Fähigkeit zur Kriegsführung mit Giftgasen aufrechtzuerhalten. Die alliierte Beaufsichtigung der Vorgänge in Breloh war offensichtlich äußerst lax, und eine überprüfte Bestätigung, dass alle Gasvorräte entsorgt wurden, gab es offenbar nicht.

Anfang der zwanziger Jahre gründete Hugo Stoltzenberg eine Chemiefirma in Hamburg. Mit Billigung und unter Mithilfe der Reichswehr unterstützte Stoltzenberg die spanischen Wünsche nach Intensivierung des Gaskrieges, wo immer es möglich war. Nach seinen eigenen Angaben lieferte die Firma Stoltzenberg in der Zeit 1923 bis 1927 110 t Lost. Darüber hinaus war man den Spaniern beim Aufbau eigener Lostfabriken behilflich, zuerst in Melilla, später bei Aranjuez. Was immer an Geräten, Chemikalien und Know-how benötigt wurde, wurde geliefert. Für diese Aktivitäten konnte die Argumentation Fritz Habers, aus Patriotismus bei der Verteidigung Deutschlands zu helfen, nicht gelten. Stoltzenberg und seine Gehilfen waren menschenverachtende, skrupellose Geschäftsleute.

Die Leitung der Reichswehr war am Verlauf des Gaseinsatzes gegen die Marokkaner sehr interessiert, da ja in Deutschland keine weiteren Erprobungen durchgeführt werden konnten. Der Kampfflieger Ulrich Grauert und der Flugzeugbeobachter Hans Wenzel Jeschonnek wurden als Beobachter nach Spanien und Marokko gesandt. Beide absolvierten danach unter Hitler eine steile Karriere. Der Krieg in Marokko war aus militärischer Sicht dadurch besonders interessant, dass eine neue Methode des Gaskrieges erprobt wurde, nämlich das Abwerfen von Gasbomben aus Flugzeugen. Da es im Krieg gegen die Rifrepublik keine langfristig besetzten Grabenstellungen und Festungen gab, war der Einsatz von Artillerie – gleichgültig ob mit Spreng- oder Gasgranaten – wenig effektiv. Durch Abwerfen von Gasbomben aus Flugzeugen sollten auch Stellungen im Hinterland getroffen werden, vor allem aber sollten Siedlungen, Äcker und Weiden mit Lost großflächig und langfristig verseucht werden. Es wurde also gezielt ein grausamer Krieg gegen die schutzlose Zivilbevölkerung geführt. Aus den Berichten der deutschen Beobachter ist ersichtlich, dass sie Flüge über dem Kampfgebiet absolvierten. Ob sie dabei auch das Abwerfen von Gasbomben übten, ist nicht klar bewiesen.

Die Rifkabylen waren den Gasangriffen hilflos ausgeliefert und verfügten auch nicht über Kenntnisse und Hilfsmittel für eine adäquate medizinische Versorgung der Verletzten. Es gab auch keine UNO, bei der sie hätten protestieren können, und sie hatten keinen Zugang zur Weltpresse. Ihre Hilferufe an das Rote Kreuz wurden von diesem ignoriert und in den Archiven versenkt, da die Angst, Spanien und Frankreich könnten die Neutralität anzweifeln, stärker war als das Gebot der Humanität. Ab 1924 beteiligte sich auch Frankreich am Gaskrieg gegen die Marokkaner, obwohl man noch wenige Jahre zuvor Deutschland wegen der Auslösung des Gaskrieges an den Pranger gestellt hatte. Der Gipfel der Heuchelei bestand darin, dass Frankreich zur gleichen Zeit in Genf an einer Verbesserung der internationalen Konvention mitarbeitete, die das Wohlergehen von Kriegsgefangenen und Verletzten aller Art im Auge hatte (2. Genfer Konvention, unterzeichnet 1929).

Der spanische General Franco hatte sich im Krieg gegen die Rifrepublik von der Nützlichkeit des Giftgaseinsatzes überzeugt. Er hatte daher die Absicht, diese Art der Kriegsführung auch im spanischen Bürgerkrieg anzuwenden. Zunächst hatte er noch kleine Mengen an restlicher Munition aus dem Krieg in Marokko zur Verfügung. Den Nachschub größerer Mengen an Lost und anderen Giftgasen erhoffte er sich aber aus Deutschland.

Merkwürdigerweise versagte Hitler jedoch hierzu jegliche Unterstützung, obwohl Hitler den Franco-Truppen mit Waffen und Kampfflugzeugen (bekannt als Legion Condor) massiv behilflich war. Dadurch blieb den Spaniern in ihrem schrecklichen Bürgerkrieg wenigsten der Einsatz größerer Mengen an Giftgasen erspart.

Bis zum Ausbruch des Zweiten Weltkrieges gab es noch mehrere kleinere Kriegsschauplätze, auf denen Giftgase zum Einsatz kamen. So verwendeten sowjetische Truppen Giftgase in der Mandschurei gegen chinesische Soldaten. Die Japaner schlugen einen Aufstand in dem von ihnen besetzten Formosa (Taiwan) mit Giftgas nieder, und die Italiener führten den letzten Kolonialisierungsfeldzug in Afrika mithilfe von Giftgasen. In diesem sogenannten abessinischen Krieg (1935–1936) wie auch bei den anderen, zuvor genannten Kampfhandlungen war immer auch die Zivilbevölkerung von schweren Verletzungen durch Giftgase betroffen. Um das miserable Image einer Anwendung von Giftgasen zu vermeiden und um die Tapferkeit der eigenen Soldaten nicht zu schmälern, vermieden es die genannten Staaten stets, in ihren offiziellen Berichten den Einsatz von Giftgasen zuzugeben. Charakteristisch dafür ist das Buch von Feldmarschall Pietro Badoglio, der sofort nach Ende des abessinischen Krieges seinen vom Völkerbund verurteilten Aggressionskrieg schriftlich glorifizierte, ohne die Verwendung von Giftgase zu erwähnen.

In Deutschland waren die Erforschung und Herstellung von chemischen Kampfmitteln durch den Versailler Vertrag zunächst unterbunden worden. Im Lauf der Jahre wurde die Überwachung der chemischen Industrie und der Wehrmachtsaktivitäten jedoch gelockert. Nach der Machtergreifung durch Hitler wurden alle Aspekte einer zukünftigen Kriegsführung wieder intensiver bearbeitet, zum Teil mithilfe anderer Länder. Ein großer Fortschritt aus militärischer und wissenschaftlicher Sicht kam bei der Entwicklung neuer Giftgase allerdings aus einer nicht vorhergesehenen Richtung. Außer in Deutschland hatten auch schon in England und in den USA Chemiker nach 1930 begonnen, Phosphorsäureester auf ihre toxikologischen Eigenschaften hin zu untersuchen. Paul Gerhard Schrader leitete umfangreiche Untersuchungen dieser Art bei den Bayerwerken, wobei bis Kriegsende über tausend neue Phosphorsäureverbindungen hergestellt wurden. Das Hauptziel war die Entwicklung neuer Insektizide und anderer Schädlingsbekämpfungsmittel. Der Erfolg dieser Forschung war nach dem Zweiten Weltkrieg z. B. an dem weithin bekannten Bayer E 605 abzulesen, das zwar für Insekten tödlich, für Menschen und andere Warmblüter aber relativ harmlos war. Bei dieser Forschung zeigte sich allerdings auch, dass schon geringe Veränderungen der Molekülstruktur zu für Menschen hoch toxischen Nervengiften führen können. Das erste derartige, als Kampfstoff erfolgversprechende Produkt mit dem Namen Tabun wurde gleich zu Beginn des Krieges zur Herstellung von Gasgranaten verwendet. Es folgten die noch giftigeren Phosphorsäureverbindungen Soman und Sarin. Bei Letzterem lag die Toxizität etwa um den Faktor 1000 höher als bei Phosgen, dem wichtigsten Giftgas des Ersten Weltkrieges. Diese extremen Nervengifte gelangten jedoch nie zum Einsatz, wobei moralische Bedenken wohl nicht entscheidend waren. Die Gründe für das Ausbleiben eines neuerlichen Gaskrieges in Europa waren wohl folgende: Erstens fanden rasche Veränderungen der Frontverläufe statt und keine lang andauernden Grabenkriege. Zweitens war nach 1940 war auch für Hitler klar, dass vor allem die Rüstungsfabriken der Gegner weit hinter der Front zerstört werden mussten. Dafür waren aber Langstreckenbomber und Raketen mit Sprengköpfen erforderlich, kein Giftgas. Die Alliierten wiederum fürchteten nicht zu Unrecht die deutsche Vergeltung mit neuen hochgiftigen Kampfmitteln, wenn sie selbst den Gaskrieg eröffneten. Die Entwicklung der Atombombe durch die USA machte dann die Diskussion über Sinn und Unsinn eines Gaskrieges überflüssig.

Literatur

H. Römpp; O.A. Neumüller „Chemie Lexikon", Franckh'sche Verlagsbuchhandlung, Stuttgart, 7. Auflage 1975

H.F. Hollemann, E. Wiberg „Lehrbuch der Anorganischen Chemie" Walter des Gruyter & Co., Berlin 1960 (47. – 56. Auflage)

J. Gartz „Chemische Kampfstoffe", Pieper und Die Grüne Kraft, Lörrach, 2003

D. Martinez „Der Gaskrieg 1914–1918", Bernard und Graefe, Bonn, 1996

R. F. Haber „The Poisonous Cloud", Clarendon Press, Oxford, 1986

R. Kunz, R.D. Müller „Giftgas gegen Abd el Krim – Deutschland, Spanien und der Gaskrieg in Marokko 1922–1927", Rombach, Freiburg i. Br., 1990

P. Badoglio „Der Abessinische Krieg" (mit einem Vorwort von B. Mussolini), C.H. Beck, München 1937

E. Bircher, E. Clam „Krieg ohne Gnade", Scientia AG, Zürich, VIII 1937

S. Franke und Autorenkollektiv „Lehrbuch der Militärchemie", Bd. 1, 2. Aufl. Militärverlag der Deutschen Demokratischen Republik

A. N. Melek „Die Feldpostbriefe Karl von Zinglers aus dem ersten Weltkrieg" Nobilitas- Zeitschrift für deutsche Adelsforschung, Folge 41, Mai 2006, S. 57

H. Stoltzenberg, https://de.wikipedia.org/wiki/Hugo.Stoltzenberg

12

I.G. Farben, Kohleverflüssigung und Treibstoffe für Hitler

Inhaltsverzeichnis

Die I.G. Farben AG

I.G. steht als Abkürzung für Interessengemeinschaft, und in Zusammenhang mit der deutschen chemischen Industrie steht dieser Begriff in einem besonderen Bezug zur Geschichte Deutschlands in der ersten Hälfte des 20. Jahrhunderts. Wie im Kap. 8 dargestellt, hatten die nach 1850 einsetzenden Bemühungen deutscher Chemiker, Farbstoffe synthetisch herzustellen, dazu geführt, dass in Deutschland eine rapide wachsende effiziente chemische Industrie entstand, die auch auf anderen Gebieten der Chemie außerordentliche Kompetenzen erwarb. Dabei kam es zu heftigen Konkurrenzkämpfen und Patentstreitigkeiten zwischen verschiedenen deutschen Firmen.

Die Ära Carl Duisberg

Carl Duisberg (1861–1935), seit 1912 charismatischer Vorstandsvorsitzender der Farbenfabriken Bayer AG, hatte eine Idee, wie der Verschwendung von Zeit und Geld für derartige Streitereien Einhalt geboten werden könnten. Carl Duisberg wurde als Sohn eines kleinen Fabrikanten bei Barmen geboren und studierte in den Jahren 1879 bis 1882 Chemie in Göttingen und Jena. Nach einjährigem freiwilligem Militärdienst trat er 1983 in die Bayerwerke ein, wo er schon 1985 mit erfolgreichen Farbstoffsynthesen glänzte. Im Jahre 1988 erhielt er Prokura und entwarf die Pläne für das neu zu schaffende Werksgelände in Leverkusen und wurde 1900 Vorstandsmitglied.

Vor dem Ersten Weltkrieg waren die USA ein bedeutender Markt für den Export deutscher Farbstoffe und anderer Chemieprodukte. Hier, wie in vielen anderen Ländern, hatten die großen deutschen Farbenfabriken Handelsniederlassungen gegründet, welche für den Import der deutschen Produkte und deren Verteilung zuständig waren. Es gab aber ein ungeschriebenes Gesetz, keine Produktionsanlagen im Ausland zu errichten, um die Abwerbung von Fachkräften und den Verrat von Produktionsgeheimnissen zu verhindern. Im Jahre 1903 reiste Carl Duisberg in den Staat New York, um im Städtchen Rensselear den Grundstein für eine Fabrik zu legen, die Farbstoffe und Pharmaka der Bayer AG produzieren sollte. Dieser ungewöhnliche Schritt hatte seine Ursache in einem neuen amerikanischen Zollgesetz mit höheren Importzöllen, wodurch die Produktion von Chemieprodukten in den USA lukrativ zu werden schien. Auf dieser Reise lernte Duisberg Macht und Einfluss von Firmenzusammenschlüssen und Holdings kennen, wofür die von Rockefeller gegründete Standard Oil Company das herausragende Beispiel bildete. Die Idee eines analogen Zusammenschlusses deutscher Farbenfabriken fand bei den Vorstandskollegen anderer Firmen jedoch wenig Sympathie.

Carl Duisberg erreichte jedoch 1905 die Bildung einer lockeren Interessensgemeinschaft der Firmen BASF, Bayer, Hoechst, Agfa, Kalle und Cassella. Das einzige gemeinsame Ziel war die Vermeidung von Konkurrenzkämpfen bei gleichbleibender Selbstständigkeit der einzelnen Firmen. Ein gemeinsames schlagkräftiges Verfolgen wirtschaftlicher oder politischer Ziele war hierbei noch nicht beabsichtigt. Die mentale Situation änderte sich nach Ausbruch des Ersten Weltkrieges. Die verlorene Schlacht an der Marne mit dem Scheitern des Schlieffen-Plans war ein erstes Warnzeichen, dass der Hurra-Patriotismus und die Siegesgewissheit der ersten Kriegstage vielleicht doch keine zuverlässige Basis für die richtige Einschätzung der Zukunft sein konnten. Im Herbst 1916 folgte ein weiterer schwerer Rückschlag in den mehrwöchigen Kämpfen gegen die Briten in Flandern. Nun begannen sich die führenden Köpfe der Chemieindustrie (und anderer Wirtschaftszweige) zu fragen, ob nicht auch eine Niederlage Deutschlands denkbar wäre. Eine möglichst massive Interessensvertretung in der Kriegszeit und für folgende Friedensverhandlungen schien den Führern der Chemiefirmen nun angeraten zu sein. Ein neuerlicher Vorstoß Carl Duisbergs bei den Vorstandsvorsitzenden der anderen Chemiewerke war nun erfolgreicher.

Es kam daraufhin zur offiziellen Gründung der „Interessengemeinschaft der deutschen Farbenindustrie" bestehend aus den Firmen BASF, Bayer, Hoechst, Agfa, Kalle, Cassella, Weiler ter Meer (in Uerdingen) und den Chemischen Fabriken Griesheim-Elektron bei Frankfurt. Obwohl Carl Duisberg der Initiator und geistige Führer dieser I.G. war, avancierte Carl Bosch, der Vorstandsvorsitzende der BASF, als Wirtschaftsberater der deutschen Delegation bei den Friedensverhandlungen 1919 zum offiziellen Repräsentanten der I.G. Farben und der gesamten deutschen chemischen Industrie.

Das hatte vor allem drei Gründe: Carl Bosch hatte international ein hohes Ansehen durch die großtechnischen Realisierung des Haber-Bosch-Verfahrens und dessen Bedeutung für die Ernährung der Weltbevölkerung. Zweitens hatte sich Bosch im Unterschied zu Duisberg und vielen anderen I.G.-Farben-Direktoren politisch nicht exponiert und auch nicht aktiv an der Förderung des Giftgaskrieges beteiligt, sodass er von den Militärs der Kriegsgegner akzeptiert wurde. Drittens war Carl Bosch 1918 zum Vorstandsvorsitzenden der BASF AG ernannt worden, die schon damals das größte deutsche Chemieunternehmen war. In dieser Position traf er zwei Personalentscheidungen, die für die weitere Entwicklung der I.G. Farben von erheblicher Bedeutung waren. Erstens: Er bewirkte, dass Hermann Schmitz, seit 1913 sein dynamischer junger Kontaktmann zum Rohstoffamt des Kriegsministeriums im Jahr 1919, als Finanzdirektor der BASF eingestellt wurde. Zweitens veranlasste er, dass Carl Krauch 1921 in die Geschäftsleitung mit aufgenommen wurde. Carl Krauch hatte sich durch eine exzellente organisatorische Leistung empfohlen. Er hatte die durch eine Explosion am 21. September 1921 zerstörten Ammoniak- und Salpetersäureproduktionsanlagen in innerhalb von drei Monaten wieder aufgebaut, obwohl Experten eine Reparaturdauer von mindestens einem Jahr vorhergesagt hatten. Beide Kampfgenossen von Carl Bosch sorgten später für eine erfolgreiche Kooperation von I.G. Farben und dem Naziregime, obwohl sich diese Beziehung zu Beginn sehr schwierig gestaltete.

Die wirtschaftliche Situation in Deutschland war nach dem Versailler Vertrag sehr schwierig. Die Franzosen besetzten zeitweise das Rheinland, es mussten horrende Reparationszahlungen geleistet werden, die meistens Auslandsmärkte waren zunächst nicht mehr zugänglich, und eine galoppierende Inflation vernichtete viele Vermögen. In einer Denkschrift des Jahres 1923 präsentierte Carl Duisberg Vorschläge für eine engere Kooperation der Chemiefirmen für eine effizientere Nutzung des wissenschaftlichen und wirtschaftlichen Potenzials. Eine Sitzung des alten Gemeinschaftsrates im Juni 1924 brachte keinen Fortschritt, und im August desselben Jahres formulierte Carl Duisberg eine neue Denkschrift, in der drei Modelle einer intensiveren Kooperation vorgestellt wurden.

1. Eine freiwillige intensivere Kooperation mit gemeinsamer Nutzung von Produktlagern und Vertriebsorganisationen.
2. Eine Holdingstruktur, bei der alle Firmen alle Verfügungsberechtigungen und Verantwortung an die Holding abgaben. Die Eigenarten der einzelnen Firmen ihre traditionsreichen Normen und Handelsmarken blieben erhalten.
3. Eine Fusion zu einer neuen riesigen AG. Von einer Fusion war die größte wirtschaftliche und politische Schlagkraft zu erwarten, aber der individuelle Charakter der einzelnen Firmen würde auch weitgehend verschwinden.

Während Duisberg zuvor das Fusionskonzept vertreten hatte, plädierte er nun selbst für die Holdingstruktur. Auf einer Sitzung am 13. und 14. November 1929 in Duisbergs Villa votierten überraschenderweise fast alle anderen Firmen für eine Fusion. Nach heftigen Auseinandersetzungen einigte man sich auch auf eine Fusion unter Führung der BASF. Carl Duisberg stimmte zähneknirschend zu, versöhnte sich aber später wieder mit seinem Hauptwidersacher Carl Bosch. Das offizielle Gründungsdatum wurde auf den 1. Januar 1925 datiert, der Beginn der effektiven Umsetzung aller nötigen Maßnahmen auf den 1. Januar 1926. Juristisch wurde die Fusion so angelegt, dass die BASF alle übrigen Firmen, die schon an der alten I.G. beteiligt waren, übernahm. Carl Bosch wurde Vorstandsvorsitzender und der ältere Carl Duisberg Vorsitzender des Aufsichtsrats.

Die Ära Carl Bosch

Die neue I.G. Farben AG wies eine horizontale und eine vertikale Gliederung auf. Horizontal bedeutete hier, dass nach geografischen Gesichtspunkten gegliedert fünf Betriebsgemeinschaften (B.G.s) gebildet wurden. Das waren die B.G. Oberrhein mit der BASF an der Spitze, die B.G. Niederrhein unter Führung von Bayer, die B.G. Mittelrhein mit Hoechst als Leitfirma, die B.G. Berlin mit Agfa und die B.G. Mitteldeutschland mit den Chemiewerken Bitterfeld und Wolfen. Die vertikale Gliederung bedeutete die Schaffung von Sparten in deren Rahmen Herstellung und Vermarktung ähnlicher Produkte organisiert wurden. Diese Sparten entsprachen in etwa dem, was man heute *profit centers* nennt. Die Rationalisierung der Vermarktungsstrukturen war zunächst das Hauptziel. Hinsichtlich der Verfahrenstechnik, hinsichtlich der Logistik innerhalb der Firmen und hinsichtlich der Personalpolitik blieben die einzelnen Werke weitgehend selbstständig. Die I.G. Farben nutzte auch ihre geballte finanzielle und wirtschaftliche Macht, um durch Zukäufe anderer Firmen ihre Produktionspalette zu erweitern und ihren wirtschaftlichen und politischen Einfluss zu vergrößern. Zu den Neuerwerbungen gehörten Fabriken für die Produktion von Munition und Sprengstoffen, wie etwa die Dynamit Nobel AG.

Das Selbstverständnis der neuen I.G. Farben fand seinen äußeren Ausdruck im Bau eines neuen Verwaltungsgebäudes, dem I.G. Farben Haus, das auch heute noch in Frankfurt zu besichtigen ist. Dieses Bauwerk wurde ab 1928 von dem Architekten Hans Poelzig in Anlehnung an Bauhaus-Richtlinien auf einem Anwesen von 14 ha errichtet. Es war 250 m lang, 35 m hoch mit neun Geschossen und beinhaltete eine Nutzfläche von 25.000 m^2. Bis in die Nachkriegszeit galt das I.G. Farben Haus als eines der modernsten und repräsentativsten Bauwerke Europas.

Auch in anderen Ländern fanden ähnliche Konzentrationsprozesse statt. Aber trotz dieser Ballung von Kompetenz und Wirtschaftsmacht und trotz der Enteignung der deutschen Patente hatten die deutschen Chemiewerke, allen voran die I.G. Farben, noch einen Vorsprung auf dem Gebiet der organischen Chemie im Allgemeinen sowie der Farbstoffe und Pharmaka im Besonderen. Daher waren viele ausländische Chemiefirmen nach wie vor an Kooperationen mit der I.G. Farben interessiert, und die I.G. Farben brachte die Zusammenarbeit mit ausländischen Firmen, um die nach dem Ersten Weltkrieg zunächst verloren gegangenen Auslandsmärkte wieder zurückzugewinnen. Erhalt und Weiterverwendung weltweit bekannter Markennamen und Logos (Bayer Kreuz), insbesondere bei Pharmaka, waren dabei sehr hilfreich.

Der größte Entwicklungsschub ergab sich für die I.G. Farben jedoch aus der Zusammenarbeit mit den Nazis. Eine enge Verflechtung mit Hitlers Regierung und mit den Streitkräften war 1933 noch nicht abzusehen, denn bei der I.G. Farben waren zahlreiche Chemiker, Kaufleute und Juristen jüdischer Abstammung. Auf der Basis der Rassengesetze musste die I.G. Farben als nicht arisches Unternehmen eingestuft werden. Fast wöchentlich wurden Karikaturen, bissige Bemerkungen oder Hetzartikel gegen die jüdische I.G. in der Nazipresse veröffentlicht. Darüber hinaus war ihr höchster Repräsentant,

Carl Bosch, eine dezidierter Nazigegner. Jedoch war schon die Ende 1932 vereinbarte Zusage Hitlers zu einer finanziellen Unterstützung der Kohleverflüssigung (s. u.) ein erster wichtiger Schritt zu einer strategischen Kooperation.

Aus diesem Grunde und weil die I.G. Farben ein weiteres Erstarken der kommunistischen Partei verhindern wollte, beteiligte sich die I.G. Farben mit einer hohen Spende an der Wahlkampagne der Nazis für die Wahlen im März 1933. Nach dem Erfolg Hitlers kam es noch 1933 zu einem ersten Treffen Carl Boschs mit Hitler. Das Gespräch über die finanzielle Unterstützung der Kohleverflüssigung und eine autarke Versorgung aller deutschen Streitkräfte mit synthetischen Benzin verliefen harmonisch. Abschließend wagte Bosch jedoch, Hitler darauf hinzuweisen, dass die Vertreibung jüdischer Chemiker und Physiker die deutsche Chemie und Physik um hundert Jahre zurückwerfen würde: Hitler bekam einen Wutanfall und soll geschrien haben „Dann werden wir hundert Jahre ohne Chemie und Physik arbeiten". Von da an vermieden beide Männer ein weiteres Zusammentreffen.

Hitler vermied andererseits eine Verschärfung der Konfrontation mit Carl Bosch, denn er war sich bewusst, die I.G. Farben für seine Expansions- und Kriegspläne zu benötigen. Er hatte aus dem Ersten Weltkrieg gelernt, dass die deutsche Rohstoffarmut kombiniert mit einer englischen Seeblockade für jede deutsche Großmachtpolitik tödlich war.

Die I.G. Farben war aber der wichtigste Lieferant für die drei kriegsentscheidenden Produktgruppen: Munition, Gummiprodukte (s. u. Kap. 12) und Treibstoffe. Hitlers tendenziell richtiges Verständnis für das Autarkiebedürfnis Deutschlands führte auch schon bald nach der Machtergreifung zur Auflegung eines Vierjahresplans, der alle Arten von Autarkiemaßnahmen unterstützen sollte.

Die I.G. Farben bemühte sich ihrerseits, den fortgesetzten Angriffen auf ihre jüdischen Mitarbeiter dadurch zu begegnen, dass sie sich um gute Kontakte zur Parteispitze und zur Wehrmachtsführung bemühte. Zwei Personalien mögen hierzu als Beispiele genügen. Der Finanzdirektor der BASF, Hermann Schmitz, wurde zum Ehrenabgeordneten der NSDAP im Reichstag ernannt. Heinrich Bütefisch, ein „Nachwuchstalent" aus der Bosch-Gruppe, sowie Christian Schneider, ein weiterer Wissenschaftler aus dem Hochdruck-Chemie-Bereich, avancierten zu Obersturmbannführern in der SS.

Eine weitere besonders wichtige Verzahnung von I.G. Farben und Hitlers Regierung ergab sich 1936 durch den BASF Direktor Carl Krauch. Vorausgegangen waren Interessenskonflikte innerhalb der Regierung. Horace Greeley Hjalmar Schacht als Leiter der Wirtschaftsbehörde stand für solide Finanzpolitik und war gegen die Subventionierung teurer Syntheseprodukte der I.G. Farben. Hitler hatte andererseits seinen persönlichen Wirtschaftsberater,

Wilhelm Karl Keppler, Ende 1934 zum Generalbevollmächtigten für Rohstoffbeschaffung und Kunststoffherstellung ernannt. Keppler und Goebbels waren auf expansive Geldpolitik und Aufrüstung um fast jeden Preis eingestellt. Um diese Konfliktsituation zu bereinigen, berief Hitler im April 1936 HermannGöring zum Leiter einer Rohstoff- und Devisenkommission. In dieser übergeordneten Position organisierte Goering einen Stab von Experten und Carl Krauch wurde auf Empfehlung Carl Boschs zum Leiter der Forschungs- und Entwicklungsabteilung ernannt. Krauch behielt aber seinen Posten als I.G.-Direktor bei, und er blieb Leiter der Abteilung für Hochdruckchemie: Außerdem war er weiterhin Leiter des I.G.-Zentralbüros in Berlin. Er war damit nach Carl Bosch und Hermann Schmitz zum wichtigsten Repräsentanten der I.G. aufgestiegen.

Die Ära Carl Krauch/Hermann Schmitz

Carl Krauch (1887–1968) wurde in Darmstadt als Sohn eines Chemikers geboren und studierte Chemie in Gießen und Heidelberg. Nach seiner Promotion 1919 wurde er ab 1922 Mitarbeiter der BASF und arbeitete zunächst in den Ammoniaksynthesewerken Oppau und Luna (s. Kap. 10). Er wurde 1919 Prokurist und ab 1922 Geschäftsführer der Fabriken in Leuna. Er wurde Freund und engster Vertrauter von Carl Bosch. In der I.G. Farben wurde er 1926 stellvertretendes und ab 1934 ordentliches Vorstandsmitglied. Nach dem Tode Boschs 1940 avancierte er zu dessen Nachfolger als Aufsichtsratsvorsitzender der I.G. Farben. Zusammen mit Hermann Schmitz, der 1935 die Nachfolge Carl Boschs als Vorstandsvorsitzender übernommen hatte, sorgte er für die Integration der I.G. Farben in das Nazi-Regime. In den Nürnberger Prozessen (s. Kap. 13) wurden beide als Kriegsverbrecher verurteilt.

Das Jahr 1937 brachte für die I.G. Farben drei bedeutende Ereignisse. Carl Duisberg, dessen Einfluss ohnehin schon stark geschrumpft war, verstarb. Dann wurde vonseiten der NSDAP die Nazifizierung forciert: Alle Direktoren mussten in die Partei eintreten, wenn sie ihre Funktion behalten wollten. Alle jüdischen Mitarbeiter, vom einfachen Chemiker bis zum Direktor, mussten die AG verlassen. Schließlich verkündete Hitler im Reichstag ein neues Vierjahresprogramm mit dem Ziel, größtmöglicher Autarkiebestrebungen. Hermann Göring wurde zum Koordinator des Vierjahresplans berufen, und die I.G. Farben wurde zum Hauptprofiteur. Etwa 90 % der Planmittel gingen an die chemische Industrie, davon 73 % an die I.G. Farben. Gegen diese einseitige Verteilung und gegen die Geldverschwendung für Subventionen gab es Proteste von Chemiefirmen wir Schering und E. Merck, aber auch von

H. Schacht. Dieser wurde daraufhin Ende des Jahres zum Rücktritt gezwungen und 1944 in ein KZ eingeliefert. Carl Krauch vermochte seinen Einfluss weiter zu steigern, indem er seinen direkten Konkurrenten um die Gunst Görings, den Obersten Fritz Löb, ausstach. Löb stammte ursprünglich aus dem Luftfahrtministerium und war Mitte 1936 von Hermann Göring zum Leiter des Amtes für deutsche Roh- und Werkstoffe ernannt worden. Carl Krauch und Hermann Schmitz bemühten sich, wo immer möglich, Geld für die weitere Expansion der I.G.-Produktion, insbesondere bei Treibstoffen und Gummiprodukten, aufzutreiben. Die I.G. wollte nicht nur Gewinne erzielen, sie wollte sich als Produzent aller chemisch erzeugten Rüstungsgüter unentbehrlich und unangreifbar machen.

Eine neue Dimension für rasches Wachstum eröffnete sich mit der Annektierung oder Eroberung neuer Länder. Die „Heimführung Österreichs ins Deutsche Reich" an 11. März 1938 bildeten den willkommenen Auftakt.

Schon wenige Tage nach dem Einmarsch übergab die I.G. Farben den Besetzern/Befreiern ein Memorandum für die Neugliederung der chemischen Industrie Österreichs. Wichtigster Punkt war die Eingliederung des größten Chemieunternehmens Skodawerke-Wetzler AG, die größtenteils den jüdischen Rothschilds gehörten, in die I.G. Farben. Begründet wurde diese Erwerbung mit Verbesserung der Autarkie gemäß dem zweiten Vierjahresplan und mit Beseitigung des jüdischen Einflusses. Nach erfolgter Werksübernahme mussten auch alle jüdischen Mitarbeiter die Skoda-Wetzler-Werke verlassen.

Als nächstes Opfer von Hitlers Expansionspolitik war die Tschechoslowakei ausersehen. Die Beschwichtigungspolitik Englands mündete im Münchner Abkommen vom 29. September 1938, welches Hitler erlaubte, eine sofortige Besetzung des Sudetenlandes in Gang zu setzen. Kurz darauf sandte Hermann Schmitz ein Glückwunschschreiben an Hitler mit einer Spende von 500.000 Reichsmark. Gleichzeitig wurde der Wunsch geäußert, zwei Chemiewerke des Aussiger Vereins übernehmen zu dürfen. Bei diesem großen Unternehmen waren etwa 25 % nicht arischer Abstammung, sodass die I.G. Farben dieselben Argumente ins Feld führen konnte wie im Falle der Skoda-Wetzler-Werke. Der Aussiger Verein versuchte, sich mithilfe der Regierung in Prag zu wehren, aber die Besetzung der ganzen Tschechoslowakei durch Hitlers Truppen beendete diesen Widerstand.

Der Angriff auf Polen am 1. September 1939 eröffnete der I.G. Farben ein neues Wirkungsfeld. Nach dem Blitzsieg wandte sich Hermann Schmitz zunächst an das Reichswirtschaftsministerium, um die polnischen Farbenfabriken und deren Rohstoffvorräte übernehmen zu können. Der zuständige Repräsentant des Ministeriums, General Hermann von Hanneken, war der

I.G. Farben nicht sehr gewogen. Daraufhin wurde Göring kontaktiert, der eine Organisation aufbaute, welche Beschlagnahmung und Umverteilung polnischer Besitztümer gemäß des zweiten Vierjahresvertrages durchführen sollte. Hier ergaben sich aber neue Schwierigkeiten durch den raschen Aufstieg eines neuen Stars am Himmel des Nazi-Regimes, nämlich des SS Führers Heinrich Himmler. Er wollte sich in Polen eine geografische begründete Machtbasis schaffen, und sein Stellvertreter Ulrich Heinrich Greifelt hatte ein Vetorecht bei der Umverteilung polnischen Besitzes, das Göring nicht übergehen konnte. Die I.G. war mittlerweile im politischen Ränkespiel erfahren genug und schaffte es, den Brigadeführer Greifelt für ihre Ziele zu gewinnen. Durch die Übernahmen der polnischen Farbenfabriken hatte sich die I.G. Farben nun zu einem Geschäftspartner Himmlers und der SS degradiert. Die schrecklichen Folgen dieser Missgeburt werden in Kap. 13 ausführlich zur Sprache kommen.

In der Zeit vom 9. Mai bis 22. Juni 1940 landete Hitler seinen Blitzsieg in Frankreich. Die I.G. Farben hatte sich wieder gut vorbereitet, denn nun standen auch Firmenübernahmen in Belgien und Holland auf der Agenda. Die Versuche, die französischen Farbenfabriken in die Hand zu bekommen, gestalteten sich jedoch schwierig. Die Franzosen hatten nicht kapituliert, sondern einen Waffenstillstand geschlossen, und es gab eine formal unabhängige Regierung in Vichy in Südfrankreich. Die I.G. Farben konnte nicht beliebige Druckmittel anwenden. So kam erst im Sommer 1941 ein Abkommen zustande, demzufolge alle französischen Farbenwerke in einer neuen Francolor genannten Gesellschaft zusammengefasst wurden. Diese Einheitsunternehmen wurden zwar formal von einem Franzosen geleitet, Joseph Frossard, aber die I.G. Farben besaß die Aktienmehrheit und hatte das Sagen. Die I.G. Farben hatte sich zum Monster entwickelt und war das mit Abstand größte Industrieunternehmen Europas geworden.

Nach Ausbruch des Zweifrontenkrieges mit Hitlers Angriff auf die Sowjetunion begann das deutsche Arbeitskräftereservoir auszubluten. Es begann die systematische Anwerbung oder Zwangsrekrutierung von Arbeitern aus den besetzten Gebieten. In seiner neu erworbenen Eigenschaft als Generalbevollmächtigter des Vierjahresplanes versuchte Carl Krauch auch einige Hunderttausend Arbeiter aus Frankreich anzuwerben, jedoch mit wenig Erfolg. Mithilfe des französischen Industriellen Frossard, der schon nach dem Ersten Weltkrieg mit Carl Bosch kooperiert hatte, wurden nun ganze Arbeitsgruppen französischer Firmen rekrutiert unter dem Versprechen, sie blieben Angestellte ihrer Firma. Definitiv wurden sie zu einer miserabel bezahlten Sklavenarbeit gezwungen. Dieser Prozess gewann rasch an Dynamik, und es folgten der Einsatz von Kriegsgefangenen zur Zwangsarbeit und schließlich die Ausbeutung von KZ-Häftlingen bis zu deren Tod. Die I.G. Farben war in vorderster Front immer dabei. Auf diesen Aspekt und seine Konsequenzen wird im Kap. 13 noch ausführlicher eingegangen.

An dieser Stelle soll die Geschichte der I.G. Farben in der Nachkriegszeit noch kurz beleuchtet werden. Nach der Kapitulation Deutschlands im Mai 1945 war die Zerschlagung der I.G. Farben eines der wichtigsten Anliegen der Alliierten. Die I.G.-Farben-Zentrale in Frankfurt wurde Hauptquartier der amerikanischen Streitkräfte und wurde erst 1995 an die Bundesregierung zurückgegeben. Gegen die Direktoren der I.G. Farben wurde 1947/48 in Nürnberg Anklage wegen schwerer Kriegsverbrechen erhoben (s. Kap. 13), und im Laufe des Jahres 1950 wurde in den drei westlichen Besatzungszonen die Entflechtung der I.G. Farben durchgeführt. Es entstanden zwölf neue Firmen als Aktiengesellschaften, darunter Agfa, BASF, Bayer, Hoechst, Cassella, Hüls, Kalle und Dynamit-Nobel.

In den folgenden 60 Jahren kam es zu zahlreichen Veränderungen dieser Firmenlandschaft, aber nur einige herausragende Fälle sollen hier kurz erwähnt werden. Die BASF AG tätigte schrittweise Aufkäufe vor allem ausländischer Firmen und entwickelte sich bis zum Jahre 2010 wieder zu dem, was sie schon früher immer war, zu Europas größtem Chemieunternehmen. Die Agfa AG übernahm die belgische Gevaert AG, die ebenfalls auf dem Gebiet der Photochemikalien und Filme tätig war, doch wurde das kombinierte Unternehmen schließlich von der Bayer AG geschluckt. Die Bayer AG spaltete andererseits in 2004 einen großen Teil ihrer Geschäfte mit organischen Chemikalien und Polymeren ab, aus dieser Verfügungsmasse wurde die neue Firma Lanxess gegründet. Anschließend übernahm die Bayer AG die Schering AG, wodurch einer der größten Pharmakonzerne der Welt entstand. Aus DEGUSSA, Rhöm und Haas, Hüls AG und Ruhrchemie entstand im Laufe der Jahre das nun drittgrößte deutsche Chemieunternehmen Evonik.

Aber auch ein Trauerfall war zu beklagen, nämlich die Demontage der traditionsreichen Hoechst AG. Im April 1994 wurde Jürgen Dormann zum Vorstandsvorsitzenden gewählt, ein Mann, der im Unterschied zu allen Vorgängern kein Chemiker war und der den nach seiner Meinung zu traditionsbewussten und unflexiblen Chemikern nun zeigen wollte, wie man ein Chemieunternehmen revolutioniert. Zu diesem Zeitpunkt hatte Hoechst zahlreiche Probleme zu bewältigen, wie schlecht gehende Geschäftsbereiche, mehrere Chemieunfälle und eine Gesetzgebung, die verhinderte, dass die erfolgversprechende Produktion von Human-Insulin rechtzeitig gestartet werden konnte. Dormann schuf eine Holdingstruktur und verkaufte Geschäftsbereich um Geschäftsbereich, bis nur noch ein Pharmakonzern übriggeblieben war. Dieser bestand aus den historischen Hoechstwerken, der französischen Tochter Roussel Uclaf und dem im Juli 1995 erworbenen Pharmakonzern Marion Merrell Dow. Auch dieses Gesamtunternehmen schien für einen vorderen Platz auf dem Weltmarkt zu klein, und Dormann suchte einen Fusionspartner. Die als erster Verhandlungspartner ausgewählte Bayer AG beanspruchte die Führung des fusionierten Unternehmens, was Dormann ablehnte. In dem französischen Chemiekonzern Rhône-Poulenc wurde ein neuer Verhandlungspartner gefunden. Dormann predigte Tradition ist nichts, Internationalität und Größe alles. Die französischen Verhandlungspartner waren gegenteiliger Meinung. Für sie waren Tradition, Nationalprestige und Nationaleinkommen wichtige Größen. Sie bestanden daher darauf, dass der Hauptsitz der fusionierten Firma in Frankreich liegen müsse. Was Dormann der Bayer AG versagt hatte, gewährte er nun den Franzosen, und so wanderten deutsche Patente, Know-how, Arbeitsplätze und Steuergelder nach Frankreich. Die Hoechst AG wurde endgültig begraben und die Franzosen belohnten Dormann damit, dass er für einige Jahre Präsident der neuen Firma Aventis sein durfte. So wurde eine Firma mit 130-jähriger Tradition, die zwei Weltkriege überstanden hatte, von einem egozentrischen, neuerungssüchtigen Vorstandsvorsitzenden zerschlagen. Dass auch durch besonnene, schrittweise Restrukturierung große I.G.-Farben-Nachfolger einen erfolgreichen Weg ins 21. Jahrhundert finden können, haben BASF AG und Bayer AG hinreichend demonstriert.

Kohleverflüssigung

Unter Kohleverflüssigung versteht man jedes chemische Verfahren, bei welchem Kohle mit Wasserstoffgas (H_2) so zur Reaktion gebracht wird, dass gasförmige und/oder flüssige Kohlenwasserstoffe entstehen. Ein solches Verfahren wird, unabhängig von den chemischen und technischen Details, auch als Kohle-Hydrierung bezeichnet. Bei der Kohleverflüssigung entsteht ein Gemisch von Methan und Ethan, das etwa dem aus Bohrlöchern bekannten Erdgas entspricht, es entstehen Synthesebenzin, synthetisches Kerosin sowie Leichtöle, die dem aus Erdöl gewonnenen Diesel oder Heizöl entsprechen. Die Mengenverhältnisse dieser Anteile hängen vom Verfahren, von Reaktionszeit, Temperatur und Druck ab. Bis zum Ende des Zweiten Weltkrieges wurden in Deutschland zwei Verfahren bis zur technischen Produktion entwickelt, die nach ihren Erfindern „Bergius-Pier-Verfahren" bzw. „Fischer-Tropsch-Verfahren" benannt wurden (s. Formeln 12.1). Deutschland besaß nur geringe Erdölvorräte. Daher besaßen die deutsche Wirtschaft wie auch

Fischer-Tropsch-Verfahren

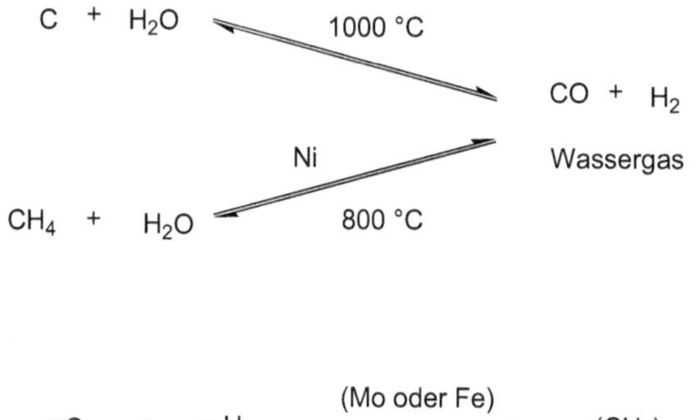

Bergius-Pier- (leuna-)Verfahren

Formeln 12.1 Verfahren zur Synthese von Benzin, Kerosin und Diesel durch Hydrierung von Kohle

die militärische Führung schon seit Beginn des Ersten Weltkrieges ein großes Interesse daran, durch Produktion von synthetischem Benzin und Leichtöl Unabhängigkeit von Importen zu erreichen.

Obwohl das Bergius-Verfahren schon 1913 patentiert war, gelang es nicht vor Ende des Ersten Weltkrieges, synthetisches Benzin in technischem Maßstab herzustellen. Es gehörte daher zur Strategie der obersten Heeresleitung (OHL), Erdöl und seine Folgeprodukte aus den rumänischen Ölfeldern zu beziehen, die damals die einzigen ergiebigen Erdölvorkommen im Umfeld Deutschlands besaß. Rumänien war jedoch zu Beginn des Ersten Weltkrieges mit Russland verbündet und Gegner Deutschlands. Erst nach der Eroberung Rumäniens durch deutsche und bulgarische Truppen im Jahre 1916 konnte Deutschland von dort nennenswerte Mengen an Erdöl und seinen Folgeprodukten beziehen. Da Deutschland im Ersten Weltkrieg nur sehr wenige (um 50) Panzerkampfwagen besaß und auch nur über wenige Flugzeuge verfügte und weil die Kriegsschiffe mit Kohlefeuerung betrieben wurden, resultierte der Treibstoffbedarf fast ausschließlich von Personenkraftwagen, Lastkraftwagen und U-Booten.

Dennoch litt Deutschland unter einem Mangel an Treibstoffen, und diese Mangelsituation hatte Hitler nicht vergessen, als er für den nächsten Krieg rüstete. Daher unterstützte die Nazi-Regierung alle Bemühungen der chemischen Industrie, technische Anlagen für die Hydrierung von Kohle zu errichten. Diese unten näher beschriebenen Anlagen erwiesen sich auch als entscheidend für die Fähigkeit von Hitlers Armeen und Luftwaffe, den Zweiten Weltkrieg fünf Jahre durchhalten zu können. In keinem anderen Land der Welt hat sich noch einmal eine solche Konstellation ergeben, nämlich, dass chemische Erfindungen und deren geniale Umsetzung in technische Anlagen für die Durchführung eines großen Krieges entscheidend waren.

Das Bergius-Pier-Verfahren

Am Anfang dieser Entwicklung stand der Chemiker Friedrich Carl Bergius (1884–1949). Bergius stammte aus einer wohlhabenden Familie aus Goldschmieden, die bei Breslau beheimatet war und eine chemische Fabrik besaß, sodass er in einem Umfeld aufwuchs, in dem die Verbesserung und wirtschaftliche Nutzung chemischer Verfahren zum beruflichen Alltag gehörten. Er studierte Chemie in Breslau und Leipzig und promovierte dort im Jahre 1907. Er beschloss die Hochschullaufbahn einzuschlagen. Er arbeitete zunächst ein Jahr bei dem Nobelpreisträger Walther Nernst in Berlin und wechselte 1909 zu Fritz Haber (s. Kap. 10 und 11) an die T. H. Karlsruhe. Dabei lernte er das gerade in der Entstehung befindliche Gebiet der Hochdruckchemie kennen und schätzen. Er erhielt noch 1909 eine Assistentenstelle bei Max Ernst Bodenstein an der T. U. Hannover, wo er eigene Experimente unter hohen Drucken durchführen konnte. Dazu gehörte auch die Umsetzung von Wasser mit Kohle und die Erzeugung von Wasserstoff unter hohem Druck. Im Jahre 1912 konnte Bergius seine Habilitation erfolgreich abschließen und anschließend, zum Teil aus eigenen Mitteln finanziert, ein Labor für Hochdruckchemie einrichten. Er konzentrierte sich von nun an auf das Problem, gepulverte Kohle mit Wasserstoff unter hohem Druck zu hydrieren, um auf diesem Wege flüssigen Kohlenwasserstoff zu gewinnen. Da die finanziellen und experimentellen Voraussetzungen für eine rasche und erfolgreiche Bearbeitung an der T. H. Hannover nicht ausreichend waren, trat er in die in Essen beheimatete Firma Th. Goldschmidt ein. Er wurde zum gut bezahlten Leiter der Forschungslaboratorien ernannt und konnte seine Laboreinrichtung aus

Hannover mitnehmen. Die später „Bergius-Verfahren" genannte Methode der Kohleverflüssigung wurde 1913 zum Patent angemeldet.

Da zumindest die führenden Köpfe der Industrie erkannt hatten, dass es für das an Erdöl arme Deutschland im Krieg wie im Frieden wichtig war, Treibstoffe wie Benzin und Dieselöl aus Kohle zu gewinnen, wurde Bergius in die Lage versetzt, 1916 eine großtechnische Anlage in Mannheim-Rheinau aufzubauen.

Auf einer Fläche von 33.000 m² arbeitete zunächst eine Belegschaft von 40 Personen, die kontinuierlich weiterwuchs. Der Erfolg dieser Anlage sowie eine parallele Verfahrensentwicklung der BASF hatten aber keine Auswirkungen mehr auf den Ersten Weltkrieg.

Nach Ende des Ersten Weltkrieges zog Friedrich Bergius für zwei Jahre nach Berlin. Da die Versuche zur Kohleverflüssigung nicht kriegsrelevant waren, wurden die Anlagen in Mannheim nicht zerstört oder demontiert, und die Forschung konnte nach 1920 weitergehen – trotz Restriktionen des Versailler Vertrages. Bergius zog nun nach Heidelberg, um in der Position eines Generaldirektors des neu gegründeten Konsortiums „Deutsche Bergin AG für Kohle und Erdölchemie". Bergius musste jedoch die meiste Zeit und Energie darauf verwenden, Gelder für seine Forschung aufzutreiben. Die kritische finanzielle Lage zwang ihn dazu, 1925 gegen ein festes Jahresgehalt alle seine Patente, technisches Know-how und Mitarbeiter an die BASF zu verkaufen.

Friedrich Bergius versuchte daraufhin, ein neues technisches Verfahren zur Umwandlung von Holz-Cellulose mittels Salzsäure in Traubenzucker zu entwickeln. Aber auch diese Unternehmung brachte keinen wirtschaftlichen Erfolg. Nur der 1931 verliehene Nobelpreis rettete ihn vorübergehend vor der totalen Verarmung.

Die Lage verbesserte sich mit Hitlers Machtergreifung 1933, denn seine national-konservative Gesinnung erleichterte Bergius auch den Eintritt in die NSDAP. Er erhielt nun staatliche Gelder im Rahmen der deutschen Autarkiebestrebung und konzentrierte seine Bemühungen auf die Produktion von Zuckerprodukten aus Holz. Nach 1945 war er nicht mehr in der Lage, seine früheren Aktivitäten fortzusetzen, er erwarb die österreichische Staatsangehörigkeit und wanderte 1947 nach Buenos Aires aus. Wo er 1949 an Diabetes verstarb.

Bei der BASF hatte schon während des Ersten Weltkrieges der Chemiker Matthias Pier die Leitung der Versuche für Hochdrucksynthesen übernommen. Er entwickelte dabei ein technisch brauchbares Verfahren zu Herstellung von Methanol aus Kohlenmonoxid, das seinerseits wieder aus Kohle durch unvollständige Verbrennung oder durch Umsetzung mit Wasser bei hohen Temperaturen gewonnen werden konnte (Wassergas, s. Formeln 12.1).

Durch Variation der Katalysatoren und Reaktionsbedingungen lässt sich die Technologie auch für die Synthese von Kohlenwasserstoffen wie Benzin, Kerosin und Dieselöl optimieren. Nachdem Friedrich Bergius seine Patente an die BASF verkauft hatte, konnte die BASF, nun als Teil der I.G. Farben, darangehen, für das von Pier verbesserte „Bergius-Verfahren" großtechnische Anlagen in Leuna zu errichten. Allerdings waren die Kosten des Verfahrens so hoch, dass die synthetischen Treibstoffe in Friedenszeiten nicht mit den billigen Erdölprodukten konkurrieren konnten. Daher kontaktierten die I.G.-Farben-Repräsentanten Heinrich Bütefisch und B. Gattineau schon im November 1932 Hitler, um ihm die Bedeutung der synthetischen Treibstoffe für die wirtschaftliche Autarkie Deutschlands in Friedens- und Kriegszeiten darzustellen. Die I.G. Farben, vertreten durch Bütefisch und Gattineau, konnte nun ihre geballte wirtschaftliche Macht zur Geltung bringen, und Hitler sicherte der I.G. Farben für den Fall der Machtübernahme auch finanzielle Unterstützung zu. Im zweiten Halbjahr 1933 kam es dann zum Vertragsabschluss mit der neuen Nazi-Regierung, welcher der I.G. Farben die komplette Treibstoffversorgung der Wehrmacht sicherte. Dieser Aspekt soll im letzten Teilkapitel weiterverfolgt werden und an dieser Stelle zunächst ein anderes Hydrierverfahren vorgestellt werden.

Das Fischer-Tropsch-Verfahren

Das Fischer-Tropsch Verfahren zur Kohleverflüssigung wurde 1925 am Kaiser-Wilhelm-Institut für Kohleforschung in Mülheim an der Ruhr zur technischen Reife gebracht. Die Erfinder waren Franz Fischer und sein Mitarbeiter Hans Tropsch. Fischer war der erste Direktor des im Jahre 1912 neu gegründeten Kaiser-Wilhelm-Instituts, das wie andere Kaiser-Wilhelm-Institute nach dem Zweiten Weltkrieg der neu gegründeten Max-Planck-Gesellschaft einverleibt wurde. Fischer (1877–1947) hatte in München Chemie studiert, mit Schwerpunkt Elektrochemie, und promovierte 1899 in Gießen, avancierte zum Privatdozent an der Universität Freiburg i. Br. und arbeitete danach in Berlin bei dem Nobelpreisträger Emil Fischer (2. Nobelpreis für Chemie 1902). Am 27. Juli 1914 trat er seine Arbeit als Direktor des neu gegründeten Instituts für Kohleforschung an. Er meldete sich wenige Tage später freiwillig zum Kriegsdienst, wurde aber vom Kriegsministerium zurückbeordert, um über Synthesen von Treib- und Schmierstoffen aus Kohle zu forschen. Seine erfolgreiche Arbeit ist von über 400 Publikationen dokumentiert, und er erhielt 1937 die neu geschaffene Carl-Engler-Medaille, dennoch starb er ausgebombt, verarmt und unterernährt schon zwei Jahre nach Kriegsende.

Das Fischer-Tropsch- (F.-T.-)Verfahren unterscheidet sich hinsichtlich seiner experimentellen Durchführung wie auch hinsichtlich der verwertbaren Rohstoffe in wichtigen Punkten vom Bergius-Pier- (B.-P.-)Verfahren. Beim F.-T.-Verfahren wird die Kohle zunächst bei hohen Temperaturen (um 1000 °C) mit Wasser zu Kohlenmonoxid und Wasserstoff eingesetzt und dieses sogenannte Wassergas mit zusätzlichem Wasserstoff und mit anderen Katalysatoren zu den gewünschten Kohlewasserstoffen weiterverarbeitet. Dieses Verfahren hat den Vorteil, dass es bei niedrigeren Temperaturen und Drucken arbeitet als das B.-P.-Verfahren, sodass die Energiekosten niedriger liegen. Ferner sind dadurch die Ansprüche an chemische und mechanische Beständigkeit der Apparaturen geringer. Vor allem aber lassen sich alle Arten von Kohle einsetzen, während beim B.-P.-Verfahren nur Braunkohle verwendet werden kann. Diese Begrenztheit der B.-P.-Methode resultiert daraus, dass der unlösliche Katalysator (Eisenoxid) nur mit den gelösten Anteilen der Kohle reagieren kann, und dieser lösliche Anteil ist bei Braunkohle relativ hoch. Daher werden beim B.-P.-Verfahren auch Schweröl als flüssiges Reaktionsmedium und hohe Temperaturen benötigt. Allerdings hat in neuester Zeit (publ. 2006) eine Arbeitsgruppe des Max-Planck-Instituts für Kohleforschung eine Modifikation des B.-P.-Verfahrens erarbeitet, welche auch auf Steinkohle angewandt werden kann. Hierfür werden lösliche Katalysatoren auf der Basis von Borverbindungen eingesetzt, welche auch die aromatischen (Graphit-)Strukturen der Kohle angreifen.

Aufgrund zerstörter oder demontierter Chemieanlagen und aufgrund des niederen Erdölpreises in der Zeit von 1945 bis 1970 wurde die Anwendung des B.-P.- oder F.-T.-Verfahrens in Deutschland nach dem Zweiten Weltkrieg zunächst nicht wieder aufgenommen. In Folge der Ölkrise 1973 bis 1974 wurde von der Bundesregierung der Bau von sieben Pilotanlagen für das F.-T.-Verfahren finanziert, die auch 1977 bis 1980 in Betrieb gingen. Großtechnische Hydrierwerke wurden wegen der nach 1975 wieder sinkenden Ölpreise nicht mehr gebaut, bleiben aber eine Option für eine Zukunft mit hohen Erdölpreisen.

Das F.-T.-Verfahren hat jedoch aufgrund besonderer Umstände in Südafrika schon nach 1950 großes Interesse gefunden. So war das weiße Apartheid-Regime schwerwiegenden Sanktionen hinsichtlich seines Exports und Imports ausgesetzt und hatte Schwierigkeiten, Erdöl am Weltmarkt einzukaufen. Andererseits waren große und leicht zugängliche Kohlelagerstätten vorhanden, und die Arbeitskräfte waren extrem billig. So baute die staatliche Sasol Gesellschaft 1955 eine Pilotanlage für 6000 barrel Kraftstoff pro Tag. Die Technologie wurde von der deutschen Firma Lurgi geliefert, welche auf Erfahrungen aus der Zeit vor 1945 zurückgreifen konnte. Durch Verfahrensverbesserungen und steigende Erdölpreise wurden die synthetischen Kraftstoffe etwa ab 1960 mit importierten Produkten konkurrenzfähig. Südafrika erweiterte daher die Produktion in den folgenden vier Jahrzehnten auf über 200.000 barrel/Tag. Diese Erfolge haben dazu geführt, dass sich in jüngster Zeit China und andere kohlereiche Länder für Hydrierwerke auf Basis der Sasol-Technologie interessiert haben. Stark steigende Erdölpreise könnten daher dazu führen, dass die vor ca. 80 bis 90 Jahren gemachten deutschen Erfindungen noch eine große Zukunft vor sich haben.

Hydrierwerke und ihre Bedeutung im Zweiten Weltkrieg

Hitler hatte, obwohl nur als einfacher Gefreiter, vom Verlauf des Ersten Weltkrieges gelernt, dass die Rohstoffarmut Deutschlands eine entscheidende Achillesferse für jegliche Art von Machtpolitik oder gar Kriegsführung war. Er war sich darüber im Klaren, dass seine Expansionspläne nur mithilfe intensiv geförderter Autarkiemaßnahmen und unter Einbindung der chemischen Industrie Aussicht auf Erfolg hatten. Daher stand er den Plänen der I.G. Farben, große Hydrierwerke zu bauen, um die deutsche Wehrmacht von Erdölimporten unabhängig zu machen, von Anfang an wohlwollend gegenüber.

Der Bau eines ersten großen Hydrierwerkes war in Leuna schon 1926 in Angriff genommen worden, nachdem die Gründung der I.G. Farben eine Bündelung der finanziellen und technischen Ressourcen der chemischen Industrie möglich gemacht hatte. Außerdem gab es auch ein Abkommen zwischen BASF AG und der Standard Oil of New Jersey (heute Exxon/Esso) bei der Nutzung deutscher Patente zur Kohleverflüssigung zusammenzuarbeiten. Für Deutschland wurde gleichzeitig eine neue Vertriebsorganisation ins Leben gerufen, die Hugo Stinnes – Riebeck Öl AG.

Leuna in der Nähe von Merseburg war aus zwei Gründen als Standort gewählt worden. Erstens lag Leuna grob gesagt etwa in der Mitte Deutschlands und war damit für Luftangriffe potenzieller Feinde im Westen oder im Osten schwieriger zu erreichen als Standorte im Rheinland oder in Schlesien. Zweitens war Leuna schon 1916 von der BASF als Standort einer neuen Ammoniakproduktion auserkoren worden (s. Kap. 10), sodass schon eine geeignete Infrastruktur vorhanden war. Der 1926 begonnene Aufbau einer Hydrieranlage auf Basis des B.-P.-Verfahrens wurde aber 1927 wegen technischer Schwierigkeiten und wegen hoher Produktionskosten gestoppt. Erst Hitlers Zusage finanzieller Unterstützung im Falle der Machtergreifung führte Ende 1932 zur Wiederaufnahme von Ausbau und Produktion. Unter optimalen

Bedingungen konnte das Leunawerk schließlich 600.000 t Synthesebenzin pro Jahr produzieren. Es blieb damit bis zum Ende des Zweiten Weltkrieges das größte Hydrierwerk, und es blieb auch hinsichtlich der technischen Weiterentwicklung führend. Ende 1944/Anfang 1945 kam es durch Luftangriffe zu Zerstörungen, und nach 1945 demontierten die Russen einen Teil der Anlagen. Nach teilweiser Wiederinstandsetzung kam ab 1959 der Aufbau eines Petrochemiekomplexes hinzu, sodass das gesamte Werk zum größten Chemiebetrieb der DDR avancierte unter dem Namen „Leuna-Werke Walter Ulbricht".

Nach 1933 war nicht nur die I.G. Farben bemüht, Hydrierwerke im ganzen Reichsgebiet aufzubauen, auch andere Industriezweige, insbesondere Bergwerksbetriebe, beteiligten sich an diesem Prozess. So eröffnete die Hibernia AG in Scholven 1936 ein Hydrierwerk, und im gleichen Jahr gründete die Gelsenkirchener Bergwerks AG die Gelsenberg-Benzin AG. Deren Hydrierwerk produzierte ab 1939 Benzin aus Steinkohle nach dem F.-T.-Verfahren. Bei Kriegsbeginn waren insgesamt sieben Hydrierwerke im Betrieb, drei weitere standen kurz vor Aufnahme der Produktion, und zwei Werke waren im Bau. Es handelte sich um folgende Hydrierwerke (geordnet nach Produktionsbeginn).

1933	Leuna (I.G. Farben) für Braunkohle
1935	Ruhland-Schwarzheide (BRABAG)
1936	Bohlen (BABAG) für Braunkohle
1936	Magdeburg-Rothensee (BABAG)
1936	Scholven (Hibernia AG) für Steinkohle
1937	Bottrop-Welheim für Kokereiteer
1939	Gelsenkirchen (Gelsenberg-Benzin AG) für Steinkohle
1939	Oberleutensdorf (Sudetenländische Treibstoffwerke)
1940	Lützkendorf bei Krumpe (I.G. Farben) für Erdölrückstände
1940	Zeitz (BRABAG) für Steinkohlenteer
1940	Politz (heute: Police) (I.G. Farben) für Kokereiteer
1941	Wesseling (Union Rheinischer Braunkohlenkraftstoff)

Dazu kam später noch eine Anlage in Ausschwitz/Monowitz. Im Jahre 1943 gab es 13 produzierende Hydrierwerke, und 1944 stieg die Zahl auf 15 Werke. Gleichzeitig sorgte aber die systematische Bombardierung durch amerikanische und britische Bomber für mehr und mehr Ausfälle, sodass im März 1945 die Kapazität auf 3 % des Höchststandes gesunken war. Anfang 1944 hatten die Alliierten endlich erkannt, dass die Hydrierwerke für die Treibstoffversorgung von Wehrmacht, Luftwaffe und Seestreitkräften von entscheidender Bedeutung waren. Daraufhin wurde die amerikanische 8. Luftflotte mit über 900 Bombern gezielt zur Zerstörung der Hydrierwerke eingesetzt. Die erste Welle von Luftangriffen erfolgte im Mai 1944, und diese Angriffe wurden bis ins Frühjahr 1945 fortgesetzt. Diese Bombardierungen waren sehr erfolgreich aus der Sicht der Alliierten, weil kein ausreichender Schutz durch Flak vorhanden war und Jagdflugzeuge nicht mehr zur Verfügung standen. Zeitenweise mussten auch die neu entwickelten Düsenjäger wegen Mangels an Kerosin am Boden bleiben. Außerdem reichten oft schon wenige Bombentreffer, um Treibstoffvorräte in den Hydrierwerken in Brand zu setzen. Die deutsche Heeresleitung war auf diese Entwicklung nicht vorbereitet.

Hitler reagierte im Mai 1944 und ernannte den im Reichsrüstungsministerium für Munitionsbeschaffung zuständigen Stahlindustriellen Edmund Geilenberg zum Generalkommissar für Sofortmaßnahmen. Dieser entwickelte zusammen mit Carl Krauch, dem Vorstandsvorsitzenden der I.G. Farben, im Juni 1944 den „Mineralölsicherungsplan", der danach als Geilenberg-Programm bekannt wurde. Alle Arten von Anlagen, die zur Herstellung und Reinigung von Treibstoffen und Schmierölen geeignet waren, sollten nun auf über 80 Standorte in Deutschland verteilt werden, darunter auch zahlreiche kleine Anlagen. Ferner sollten so viele Anlagen wie möglich unterirdisch errichtet werden. Für diese „U-Verlagerung" waren vor allem aufgelassene Bergwerke im Harz, in Nordrhein-Westfalen und in Baden-Württemberg vorgesehen. Dieser Notfallplan kam jedoch zu spät. Es fehlte an Metallen zum Bau der Anlagen, es fehlte an Facharbeitern und Ingenieuren, und es fehlte an Zeit. Hätten die Deutschen im Frühjahr 1945 über wesentlich mehr Panzer, Kriegsschiffe und Kampfflugzeuge verfügt, als es tatsächlich der Fall war, sie wären aus Mangel an Treibstoffen gar nicht mehr einsatzfähig gewesen.

Zur Gesamtbilanz der Kohleverflüssigung im Zweiten Weltkrieg lässt sich folgendes sagen. Die Produktionen an Mineralölen aller Hydrierwerke stieg von 2,2 Mio. t pro Jahr (t/a) im Jahre 1939 über 3,3 Mio. t/a in 1940, 4,1 Mio. t/a in 1941 auf den Maximalwert von 5,7 t/a in 1943. In den Jahren 1942 bis 1944 betrug der Anteil synthetischer Mineralöle am Gesamtverbrauch Deutschlands über 50 %. Die übrigen Treibstoffe und Mineralöle wurden zu einem geringeren Teil aus heimischen Erdölquellen gedeckt, weit überwiegend aber durch Importe aus anderen Ländern. Fast alles importierte Öl stammte aus Rumänien, das Mitte 1940 an der Seite Deutschlands in den Krieg eingetreten war, ab August 1944 aber von russischen Truppen besetzt wurde. Alles Flugzeugbenzin stammte jedoch aus den Hydrierwerken, weil das heimische Erdöl zu hohe Anteile an Schweröl enthielt.

Es lässt sich daher ganz eindeutig feststellen, dass Hitler seine Kriege ohne Aufbau und Produktion der deutschen Hydrierwerke niemals hätte führen können. Einen weiteren wichtigen Baustein zu diesem Bild liefert die im letzten Kapitel vorgestellte Geschichte der deutschen Produktion von Gummiprodukten. Somit ergibt sich eine frappierende Parallele zwischen Erstem und Zweitem Weltkrieg. In beiden Kriegen waren es die epochalen Erfindungen deutscher Chemiker und die Meisterleistungen deutscher Ingenieure, die es den kurzsichtigen oder skrupellosen deutschen Politikern erst ermöglicht haben, die Kriege über ein Jahr hinaus auszudehnen. Daraus ergibt sich das deprimierende Fazit, dass sich die Glanzleistungen deutscher Wissenschaftler und Ingenieure letztlich zum Nachteil Deutschlands ausgewirkt haben.

Zum Schluss dieses Kapitels soll noch ein anderer negativer Aspekt der Entwicklung der Kohleverflüssigung kurz zur Sprache kommen. Zweifellos wurde ein Teil der Hydrierwerke, wenn nicht alle, durch Zuhilfenahme von Zwangsarbeitern und KZ-Häftlingen aufgebaut und betrieben. Für die meisten Anlagen ist dieser Sachverhalt nicht untersucht und publiziert worden. Für das Hydrierwerk und für die anderen Chemiewerke in der Nähe von Kattowitz ist der Einsatz von Häftlingen des KZ Auschwitz III (Monowitz) gut dokumentiert und soll im letzten Kapitel dieses Buches ausführlicher beleuchtet werden. Für das Hydrierwerk und den Bergbau im Raum Gelsenkirchen wurden die vorhandenen Quellen vorbildlich ausgewertet und die Ergebnisse veröffentlicht. Daher sollen diese Forschungsergebnisse stellvertretend für andere Standorte hier kurz präsentiert werden.

In dem Zeitraum 1940 bis 1945 waren in der Gelsenkirchener „Kriegswirtschaft" etwa 40.000 Kriegsgefangene und zivile Zwangsarbeiter tätig. Zivile Zwangsarbeiter bedeutet hier inhaftierte deutsche Regimegegner und deportierte Zivilbevölkerung besetzter Gebiete. In manchen Betrieben bestand bis zu einem Drittel der Belegschaft aus Zwangsarbeitern. Ihre Lager waren über das ganze Stadtgebiet verteilt. Als das Hydrierwerk der Gelsenberg-Benzin AG, eine Gründung der Gelsenkirchener Bergwerks AG, am 13. Juni 1944 durch Bombenangriffe stark beschädigt wurde, wurden in großem Umfang Zwangsarbeiter zum Wiederaufbau eingesetzt. Darunter befanden sich etwa 2000 jüdische Männer und Frauen, die im Rahmen des „Geilenberg-Programms" extra für diese Aufgabe aus Auschwitz angekarrt worden waren. Da im Rahmen des Geilenberg-Programms ein analoges Vorgehen der Nazis auch für Aufbaumaßnahmen an anderen deutschen Industriestandorten stattfand, soll hier festgehalten werden, dass Auschwitz (und andere KZs) nicht nur die Funktion einer Gaskammer zur Endlösung der Judenfrage innehatte, sondern auch als Reservoir billiger Arbeitskräfte in ganz Deutschland diente.

Literatur

J. Borkin „Die Unheilige Allianz der I. G. Farben" Campus Verlag, Frankfurt, New York, 3.Aufl., 1981

E. Verg, G. Plumpe, H. Schultheis „Meilensteine – 125 Jahre Bayer AG", Konzernverwaltung, Leverkusen, 1988

H. Römpp, A. O. Neumüller, „Chemie Lexikon", Franckh'sche Verlagsbuchhandlung, Stuttgart, 7. Aufl., 1975

Fiedrich Carl Duisberg: https://de.wikipedia.org/wiki/Carl_Duisberg

I.G.Farben: https://de.wikipedia.org/wiki/I.G._Farben

Hoechst AG, https://de.wikipedia.org/wiki/Hoechst

Kohleverdflüssigung: https://de.wikipedia.org/wiki/Kohleveflüssigung

C. Krauch, https://de.wikipedia.org/wiki/Carl_Krauch

Kohleverfl., https://de.w8ikipedia.org/wiki/Kohleverfl%C3%BCssignung

Kohleverfl., https://de.wikipedia.org/wiki/Deutsches_Synthese_Benzin

Kohleverfl., https://de.wikipeia.org/wiki/Fischer-Tropsch-Synthese

AQLeunwerke, https://de.wikipedia.org/wiki/Leunawerke

Mineralöl-Sicherungsplan, https://de.wikipedia.org/wiki/Mineralölsicherungsplan

13

Naturkautschuk, Synthetischer Gummi und Auschwitz

Inhaltsverzeichnis

Naturkautschuk und Gummi

Organische Materialien, die auf Druck oder Zug elastisch reagieren, werden im Volksmund Gummi, unter Wissenschaftlern und Technikern Elastomere genannt.

Ihr Vorkommen im Alltag ist zum Teil ganz augenfällig wie bei Fahrrad-, Motorrad-, Auto- und Flugzeugreifen, wie bei Bällen für Tennis, Handball und Fußballspiele, wie bei Schläuchen für Gartenbewässerung und Feuerwehr oder wie bei der Ummantelung von Elektrokabeln und Steckern. Weniger sichtbar, aber ähnlich wichtig sind folgende Anwendungen: Dichtungen im Wasserhahn oder in Ventilen von Flüssigkeitsleitungen aller Art, Vibrationen dämpfende Innenbeschichtung in Laufrädern von Eisenbahnwagen, Laufräder von Panzerkraftwagen, elastische Lagerung von Motoren, geräuschdämmende Innenausstattung von Personenkraftwagen, Gummizüge in Socken und Unterhosen. Diese, wenn auch unvollständige, Aufzählung mag genügen, um klarzumachen, dass ohne Elastomere unsere heutige Zivilisation zusammenbrechen würde, denn es würden nicht nur fast alle Verkehrsmittel fehlen, sondern auch sämtliche Elektrogeräte und alle Geräte in Arztpraxen wie auch in Kliniken wären nicht mehr funktionsfähig.

Die Geschichte der Elastomere und Gummis beginnt mit der Geschichte des Naturkautschuks, der von den Ureinwohnern Mittel- und Südamerikas benutzt wurde, schon lange bevor Kolumbus Amerika wiederentdeckte. Als Kolumbus auf seiner zweiten Amerikareise auf Haiti Einheimische mit elastischen Bällen spielen sah, war er wohl der erste Weiße, der eine Nutzanwendung von Kautschuk zu Gesicht bekam. Beim Anschneiden von kautschukproduzierenden Bäume, besonders ergiebig beim brasilianischen Wolfsmilchgewächs *Havea brasilensis,* wird ein weißer zäher Saft abgeschieden, nach dem lateinischen Wort für Milch Latex genannt, der die Wunde heilen soll. Nach Wegtrocknen des Wassers hinterbleibt der Naturkautschuk, ein Begriff, welcher sich von dem französischen „caoutschouc" herleitet, das seinerseits auf einem Wort der Tupi-Sprache der Amazonasindianer basiert und so viel wie weinender Baum bedeutet.

Es dauerte mehr als 200 Jahre, bis der Kautschuk aufgrund von Reiseberichten der französischen Naturforscher Charles-Marie de La Condamine und C. F. Fresneau wieder in das Bewusstsein der Europäer gelangte. Dann erfolgten zahlreiche Versuche zur Nutzanwendung in rascher Folge. In den Jahren 1763 bis 1765 fanden Pierre Joseph Macquer und L. A. M. Hérisaut, dass sich Naturkautschuk in (Diethyl-)Ether und Terpentin löst und aus diesen Lösungen nach Eindunsten unverändert wieder hervorgeht. Durch mehrfaches Auftragen (und Trocknen) solcher Lösungen auf Wachsformen konnten erstmals geformte Gebrauchsartikel hergestellt werden. Aus dem Jahr 1770 berichtet der Engländer Joseph Priestley über die Erfindung des Radiergummis *(India rubber),* indem er versehentlich mit einem Stück Kautschuk über eine Bleistiftzeichnung fuhr.

Durch Tränken von Geweben aller Art mit Kautschuklösung ließen sich luft- und regendichte Stoffe gewinnen. Erste Experimente in dieser Richtung stammen wohl von dem englischen Physiker Jaques, Alexandre Charles. Dessen erfolgreiche Versuche erlaubten es den Brüdern Joseph Michel und Jacques Étienne Montgolfier, gasdichte Hüllen für Heißluftballons herzustellen und mit diesen 1783 damit erstmals aufzusteigen. Im Jahre 1791 ließ sich Samuel Peal in London ein Patent auf imprägnierte Kleidung erteilen. Allerdings waren seine Textilien nicht sehr attraktiv, denn sie wurden in der Sonne klebrig und entwickelten einen unangenehmen Geruch. Außerdem wurden seine Stoffe in der Kälte hart. Nach 1820 verbesserte Charles Macintosh das Verfahren, indem er statt Terpentin Benzol als Lösungsmittel für den Kautschuk verwendete und auf das einseitig beschichtete Leinen eine zweite Lage Leinen aufklebte. Er erhielt dadurch die ersten absolut regendichten Mäntel und wurde in der Folgezeit als Vater der Industrie wasserdichter Stoffe geehrt. Um 1824 erfand Thomas Hancock eine Knetmaschine, die es erlaubte, verschiedene Materialien in die zähe Kautschukmasse einzuarbeiten, den sogenannten Mastikator. Im selben Jahr gründete der Österreicher Johann Nepomuk Reithoffer die erste Kautschukwarenfabrik des Kontinents. Trotzdem belief sich der Weltverbrauch an Kautschuk im Jahre 1830 erst auf 150 t.

Ein gewaltiger Entwicklungsschub für die Nutzanwendung von Kautschuk und damit für den weltweiten Verbrauch ergab sich aus einer Erfindung des Amerikaners Charles Goodyear. Goodyear war ein fanatischer Forscher und Tüftler, der seine Finanzen, seine Gesundheit und die seiner Familie seiner Forschung opferte. Im Jahre 1839 machte er jedoch eine epochale Erfindung, die sogenannte Vulkanisation des Kautschuks. Um diesen Vorgang und seine Konsequenzen richtig zu verstehen, muss hier ein wenig Polymerchemie erklärt werden.

Naturkautschuk besteht aus langen Ketten, in denen Tausende von Kohlenstoff- und Wasserstoffatomen fest miteinander verknüpft sind. Eine Wiederholungseinheit dieser Ketten, also ein Kettenglied, ist unter Formeln 13.1 wiedergegeben. Im Naturkautschuk, chemisch Polyisopren genannt, sind diese Atomketten lose miteinander verknäult wie ein Haufen langer Spaghetti. Wird für Minuten oder gar Stunden Druck oder Zug ausgeübt, gleiten die Polyisoprenketten (s. Formeln 13.1) aneinander ab, der Kautschuk beginnt zu fließen, und die Elastizität verschwindet. Kautschuk in seiner Naturform ist also noch kein Gummi, wenn man unter Gummi ein Material versteht, das über Monate und Jahre hinweg wiederholt elastischen Beanspruchungen ausgesetzt werden kann. Die Gummieigenschaften entstehen durch dreidimensionale Vernetzung der Polyisoprenketten, d. h. aus dem Haufen Spaghetti wird ein loses Netzwerk gemacht. In einem Netz können sich die Kettensegmente zwar locker bewegen, aber nicht mehr endgültig voneinander abgleiten. Ein weitmaschiges Netz liefert einen Weichgummi, ein engmaschiges Netz einen Hartgummi.

Ohne die Polyisoprenstruktur (s. Formeln 13.1) zu kennen, fand Charles Goodyear, dass beim Erhitzen von Kautschuk mit wenig Schwefel, Vulkanisation genannt, ein für Dauergebrauch geeigneter Gummi entsteht. Im Jahre 1846 erfand der Engländer Alexander Parkes zudem eine Methode, die es erlaubte, Kautschuk auch bei Raumtemperatur zu vernetzen, d. h. in Gummi umzuwandeln, die sogenannte Kaltvulkanisation. Allerdings wird dafür die aggressive und relativ zu Schwefel teure Chemikalie Schwefelchlorid (S_2Cl_2) benötigt.

Isopren

Poly(cis-1,4-isopren)

Naturkautschuk

2,3-Dimethylbutadien

Poly(2,3-dimethylbutadien)

Butadien

Styrol

Poly(butadien-styrol), Buna-S

Formeln 13.1 Formeln von Naturkautschuk oder Synthesegummi und deren Ausgangsmaterialien

Die Erfindung des Vulkanisierens ermöglichte nun zahlreiche neue Anwendungen von Gummiprodukten, für die der unvernetzte Naturkautschuk nicht brauchbar war. Die technisch, wirtschaftlich und zivilisatorisch bedeutendste Entwicklung basiert auf der Erfindung aufblasbarer Gummireifen. Zunächst soll hier aber der in Karlsruhe beheimatete Karl Friedrich Christian Ludwig Freiherr Drais von Sauerbronn erwähnt werden, der für sein hölzernes Laufrad, die sogenannte Draisine, nach 1818 eine elastische Bereifung einführte. Diese bestand wohl aus einer dickeren Schicht unverändertem Naturkautschuk. Im Jahre 1845 meldete dann Robert William Thomson beim Londoner Patentamt die Erfindung eines mit Luft gefüllten Reifens an. Etwa zweiundzwanzig Jahre später propagierte derselbe Erfinder aber auch Vollgummireifen für die damals beliebten Hochräder.

Anscheinend ohne das Patent von Thomson zu kennen, entwickelte der irische Tierarzt John Boyd Dunlop 1888 Luftreifen für Fahrräder. Im Jahre 1895 präsentierte er schließlich auch ein mit Luftreifen bestücktes Automobil. In der Zwischenzeit wurde die Entwicklung alltagstauglicher Reifen auch von anderer Seite vorangetrieben. Im Jahre 1890 erkannte William Henry Bartlett den Vorteil des Reifenwulstes für die Montage von Reifen. Dann wurde ab 1893 nach und nach die Versteifung der Reifenwände mit Cordgewebe eingeführt. Um 1894 entwickelten die Gebrüder André und Édouard Michelin in Frankreich das Konzept des demontierbaren und remontierbaren Autoreifens, und ab 1896 wurden in den USA die ersten Autoreifen von Goodrich auf den Markt gebracht. Aus dieser Aufzählung wird klar ersichtlich, dass sich Ende des 19. Jahrhunderts zwei epochale Erfindungen gegenseitig ergänzt und befruchtet haben, der aufblasbare Gummireifen und der Personenkraftwagen von Carl Friedrich Benz.

Nach der Erfindung des Vulkanisierens durch Charles Goodyear stieg der Bedarf an Kautschuk rapide an. Im Jahre 1850 war der weltweite Bedarf (d. h. der Bedarf von Europa und den USA) auf 1500 t gestiegen, die zehnfache Menge des Verbrauches im Jahre 1830. Schon 1856 wuchs der Verbrauch auf 7000 t und im Jahre 1910 auf annähernd 100.000 t. Dieser explosionsartige Anstieg des Bedarfs an Kautschuk hatte auch erhebliche Preissteigerungen zur Folge. Aller bis 1890 weltweit verarbeitete Kautschuk stammte von meist wild wachsenden „Gummibäumen" Brasiliens. Brasilien befand sich daher in einer Monopolposition. Ähnlich wie auch bei anderen Wirtschaftsgütern waren es nicht die Produzenten, die reich wurden, sondern die Händler. Es entstand in Brasilien nach 1850 eine Clique der Gummibarone. Aus dem kleinen am Amazonas gelegenen Dorf Managua erwuchs innerhalb von drei Jahrzehnten eine Welthandelsmetropole für Kautschuk. Zahlreiche Familien wurden so wohlhabend, dass alle Arten von Luxusgütern aus Europa importiert wurden.

Es wurde schließlich auch ein großes Theater (quasi mitten im Urwald) erbaut, zu dem alle bedeutenden Schauspieler und Sänger Europas per Schiff importiert wurden.

Diese Monopolstellung ließ sich nur dadurch aufrechterhalten, dass die Ausfuhr von Samen oder Setzlingen des „Gummibaumes" *Hevea brasiliensis* bei Todesstrafe verboten war. Eine derartige Situation provozierte naturgemäß ständig Abenteurer, sich durch Schmuggel von Samen eine goldene Nase zu verdienen, und mehrere Fälle von gefassten und hingerichteten Schmugglern sind überliefert. Im Jahre 1883 gelang es dem Engländer Cross erstmals etwa 3000 Samen und Setzlinge aus Brasilien herauszubringen. Es gelang aber nicht, die Samen zum Keimen zu bringen, und die Setzlinge starben ab. Erfolgreicher verlief die abenteuerliche Aktion von Henry Alexander Wickham 1876. Er konnte auf Umwegen 70.000 Samen nach England schaffen, wo trotz unterschiedlichen Bodens und Klimas ein großer Teil in den Kew Gardens von London Keimlinge bildete. 2600 dieser Setzlinge wurden dann nach Ceylon und Malaysia gebracht, wo etwa 1800 Pflänzchen weiter gediehen. Sie bildeten den Ursprung der in der Folgezeit rasch ausgebauten Kautschuk-Plantagen in Ostasien. Im Jahre 1900 gingen 4 t, 1910 schon 8000 t Naturkautschuk aus diesen Plantagen hervor und das brasilianische Monopol war gebrochen.

Die zunehmende wirtschaftliche Bedeutung von Kautschuk und Gummi stimulierte deutsche Chemiker nach der Jahrhundertwende, die Herstellung von Polyisopren und ähnlichen Materialien im Labor zu untersuchen. Der Erfolg dieser Bemühungen, der im nächsten Teilkapitel näher beschrieben wird, hatte auch Folgen für die Sprachregelung. Es gab nun vier Kautschukbegriffe zu unterscheiden, nämlich Synthesekautschuk und Naturkautschuk sowie Plantagenkautschuk und Wildkautschuk als Varianten des Naturkautschuks. Alle diese Kautschukvarianten sind von ihrer chemischen Struktur her Polyisoprene und sind in den meisten Eigenschaften identisch. Es gibt jedoch auch kleine, mitunter bedeutsame Unterschiede. So enthält Naturkautschuk immer eine minimale Menge (< 1 %) an Eiweiß (Protein), das bei Verwendung in Textilien (z. B. bei Socken) Allergien auslösen kann. Synthesekautschuk hat diesen Nachteil nicht. Hinsichtlich von Struktur und Eigenschaften gibt es bei Polyisoprenen noch einen sehr wichtigen Unterschied zu beachten. Die Eigenschaftskombination klebrig und elastisch ergibt sich nur aus der auf Formelseite 13.1 formulierten cis-Struktur. Manche Pflanzen produzieren auch Polyisopren mit trans-Struktur das nach Herkunft Guttapercha oder Balata genannt wird. Dieses trans-Polyisopren ist ein festes, weißes Material, das lange Zeit für die Herstellung von Golfbällen oder elektrischen Steckdosen verwendet wurde, heutzutage aber keine technische Bedeutung mehr besitzt.

Synthesekautschuk und synthetischer Gummi

Die Beschäftigung von Chemikern mit dem Problem, Kautschuk, d. h. lange Polyisoprenketten aus kleinen organischen Molekülen, den Monomeren (s. Isopren, Formeln 13.1), herzustellen, erfolgte zunächst aus wissenschaftlicher Neugier. Für das Ziel, eine wirtschaftliche Produktion von Synthesekautschuk als Konkurrenz für Wildkautschuk aufzubauen, fehlten im 19. Jahrhundert noch die wissenschaftlichen Kenntnisse und die Aussicht auf Plantagenkautschuk minderte auch die wirtschaftliche Motivation. Erste Untersuchungen über Struktur und Synthese von Kautschuk gehen auf den Franzosen Gustave Bouchardad zurück, dem es um 1879 gelang, durch trockenes Erhitzen von Wildkautschuk im Vakuum geringe Mengen Isopren abzudestillieren Durch mehrmonatiges Bestrahlen mit Sonnenlicht verwandelte sich das Isopren im geschlossenen Gefäß in eine feste, dem Kautschuk ähnliche Masse. Ein erster simpler Polymerisationsversuch war damit gelungen, aber er war aus zwei Gründen für eine technische Produktion nicht geeignet. Erstens war es zu zeitraubend. Zweitens: Die Struktur des Endproduktes entsprach nicht genau derjenigen von Naturkautschuk. Außer linearen Ketten waren auch verzweigte Ketten entstanden und neben den erwünschten cis-Strukturen auch trans-Strukturen.

Im Jahre 1882 konnte der Engländer William A. Tilden Isopren aus natürlichem Terpentin herstellen und seine Strukturformel aufklären (s. Formeln 13.1). Er wiederholte auch den Polymerisationsversuch von Gustave Bouchardat. Um 1900 experimentierte der russische Chemiker Iwan Lawrentjewitsch Kondakow mit 2,3-Dimethylbutadien (s. Formeln 13.1). Durch einen langwierigen Erwärmungsprozess gelang es ihm ein elastisches Material zu erhalten. Obwohl dieses Herstellungsverfahren zu teuer und zeitraubend und die Produkteigenschaften nicht gut genug waren, markierten diese Versuche doch den ersten Erfolg bei der Herstellung eines vollsynthetischen Elastomeres. Bis 1905 hatte sich noch keine Chemiefirma mit dieser Thematik beschäftigt, vor allem weil die Produktion von Farbstoffen und Pharmaka lukrativer erschien.

In den zwanzig Jahren vor dem Ersten Weltkrieg nahm jedoch die von Carl Benz und Gottlieb Daimler initiierte Produktion von Autos einen rapiden Aufschwung. Dazu kam ein permanent wachsender Bedarf an Fahrrädern. Trotz der nach 1890 zunehmenden Produktion von Plantagenkautschuk war der Kilopreis von Naturkautschuk um 1904 auf 28 Reichsmark gestiegen, was etwa dem Wochenlohn eines einfachen Fabrikarbeiters entsprach. Diese Situation bewog den Direktor und späteren Vorstandsvorsitzenden der Bayerwerke Carl Duisberg (Kurzbiografie s. Kap. 12), eine intensive Kautschukforschung bei Bayer in die Wege zu leiten. Er veranlasste den Vorstand im Oktober 1906, einen betriebsinternen Preis von 20.000 Reichsmark auszuloben „für denjenigen unserer Chemiker, der innerhalb von drei Jahren, also bis zum 1. November 1904, ein Verfahren zur Herstellung von Kautschuk oder eines vollwertigen Ersatzes findet, wonach sich der Einstandspreis auf höchstens zehn Mark für prima Ware pro Kilo stellt". Ein paar Chemiker aus der Pharmasparte unter Leitung von Fritz Hofmann machten sich daran, eine billige Synthese von Isopren sowie ein brauchbares Polymerisationsverfahren auszuarbeiten. Im August 1909 konnten sie so weit Erfolg melden, dass noch bis Jahresende ein Patent erteilt wurde. Ferner fanden der Kieler Professor Carl Dietrich Harries sowie die englichen Chemiker F. E. Matthews und Edward H. Strange unabhängig von einander in den Jahren 1910 und 1911, dass fein verteiltes Natriummetall schon bei Temperaturen unter 50 °C die Polymerisation von Isopren stark beschleunigt.

Mit diesen Erfindungen waren die Voraussetzungen für technische Produktion von Synthesekautschuk gegeben. Die rapide steigenden Mengen an Plantagenkautschuk brachten jedoch etwa ab 1907 einen ständigen Preisrückgang des Naturkautschuks mit sich. Andererseits konnte man bei Bayer keine billige Synthese für Isopren finden, sodass eine technische Produktion von Synthesekautschuk nach 1910 nicht mehr infrage kam. Daraufhin konzentrierten sich die Anstrengungen auf die Polymerisation des billigeren und in größeren Mengen herstellbaren Dimethylbutadiens. Es konnte zwar ein elastisches Polymer hergestellt werden, aber der Polymerisationsprozess dauerte über drei Monate, und die Qualität dieses „Methylkautschuks" war deutlich schlechter als die von Naturkautschuk. Um das Direktorium der Bayerwerke vom Methylkautschuk zu überzeugen, ließ Carl Duisberg für seinen Pkw Reifen daraus herstellen und absolvierte damit eine pannenfreie Fahrt nach Freiburg i. Br. Dieser Erfolg fand in der Presse große Resonanz, und sowohl der Großherzog von Baden als auch Kaiser Wilhelm II. ließen einige Wagen ihres Fuhrparks mit „Bayerreifen" ausrüsten. Die Continentalwerke verweigerten aber eine Serienproduktion von Reifen wegen zu schnellen Alterns und Abbau des Methylkautschuks. Daher kam es 1912 zur Einstellung der Produktion, die erst 1915 für spezielle Anwendungen in Schiffen wieder hochgefahren wurde, bis im Jahre 1919 das endgültige Aus erfolgte.

Der wirtschaftliche Niedergang Deutschlands in der Nachkriegszeit gefolgt von einer Hyperinflation verhinderte einige Jahre lang weitergehende Forschung auf dem Gebiet der Elastomer-Synthese. Erst 1926 entschloss sich die kurz zuvor neu gegründete I.G. Farben AG (s. Kap. 12), wieder mit Forschungsarbeiten über Kautschuksynthesen zu beginnen. Ausgangspunkt der neuerlichen Aktivitäten waren Fortschritte der Chemiker von BASF und Hoechst, die ein billiges Syntheseverfahren für Butadien (s. Formeln 13.1) gefunden hatten. Nun konnte man auf die (schon zuvor erwähnten) Befunde von Harries, Matthews und Strange zurückgreifen, die schon 1910 eine rasche Polymerisation von Butadien beobachtet hatten, wenn fein verteiltes Pulver metallischen Natriums zugegeben wurde.

Die Polymerisation von Butadien mit Natrium lieferte zwar ein kautschukartiges Produkt, aber die Gebrauchseigenschaften waren deutlich schlechter als diejenigen von Naturkautschuk. So waren z. B. die chemische Stabilität gegen Sauerstoff und Licht, d. h. die Alterungsbeständigkeit, geringer. In Leverkusen waren zu dieser Zeit Eduard Tschunkur und Walter Bock mit der Kautschukforschung beauftragt. Ihnen gelang zusammen mit Kollegen der BASF für die Polymerisation von Butadien ein neues Verfahren, das ohne Natrium zu benötigen, schneller, billiger und in Wasser als nicht brennbares Reaktionsmedium durchgeführt werden konnte (die sogenannte Emulsionspolymerisation). Dadurch wurden allerdings die Eigenschaften des Polybutadiens nicht wesentlich besser. Einen entscheidenden Fortschritt erzielte Walter Bock mit der erfolgreichen Copolymerisation von Butadien und Styrol (Formeln 13.1), Letzteres ist auch Grundbaustein von Styropor). Copolymerisation heißt hier, dass lange Ketten aus zwei verschiedenen Monomeren mit statistischer Reihenfolge aufgebaut werden. Am 21. Juni 1929 erhielt die I.G. Farben AG ein Patent auf diese Buna-S genannten Elastomere (s. Formeln 13.1). Dieser Name wurde aus den Anfangsbuchstaben der Begriffe Butadien, Natrium und Styrol gebildet. Im Juli 1930 wurde das Wort Buna als Markenzeichen der I.G. Farben AG für alle Arten butadienhaltiger Elastomere eingetragen. Buna–S hatte zwei wesentliche Vorteile aufzuweisen. Erstens waren die chemische und mechanische Beständigkeit größer als diejenigen von Naturkautschuk. Zweitens konnten die Eigenschaften in gewissen Grenzen variiert werden, indem das Verhältnis von Butadien zu Styrol verändert wurde. Ein Gummi mit hoher Elastizität erfordert immer einen Überschuss an Butadien, aber durch Erhöhung des Styrolanteils lassen sich die chemische und mechanische Stabilität erhöhen, allerdings auf Kosten der Elastizität. Die Eigenschaften von Buna-S ließen sich also für verschiedene Anwendungszwecke optimieren. Dieser Aspekt erlangte besondere Bedeutung, als man 1935 erkannte, dass sich Buna-S besonders für Herstellung von Fahrzeugreifen aller Art eignet. Es wurde nachgewiesen, dass ein Pkw mit guten Buna-S-Reifen 35.000 km zurücklegen konnte, während unter denselben Bedingungen Reifen aus Naturkautschuk nur 28.000 km aushielten. Auf der Automobilausstellung in Berlin 1936 wurden die Erfolge mit Buna-S der Weltöffentlichkeit vorgestellt. Wie unten näher geschildert, wurden in der Folgezeit Hitlers Streitkräfte mit Buna-S-Produkten ausgerüstet.

Als die Amerikaner 1941 durch den Angriff Japans auf Südostasien von den dortigen Naturkautschukquellen abgeschnitten wurden, begannen sie ebenfalls mit der Produktion von Synthesekautschuken verschiedener Typen. Da Deutschland Kriegsgegner war, wurden deutsche Patentrechte ignoriert, und so wurde auch Buna-S in großem Umfang produziert. Gegen Kriegsende erreichte die amerikanische Produktion einen Ausstoß von ca. 820.000 t Synthesegummi pro Jahr – ein Volumen, das die deutsche Produktion um den Faktor 5 übertraf. Der Siegeszug des Buna-S setzte sich auch nach 1945 auch in der Friedenswirtschaft aller Länder fort, denn Buna-S-Typen wurden zum Standardmaterial für die Herstellung von Fahrrad-, Motorrad-, Pkw- und Lkw-Reifen. In den ersten Jahrzehnten der Flugzeugentwicklung wurden auch Flugzeugreifen daraus hergestellt. Andere Anwendungen wie Transportbänder gesellten sich dazu. Im Jahre 1978 wurde Walter Bock für seine epochale Erfindung auch in den USA geehrt. Er erhielt ein „Denkmal" in der Ruhmeshalle der Firma Goodrich in Akron (Ohio).

Die Erfindung von Buna-S stimulierte die Gummiforschung der I.G. Farben auch in anderer Hinsicht. Unter der Leitung von Helmut Kleiner arbeitete in Leverkusen ab 1925 auch Erich Konrad an der Entwicklung von Synthesekautschuken verschiedener Art. Zu diesen Arbeiten gehörte insbesondere die Copolymerisation von Butaden mit anderen Monomeren, die auf Acrylsäure (CH_2=H-CO_2H) und Methacrylsäure basierten.[1] Als sehr erfolgreich erwies sich dabei die Kombination von Butadien und Acrylnitril (CH_2=CH-CN). Die neuen Copolymere wurden Buna–N oder Nitrilkautschuk genannt, ab 1938 auch Perbunan-N (s. Formeln 13.2). Ein diesbezügliches Patent wurde am 26. April 1930 erteilt. Dieser Synthesegummi besitzt den besonderen Vorteil, dass er sich nicht mit Benzin oder Schmieröl vollsaugt und dadurch seine Eigenschaften ändert, auch wird er durch die in Motorenöl enthaltene Spuren an Metallen chemisch nicht angegriffen. Daher ergaben sich für Buna-N zahlreiche Anwendungen für Dichtungen, Dämpfungen, Ventilteile, Kabelummantelung usw. in der Nachbarschaft von Benzin- oder Dieselmotoren. Für derartige Anwendungen sind verbesserte Varianten des Buna-N auch im 21. Jahrhundert noch im Einsatz, und dazu kommt die Verwendung in Gummihandschuhen für Klinikpersonal.

Im Jahre 1938 wurde in Leverkusen das Kautschuk-Zentrallaboratorium der I.G. Farben AG eingerichtet. Erich Konrad, der erfolgreiche Mitarbeiter der „Kleiner-Gruppe" und Miterfinder des Buna-N wurde zum Leiter ernannt. Er wurde auch zur treibenden Kraft für den Wiederaufbau der Synthesekautschuk-Forschung bei den Bayerwerken nach Zerschlagung der I.G. Farben AG in den Jahren 1945 bis 1949. In diesem Zentrallaboratorium wurde nicht nur chemische Forschung betrieben, sondern auch alle Prüf- und

---

[1] Methacrylsäure ; CH_2= C(CH_3)-CO_2H.

Nitrilkautschuk, Perbunan

Poly(chlorbutadien), Chloropren

Formeln 13.2 Formeln kommerzieller, neuartiger Kautschukvarianten

Messmethoden, die für die Beurteilung von Gummimaterialien damals bekannt waren, wurden installiert. Ferner wurden Einrichtungen für Herstellung und Prüfung von Reifen aller Typen aufgebaut. Ein derartiger wissenschaftlicher Komplex war damals weltweit einmalig und begünstigte die Optimierung von Gummiprodukten aller Typen für wirtschaftliche und militärische Anwendungen jeglicher Art.

Der Vollständigkeit halber soll angemerkt werden, dass die Forschungsbemühungen in Deutschland und in den USA noch weitere neuartige und höchst nützliche Elastomere ans Tageslicht brachten. Dazu gehörten in Deutschland die Erfindung der Polyurethane durch Otto Bayer in Leverkusen (ab 1936). Polyurethane ist ein Überbegriff über eine vielseitige Gruppe von Polymeren (Kunststoffen), aus welchen flexible Schaumstoffe (Matratzen), harte Schaumstoffe (Kühlschrankisolierung), elastische Textilfasern, Klebstoffe und Lacke hergestellt werden können. In den USA erfanden um 1930 Wallace Hume Carothers und Arnold Collins das Poly(-Chlorbutadien) (Chloropren, s. Formeln 13.2), das in der Nachkriegszeit als Neopren bekannt wurde. Dieser Synthesekautschuk zeichnet sich durch hohe Witterungsbeständigkeit und Flammwidrigkeit aus. Im Jahre 1942 wurde in den USA auch der Silikonkautschuk erfunden, der sich durch hohe Hitzebeständigkeit auszeichnet, aber auch durch hohe Elastizität bei tiefsten Temperaturen. Alle diese neuen Elastomere feierten ihre Triumphe erst in den Jahrzehnten nach dem Zweiten Weltkrieg. Auf den Verlauf des Zweiten Weltkrieges hatten sie keinen Einfluss.

Dem wissenschaftlichen Fortschritt muss nun die Entwicklung der wirtschaftlichen Seite gegenübergestellt werden. Dem optimistischen Aufbruch zu neuen Ufern im Jahre 1926 folgte ein herber Dämpfer durch die Weltwirtschaftskrise 1929–1933. der Aufbau einer ersten technischen Produktionsanlage für Buna-S bei Knapsack (in der Nähe von Köln) wurde 1930 wieder auf Eis gelegt. Die Situation änderte sich schlagartig mit der Machtergreifung Hitlers. Wie schon im vorhergehenden Kapitel erwähnt, hatte Hitler aus dem Ersten Weltkrieg gelernt, dass Machtpolitik oder gar Kriegsführung nur möglich war, wenn Deutschland bei allen für Wirtschaft und Militär wichtigen Rohstoffen weitgehend autark war. Dieser Aspekt galt insbesondere auch für Gummiprodukte aller Art. Im Rahmen von zwei Vierjahresplänen zur Stärkung der Autarkie wurden daher auch finanzielle Mittel für die Forschung auf dem Synthesekautschuksektor bereitgestellt sowie für den Aufbau großer Produktionsanlagen.

Im Herbst 1935 wurde eine erste großtechnische Anlage für die Herstellung von Buna-S auf dem Gelände der Gemeinden Schkopau und Korbetha (nördlich von Merseburg) errichtet. Dieser Standort wurde gewählt, weil er von allen Grenzen des deutschen Reiches relativ weit entfernt war und daher im Kriegsfalle für feindliche Bomber schwierig zu erreichen war. Zweitens stand die im benachbarten Geiseltal abgebaute Braunkohle als Energiequelle zur Verfügung, und die benachbarten Leuna-Werke konnten Wasserstoff liefern. Ab 1939 erreichten die „Buna-Werke Schkopau" ihre volle Kapazität. Ein zweites großes Werk, das auch nach 1945 wieder in Betrieb genommen wurde, entstand in Marl. Es wurde von den Chemiewerken Hüls betrieben, die zu 74 % der I.G. Farben AG und zu 26 % der Bergbaugesellschaft Hibernia gehörte, welche auch Rohstoffe lieferte. Ein drittes Werk wurde ab 1940 in Ludwigshafen gebaut. Der Aufbau einer vierten, besonders großen Buna-Produktionsanlage wurde von der I.G. Farben AG ab 1941 bei Auschwitz-Monowitz in Angriff genommen (s. unten und Kap. 12).

Am Anfang des Zweiten Weltkrieges standen noch zuvor importierte Naturkautschukvorräte zur Verfügung. Ferner wurde auch während des Krieges Naturkautschuk aus den von Japanern besetzten Gebieten Südostasiens importiert. Allerdings mussten die Frachtschiffe die alliierte Seeblockade um Deutschland durchbrechen, was oft misslang. Die erfolgreichen Frachtschiffe hatten dann den Spitznamen „Blockadebrecher". Der Beitrag dieser Importe

schwand im Laufe der Kriegsjahre zur Bedeutungslosigkeit. Die Absolut-
mengen an Synthesegummis und der Prozentsatz am Gesamtverbrauch entwickelte sich wie folgt:

1939	:22.000 t	(22 %)
1940	:40.000 t	(70 %)
1941	:69.000 t	(72 %)
1942	:98.000 t	(80 %)
1943	:117.000 t	(94 %)
1944	:104.000 t	(100 %)

Zu keinem Zeitpunkt konnte die gewünschte Vollversorgung von Wirtschaft und Wehrmacht verwirklicht werden. Allerdings hätte Hitler ohne die
Erfolge der deutschen chemischen Industrie bestenfalls den Polenfeldzug
durchstehen können. Bei einer Kriegserklärung Frankreichs und Englands
hätte er dann jedoch um Frieden betteln müssen. Auf eine einfache Formel
gebracht kann man sagen: Ohne Buna und ohne Kohleverflüssigung kein
Weltkrieg.

Zur Bedeutung der I.G. Farben AG und ihrer Produkte seien hier noch Zi-
tate dreier zeitgenössischer Staatsmänner angeführt.

Gustav Stresemann: „Ohne die I.G. Farben und die Kohle konnte ich keine
Außenpolitik machen."

Adolf Hitler: Nach Ausbruch des Zweiten Weltkrieges verlieh Hitler das
Eiserne Kreuz an Carl Krauch und nannte ihn einen Mann, der große Siege
auf dem Schlachtfeld der deutschen Industrie errungen habe.

Dwight Eisenhower kam im Bericht seiner Untersuchungskommission zu
dem Schluss: „Ohne die I.G. Farben … wäre Deutschland im September
1939 nicht in der Lage gewesen, einen Angriffskrieg zu führen."

Buna und die „I.G. Auschwitz"

In der zweiten Hälfte des Jahres 1940 tobte die Luftschlacht um England.
Entgegen dem großspurigen Ankündigungen Hermann Görings reichte die
Kapazität der deutschen Luftwaffe nicht aus, um die Royal Air Force nieder-
zukämpfen. Unter diesen Umständen musste Hitler von seinem Invasions-
plänen, die ohnehin schlecht vorbereitet waren, Abstand nehmen. Trotz dieser und vielleicht auch wegen dieser ungünstigen Entwicklung im Westen
wollte Hitler nun Russland angreifen. Die Aussicht auf mehr Raum, auf mehr
Rohstoffe, auf mehr Arbeitskräfte, die Bekämpfung einer feindlichen Ideolo-
gie und die Beseitigung eines gefährlichen potenziellen Gegners im Rücken

waren seine Motive. Berauscht von den schnellen Siegen über Polen und Frankreich glaubte Hitler, auch in Russland einen Blitzsieg landen zu können. Seine Generäle und einige Wirtschaftsfachleute rieten jedoch dringend davon ab, das Unternehmen mit dem Codenamen „Barbarossa" noch Ende 1940 zu beginnen, weil die Reserven an Munition, Gummimaterialien und Treibstoff bedenklich geschrumpft waren. Hitler war (ausnahmsweise) einsichtig und verschob den Angriff zunächst auf Mai 1941 und schließlich auf den 22. Juni. In der Zwischenzeit wurden alle Hebel in Gang gesetzt, um die benötigten Materialien in ausreichender Menge zu beschaffen. Das Reichswirtschaftsministerium berief die zwei kompetenten I.G.-Farben-Direktoren Friedrich (Fritz) Hermann ter Meer und Otto Ambros zu einer geheimen Besprechung, um eine schnellstmögliche Aufstockung der Buna-Produktion in die Wege zu leiten.

Der Bau zweier neuer Fabriken wurde beschlossen, um zusammen mit den schon vorhandenen Werken eine Jahresproduktion von 150.000 t zu erreichen. Carl Krauch, der Generalbevollmächtigte für Sonderfragen der chemischen Produktion (s. Kap. 12), befahl den sofortigen Baubeginn für ein neues Werk bei Ludwigshafen. Für das zweite Werk wurden Standorte in Norwegen oder Schlesien in Betracht gezogen, Carl Krauch schickte Otto Ambros, einen hervorragenden Fachmann für Kautschuk, aber auch für Giftgase, nach Schlesien, um potenzielle Standorte ausfindig zu machen. Ambros befürwortete einen Ort, der in der Nähe von Kohlegruben lag, Autobahn und Eisenbahnverbindungen hatte und der durch Nachbarschaft dreier Flüsse auch mit Wasser gut versorgt war. Carl Krauch entschied sich für diesen Ort, der dann in die Geschichte einging unter dem deutschen Namen Auschwitz. Krauchs Entscheidung war auch dadurch positiv beeinflusst, dass die SS das in der Nähe gelegene KZ erheblich erweitern wollte, wodurch ein ständiger Zustrom an Zwangsarbeitern gewährleistet werden konnte. Das neue Projekt erhielt im Schriftwechsel und Akten der I.G. Farben die offizielle Bezeichnung I.G. Auschwitz.

Aus wirtschaftlichen und technischen Erwägungen heraus sollte neben der Buna-Produktion auch eine Hydrieranlage für synthetischen Treibstoff errichtet werden. Otto Ambros wurde zum Leiter der Bunaproduktion, Heinrich Bütefisch zum Leiter der Kohleverflüssigung ernannt. Für beide war dies ein entscheidender Aufstieg in der Hierarchie der I.G. Farben AG. Die Direktoren der I.G. Farben sahen in dem Angriff Hitlers auf Russland, den sie als erfolgversprechend einstuften, die Chance für eine ungeheure Expansion nach Osten. Dementsprechend wurden die zukünftigen Gewinnchancen hoch eingeschätzt. Diese scheinbar günstigen Aussichten bewogen das Direktorium dazu, die I.G. Auschwitz als privatwirtschaftliches Unternehmen aufzubauen und allein aus eigenen Mitteln zu finanzieren, ohne auf staatliche Finanzierungshilfen zurückzugreifen. Die Rendite für die geplante Investition von 900 Mio. Reichsmark sollte allein der I.G. Farben AG zugutekommen. Mit dieser Entscheidung übernahmen die Direktoren der I.G. Farben und die designierten Werksleiter auch die volle Verantwortung für unzählige menschliche Dramen, die sich auf dem Gelände der I.G. Auschwitz und im Zusammenhang mit deren Aufbau abspielen sollten.

Da die geplante Buna- und Treibstoffproduktion der I.G. Auschwitz für Hitlers Kriegspläne von entscheidender Bedeutung war, fand die I.G. Farben trotz ihrer privatwirtschaftlichen Planung weitgehend Unterstützung durch die obersten Repräsentanten des Nazi-Regimes. Hermann Göring gab sofort einen neuen Erlass heraus, der dem Bauvorhaben I.G. Auschwitz höchste Priorität einräumte. Auf Wunsch Carl Krauchs schrieb Göring im Februar 1941 einen Brief an SS-Chef Himmler mit der Bitte um 8000 bis 12.000 KZ-Häftlingen als Bauarbeiter. Himmler reagierte wohlwollend und beauftragte den SS-Inspekteur der Konzentrationslager und den Leiter des SS-Wirtschafts- und Verwaltungsamtes, mit der Bauleitung der I.G. Auschwitz Kontakt aufzunehmen. Außerdem bestimmte er den Chef seines persönlichen Stabes, SS-Gruppenführer Karl Friedrich Otto Wolff, zum Verbindungsoffizier zwischen SS und I.G. Farben.

Am 20. März 1941 trafen sich Karl Wolff und Heinrich Bütefisch, um die Zusammenarbeit zu konkretisieren. Bütefisch war als Vertreter der I.G. Farben ausgewählt worden, weil er nicht nur ein hervorragender Fachmann, sondern auch Obersturmbannführer der SS war. Man traf eine Vereinbarung derart, dass die I.G. Farben einen Tageslohn von drei Reichsmark für einen ungelernten und vier Reichsmark für einen gelernten Arbeiter zu zahlen hatte. Später offerierte die SS auch Kinder für einen Tageslohn von 1,50 Reichsmark. Dabei wurde die Arbeitsleistung eines KZ-Häftlings auf 75 % derjenigen eines gesunden deutschen Arbeiters eingeschätzt. Die Zahlungen der I.G. Farben flossen allerdings in die Kassen der SS und nicht an die Häftlinge und kamen auch nicht deren Ernährung oder ärztlichen Versorgung zugute. Dieser Umstand sorgte in der Folgezeit für Auseinandersetzungen zwischen SS und I.G. Farben. Einige Wochen später kam Himmler persönlich zu einer Besichtigung der Baustelle und garantierte der I.G. Farben anschließend die Bereitstellung von mindestens 10.000 KZ-Insassen. Otto Ambros berichtete an seinen Vorgesetzten Fritz ter Meer „Unsere Freundschaft mit der SS erweist sich als gewinnbringend".

In der Folgezeit häuften sich jedoch die Probleme. Da gab es einmal Lieferengpässe bei Materialien verschiedener Art, z. B. bei Stahl. Dazu kamen technische Pannen teilweise zufälliger Art, wie sie auf jeder Baustelle passieren können, vor allem aber durch unerfahrene oder ungeübte Arbeiter und Ingenieure. Ferner gab es zu wenig Lastkraftwagen, und der Bahnhof war mit der Menge der angelieferten Baumaterialien völlig überlastet. Als entscheidendes Handicap erwies sich jedoch die mangelnde Arbeitsfähigkeit der Häftlinge, die durch ihren katastrophalen physischen und psychischen Zustand verursacht war. Von den wenigen freiwillig arbeitenden polnischen Facharbeitern wurden nur etwa 50 % der Leistung eines deutschen Arbeiters erbracht und von den Häftlingen nur ein Drittel der zuvor erwarteten 75 % einer deutschen Hilfskraft. Als das Jahr 1941 zu Ende ging, lagen die Bauarbeiten weiter unter dem Planungssoll und die finanzielle Planung des Unternehmens begann sich zum Fiasko zu entwickeln.

Das Hauptproblem, die mangelhafte Arbeitsleistung der KZ-Häftlinge, hatte vor allem drei Ursachen. Erstens waren die Häftlinge systematisch unterernährt und auch meistens krank. Zweitens verursachten sadistische SS-Bewacher und deren Hilfskräfte (sogenannte Kapos) durch brutale Strafmaßnahmen Hunderte von Todesfällen oder Schwererkrankungen pro Woche. Drittens betrug der Abstand der Baustelle zum Konzentrationslager über 6 km. Die ohnehin stark geschwächten Häftlinge mussten die Strecke zweimal täglich bei jedem Wetter zurücklegen. Um diese Zustände zu verbessern, entschloss sich die I.G. Farben AG im Frühsommer 1942 zum Bau eines eigenen, direkt neben der Baustelle gelegenen Konzentrationslagers, das den Namen Monowitz erhielt. Im Spätsommer 1942 wurde dieses erste und einmalige, privatwirtschaftliche KZ fertiggestellt. Damit gab es bei Auschwitz drei Lager. Das große KZ, durch das Hunderttausende von Häftlingen geschleust wurden (Auschwitz I), das Vernichtungslager bei Birkenau mit den Krematorien (Auschwitz-II) und nun dazu das I.G.-Farben-KZ Monowitz (Auschwitz III).

Der Betrieb des Lagers Monowitz basierte auf folgender Regelung: Die I.G. Farben hatte für Unterkunft, Verpflegung und Gesunderhaltung der Häftlinge zu sorgen. Die SS war für Bewachung und Bestrafung der Häftlinge verantwortlich sowie für ausreichend Nachschub. Das Lager Monowitz besaß alle typischen Merkmale eines von der SS betriebenen KZs. Das gesamte Lager war mit einem elektrisch geladenen Stacheldrahtzaun umgeben. Wachtürme mit Scheinwerfern, Sirenen und Maschinengewehren wurden installiert. Bewaffnete Wachen mit scharfen Hunden gingen Patrouille. Es gab auch eine Stehzelle, in der man weder sitzen, knien noch liegen konnte. Ferner gab es einen Galgen, an dem als abschreckendes Beispiel meist Tote baumelten. Am Lagereingang prangte das Motto „Arbeit macht frei".

Ernst Friedrich (Fritz) Christoph Sauckel, der Generalbevollmächtigte für den Arbeitseinsatz im Rahmen des Vierjahresplanes, erließ am 20. April 1942 die auch für Monowitz gültige Richtlinie zur Behandlung von Zwangsarbeitern: „Alle diese Menschen müssen so ernährt, untergebracht und behandelt werden, dass sie bei denkbar sparsamsten Einsatz die größtmöglichte Leistung hervorbringen". Dieser zynische Erlass, bar jeder menschlichen Regung passte sehr gut zu den Arbeitsbedingungen der I.G. Auschwitz. Sofern es dort den Häftlingen etwas besser ging als im Haupt-KZ Auschwitz I, dann nur aus wirtschaftlichen, nicht aus humanitären Gründen. Die mittlere Lebensdauer eines für die I.G. Auschwitz arbeitenden Häftlings wurde mit drei Monaten veranschlagt, vom Tag der Arbeitsaufnahme an gerechnet. Ständig neuer Nachschub aus Auschwitz-I ersetzte die Toten. Die Häftlinge wurden durch die Kombination von Unterernährung (meist verbunden mit Erkrankungen) unter hartem Arbeitseinsatz systematisch zu Tode gearbeitet. Wer länger als zwei Wochen krank war, wurden zur Vergasung in Auschwitz II aussortiert.

Die Tötung von KZ-Häftlingen durch Vergiftung mit Gasen war keineswegs nur zur Endlösung der Judenfrage vorgesehen, sie wurde zum Schicksal von KZ-Häftlingen unterschiedlichster Herkunft. Sie betraf alle Arten von Regimegegnern. Echte und vermeintliche Partisanen, überzeugte Kommunisten und Sozialdemokraten, bekennende Katholiken und Protestanten gehörten dazu (nach neueren Schätzungen waren etwa 50 % der Insassen von Auschwitz-I Nichtjuden).

Für die Vergasung von Häftlingen wurden von der SS anfänglich Autoabgase verwendet, doch zog diese Methode bei relativ gesunden Häftlingen einen relativ langsamen und qualvollen Tod nach sich. In der Gedankenwelt der SS ging es jedoch darum, mit wenigen vorhandenen Vergasungseinrichtungen eine möglichst hohe Tötungsrate zu erzielen. Daher besorgte sich die SS zunächst Kohlenmonoxid (CO) aus der Industrie, das zwar effektiver war als Autoabgase, aber noch nicht schnell genug wirkte. Da kam die Bekanntschaft mit Zyklon-B aus Sicht der SS gerade zur rechten Zeit. Zyklon-B (s. Kap. 9), das schon vor 1925 zur Schädlingsbekämpfung entwickelt wurde, war eine lagerfähige und für Nichtchemiker handhabbare Form von Blausäure. Die SS hatte Zyklon-B zunächst zur Desinfizierung von Baracken und Lagerausbauten eingesetzt und war dabei auf die Eignung zur raschen Tötung von Häftlingen aufmerksam geworden.

Zyklon-B wurde von der DEGESCH hergestellt (Deutsche Gesellschaft zur Schädlingsbekämpfung), an der die I.G. Farben AG mit 45 %, die DEGUSSA mit 45 % und die Th. Goldschmidt AG mit 10 % beteiligt waren. Es ergab sich somit ein makabrer Geldkreislauf derart, dass die I.G. Farben Geld für die Beschaffung von KZ-Häftlingen an die SS zahlte und die SS Geld an die I.G. Farben für die Tötung von Häftlingen mit Zyklon-B.

Die Häftlinge des KZ Monowitz hatten also die „phantastische" Aussicht vor Augen, entweder auf der Baustelle der I.G. Auschwitz langsam zu Tode gearbeitet zu werden oder in Birkenau die kurze, tödliche Bekanntschaft mit Zyklon-B zu machen. Auf der Baustelle starben täglich zahlreiche Zwangsarbeiter durch Überarbeitung und Krankheit, und die Lebenden mussten abends die Toten mit zum Zählappell am Sammelplatz schleppen, damit die Bewacher kontrollieren konnten, ob sich Häftlinge in der Hoffnung auf Fluchtversuche auf dem Werksgelände versteckt hatten.

Die katastrophalen Zustände sollen mit einem individuellen Beispiel kurz beleuchtet werden. Im Februar 1944 wurde der italienische Jude Primo Levi zusammen mit etwa 650 anderen Italienern von der Sammelstelle in Modena in Viehwaggons nach Ausschwitz transportiert. Er wurde als gelernter Chemiker im Buna-Werk der I.G. Auschwitz eingesetzt und hatte daher im Winter 1944/45 etwas bessere Arbeitsbedingungen als Bau- und Hilfsarbeiter. Er erkrankte im Januar 45 dennoch an Scharlach und blieb nur mit viel Glück am Leben. Bei der Befreiung der drei KZ bei Auschwitz durch die Sowjettruppen in der letzten Januarwoche 1945 war er einer von insgesamt fünf Überlebenden, die von den ursprünglich 650 italienischen Juden noch übriggeblieben waren. Vor Eintreffen der Russen waren die weitaus meisten Häftlinge auf Todesmärsche in die weiter westlich gelegenen KZs geschickt worden. Die detaillierte Schilderung seiner Erlebnisse hat Primo Levi wenig später in Buchform publiziert.

Auf der Baustelle der I.G. Auschwitz waren die regulären Arbeitskräfte und die KZ-Häftlinge außer für die I.G. Farben noch für folgende Firmen tätig gewesen, die daher eine Mitverantwortung für die Geschehnisse tragen:

AEG Gleiwitz	Fa. Peters
Beton & Monierbau	Fa. Prestel
Fa. Boldt, I.G. Baugelände	Fa. Roesner
Fa. Arb. Gem. Betonstahl	
Fa. Dyckerhoff & Widmann	Fa. Pook und Gruen
Fa. Krause	Fa. Schwab
Fa. Lurgi Apparatebau	Fa. Uhde
Fa. Niederdruck	Fa. Stoelcker
Fa. OHW Holzlagerung	Fa. Willich, I.G. Baugelände

Alle Anstrengungen regulärer Arbeitskräfte und geschundener Zwangsarbeiter waren allerdings insofern vergebens, als die Anlagen der I.G. Auschwitz nicht fertiggestellt wurden. Bis zum Ende des Krieges blieb die I.G. Auschwitz die größte Baustelle Europas. Die schon funktionsfähigen Anlagen wurden bei der überhasteten Flucht der deutschen Betreiber nicht zerstört, sondern durch Ausbau wichtiger Komponenten funktionsuntüchtig gemacht. Die Polen nahmen Jahre später einen großen Teil der Anlagen wieder in Betrieb.

Die Nürnberger Prozesse

In der zweiten Hälfte des Jahres 1945 begannen die Siegermächte mit der Vorbereitung des größten Kriegsverbrecherprozesses der Geschichte. Zunächst wurden die politisch und militärisch Verantwortlichen, soweit man ihrer habhaft war, zur Rechenschaft gezogen. An diesem Prozess waren alle vier Siegermächte mit Richtern, Anklägern und Zeugen beteiligt. Dabei hatte sich gezeigt, dass das Verfahren sehr schwerfällig war, allein schon, weil alle Dokumente, Erlasse, Protokolle und schriftlich fixierte Aussagen in vier Sprachen vorliegen mussten. An einem Prozess gegen Repräsentanten der deutschen Kriegswirtschaft waren Frankreich und Russland weniger interessiert als die USA. Der Kontrollrat beschloss daher, dass jede Besatzungsmacht gegen die Firmen ihrer Zonen getrennt vorgehen sollte. Da die Firmensitze der I.G. Farben AG sowie einiger anderer Chemiefirmen in der amerikanischen Besatzungszone lagen, konnten und mussten die Amerikaner diesen letzten Teil der Nürnberger Prozesse in alleiniger Regie durchführen.

Die Anklageschrift umfasste fünf Anklagepunkte, welche die Zusammenarbeit von I.G. Farben und dem Nazi-Regime betrafen, und beinhaltete folgende vier Hauptpunkte:

1. Planung, Vorbereitung und Führung von Angriffskriegen und Einfallen in andere Länder
2. Raub und Plünderung
3. Versklavung und Tötung der Zivilbevölkerung, von Kriegsgefangenen und KZ-Insassen
4. Manager, die einer verbrecherischen Organisation (SS) angehört hatten

Auf der Anklagebank saßen vierundzwanzig leitende Angestellte der I.G. Farben: Aufsichtsratsvorsitzender Carl Krauch, Vorstandsvorsitzender Hermann Schmitz, die Direktoren Georg von Schnitzler, Friedrich (Fritz) Gajewski, Heinrich Hörlein, August von Knieriem, Fritz ter Meer, Christian Schneider, Otto Ambros, Max Brüggemann, Ernst Bürgin, Heinrich Bütefisch, Paul Häfliger, Max Ilgner, Friedrich Jähne, Hans Kühne, Carl Ludwig Lautenschläger, Wilhelm Rudolf Mann, Heinrich Oster und Carl Wurster. Angeklagt waren ferner die I.G.-Farben-Mitarbeiter Walter Dürrfeld (Leitender Ingenieur und Bauleiter der I.G. Auschwitz), sowie Heinrich Gattineau, Erich von der Heyde und Hans Kugler.

Der Prozess wurde am 27. August 1947 im Justizpalast von Nürnberg eröffnet und die 60-seitige Anklageschrift verlesen. Das Gericht war mit drei amerikanischen Richtern besetzt: Curtis Grover Shake, James Morris und

Paul M. Hebert. Im Verlauf von 152 Verhandlungstagen wurden 189 Zeugen verhört und ein Protokoll von 16.000 Seiten erstellt. Zwei Zeugenaussagen sollen hier stellvertretend zitiert werden.

Ein ehemaliger britischer Kriegsgefangener: „Ich war fast jeden Tag in Auschwitz. Die Bevölkerung von Auschwitz wusste sehr genau, dass dort Leute vergast und verbrannt wurden. Einmal beschwerten sie sich über den Geruch des verbrannten Fleisches. Natürlich wussten auch die I.G.-Mitarbeiter, was vor sich ging. Niemand konnte in Auschwitz wohnen oder arbeiten oder auch nur zu Besuch kommen, ohne zu erfahren, was jeder wusste."

Auszug aus einem Verhör von Ernst H. Stuss, Sekretär des Verwaltungsrates der I.G. Farben:

Anwalt: „Teilte der Chefingenieur der Buna-Anlage, mit dem Sie 1943 sprachen, Ihnen ausdrücklich mit, dass in Auschwitz Leute verbrannt wurden?"

Stuss: „Ja, und ich glaub, er sagte noch, dass man sie vergaste, bevor sie verbrannt wurden …"

Anwalt: „Und im Sommer 1943 wussten Sie, dass Menschen vergast und verbrannt wurden?"

Stuss: „Ja"

Anwalt: „Und Sie können sich genau erinnern, dies auch ter Meer und Ambros mitgeteilt zu haben?"

Stuss: „Ja"

Der Prozess wurde im Mai 1948 beendet und das Urteil mit Begründung am 29. und 30. Juli verlesen. In den Punkten 1 und 4 wurden alle Angeklagten freigesprochen. In Punkt 2 (Plünderung, s. o.) wurden neun Angeklagte für schuldig gesprochen, darunter Hermann Schmitz, Fritz ter Meer, Friedrich Jähne, Georg von Schnitzler und Max Ilgner. Zu diesem Anklagepunkt und diesen Verurteilungen muss aber gesagt werden, dass hier ein klarer Fall von Siegerjustiz und Heuchelei vorlag. Die Amerikaner, Engländer und Franzosen sind nach dem Ersten Weltkrieg durch gründliche Plünderung der deutschen Industrie und deren geistigem Eigentum mit schlechtem Beispiel vorangegangen und haben dieses schlechte Beispiel nach dem Zweiten Weltkrieg wiederholt.

Bezüglich Punkt 3 (Zwangsarbeit) wurden Carl Krauch, Fritz ter Meer, Otto Ambros, Heinrich Bütefisch und Walter Dürrfeld für schuldig gesprochen und mit Haftstrafen von fünf bis acht Jahren bedacht. Nach der Urteilsverkündung protestierte der stellvertretende Chafankläger Josiah Ellis DuBois und verließ den Gerichtssaal mit den Worten: „Diese Urteile sind leicht genug, einen Hühnerdieb zu erfreuen." Es ist dabei wichtig festzuhalten, dass das offizielle Urteil nur auf dem Votum zweier Richter (Shake und Morris) beruht. Der dritte, Hebert, hatte sich ein Sondervotum vorbehalten, das er fünf Monate später vorlegte. Darin brachte er zum Ausdruck, dass alle Angeklagten der I.G. Farben hätten verurteilt werden müssen und dass die Strafen zu milde ausgefallen waren.

In diesem Zusammenhang ist auch ein Vergleich mit den getrennt durchgeführten Prozessen gegen Gerhard Peters und Bruno Tesch von Interesse. Peters war bei der Firma DEGESCH für die Herstellung von Zyklon-B verantwortlich, und Tesch für Vertrieb und Verkauf über die Firmen Testa und HeLi. Obwohl Zyklon-B als Schädlingsbekämpfungs- und Desinfektionsmittel entwickelt und produziert wurde und nicht speziell für die SS, wurde Peters zu sechs Jahren Haft verurteilt, später aber freigesprochen. Tesch, der sich bemüht hatte, die SS in möglichst großem Umfang und zu Sonderpreisen zu beliefern, wurde von der britischen Militärjustiz zum Tode verurteilt und hingerichtet. Auch SS-Hauptsturmbannführer Heinrich Schwarz, der für einige Zeit Hauptkommandant von KZ Monowitz war, wurde von einem französischen Militärtribunal zum Tode verurteilt und hingerichtet. An diesen Fällen gemessen wären auch Todesurteile gegen Fritz ter Meer, Otto Ambros, Heinrich Bütefisch und Walter Dürrfeld nicht unangemessen gewesen.

Die verurteilten Mitglieder der I.G. Farben AG wurden vorzeitig aus der Haft entlassen und fanden bei ihren früheren Firmen (d. h. I.G.-Farben-Nachfolgern) oder anderen Chemiefirmen sofort wieder Anstellung in hohen Positionen. Ein besonders krasses Beispiel ist hier der Fall Fritz ter Meer. In einem „Meilensteine" betitelten Jubiläumsband der Firma Bayer AG aus dem Jahre 1989 wird auf vier Seiten über die Entflechtung der I.G. Farben AG und den Nürnberger Prozess 1947/48 berichtet. Über die Verurteilung ter Meers steht zu lesen (S. 307): „In der Industrie war man bestürzt über dieses Urteil. Man wusste, dass ter Meer kein Nazi gewesen war. Man sah seine Verstrickung vielmehr als die Folge seiner Zwangslage, in der die meisten nicht anders gehandelt hatten und gehandelt haben. Er war ein hervorragender Chemiker, Organisator und Techniker und besaß international in der chemischen Industrie hohes Ansehen. Nur vor diesem Hintergrund ist verständlich, warum ter Meer 1956 zum Vorsitzenden des Aufsichtsrates der Farbenfabriken Bayer berufen wurde." Diese Einschätzung ist aufgrund der Beweise und Zeugenaussagen der Nürnberger Prozesse schon mehr als wohlwollend und grenzt an Geschichtsklitterung. Das Verhalten von Carl Bosch, der Hitler persönlich kannte, das Nazi-Regime richtig einschätzte und sich 1939 aus der Leitung der I.G. Farben zurückzog, ist ein Beispiel dafür, dass auch eine andere Haltung möglich war. Die Ansicht, dass fast alle Deutschen nur Opfer des Nazi-Regimes waren, aber kaum einer Mittäter, war (und ist) allerdings nicht nur in der chemischen Industrie verbreitet.

Die Nürnberger Prozesse waren ein Vorgang, für den es in der Geschichte der Menschheit noch kein Beispiel gab, und daher gab es auch keine international anerkannte Rechtsgrundlage. Man kann daher über diese Prozesse im Ganzen und im Einzelnen sicherlich unterschiedlicher Meinung sein und sie z. B. auch als Siegerjustiz einstufen. Man darf an dieser Stelle auch nicht vergessen, dass die Amerikaner im Zweiten Weltkrieg selbst enorme Kriegsverbrechen begingen, indem sie bei der Bombardierung von Industriestandorten und Hafenstädten den Tod unzähliger Zivilisten in Kauf nahmen. Da die deutsche Wehrmacht keine Bombardierung von amerikanischem Territorium durchgeführt hat, gibt es für die amerikanischen Luftangriffe auf die deutsche Zivilbevölkerung keine moralische Rechtfertigung. Es bleibt aber unbestritten, dass durch die Nürnberger Prozesse viele Vorgänge vor und während des Dritten Reiches in einer Weise durchleuchtet und an die Öffentlichkeit gebracht wurden, wie es ohne diese Prozesse sicherlich nicht möglich gewesen wäre.

Literatur

H. Römpp, A. O. Neumüller „Chemie Lexikon", Franckh'sche Verlagsbuchhandlung, Stuttgart, 7. Auflage, 1975

H. Morawetz, „Polymers – the Origins and Growth of a Scienceô. J. Wiley &Sons, New York, 1985

E. Verg, G. Plumpe, H. Schultheis „Meilensteine – 125 Jahre Bayer", Konzernverwaltung Bayer AG, 1988

J. Borkin „Die unheilige Allianz der I .G. Farben", Campus, Frankfurt, N.Y., 3. Auflage, 1981

S. Kohjiya, Y. Ikeda, „Chemistry, Manufacture and Application of Natural Rubber", Woodhead, New Delhi, 2014, ISBN 978-0-85709-683-8

GdCh, Geschichte der Chemie, Mitteilungen Bd. 20: R. Aust, „Der schwierige Weg zum synthetischen Kautschuk"

Buna, https://de.wikipedia.org/wiki/Buna (Kautschuk)

Kautschuk, https://de.wikipedia.org/wiki/Chloropren.Kautschuk

Butylkautschuk, https://de.wikipedia.org/wiki/Butylkautschuk

Bunawerke, https://de.wikipedia.org/wiki/Buna-Werke

Auschwitz, https://de.wikipedia.org/wiki/KZ_Auschwitz_III_Monowitz

Primo Levi, https://de.wikipedia.org/wiki/Primo_Levi

Marl, https://de.wikipedia.org//wiki/Chemiepark_Marl

Nachwort

Der größte Teil dieses Buches war schon fertiggestellt, als der Ukrainekrieg im Februar 2022 über Europa hereinbrach. Der Ukrainekrieg zeigt nun deutlicher als die vorangegangenen Jahrzehnte, dass auch nach dem Zweiten Weltkrieg existierende oder fehlende Rohstoffe noch immer einen enormen Einfluss auf die Politik Deutschlands haben. Die lange Regierungszeit von Angela Merkel hat zu einem naiven Vertrauen in die Zuverlässigkeit Russlands als friedlichen Partner Europas geführt. Im Gefolge dieser Fehleinschätzung wurde die Versorgung Deutschlands mit Erdöl und Erdgas zunehmend auf russischen Quellen aufgebaut. Man muss der Merkel-Regierung und auch der Ampel-Regierung allerdings zugutehalten, dass sie durch den Bau großer Gasspeicher und durch die rasche Beschaffung von LNG-Terminals einen Kollaps der deutschen Wirtschaft verhindert haben. Zu den weiteren Kardinalfehlern deutscher Wirtschaftspolitik gehört das Fehlen einer zukunftsorientierten Industrie- und Standortpolitik. Branchen, die mit nur geringen Mengen an Rohstoffen auskommen oder vorhandene Rohstoffe nutzen, wurden nicht nennenswert gefördert und dem Zugriff internationaler Investoren oder Konkurrenten nicht entzogen. Dazu gehören die mittelständische Pharmaindustrie, insbesondere Firmen, die mit der Entwicklung von Impfstoffen oder der Bekämpfung von Infektionskrankheiten befasst sind. Dazu gehört die mit der Pharmaindustrie verbundene Biotechnologie. Ferner gehören dazu alle Firmen, die mit Softwareentwicklung befasst sind, von denen nur SAP groß genug ist, um allein auf dem Weltmarkt zu bestehen. Eine Branche, die einen in ausreichende Mengen vorhandenen Rohstoff verwendet, sind alle

H. R. Kricheldorf, *Die materiellen Grundlagen der deutschen Geschichte*, https://doi.org/10.1007/978-3-662-72456-9

mit der Gewinnung und Verarbeitung von Silizium befassten Firmen. Das Silizium wird entweder für die Photovoltaik oder als Reinstsilizium für die Herstellung von Chips verwendet. Sowohl die Chipproduzenten als auch die Softwareentwickler sind aber für die zukünftige Nutzbarmachung von künstlicher Intelligenz entscheidend.

Ferner ist anzumerken, dass systematische und intensive Kontaktpflege mit Ländern Afrikas und Südamerikas, die Rohstoffe aller Art (einschließlich Nahrungsmittel) zum Teil im Überschuss zur Verfügung haben, unter der Ägide Merkel eher Mangelware waren. In dieser Hinsicht hat die Ampel-Regierung nachgebessert, aber was die neuen Kontakte und Verträge wert sind, wird erst die Zukunft zeigen. Solange es Deutschland nicht gelingt, einen großen Teil seines Energiebedarfs aus eigenen (insbesondere erneuerbaren) Quellen zu decken und wichtige Rohstoffe durch Recycling wenigstens teilweise zurückzugewinnen, wird die deutsche Politik weiterhin vom Kampf um Energie und Rohstoffe erheblich beeinflusst werden.

GPSR Compliance
The European Union's (EU) General Product Safety Regulation (GPSR) is a set
of rules that requires consumer products to be safe and our obligations to
ensure this.

If you have any concerns about our products, you can contact us on

ProductSafety@springernature.com

In case Publisher is established outside the EU, the EU authorized
representative is:

Springer Nature Customer Service Center GmbH
Europaplatz 3
69115 Heidelberg, Germany